互聯網時代的供應鏈管理

金寶輝 著

前 言

　　在信息技術發展迅速和共享經濟的背景下，互聯網、大數據、雲計算、區塊鏈等現代信息技術及手機、微信等工具正在深刻地改變著人們的生產與生活方式。經濟全球化發展帶來了資源和環境的改變，人們更加崇尚個性化消費，傳統的大規模生產方式很難適應現代社會需求。因此需要推廣供應鏈管理的理念與技術，促進生產與消費的和諧、健康發展。

　　供應鏈管理的概念自從 1982 年首次在管理學界提出以來，得到了眾多企業的青睞，如可口可樂、戴爾、蘋果、IBM 等許多知名企業的發展，都受益於它們高效的供應鏈管理體系，供應鏈管理的思想幫助其實現了市場目標，同時，也在創新能力、資源優化和財務收益等方面發揮了重要作用。

　　為了進一步傳播供應鏈管理的思想、技術與方法，本書確立了編寫的總體原則，即「在基本理論研究的基礎上側重操作與實踐」。全書共分十三章，各章附有相對應的

　　由於編者學識有限，並且供應鏈管理的思想與技術仍在不斷地發展中，因此在本書的敘述中難免出現謬誤，真心希望讀者批評指正。

編者

目 錄

1 導論 …………………………………………………………………… (1)
  1.1 供應鏈管理概述 ………………………………………………… (1)
    1.1.1 供應鏈的概念 ……………………………………………… (2)
    1.1.2 供應鏈管理的概念 ………………………………………… (4)
    1.1.3 供應鏈管理的主要領域 …………………………………… (5)
  1.2 供應鏈管理的發展歷程 ………………………………………… (6)
    1.2.1 21世紀全球市場競爭的主要特點 ………………………… (6)
    1.2.2 供應鏈管理與傳統管理模式的區別 ……………………… (9)
    1.2.3 供應鏈管理的演化 ………………………………………… (11)
  1.3 供應鏈管理的基本思想、核心理念和關鍵問題 ……………… (12)
    1.3.1 供應鏈管理的基本思想 …………………………………… (12)
    1.3.2 供應鏈管理的核心理念 …………………………………… (13)
    1.3.3 供應鏈管理的關鍵問題 …………………………………… (15)

2 供應鏈管理要素與運行機制 ………………………………………… (23)
  2.1 供應鏈管理體系框架及關鍵要素 ……………………………… (23)
    2.1.1 供應鏈管理的體系構成 …………………………………… (23)
    2.1.2 供應鏈管理系統的關鍵要素 ……………………………… (24)
  2.2 供應鏈管理的運行機制 ………………………………………… (29)
    2.2.1 供應鏈管理的總體運行機理 ……………………………… (29)
    2.2.2 供應鏈管理的系統優化機制 ……………………………… (30)
    2.2.3 供應鏈管理的風險防範與激勵機制 ……………………… (34)
  2.3 供應鏈管理的運作模式 ………………………………………… (36)
    2.3.1 推拉運作模式 ……………………………………………… (36)
    2.3.2 行業匹配模式 ……………………………………………… (39)
    2.3.3 產品匹配模式 ……………………………………………… (41)

2.3.4　戰略定價模式 …………………………………（42）

3　供應鏈的構建與優化 …………………………………（49）
3.1　供應鏈構建概述 ……………………………………（49）
　　　3.1.1　供應鏈構建的體系框架 …………………………（49）
　　　3.1.2　供應鏈構建的原則 ………………………………（50）
　　　3.1.3　供應鏈構建的策略 ………………………………（52）
3.2　供應鏈網路設計 ……………………………………（53）
　　　3.2.1　供應鏈網路設計概述 ……………………………（53）
　　　3.2.2　供應鏈網路設計要點 ……………………………（56）
3.3　供應鏈優化 …………………………………………（59）
　　　3.3.1　供應鏈分析診斷技術與方法 ……………………（59）
　　　3.3.2　供應鏈的重構與優化 ……………………………（60）

4　供應鏈企業的組織結構和業務流程再造 ……………（67）
4.1　供應鏈企業組織結構 ………………………………（67）
　　　4.1.1　常見企業組織結構 ………………………………（67）
　　　4.1.2　企業組織結構發展趨勢 …………………………（74）
4.2　企業組織結構設計與整合 …………………………（76）
　　　4.2.1　組織結構設計概述 ………………………………（76）
　　　4.2.2　企業組織結構設計理論與方法 …………………（78）
　　　4.2.3　組織結構整合 ……………………………………（82）
4.3　企業業務流程設計 …………………………………（84）
　　　4.3.1　企業業務流程概述 ………………………………（84）
　　　4.3.2　企業業務流程設計方法 …………………………（88）
4.4　企業業務流程再造 …………………………………（94）
　　　4.4.1　企業業務流程再造概述 …………………………（94）
　　　4.4.2　企業業務流程再造原理與方法 …………………（96）

5 供應鏈需求預測 (107)

5.1 供應鏈需求預測概述 (107)
- 5.1.1 預測的作用與特點 (107)
- 5.1.2 預測的分類 (108)
- 5.1.3 預測的步驟和內容 (109)

5.2 定性預測方法 (110)
- 5.2.1 市場調查預測法 (111)
- 5.2.2 專家預測法 (113)

5.3 定量預測方法 (114)
- 5.3.1 時間序列概述 (114)
- 5.3.2 迴歸分析預測法 (118)
- 5.3.3 預測的誤差 (119)

6 供應鏈運作管理 (129)

6.1 供應鏈協調管理 (129)
- 6.1.1 常見供應鏈運行不協調現象 (129)
- 6.1.2 提高供應鏈協調性的方法 (133)

6.2 供應鏈激勵管理 (135)
- 6.2.1 供應鏈激勵問題的提出 (135)
- 6.2.2 基於供應鏈協調運作的激勵模式 (136)
- 6.2.3 常見的供應鏈激勵方式 (137)

6.3 供應契約管理 (138)
- 6.3.1 供應契約概述 (138)
- 6.3.2 供應契約的參數 (138)
- 6.3.3 常見的供應契約 (140)

6.4 供應鏈合作夥伴關係管理 (142)
- 6.4.1 供應鏈合作夥伴關係概述 (142)
- 6.4.2 供應鏈合作夥伴的選擇 (145)

7 供應鏈中的庫存管理 .... (159)

7.1 供應鏈庫存管理理論 .... (159)
- 7.1.1 庫存的基本概念 .... (159)
- 7.1.2 庫存的兩面性 .... (161)
- 7.1.3 庫存管理要考慮的影響因素 .... (162)

7.2 供應鏈管理環境下的庫存問題 .... (163)
- 7.2.1 供應鏈中的庫存控制問題 .... (163)
- 7.2.2 供應鏈中的庫存控制模型 .... (164)

7.3 供應鏈庫存管理的技術與方法 .... (169)
- 7.3.1 供應鏈庫存管理的技術 .... (169)
- 7.3.2 供應鏈庫存管理方法 .... (170)

7.4 供應鏈環境下的庫存控制策略 .... (177)
- 7.4.1 供應鏈庫存控制目標 .... (177)
- 7.4.2 供應鏈庫存控制策略 .... (178)

8 供應鏈中的採購管理 .... (188)

8.1 採購概述 .... (188)
- 8.1.1 採購的概念 .... (188)
- 8.1.2 採購的過程 .... (189)
- 8.1.3 採購活動的作用 .... (190)

8.2 傳統採購模式及其存在的問題 .... (191)
- 8.2.1 傳統採購模式 .... (191)
- 8.2.2 基於供應鏈的採購管理 .... (193)
- 8.2.3 基於供應鏈的採購與傳統採購的差異 .... (195)

8.3 外購戰略決策 .... (197)
- 8.3.1 企業核心競爭力 .... (197)
- 8.3.2 外購戰略 .... (198)
- 8.3.3 外購戰略決策 .... (200)
- 8.3.4 外購的風險與控制 .... (202)

  8.4 供應商選擇與管理 ·· (204)
    8.4.1 供應商選擇 ·· (204)
    8.4.1 供應商招標 ·· (205)
    8.4.2 供應商管理 ·· (206)

9 供應鏈中的生產計劃 ·· (222)
  9.1 供應鏈生產計劃概述 ·· (222)
    9.1.1 供應鏈生產計劃的概念 ······································ (222)
    9.1.2 生產計劃的傳統模式與供應鏈模式的差別 ············ (223)
    9.1.3 供應鏈生產計劃的特點 ······································ (224)
  9.2 供應鏈中斷的生產理念 ·· (226)
    9.2.1 生產系統集成 ·· (226)
    9.2.2 生產系統協調 ·· (227)
    9.2.3 大規模定制 ·· (231)
  9.3 供應鏈中經典的生產計劃 ·· (235)
    9.3.1 物料需求計劃 ·· (235)
    9.3.2 準時制生產計劃 ·· (238)
    9.3.3 基於約束的生產計劃 ·· (240)

10 供應鏈中的物流管理 ·· (252)
  10.1 物流管理概述 ··· (252)
    10.1.1 物流及物流管理概念 ······································ (252)
    10.1.2 物流管理的發展 ··· (254)
  10.2 供應鏈中物流管理的原理、價值、地位 ························ (256)
    10.2.1 供應鏈物流管理的原理 ·································· (256)
    10.2.2 物流管理在供應鏈中的價值 ··························· (256)
    10.2.3 物流管理在供應鏈管理中的地位 ···················· (257)
  10.3 供應鏈管理與物流管理的關係 ···································· (258)
    10.3.1 物流管理與供應鏈管理的區別 ······················· (259)

- 10.3.2 物流管理與供應鏈管理的聯繫 …………………………………（260）
- 10.4 供應鏈物流管理方法 ………………………………………………（260）
  - 10.4.1 供應商管理庫存（Vendor Manage Inventory，VMI）…………（260）
  - 10.4.2 聯合庫存管理（Joint Managed Inventory，JMI）……………（261）
  - 10.4.3 供應鏈運輸管理（Supply Chain Transport Management，SCM）………………………………………………………………（261）
  - 10.4.4 連續庫存補充計劃（Continuous Replenishment Program，CRP）………………………………………………………………（261）
  - 10.4.5 分銷資源計劃（Distribution Resource Planning，DRP）……（261）
  - 10.4.6 快速回應系統（Quick Response，QR）………………………（262）
  - 10.4.7 協同式供應鏈庫存管理（Collaborative Planning Forecasting and Replenishment，CPFR）…………………………………………（262）

11 供應鏈績效評價 …………………………………………………………（266）
- 11.1 供應鏈績效評價概述 …………………………………………………（266）
  - 11.1.1 供應鏈績效 ……………………………………………………（266）
  - 11.1.2 供應鏈績效評價定義 …………………………………………（267）
- 11.2 供應鏈績效評價分類 …………………………………………………（270）
  - 11.2.1 供應鏈整體績效 ………………………………………………（270）
  - 11.2.2 供應商績效評價 ………………………………………………（271）
  - 11.2.3 銷售商績效評估 ………………………………………………（272）
- 11.3 供應鏈績效評價的原則及可視化 ……………………………………（273）
  - 11.3.1 供應鏈績效評價的原則 ………………………………………（273）
  - 11.3.2 供應鏈績效評價的可視化 ……………………………………（274）
- 11.4 供應鏈績效評價體系及參考模型 ……………………………………（275）
  - 11.4.1 供應鏈運作參考模型體系 ……………………………………（276）
  - 11.4.2 基於平衡記分卡的績效評價體系 ……………………………（277）
  - 11.4.3 中國企業供應鏈管理績效水準參考模型 SCPR ………………（279）

12 供應鏈風險管理 …… (283)
12.1 供應鏈風險管理概述 …… (283)
12.1.1 供應鏈風險管理的概念 …… (284)
12.1.2 供應鏈風險的類型 …… (286)
12.2 供應鏈風險識別與評估 …… (291)
12.2.1 供應鏈風險識別 …… (291)
12.2.2 供應鏈風險評估 …… (294)
12.3 供應鏈風險管理對策與防範 …… (297)
12.3.1 供應鏈風險管理對策 …… (297)
12.3.2 供應鏈風險防範 …… (300)

13 供應鏈管理的發展與實踐 …… (317)
13.1 服務供應鏈 …… (317)
13.1.1 服務供應鏈的背景和概念 …… (317)
13.1.2 服務供應鏈的運作機制 …… (319)
13.1.3 服務供應鏈面臨的機遇與挑戰 …… (323)
13.2 綠色供應鏈 …… (324)
13.2.1 綠色供應鏈的背景和概念 …… (324)
13.2.2 綠色供應鏈的管理結構 …… (326)
13.2.3 綠色供應鏈的發展歷程 …… (331)
13.3 供應鏈金融 …… (333)
13.3.1 供應鏈金融的背景和概念 …… (333)
13.3.2 供應鏈金融的融資模式 …… (338)
13.3.3 中國供應鏈金融面臨的機遇和挑戰 …… (341)

1　導論

本章引言

　　擁有遍布全球8,000多家零售店的沃爾瑪公司每週能夠有條不紊地接待2億人次的顧客，戴爾計算機公司能夠在強敵林立的個人計算機行業脫穎而出，凡客誠品能夠在短短6個月就可以達到一般服裝企業五六年才能取得的成績……當深入探究這些企業的成功之路時，可以發現，它們都是優秀的供應鏈管理者，它們利用供應鏈創造了優秀的商業營運模式。

學習目標

- ●掌握供應鏈的概念和結構模型。
- ●掌握供應鏈管理的概念和主要領域。
- ●理解21世紀全球市場競爭的主要特點。
- ●理解供應鏈管理的核心思想。

1.1　供應鏈管理概述

　　20世紀90年代以後，隨著科學技術飛速進步和生產力快速發展，顧客消費水準不斷提高，企業之間競爭加劇，使得需求的不確定性大大增加，需求日益多樣化。在激烈的市場競爭中，面對變化迅速且無法預測的全球市場，傳統的生產與經營模式對市場巨變的回應越來越遲緩和被動。為了擺脫困境，企業採取了許多先進的單項製造技術和管理方法，如計算機輔助設計（CAD）、柔性製造系統（FMS）、準時化生產（JIT）、製造資源計劃（MRP II）和企業資源計劃（ERP）等，雖然這些方法取得了一定的實效，但在經營的靈活性、快速回應顧客需求方面都有一定的局限性。後來，人們終於意識到問題不在於具體的製造技術和管理方法本身，而在於它們仍採用傳統管理模式。

　　長期以來，出於對生產資源管理和控制的目的，企業對為其提供原材料、半成品或零部件的其他企業，一直採取投資自建、投資控股或兼併的「縱向一體化」（Vertical Integration）管理模式。實行縱向一體化的目的在於加強核心企業對原材料供應、產品製造、分銷和銷售全過程的控制，使企業能夠在市場競爭中掌握主動，從而達到增加各個業務活動階段的利潤的目的。這種模式在傳統市場競爭環境中有其存在的合理性，然而在高科技迅速發展、市場競爭日益激烈、顧客需求不斷變化的今天，

已逐漸顯示出其無法快速、敏捷地回應市場機會的弊端。因此，越來越多的企業開始對傳統管理模式進行改革或改造，把原本由企業自己生產的零部件銷售出去，充分利用外部資源，與這些企業形成了一種平等合作關係，人們形象地稱之為「橫向一體化」（Horizontal Integration）。供應鏈管理正體現了橫向一體化的基本思想。

1.1.1 供應鏈的概念

1.1.1.1 供應鏈概念

「供應鏈」這一名詞直接譯自英文 Supply Chain，目前尚未形成統一的定義，許多學者從不同的角度給出了不同的定義。雖說各自的表述不完全一致，但它們的共同之處是，認為供應鏈是一個系統，是人類生產活動和社會經濟活動中客觀存在的事物。人類生產和生活的必需品都要經歷從最初的原材料生產、零部件加工、產品裝配、分銷、零售到最終消費這一過程，近年來，廢棄物回收和逆向物流被納入這一過程中。這裡既有物質材料的生產和消費，也有非物質形態（如服務）產品的生產（提供服務）和消費（享受服務）。生產、流通、交易、消費等環節形成了一個完整的供應鏈系統。圖 1-1 就是一個典型的供應鏈結構示意圖。

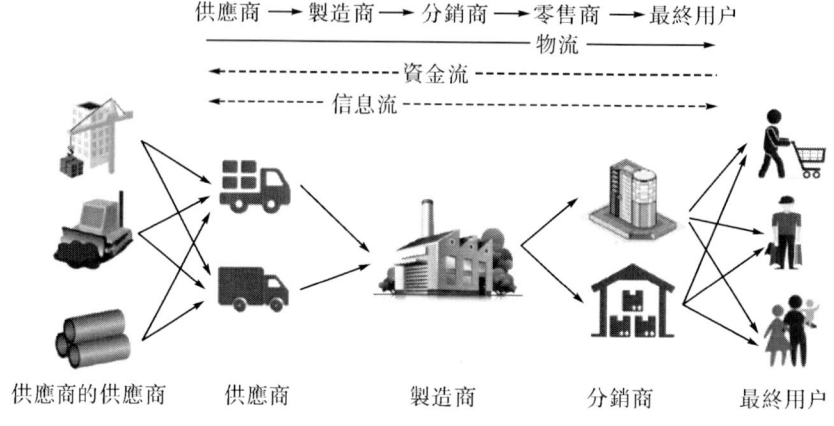

圖 1-1　一個典型的供應鏈結構

早期的觀點認為，供應鏈是製造企業中的一個內部過程，它是將從企業外部採購的原材料和零部件，通過生產轉換和銷售等活動，再傳遞到零售商和用戶的一個過程。傳統的供應鏈概念局限於企業的內部操作層面，注重企業自身的資源利用優化。

有些學者把供應鏈的概念與採購、供應管理聯繫起來，用來表示與供應商之間的關係。但這種理解僅局限於製造商和供應商之間的關係，而且供應鏈中的各企業獨立運作，忽略了外部供應鏈成員企業的聯繫，往往造成企業間的目標衝突。

其後發展起來的供應鏈管理概念關注與其他企業的聯繫，注意供應鏈企業的外部環境，認為它應是一個「通過鏈中不同企業的製造、組裝、分銷、零售等過程將原材料轉換成產品，再到最終用戶的轉換過程」，這是更大範圍、更為系統的概念。

而到了最近，供應鏈的概念更加注重圍繞核心企業的戰略聯盟關係，如核心企業

（盟主）與供應商、供應商的供應商乃至一切前向的關係，核心企業與用戶、用戶的用戶及一切後向的關係。此時，對供應鏈的認識形成了一個網鏈的概念，如豐田、耐克、日產、麥當勞和蘋果等公司的供應鏈管理都從網鏈的角度來理解和實施。菲利普（Phillip）和溫德爾（Wendell）認為，供應鏈中戰略夥伴關係是很重要的，通過建立戰略夥伴關係，可以與重要的供應商和用戶更有效地開展工作。

綜合各方觀點，本書認為馬士華教授的定義較好地體現了供應鏈的核心思想與特徵：

供應鏈是圍繞核心企業，通過對工作流（Work Flow）、信息流（Information Flow）、物料流（Physical Flow）、資金流（Funds Flow）的協調與控制，從採購原材料開始，製成半成品及最終產品，最後由銷售網路把產品送到用戶手中，將供應商、製造商、分銷商、零售商，直至最終用戶連成一個整體的功能網鏈結構。

根據供應鏈的定義及其發展，可以總結出供應鏈的四個重要內涵：
(1) 供應鏈是一個範圍更廣的網狀企業結構模式。
(2) 供應鏈是一條連接供應商到用戶的增值鏈。
(3) 供應鏈中每個貿易夥伴既是其用戶的供應商，又是供應商的客戶。
(4) 供應鏈中各企業協作營運依賴於信息流、物流和資金流的協同控制。

1.1.1.2　供應鏈系統結構模型

圖1-1形象地表示了從產品生產到消費的全過程。按照供應鏈的定義，這個過程是非常複雜的，涵蓋了從原材料供應商、零部件供應商、產品製造商、分銷商、零售商以及物流服務商直至最終用戶的整個過程。

根據供應鏈的實際運行情況，在一個供應鏈系統中，有一個企業處於核心地位。該企業起著對供應鏈上的信息流、資金流和物流的調度和協調作用。從這個角度出發，供應鏈的系統結構可以表示為圖1-2所示的形狀。

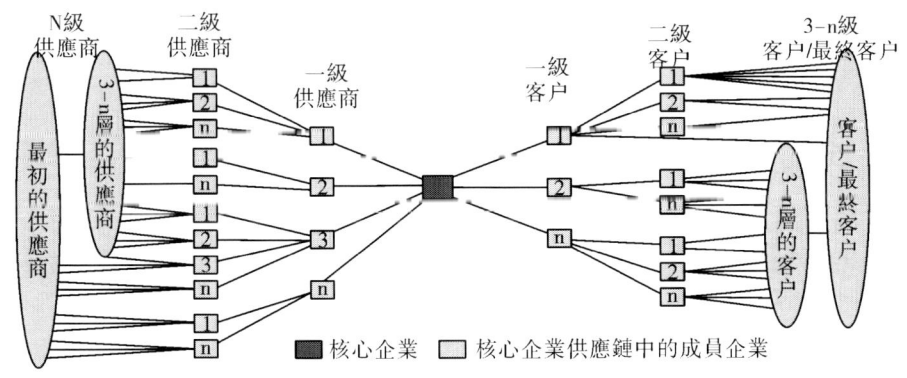

圖1-2　供應鏈系統的分層結構

從圖1-2中可以看出，供應鏈由所有加盟的節點企業組成，其中有一個核心企業（可以是製造型企業，如汽車製造商，也可以是零售型企業，如大型超市）；其他節點企業在核心企業需求信息的驅動下，通過供應鏈的職能分工與合作（生產、分銷、零

售等），以資金流、物流或信息流為媒介實現整個供應鏈的不斷增值。

通過分析發現，供應鏈網路結構具有如下特性：

第一，供應鏈網的結構具有層次性特徵。從組織邊界的角度看，雖然每個業務實體都是供應鏈網的成員，但它們可以通過不同的組織邊界體現出來。

第二，供應鏈網的結構表現為雙向性。從橫向看，使用某一共同資源（如原材料、半成品或產品），它們之間既相互競爭又相互合作。從縱向看，供應鏈網的結構就是供應鏈結構，反應了從原材料供應商到製造商、分銷商及客戶的物流、信息流和資金流的過程。

第三，供應鏈網的結構呈多級性。隨著供應、生產和銷售關係的複雜化，供應鏈網的成員越來越多。如果把供應鏈網中相鄰兩個業務實體的關係看成「供應-購買」關係，那麼這種關係是多級的，而且涉及的供應商和購買商也是多個。供應鏈網的多級結構增加了供應鏈管理的困難，同時又有利於供應鏈的優化與組合。

第四，供應鏈網的結構是動態的。供應鏈網的成員通過物流和信息流而聯結起來，它們之間的關係是不確定的，其中某一成員在業務方面的稍微調整都會引起供應鏈網結構的變動。而且，供應鏈成員之間、供應鏈之間的關係也由於客戶需求的變化而經常做出適應性的調整。

第五，供應鏈具有跨地區的特性。供應鏈網中的業務實體超越了空間的限制，在業務上緊密合作，共同加速物流和信息流，創造了更多的供應鏈效益。最終，世界各地的供應商、製造商和分銷商彼此聯結成一體，形成全球供應鏈網（Global Supply Chain Network，GSCN）。

1.1.2 供應鏈管理的概念

對於供應鏈管理（Supply Chain Management），國外在早期也有許多不同的定義和名稱，如有效用戶反應（Efficiency Consumer Response，ECR）、快速反應（Quick Response，QR）、虛擬物流（Virtual Logistics，VL）或連續補充（Continuous Replenishment，CR），等等。這些名稱因考慮的層次、角度不同而不同，但都是通過計劃和控制實現企業內部和外部之間的合作，實質上它們在一定程度上都反應了對供應鏈各種活動進行人為干預和管理的特點，使過去那種無意識的供應鏈成為主動的供應鏈系統，有目的地為企業服務。

在綜合各種觀點的基礎上，本書給出一個供應鏈管理的定義：供應鏈管理就是使供應鏈運作達到最優化，以最少的成本，通過協調供應鏈成員的業務流程，讓供應鏈從採購開始，到滿足最終顧客的所有過程，包括工作流、物料流、資金流和信息流等均能高效率地操作，把合適的產品以合理的價格，及時、準確地送到消費者手上。

從這個定義不難看出，供應鏈管理就是要對傳統的、自發運作的供應鏈進行人為干預，使其能夠按照企業（核心企業）的意願，對相關合作夥伴的工作流程進行整合和協調運行，從而達到供應鏈整體運作績效最佳的效果。但是，供應鏈管理不像單個企業的管理，不能通過行政手段調整企業之間的關係，只能通過共擔風險、共享收益來提高供應鏈的競爭力，因此，供應鏈管理所反應的是一種集成的、協調管理的思想

和方法，即通過所有成員企業的合作共同成長，獲得收益。

關於供應鏈管理的定義，還有其他許多說法。例如，伊文斯認為：「供應鏈管理是通過前饋的信息流和反饋的物料流及信息流，將供應商、製造商、分銷商、零售商，直至最終用戶連成一個整體的管理模式。」菲利普則認為，供應鏈管理不是供應商管理的別稱，而是一種新的管理策略，它把不同企業集成起來以提升整個供應鏈的效率，注重企業之間的合作。

關於供應鏈管理的幾種比較典型的定義如表 1-1 所示。

表 1-1　　　　　　　　　幾種典型的供應鏈管理的定義

序號	定義
1	Monczka, Trent, Handfiel (1998) 供應鏈管理（SCM）要求將傳統上分離的職能作為整個過程，由一個負責的經理人員協調整個物流過程，並且要求與橫貫整個流程的各個層次上的供應商形成夥伴關係。供應鏈管理是這樣一個概念，「它的主要目標是以系統的觀點，對多個職能和多層供應商進行整合併管理外購、業務流程和物料控制」。
2	La Londe, Masters (1994) 供應鏈戰略包括：「……供應鏈上的兩個或更多企業進入一個長期協定……信任和承諾發展成夥伴關係……需求和銷售信息共享的物流活動的整合……提升對物流過程運動軌跡控制的潛力。」
3	Stevens (1989) 管理供應鏈的目標是使來自供應商的物流與滿足客戶需求協同運作，以協調高客戶服務水準和低庫存、低成本之間相互衝突的目標。
4	Houlihan (1988) 供應鏈管理和傳統物料製造控制的區別：（1）供應鏈被看成一個統一的過程，鏈上的各個環節不能分割成諸如製造、採購、分銷、銷售等職能部門。（2）供應鏈管理強調戰略決策。「供應」是鏈上每一個職能的共同目標並具有特別的戰略意義，因為它影響整個鏈的成本及市場份額。（3）供應鏈管理強調以不同的觀點看待庫存，將其看成新的平衡機制。（4）採用一種新的系統方法——整合而不是接口連接。
5	Cooper et al. (1997) 供應鏈管理是一種管理從供應商到最終客戶的整個渠道的總體流程的集成哲學。
6	Mentzer et al. (2001) 供應鏈管理是對傳統的企業內部各業務部門間及企業之間的職能從整個供應鏈進行系統的、戰略性的協調，目的是提高供應鏈及每個企業的長期績效。
7	Ling Li (2007) 供應鏈管理是一組有效整合供應商、製造商、批發商、承運人、零售商和客戶的協同決策及活動，以便將正確的產品或服務以正確的數量在正確的時間送到正確的地方，以最低的系統總成本滿足客戶服務水準的要求。

1.1.3　供應鏈管理的主要領域

供應鏈管理主要涉及五個領域：需求（Demand）、計劃（Plan）、物流（Logistics）、供應（Sourcing）、逆向物流（Reverse）。由圖 1-3 可見，供應鏈管理是以同步化、集成化生產計劃為指導，以各種技術為支持，尤其以互聯網為依託，圍繞供應、生產、物流（主要指製造過程）、滿足需求來實施的。供應鏈管理主要包括計劃、合作和控制從供應

商到用戶的物料（零部件和成品等）和信息。供應鏈管理的目標在於提高客戶服務水準和降低總的交易成本，並且尋求這兩個目標之間的平衡（這兩個目標往往有衝突）。

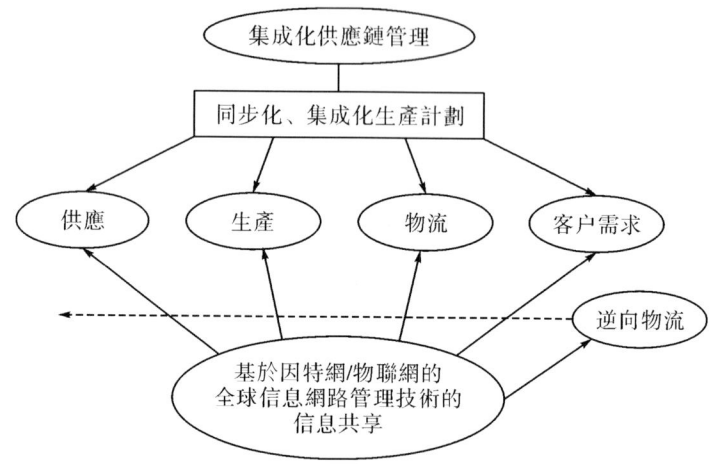

圖 1-3　供應鏈管理涉及的領域

在實際管理工作中，供應鏈管理關注的領域不僅僅是物質資料在供應鏈中的流動。除了企業內部與企業之間的運輸問題和實物分銷，供應鏈管理還包括以下主要內容：

(1) 戰略性供應商和客戶關係管理；
(2) 供應鏈產品需求預測與需求管理；
(3) 供應鏈網路結構設計（從全局的角度考慮節點企業的評價、選擇和定位）；
(4) 企業內部各部門、企業與企業之間的物料需求與供應管理；
(5) 基於供應鏈的產品設計與製造管理、集成化的生產計劃和控制；
(6) 基於供應鏈的客戶服務和物流管理；
(7) 供應鏈資金流管理（支付、結算、融資、匯率、成本等問題）；
(8) 逆向物流（回收物流）管理；
(9) 基於因特網/物聯網的供應鏈信息流管理，等等；

供應鏈管理注重在供應鏈總成本（從原材料到半成品再到最終產成品的費用）與客戶服務水準之間取得平衡，為此要把供應鏈的各項職能活動有機地結合在一起，從而最大限度地發揮供應鏈整體的力量，達到供應鏈企業群體共同獲益的目的。

1.2　供應鏈管理的發展歷程

1.2.1　21世紀全球市場競爭的主要特點

隨著經濟的發展，影響企業在市場上獲取競爭優勢的主要因素也發生著變化。認清主要競爭因素的影響力，對於企業管理者把握資源應用、獲取最大競爭優勢具有非

常重要的意義。21世紀的競爭出現了新的特徵。

1.2.1.1 產品生命週期越來越短

隨著消費者需求的多樣化發展，企業的產品開發能力也在不斷提高。為了滿足消費者的需求，企業不斷加快產品開發的速度。特別是進入20世紀80年代以後，新產品的研製週期大大縮短。例如，AT&T公司新電話的開發時間從過去的2年縮短為1年；惠普公司新打印機的開發時間從過去的4.5年縮短到22個月；而手機的開發週期甚至只有短短的幾個月。圖1-4大致描述了產品生命週期變化的情況。

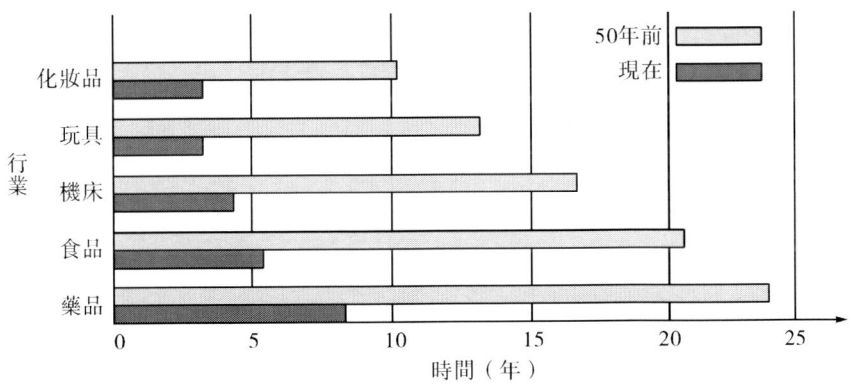

圖1-4　產品生命週期不斷縮短

產品的生命週期縮短，更新換代速度加快、產品在市場上的存留時間大大縮短，留給企業在產品開發和上市時間上的活動餘地越來越小，給企業造成了巨大壓力。例如，當今的很多產品幾乎一上市就已經過時，就連消費者都有些目不暇接。雖然在企業中流行著「銷售一代、生產一代、研究一代、構思一代」的說法，但這畢竟需要企業投入大量的資源，一般的中小企業在這樣的環境面前顯得力不從心。許多企業一度紅紅火火，但由於後續產品開發跟不上，最終因產品落伍而被市場淘汰。

1.2.1.2 產品品種數飛速增加

因消費者需求的多樣化越來越突出，廠家為了更好地滿足其要求便不斷推出新品種。這樣一來，引起了一輪又一輪的產品開發競爭，結果是產品的品種數成倍增長。以日用百貨為例，據有關資料統計，1975—1991年，產品的品種數就從2,000種左右增加到20,000種左右。儘管產品品種已非常豐富，但消費者在購買商品時仍難以買到稱心如意的東西。為了留住顧客，廠家絞盡腦汁，不斷增加花色品種。但是，如果按照傳統的思路，每一種產品都生產一批以備用戶選擇，那麼製造商和銷售商都要背上沉重的負擔。如圖1-5所示，超級市場的平均庫存在1985年前後約為13,000庫存單位（Stock Keep Unit，SKU），而到1991年約為20,000庫存單位，庫存佔用了大量的資金，嚴重影響企業的資金週轉速度，進而影響企業的競爭力。

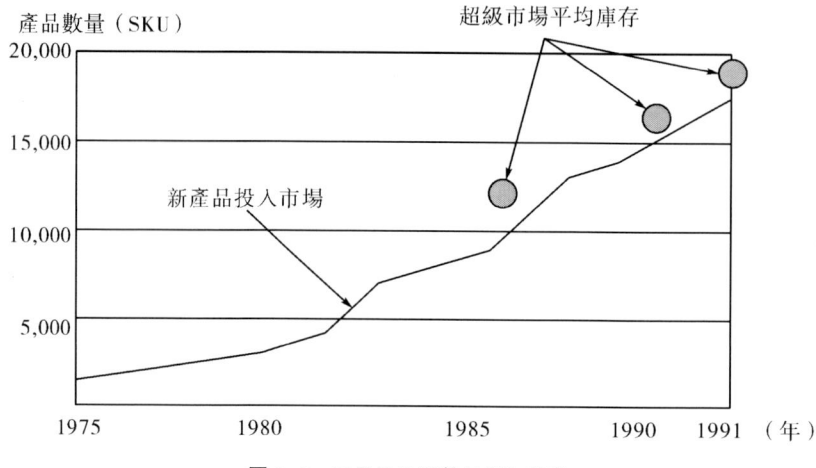

圖 1-5　日用品品種數量增加趨勢

1.2.1.3　對縮短交貨期的要求越來越強烈

隨著社會的發展和市場競爭的加劇，經濟活動的節奏越來越快。其結果是，每個企業都感到用戶對時間方面的要求越來越高。這一變化的直接反應就是主要競爭因素的變化。20世紀60年代，企業間競爭的主要因素是成本，到20世紀70年代競爭的主要因素轉變為質量，20世紀80年代以後，競爭的主要因素轉變為時間。這裡所說的時間因素，主要是指交貨期和回應週期。用戶不但要求廠家按期交貨，而且要求的交貨期越來越短。我們所說的企業要有很強的產品開發能力，不僅指產品品種，更重要的是指產品上市時間，即盡可能提高對客戶需求的回應速度。例如，在20世紀90年代初期，日本汽車製造商平均2年可向市場推出一款新車型，而同期的美國汽車製造商推出相同檔次的車型卻需要5~7年。可以想像，美國的汽車製造商在市場競爭中有多麼被動。對於現在的廠家來說，市場機會幾乎稍縱即逝，留給企業思考和決策的時間極為短暫。如果一個企業對用戶要求的反應稍慢一點，很快就會被競爭對手搶占先機。因此，縮短產品的開發、生產週期，在盡可能短的時間內滿足用戶要求，已成為當今所有管理者最為關注的問題之一。

1.2.1.4　對產品和服務質量的期望越來越高

進入20世紀90年代以後，用戶對產品質量和服務質量的要求越來越高。用戶已不滿足於從市場上買到標準化生產的產品，他們希望得到按照自身要求定制的產品或服務。這種定制方式導致產品生產方式發生革命性的變化。傳統的標準化生產方式是「一對多」的關係，即企業開發出一種產品，然後組織規模化大批量生產，用一種標準化的產品滿足不同消費者的需求。然而，這種模式已不能使企業繼續獲得效益。現在的企業必須具有根據每一個顧客的特別要求定制產品或服務的能力，即所謂的「一對一」（One-To-One）的定制化服務（Customized Service）。企業為了能在新的環境下繼續發展，紛紛轉變生產管理模式，採取措施從大規模生產（Mass Production）轉向大規

模定制生產（Mass Customization）。

例如，以生產芭比娃娃著稱的美泰公司從 1998 年 10 月起，可以讓女孩子登錄到網站（www.barbie.com）上設計自己的芭比朋友。她們可以選擇娃娃的皮膚彈性、眼睛顏色、髮型和顏色、附件和名字。當娃娃郵寄到她們手上時，她們可以在上面找到娃娃的名字。這是美泰公司第一次大量製造「一個娃娃一個樣式」的產品。又如，位於美國代頓的一家化學公司有 1,700 多種工業肥皂配方，用於汽車、工廠、鐵路和礦山的清洗工作。公司先分析客戶要清洗的東西，或者訪問客戶所在地，然後配置一批適用的清潔劑提供給客戶使用。大多數客戶都覺得沒有必要再對另一家公司描述其清潔方面的要求，所以，該化學公司 95% 的客戶都不會流失。再如，海爾是一個全球著名的家電製造企業（現在也向手機、醫藥等行業擴展），每年的產品產量非常大，在一般人看來，其理應屬於備貨型（Make-To-Stock）生產類型，但是，2001 年以後，海爾卻採取了一套按訂單生產（Make-To-Order）的戰略來組織生產，不僅滿足了客戶的個性化需求，同時也把庫存降到了最低，拉近了與用戶的距離，實現了向三個「零」（零距離、零缺陷、零營運資本）目標邁進。不過，應該看到，雖然個性化定制生產能高質量、低成本地快速回應客戶需求，但是對企業的運作模式也提出了更高的要求。

由此可見，企業面臨外部環境變化帶來的不確定性，包括市場因素（顧客對產品、產量、質量、交貨期的需求和供應方面）和企業經營目標（新產品開發、市場擴展等）的變化。這些變化增加了企業管理的複雜性。企業要想在這種嚴峻的競爭環境下生存，必須具有強大的處理環境變化和由環境引起的不確定性的能力。

1.2.2 供應鏈管理與傳統管理模式的區別

1.2.2.1 傳統管理模式

管理模式是一種系統化的指導與控制方法，它把企業中的人、財、物和信息等資源，高質量、低成本、快速、及時地轉換為市場所需要的產品和服務。因此，質量、成本和時間（生產週期，包括產品研製和生產時間）一直是企業的三個核心活動，企業管理模式也是圍繞這三個方面不斷發展的。企業的生存和發展有賴於對這三個核心活動的管理水準，因為質量是企業的立足之本，成本是企業的生存之道，時間則是企業的發展之源。

為了做好這三個方面的工作，企業一直在尋找最有效的管理方法。

從管理模式上看，企業出於對製造資源的佔有要求和對生產過程直接控制的需求，傳統上經常採用的策略是：要麼擴大自身規模，要麼參股到供應商企業，與為其提供原材料、半成品或零部件的企業是一種所有關係，這就是人們所說的「縱向一體化」管理模式。中國企業在計劃經濟時期基本上採取的是「大而全」「小而全」的經營方式，這可以認為是縱向一體化的另一種表達方式。例如，許多企業擁有從鑄造、毛坯準備、零件加工、裝配、包裝到運輸等一整套設備設施及組織機構。但其構成比例卻是畸形的：受長期計劃經濟的影響，其產品開發能力和市場行銷能力都非常弱，而加工體系則相當龐大。產品開發、加工、市場行銷三個基本環節呈現出中間大、兩頭小

的「腰鼓型」。「腰鼓型」企業適合計劃經濟體制，而在市場經濟環境下無法對用戶需求做出快速回應。

從生產加工與控制機制來看，企業生產管理系統在不同的時期有不同的發展和變化。20世紀60年代以前，盛行的方法是通過確定經濟生產批量、安全庫存和訂貨點，來保證生產的穩定性，但由於沒有注意獨立需求和相關需求的差別，採用這些方法並未取得期望的效果。20世紀60年代中期，出現了物料需求計劃（Material Requirements Planning, MRP），較好地解決了相關需求管理問題。此後，人們就一直探討更好的製造組織和管理模式，出現了諸如製造資源計劃、準時化生產及精細生產（Lean Production）等新的生產方式。這些新的生產方式對提高企業整體效益和在市場上的競爭能力確實做出了不可估量的貢獻。然而，進入20世紀90年代以來，消費者的需求特徵發生了前所未有的變化，整個世界的經濟活動也呈現出前所未有的全球經濟一體化特徵，這些變化對企業參與競爭的能力提出了更高的要求，原有的管理思想已不能完全滿足新的競爭形勢。以製造資源計劃和準時化生產為例，這兩種生產方式都是只考慮企業內部資源的利用問題，其管理優化工作均著眼於本企業資源的最優應用。這種指導思想在21世紀的市場環境下顯得有些不適應，因為在當前這種市場環境下，一切都要求能夠快速回應用戶需要，而要達到這一目的，僅靠一個企業所擁有的資源是不夠的。在這種情況下，人們自然會將資源延伸到企業以外的其他地方，借助其他企業的資源達到快速回應市場需求的目的。

1.2.2.2 供應鏈管理與傳統管理模式的區別

由於縱向一體化管理模式在新的市場環境下暴露出了種種弊端，從20世紀80年代後期開始，首先是美國的一些企業，其後是國際上很多企業逐漸放棄了這種經營模式，取而代之的是基於「橫向一體化」的供應鏈管理模式。

從供應鏈管理的內容可以看出，它與傳統的企業內部物料管理和控制有著明顯的區別，主要體現在以下幾個方面：

（1）供應鏈管理把供應鏈中所有節點企業看成一個整體，供應鏈管理涵蓋整個鏈上的物流、資金流和信息流，涉及從供應商到最終用戶的採購、製造、分銷、零售等職能領域全過程。

（2）供應鏈管理強調和依賴戰略管理。「供應」是整個供應鏈中節點企業之間事實上共享的一個概念（任何相鄰兩節點之間都是供應與需求關係），同時它又是一個具有重要戰略意義的概念，因為它影響了整個供應鏈的成本。

（3）供應鏈管理的關鍵是對所有相關企業採用系統集成的管理思想和方法，而不僅僅是把各個節點企業的資源簡單連接起來，或者將業務外包出去。

（4）供應鏈管理強調在企業間建立合作夥伴關係，通過提高相互信任程度和合作深度，提高整個供應鏈對客戶的服務水準，而不是把企業之間的業務往來僅僅看成是一次商業交易活動。

（5）建立供應鏈管理的協調與激勵機制是最具挑戰性的任務，如果沒有供應鏈企業之間的協調運作，供應鏈管理目標是很難實現的。這種協調運作必須靠激勵機制來

保障，這是傳統企業管理不曾遇到的問題。

1.2.3 供應鏈管理的演化

20世紀80年代，許多企業開發出新的製造技術和策略，使得它們可以減少成本，並在不同的市場更好地進行競爭。準時製造、看板、精益生產、全面質量管理等策略變得越來越流行，為了實施這些戰略，企業投入了大量的資源。然而，在最近幾年，可以清楚地看到許多企業降低生產成本的幅度已經接近了實際可能的極限。許多企業正在探索有效的供應鏈管理，以此作為它們增加利潤和市場份額的下一步行動。

由於供應鏈裡多餘的庫存、低效的運輸策略和其他不經濟的行為，這些巨大的投資把不必要的成本要素也包括在內，有專家分析後認為，通過實施更有效的供應鏈戰略，企業還可以節約300億美元，這個數字相當於年運作成本的10%。

寶潔、金佰利等製造商和沃爾瑪等零售巨頭都將戰略合作夥伴關係視為它們經營戰略的重要元素。許多公司，比如3M、伊斯曼-柯達、陶氏化學、時代華納和通用汽車都將它們物流操作中的絕大部分業務轉交給第三方物流服務提供商。

同時，許多供應鏈合作者都採用信息共享，因此製造商可以使用零售商的即時銷售數據來更好地預測需求並縮短提前期。此外，信息共享可以幫助製造商控制供應鏈中的變動，從而使庫存減少和生產穩定。

20世紀90年代，降低成本和增加利潤的巨大壓力促使許多工業企業都採用外包策略。公司在考慮將採購到生產製造的所有環節外包出去。事實上，20世紀90年代中期，採購量占公司銷售額的比重顯著增長。1998年至2000年，電子行業元件外包量的比重由15%上升到40%。

20世紀90年代後期，互聯網和電子商務模式導致了這樣的預期，即許多供應鏈問題僅僅通過採用新技術和商務模式就可以解決。電子商務策略本應該減少成本、提高服務水準和增加柔性，當然同時也提高利潤，即使這些是在將來的某個時候實現。在現實中，這些預期經常不能得以實現，許多電子商務失敗了。在大多數情況下，一些備受矚目的互聯網商務的失敗可以歸咎於它們的物流策略。

當然，在大多數情況下，互聯網引入了新的渠道，建立了直接面對客戶的商業模式。這些新的渠道需要很多公司學習新的技能，增加了現有供應鏈的複雜性。

近年來情況發生了變化。工業領域意識到外包、離岸化、精益生產和準時制這些致力於降低製造和供應鏈成本的趨勢明顯地增加了供應鏈風險。因此，在過去幾年裡，領先的企業開始關注尋找能均衡成本降低與風險管理的戰略。

許多方法被工業界用來管理供應鏈風險：

（1）在供應鏈中建立冗餘，這樣即使某一部分失效，比如倉庫發生火災或者港口關閉，供應鏈仍能滿足需求。

（2）利用信息來更好地感知和回應突發事件。

（3）為了更好地匹配供應與需求，在供應合同中要有柔性。

（4）加強包括風險評估在內的供應鏈過程管理。

當然，上述方法中，許多都極大地依賴於技術。事實上，在2000年前後，很多公

司都在推動執行 ERP 系統以及包含供應商績效評估工具在內的新技術，這些都為改善供應鏈的彈性和反應性創造了機會。同樣，先進的庫存計劃系統被用來更好地管理供應鏈中的庫存，從而幫助公司更好地理解產品設計對供應鏈成本和風險的影響，以此有利於供應鏈的整合。

隨著近年來供應鏈成本的持續增加，供應鏈所遇到挑戰的緊迫性並沒有減小。伴隨著全球化所產生的複雜性、高運輸成本、落後的基礎設施、氣象災害以及恐怖威脅，管理供應鏈變得越來越具有挑戰性。

1.3　供應鏈管理的基本思想、核心理念和關鍵問題

1.3.1　供應鏈管理的基本思想

1.3.1.1　環境變化產生的巨大壓力

任何事物的產生都有其合理性，供應鏈管理思想也不例外。歸納起來，供應鏈管理思想的產生有如下三個必然性。

（1）進入 21 世紀之後，企業所面臨的市場空間和形態都與以往不一樣，這種變化必然會對傳統管理所形成的思維方式帶來挑戰。同時，信息社會或網路社會已經深入我們的生活，這必然會帶來工作和生活方式的改變，其中最主要的就是消費需求的變化，已經從過去滿足基本生理需要發展為追求更高層次的生活。

在短缺經濟時代，量的供給不足是主要矛盾，所以企業的管理模式主要以提高效率、最大限度地增加產出，從數量上滿足用戶的需求為主要特徵。現在，隨著人們生活水準的提高，個性化需求越來越明顯。多樣化需求對企業管理的影響越來越大。而品種的增加必然增大管理的難度和資源獲取的難度。企業在兼顧社會利益方面的壓力也越來越大，如環保問題、可持續發展問題等，使企業既要考慮自己的經濟利益，又要考慮社會利益。

（2）傳統管理模式的主要特徵及其在新環境下的不適應性。傳統管理模式以規模化需求和區域性的賣方市場為決策背景，通過規模效應降低成本，獲得效益。這樣，生產方式必然是少品種、大批量。雖然這種生產方式可以最大限度地提高效率，降低成本，取得良好的規模效益，但它適應品種變化的能力很差。另外，管理層次太多必然影響整個企業的回應速度，其組織結構是一種多級遞階控制，管理的跨度小、層次多，且採用集權式管理，以追求穩定和控制為主。

（3）傳統管理模式的主要特點是縱向一體化。這種模式增加了企業的投資負擔，企業必須自己籌集資金進行建設，然後自己進行經營和管理。因為企業在發現一個新的市場機會時，要進行擴建或改建，延長了企業回應市場的時間（至少是一個基本建設週期），如此一來，企業還要承擔喪失市場時機的防線。縱向一體化模式還迫使企業從事自己並不擅長的業務。這樣的管理體制模式顯然不適應瞬息萬變的市場需求。

在這樣的外部壓力下，企業間尋求彼此的合作，以整合各自的核心競爭力，供應鏈管理思想應運而生。

1.3.1.2 交易成本變動形成的無限動力

20世紀90年代，全球製造的出現導致全球競爭日益加劇，同時，用戶需求呈現多樣化、變化紛繁的趨勢，因而企業面臨前所未有的「超競爭」。原有的縱向一體化的組織模式給企業帶來了大量的機會成本，已完全不適應市場發展的需要。企業要想生存與發展，必須制定以盡可能快的速度、盡可能低的成本、盡可能多的產品品種為特徵的戰略，將主要精力用於其核心競爭力，且盡可能地利用外部資源。供應鏈就是企業群在這一特定環境下的積極應變（見圖1-6）。

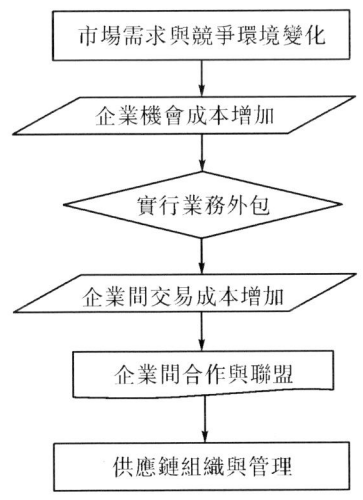

圖1-6　供應鏈組織的產生原理

這裡，交易成本包括發現相對價格的工作、談判、簽約、激勵、監督履約等的費用。毫無疑問，利用外部資源將帶來大量的交易成本。這就需要一種圍繞核心企業，通過信息流、物流、資金流的控制，從採購原材料開始，制成中間產品以及最終產品，最後由銷售網路把產品送到消費者手中的將供應商、分銷商、零售商直至最終用戶連成一個整體的功能性網鏈結構模式，而且這種模式能夠使由供應商、分銷商、零售商組成的整體達到最佳競爭績效，還能使所有參與的企業同時實現各自的利益。這就是供應鏈管理。

1.3.2　供應鏈管理的核心理念

從供應鏈管理概念和結構模型可以看出，供應鏈管理的對象是一個以核心企業或品牌商為核心的企業群。核心企業通常也就是品牌商，要使該品牌產品具有強大的競爭力，它的供應鏈管理也就必須十分強大。為了能使供應鏈達到提高競爭力的目標，在供應鏈管理中就要堅持四大核心理念。

1.3.2.1　整合理念（Integration）

供應鏈管理的概念從提出到現在已有 30 多年的歷史。在供應鏈管理的多年實踐中，人們已將供應鏈管理從一般性的管理方法提升為整合思維的理念。在這一思維範式裡，強調從供應鏈整體最優的目標出發尋求最佳市場資源整合的模式。當一個企業面臨著要拓展一項業務或開闢一個新的市場時，首先應該從企業外部尋找最佳資源，而不是萬事親力親為。再強大的企業面對龐大的市場在資源和能力上也都是十分有限的，如果什麼事都只想著企業自己來做，可能會喪失很多機會，甚至將企業帶入深淵。因此，整合理念就成為供應鏈管理的重要核心理念之一。

1.3.2.2　合作理念（Cooperation）

供應鏈管理是由「橫向一體化」發展而來的，因此在供應鏈管理的實踐中非常強調合作夥伴之間的合作。只有實現了合作夥伴之間的真誠的、戰略性的合作，才能共同實現供應鏈的整體利益最大化。供應鏈管理的對象是一個企業群，其中的每一個企業都有自己的核心業務和核心能力，如何才能將這些企業的能力整合在一起，形成真正的合力，是關係到供應鏈整體目標能否得以實現。如果每個企業都只顧自身利益，那麼將偏離供應鏈的整體目標，最後也沒有辦法保證企業個體的利益。因此，供應鏈管理的核心企業（或主導企業）就要與自己的合作方建立戰略性的合作夥伴關係，必須能夠兼顧合作夥伴的利益和訴求，這樣才能調動合作夥伴的積極性。如果只是想著如何從別人身上賺取利益，而又將風險轉嫁到其他企業身上，這樣的供應鏈是不可能健康發展的。

1.3.2.3　協調理念（Coordination）

供應鏈管理涉及若干個企業在營運中的管理活動，為了實現供應鏈管理的目標，要求相關企業在營運活動必須按照計劃協調運作，不能各自為政。例如，供應商應該按照製造商的要求，將零部件按計劃生產出來並準時配送到製造商的裝配線，而且還要求不同零部件的供應商必須同步地將各自的零部件配送到位。任何一個供應商延誤，不僅它自己會損失，而且會連累那些準時交貨的供應商，當然更不用說對總裝配延誤的影響了。協調運作的另一個問題，就是打破傳統的企業各自為政的分散決策方式，通過協調契約的設計，使合作雙方都能夠增加收益，同時達到供應鏈整體利益最大化的目標。

1.3.2.4　分享理念（Benifit-Sharing）

供應鏈管理強調的一個重要理念就是利益分享，即通過整合供應鏈資源、建立合作夥伴關係，並協調運作，達到整體利益最大化。事實上，能否達到上面說的這幾點，還有一個重要影響因素：供應鏈的收益共享。合作企業之所以願意在一個供應鏈體系內共創價值，是因為它們看到這個供應鏈能夠創造更多的收益，但是這些收益必須實行共享，才有可能將供應鏈的資源整合起來。如果合作企業發現供應鏈的利益被某企業獨占，它們是不可能參與到供應鏈的管理系統中的，即使有可能介入，可能也是抱著求短期利益最大化的心態，但犧牲的是供應鏈的長遠利益。因此，是否具有供應鏈

管理的核心理念——分享，是保證合作夥伴能否真心實意地與核心企業站在一個陣營內的重要條件。

1.3.3 供應鏈管理的關鍵問題

　　成功的供應鏈管理需要制定許多與信息流、物流和資金流有關的決策。每一個決策的制定都應該能提高供應鏈盈餘。這些決策可分為三個階段，包括戰略層決策、戰術層決策和運作層決策。

　　戰略層決策又稱為供應鏈戰略設計，它是對企業有長期的效應。主要包括產品設計、自制與外包決策、供應商選擇、戰略合作、倉庫和製造廠及物流網路的數量、佈局和容量決策。

　　戰術層決策又稱為供應鏈計劃，需要每年或每季度更新。通常包括採購與生產決策、庫存策略與運輸策略（包括拜訪顧客的頻率）。

　　運作層決策又稱為供應鏈運作，是每天進行的。包括調度、報價提前期、制定路線和車輛裝載。

　　對於這些問題的詳細討論將在後面的章節中進行。供應鏈管理關鍵問題的焦點歸屬如表 1-2 所示。

表 1-2　　　　　　　　　供應鏈管理關鍵問題的焦點歸屬

序號	關鍵問題	全局優化	風險管理和不確定性
1	配送網路配置	√	
2	庫存控制		√
3	生產採購	√	
4	供應合同	√	√
5	配送戰略	√	√
6	戰略夥伴	√	
7	外包和離岸化	√	
8	產品設計		√
9	信息技術	√	√
10	顧客價值	√	√
11	智能定價	√	

本章小結

　　本章首先介紹了供應鏈的概念和結構模型，然後介紹了供應鏈管理的概念和主要內容。接著又介紹了供應鏈管理的演化歷程，可以幫助我們較好地認識全球化的發展環境，以及供應鏈管理的基本思想、核心理念和關鍵問題。

通過這些內容的學習，讀者能夠對供應鏈管理產生的歷史環境有一個基本認識，理解供應鏈管理的基本思想和基本概念、內容等，可以為後續供應鏈管理理論和方法的學習打下良好的基礎。

思考與練習

1. 供應鏈的結構特徵是什麼？
2. 何為供應鏈管理？簡述供應鏈管理與傳統管理的區別和聯繫。
3. 供應鏈管理的關鍵在於實現企業內部及企業之間資源的集成。從這一意義出發，分析互聯網在供應鏈管理中的重要地位。
4. 為了實現對消費者需求快速、有效的回應，你認為供應鏈上各成員之間應建立一種怎樣的關係？簡述這種關係的內涵。

本章案例

美太醫療器械公司

美太（Meditech）從母公司拆分出來僅3年，就占據了內窺鏡相關醫療器械的主要市場。國家醫療器械公司是其主要的競爭對手，在10年前就已創造了8億美元的市場規模。但是美太通過開發新型革新性的器械，並通過最好的銷售隊伍銷售，與對手進行激烈的競爭。兩方面結合帶來的好處，使美太在短期內獲得了顯著的成功。儘管取得了成功，但顧客服務和配送部的經理丹·富蘭克林（Dan Franklin）注意到顧客的滿意度在下降。美太最近推出了幾個新產品，這幾個新產品是美太整個產品線中主推的產品。新產品的推出是美太快速產品研發戰略中重要的環節，它需要謹慎地推出，以保護美太的聲譽，促進其他產品的銷售。但是美太常常不能在一開始訂單蜂擁而至的時候及時滿足顧客需求。產能變得緊張，顧客需要等待6個星期以上才能收到貨物。交付服務的不足在醫療行業中是致命的，也危及美太的聲譽。

一、公司背景

內窺鏡技術常用於微創手術過程。微創手術與傳統肉眼直視下的手術不同，它只需要很小的創口進行手術。在手術中使用內窺鏡技術不但能減少病人的痛苦，還能節省手術費用。這種手術過程縮短了病人的恢復期，從而減少了手術的總支出。儘管有這些好處，而且內窺鏡技術已經有了幾十年的歷史，但此技術直到近10年才開始流行。就在3年前，預計手術使用內窺鏡器械市場將在5年內翻一番，而且5年後的市場增長也是可以預見的。美太公司的母公司，拉哥（Largo）醫療保健公司，決定把美太獨立出來，集中精力製造和銷售內窺鏡器械。拉哥公司的管理層希望新公司在沒有其他業務分散精力的情況下能迅速發展，並盡快占領內窺鏡器械的市場。

由6年前開始創辦以來，美太已經製造出了大量革新性和低成本的產品。新產品被迅速地引入市場，並由銷售隊伍迅速地推動其銷售。美太和國家醫療器械的競爭集

中於新產品的不斷開發和推廣。每年美太都會推出十幾種或更多的新產品。

儘管兩家公司的開發策略很相似,但銷售策略卻顯著不同。國家醫療器械主要向外科醫生銷售;美太的銷售隊伍則同時向醫院的物流經理和外科醫生銷售。物流經理更關注成本和交貨績效,外科醫生則更關注產品性能。隨著醫療成本不斷增加的壓力,物流經理的地位越來越重要。美太從這種重要的轉變之中獲利。

美太的戰略迅速顯示出它的成功之處。6年內,美太佔有了內窺鏡器械市場的領先份額。無論按照何種市場標準,這個領先都來之不易,尤其在醫療器械領域更為驚人。專業的衛生保健行業的市場份額傾向於逐步變化。醫生通常離不開所偏愛的製造商。醫院通常採用集團購買組織(GPOs),以便利用其與供應商的擴展合同。通常一個醫院轉換供應商需要花幾個月的時間進行協商和建立信任關係。

大多數內窺鏡器械都很小,足以讓外科醫生在掌上使用。它們本身是機械的,通過幾種複雜的結構提供需要的功能。用於製作內窺鏡器械的材料包括註塑件、金屬刀片、彈簧等。內窺鏡在外科手術中是一次性的,使用完就要丟棄。這種器械絕不能重新消毒後再給其他病人使用。美太整個產品線共包括200多種最終產品。

二、配送

美太從一個中央倉庫配送其所有產品,並使用兩個主要的渠道——國內經銷商和跨國聯屬企業,將產品從中央倉庫配送到最終用戶。第一個渠道只針對國內的銷售,使用國內的分銷商或經銷商將產品運往醫院。經銷商向多個廠家訂貨並收貨,這些廠家包括美太,通常這些經銷商會持有數百種產品的庫存。這些庫存的種類涵蓋從醫用手套、阿司匹林等一般藥品、內窺鏡等醫療器械。使用經銷商供應產品,醫院不需要直接向製造商進行零散訂貨。另外,由於經銷商擁有遍布全美的地區性倉庫,經銷商倉庫到大多數醫院的距離都很短。短距離使醫院庫存的頻繁補貨成為可能。有時,經銷商的卡車一天供應兩次,降低了醫院的庫存,進而降低了材料成本。

地區經銷商倉庫以獨立實體方式運作,它們自行決定訂貨時機和訂貨批量。因此,雖然美太只使用了4~5個主要的分銷公司,但會收到來自數百個獨立運作的地區倉庫的訂單,並要分別把貨物運送到這些倉庫。每個倉庫同樣要分別運送產品到數十個或更多的醫院,這樣就有數千家醫院收到美太的產品。

國際銷售的分銷渠道使用拉哥醫療保健公司的跨國聯屬企業。跨國聯屬企業是拉哥醫療全資擁有的在美國國外的附屬機構。與國內經銷商類似,聯屬企業負責自己所屬地區的醫院配送。但相比國內經銷商距離醫院客戶可能只有數千米的狀況,一個聯屬企業可能需要運送的產品要橫跨整個國家。但從美太的角度看,聯屬企業的訂單本質上與經銷商沒什麼區別——跨國聯屬企業提交訂單給美太,而美太以產品滿足其需求。

三、內部營運

製造內窺鏡的生產過程包括3個主要步驟:零部件裝配、產品包裝和產品消毒。每個步驟會在下面分別描述。

裝配過程是手工進行的。供應商供應的零部件經過質量保證部門簡單的檢查後,到達裝配區。在可以被任何一條裝配線使用前,這些零部件先存放在倉庫中。每條裝

配線由一個受過交叉訓練的生產團隊操作，這些團隊的成員能夠生產一個產品系列中的多個產品。當這個產品系列的產品在換型時，幾乎不需要消耗多少時間和成本，僅需要生產團隊領導的指令和零部件恰當的供應。對於一批器械，一般的裝配週期（假定需要的零部件都有可用的庫存，一批產品從做裝配計劃到實際裝配的時間）為2個星期左右。零部件的提前期大約為2~16個星期。裝配好的器械將從裝配區運往散裝成品倉庫等待包裝。

包裝過程使用幾個大型包裝機，機器直接將零散的器械裝入塑料容器，並在容器頂部貼上軟標籤。整個塑料容器被放入一個紙板箱，並立即運往消毒區。包裝區的產能不會影響產品的輸出。

消毒過程使用鈷輻射消毒機。器械連同塑料容器包裝和紙板包裝被放入消毒機，消毒機將運行一個小時。射線穿透紙板箱和塑料並破壞任何潛在的有害污染物。消毒機可以對四道隔離牆內的所有產品進行消毒。目前，其容量還不受限制。經過消毒的器械被立即運往成品倉庫。

四、營運組織

整個營運組織由營運副總裁肯尼思·斯特朗格勒（Kenneth Strangler）負責（營運組織結構圖見圖1-7）。下屬部門包括幾個工廠經理（分別是美太四個生產廠的經理）、供應商管理主管，以及計劃、配送和顧客服務主管。除此之外，公司還有其他副總裁（圖1-7中沒有顯示），分別負責市場和銷售、產品研發以及財務。所有的副總裁向公司的最高負責人——美太的總裁匯報。組織中，生產廠經理負責管理生產人員、工程技術人員，保證質量，支持服務，向相關部門供應原材料。有幾個營業單位直接向工廠經理匯報。每個營業單位全權負責特定產品系列的裝配，或者包括包裝和消毒的整個過程。每個裝配營業單位最重要的工作是實現每週的生產計劃。生產計劃的實現可以確保向包裝/消毒流程穩定地供應散裝器械。確定裝配和包裝/消毒生產計劃的流程將在後面討論。

向營運副總裁匯報的還有供應商管理部門以及計劃、配送和顧客服務部門。供應商管理部門處理與供應商的關係，包括建立採購合同和在必要的時候尋找新的供應商。計劃、配送和顧客服務部門以確保顧客在需要時收到產品為主要目標。顧客服務部中的主要職位包括顧客服務與配送經理（丹·富蘭克林）、中央計劃經理、庫存經理和物流經理。顧客服務部負責處理從突發性顧客投訴到建立改善交付服務策略等工作。顧客服務代表與經銷商和跨國聯屬企業之間日常的工作是保證他們及時瞭解產品的交付計劃和發生的問題。部門通常的職責需要顧客服務代表與醫院方保持直接的聯繫。

顧客服務部處理有關產品從成品庫出庫後流動的相關問題，而中央計劃確保足夠的成品可以滿足訂單。他們制訂月生產計劃，而營業單位使用月生產計劃來確定周計劃和日計劃。

庫存經理查爾斯·斯托特（Charles Stout）為營業單位確定成品庫存策略，並建立零件和散裝產品庫存的指導原則。當最高層下達降低庫存的指令時，庫存經理必須確定庫存還可以從哪些方面降低，以及具體執行這些降低庫存的措施。通過努力，斯托特成功地消除了數百萬美元的滯銷庫存。

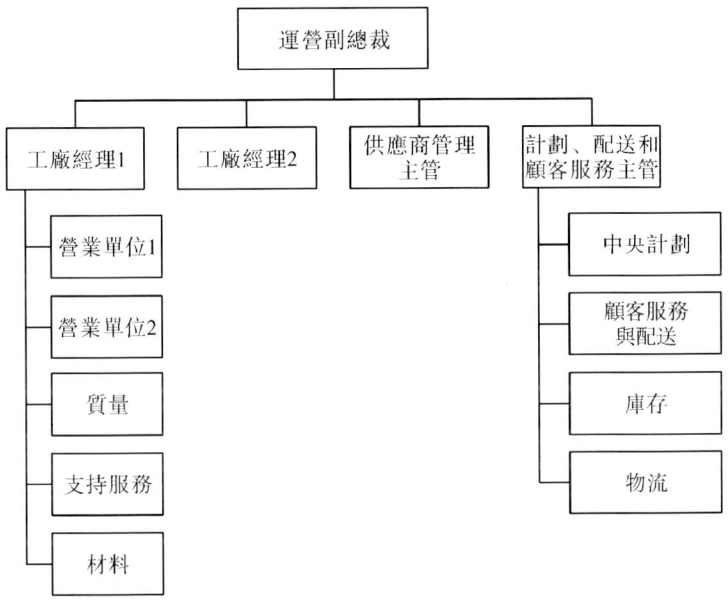

图 1-7　美太营运组织结构图

五、生产计划和调度

生产计划与调度流程一般分为两部分：基于每月预测的产品装配和零部件订购计划，以及基于产成品库存水准的包装和消毒排程计划。每个财政年度的第四季度，由市场和财务部门确定年度预测。根据每个月的周数，将年度预测按比例拆分成每个月的预测。随着时间的推移，中央计划部门与市场部门一起，根据实际的市场趋势和发生的事件调整预测值。在每个月初，由市场部门和中央计划部门共同调整当月的预测。

特定器械的装配计划从月需求预测开始。基于每月的预测，中央计划部门确定从未包装产品库存转移到成品库存的产品数量，以满足期望需求。这个数量被称为成品的「转移需求」，可以由每月的需求减去当前的成品库存，再加上必需的安全库存得到（日前的安垒库存政策是维持3个星期的需求）。

一旦完成200多种零部件的编码，转移需求通过组织批准被实施，这一过程一般需要1~2个星期。儘管转移需求计划不一定真正地被用於装配计划或包装与消毒工艺，但它提供了每日的预计生产总量。任何问题都将在计划中被界定并解决。

装配计划和零件的订货补充基於月需求预测和当前的库存水準。每个月的中旬，完成的月计划（其中包含月预测值）被送至装配营业单位。营业单位的计划员将预测输入物料需求计划（MRP）系统，以生成每週的生产计划和每个成品需要的零部件订货量。MRP系统指定装配计划和零部件订购计划基於：①月预测；②装配、包装和消毒的提前期；③当前的零件、未包装成品和最终成品的库存水準。儘管每星期都可能需要进行几次MRP计算，计划员还是会尽力不改变周生产计划以确保每週实际的改变次数不超过每週公布的允许改变的次数。（计划改变通常需要重新安排人员和订购更多

的零部件。每週公布的允許改變次數，由營業單位經理確認後公布。）

與基於預測的裝配計劃相比，包裝和消毒排程計劃是基於成品庫存的補充需求計劃進行的。為了便於計劃，包裝和消毒被看作一個運作過程，因為未包裝儀器經過包裝直接進入消毒過程，中間不需要放入倉庫。圖1-8所示的是一個批次的器械在一週內完成整個包裝/消毒的過程。包裝/消毒的計劃在訂貨點和訂貨量（OP/OQ）的基礎上進行。例如，當成品庫存低於事先設定的訂貨點（OP），就啟動對已包裝且消毒產品的補充訂單。訂單上器械的需求量等於事先設定的訂貨批量（OQ）。

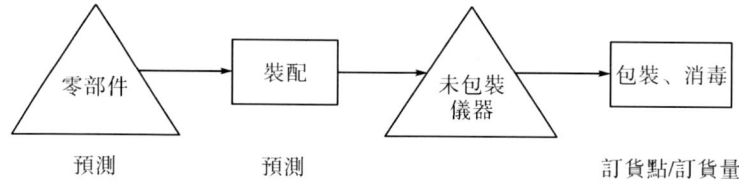

圖1-8　美太生產過程

另一種看待排程計劃的方式是認為材料通過裝配被送到未包裝儀器庫存，然後通過包裝/消毒被拉到成品庫。裝配的推動是在每日實際需求到達之前根據每日預測來實施的，而包裝/消毒的拉動，僅僅是補充這一天銷售掉的成品。

六、新產品的推出，高庫存和低服務水準

在過去幾年裡，美太已經向市場推出了數十種新產品，大多數新產品是對現有產品的升級換代。美太計劃繼續現有的戰略，以通過新產品的持續更新取代現有產品。雖然革新性產品被市場很好地接受，但是每個新產品的推出導致了供應方面產生問題。丹·富蘭克林感覺到顧客開始厭倦每次新品推出導致的低水準服務。通過與許多醫院的物料經理會面，他開始認識到顧客沮喪的原因。

富蘭克林無法確定為什麼美太一直存在新產品推出後的供應短缺。預測絕對是一個問題，但確定影響的程度是困難的。以前並沒有對預測準確度進行數據跟蹤，也沒有保存預測和需求的信息。數據的收集需要一個長期的過程，這個過程需要從以前月計劃的紙質文件中獲取新信息並手工輸入計算機。即使有更好的方法可以採用，預測也只能有限度地改進。

新產品推出的問題還包括成品庫存水準過高。最近美太雇用了一個諮詢人員來研究這個問題。她發現在不影響服務水準的前提下，總庫存可以至少降低40%（見圖1-9）。儘管庫存水準較高，但令人失望的是全年實際服務水準卻低於企業目標。管理層擔心減少庫存會進一步降低已經很低的績效。

另一個引起問題的原因是經銷商和跨國聯屬企業的「恐慌性訂購」。恐慌性訂購通常發生於經銷商或跨國聯屬企業不能確定產品是否能按時收到，因而通過增加訂貨批量，寄希望於美太至少能交付訂貨的部分產品。訂貨批量的增加會導致需求的臨時增加，這有助於解釋為什麼美太的需求總是大於供應。習慣了過去交貨中存在的問題，經銷商和跨國聯屬企業動輒使用恐慌性訂購。在一次與美太最大經銷商代表的交談中，代表指出恐慌性訂購是很有可能的。考慮到地區倉庫本身的分散化特徵，經銷商幾乎

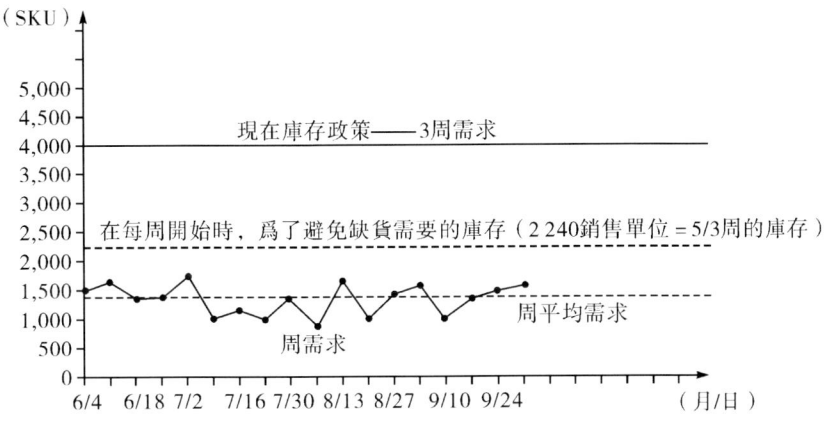

圖1-9　某代表性產品週需求模式說明目前的庫存水準和諮詢人員推薦的庫存策略

無法控制各個倉庫的實際訂貨，因此各個倉庫可能在中央經銷商完全不知道的情況下採用恐慌性訂購。儘管發生恐慌性訂購的可能性不代表實際真的會發生。但是，證實其存在或不存在的數據幾乎無法找到。

富蘭克林要求他的一個下屬對新產品推出問題和庫存/服務水準之間的矛盾進行調查。該工作人員花了幾個月時間根據需求模式、生產率和預測來匯編信息。與美太本身的分散化特徵一致，信息存在於公司不同地區的不同系統中。沒有一種固定的方式可以確定某種產品將來的需求、庫存或生產率。開發一個通用的數據格式也是非常困難的，有的數據按照日曆的月份表示，有的按照星期，還有的按照公司的財政日曆（按照4周、5周的月份依次變動）。一旦將這些數據放在一起，將表達以下信息：

（1）新產品在推出後的需求遵循一定的格式，在最初的幾周內達到高峰，但隨後立即變得相對穩定（見圖1-10）。

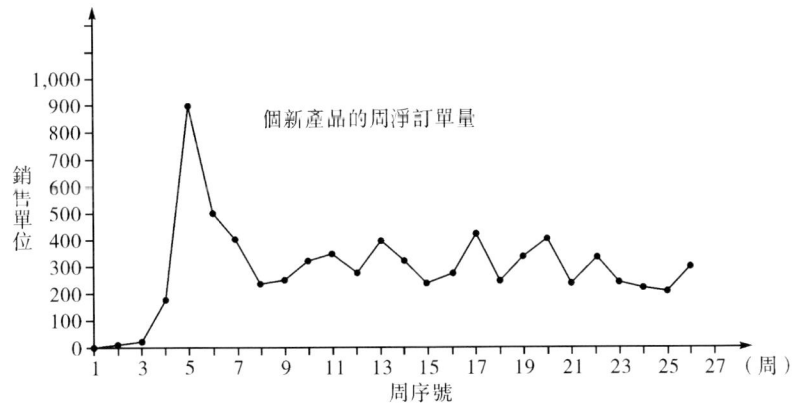

圖1-10　新產品推出後典型的需求模式，產品在第四週末正式推出

（2）生產計劃的變動經常大於需求的變動（見圖1-11和圖1-12）。

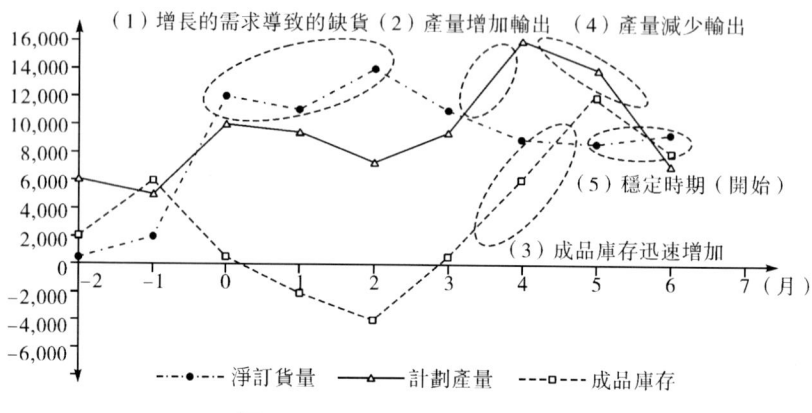

圖1-11　新產品推出時生產的反應

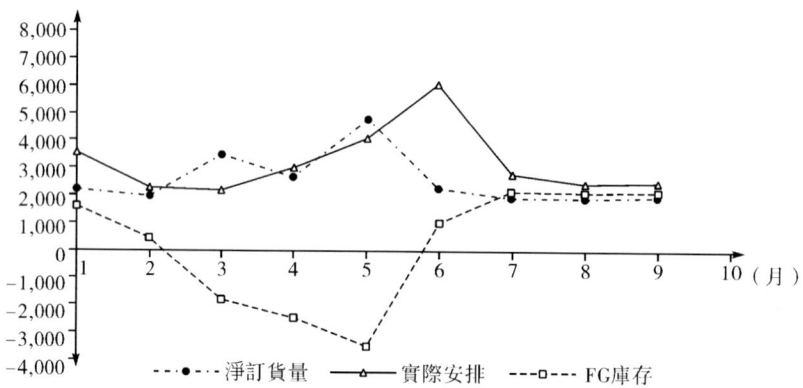

圖1-12　遇到意想不到的高需求時（並非新產品的推出）生產的反應

意想不到的需求發生於第3、4、5月。圖中只顯示了每月的裝配產出，不含包裝/消毒產出。

（3）通過歷史數據的簡單線性迴歸可以大大改進月預測。

有了這些先後，富蘭克林開始思考如何調整美太的交貨問題。

資料來源：大衛·辛奇. 供應鏈設計與管理：概念、戰略與案例研究［M］. 3版. 季建華，邵曉峰，譯. 北京：中國人民大學出版社，2010：16-23.

案例思考

1. 美太在推出新產品的過程中有什麼問題？所有產品的製造過程都存在這些問題嗎？
2. 從系統和組織的角度考慮，是什麼造成了這些問題？
3. 為什麼顧客服務經理首先認識到這個重要的問題？
4. 如果你是美太公司的物流配送部經理，你將如何解決這個問題？

2 供應鏈管理要素與運行機制

本章引言

　　面對市場競爭日益激烈、用戶需求的不確定性和個性化增強、高新技術迅猛發展、產品生命週期縮短和產品結構越來越複雜的今天，企業應該如何應對新的競爭環境，已成為廣大管理理論及實踐工作者關注的焦點。供應鏈管理出現的早期主要是圍繞企業內部供應鏈的局部性研究，如多級庫存控制、物料的採購供應、分銷管理的研究等。隨著經濟全球化和信息化時代的到來，以及全球製造的出現，供應鏈管理逐漸打破企業間的隔牆，形成了以核心企業為中心的企業群的風險共擔、利益共享、信息透明的聯盟式營運模式。本章在第1章給出的供應鏈管理概念基礎上，進一步研究了供應鏈的體系框架和關鍵要素，然後討論了供應鏈管理的運行機制和運行模式。

學習目標

● 瞭解供應鏈管理體系的構成和關鍵要素。
● 理解供應鏈管理的運行機制。
● 掌握供應鏈管理的運作模式。

2.1　供應鏈管理體系框架及關鍵要素

2.1.1　供應鏈管理的體系構成

　　隨著供應鏈管理思想的發展，人們開始注意到了從整個供應鏈的角度研究供應鏈管理的體系框架和關鍵要素問題。

　　美國俄亥俄州立大學蘭伯特教授及其研究小組提出供應鏈管理的三個基本組成部分：供應鏈的網狀結構、供應鏈業務流程和供應鏈管理要素，這三個組成部分的具體內容是：

　　（1）供應鏈的網路結構。主要包括：工廠選址與優化，物流中心選址與優化，供應鏈網路結構設計與優化。

　　（2）供應鏈業務流程。主要包括：客戶關係管理（CRM）、客戶服務管理、需求管理、訂單配送管理、製造流程管理、供應商關係管理（SRM）、產品開發與商業化、回收物流管理。

　　（3）供應鏈管理要素。主要包括：運作的計劃與控制、工作結構設計（指明企業

如何完成工作任務）、組織結構、產品流的形成結構（基於供應鏈的採購、製造、配送的整體流程結構）、信息流及其平臺結構、權力和領導結構、供應鏈的風險分擔和利益共享、文化與態度。

圖 2-1 是一個綜合了供應鏈網路結構、供應鏈業務流程和供應鏈管理要素這三項內容的供應鏈管理流程結構。

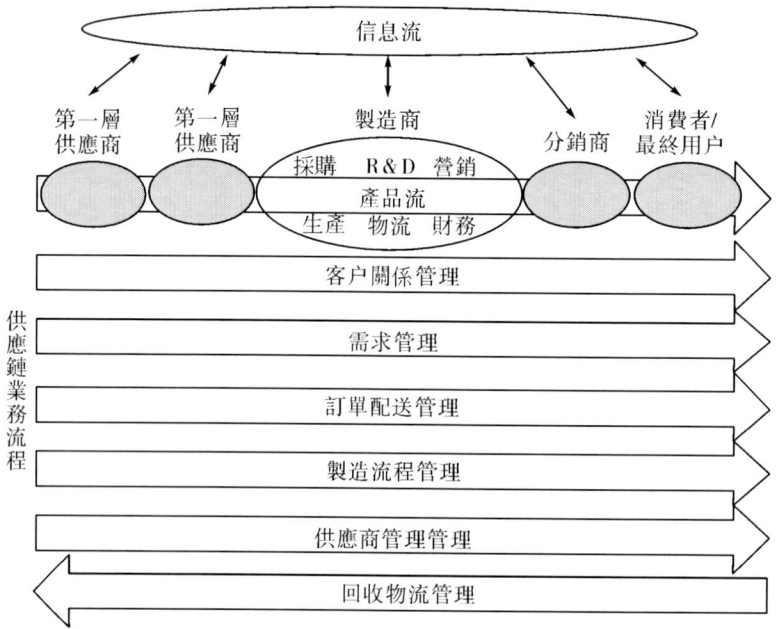

圖 2-1　供應鏈管理流程結構

2.1.2　供應鏈管理系統的關鍵要素

根據上面提出的供應鏈管理體系構成，可以將供應鏈管理總結為十個關鍵要素，如圖 2-2 所示。它們分別是：需求與供應鏈計劃管理、供應鏈庫存管理、供應鏈網路設計、供應鏈合作夥伴關係管理、物流管理、供應鏈資金流管理、供應鏈信息流管理、供應鏈企業組織結構、供應鏈績效評價與激勵機制、供應鏈風險管理。

供應鏈管理研究的目的之一，就是尋求效率和回應速度之間的平衡以便取得企業競爭優勢。因此，企業必須充分考慮這些供應鏈關鍵要素的重要性。對於每個關鍵要素，企業都必須在效率和回應速度之間尋求平衡，因為這些關鍵要素的合力作用決定了整個供應鏈的效率和回應速度，最終決定整個供應鏈的競爭力。

2.1.2.1　供應鏈需求與計劃管理

供應鏈計劃管理在整個供應鏈系統中處於中心位置，是連接所有相關的供應鏈企業生產系統與市場的樞紐，是供應鏈管理中最重要的要素之一。供應鏈需求與計劃管理活動一般由核心企業主導，它的主要功能有：①瞭解和掌握市場需求。供應鏈企業

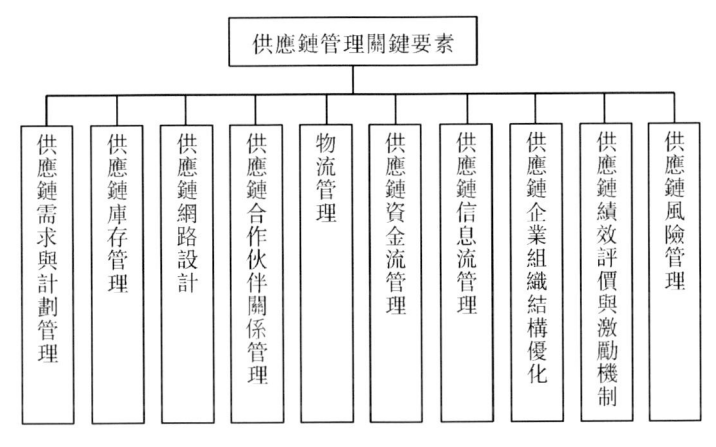

圖 2-2　供應鏈管理領域的關鍵要素

必須採用先進的需求管理和預測技術，將互聯網時代的碎片化需求整合起來，這樣才能準確地掌握客戶的需求信息和客戶動態。②定義供應鏈活動範圍。③規劃供應鏈企業的客戶訂單承受能力（Avilable-To-Promise，ATP）、多供應商物料需求計劃、分銷需求計劃、集中與分散交貨計劃、訂單交付週期壓縮計劃等。④制訂主生產計劃，包括需求預測和需求管理、主生產計劃編製、製造支持、減少庫存資金占用、物流資源匹配支持等。整個供應鏈都按照它發出的指令運行。供應鏈計劃管理者眼於優化整個供應鏈，因此涉及從原材料供應、產品製造、訂單交付、產品配送直到最終用戶的全過程的需求與計劃管理。

為了提高客戶滿意度，供應鏈企業必須同時做好線上和線下全渠道的客戶需求管理工作，使供應鏈的營運能夠圍繞著客戶需求進行，供應鏈企業能夠快速回應客戶的個性化需求，始終如一地為客戶提供優質、可靠的產品和服務。

2.1.2.2　供應鏈庫存管理

供應鏈管理中庫存的功能，是通過維持一定量的庫存來克服由於市場隨機需求產生的變化和供應的不確定性對供應鏈帶來的不利影響，如圖 2-3 所示。

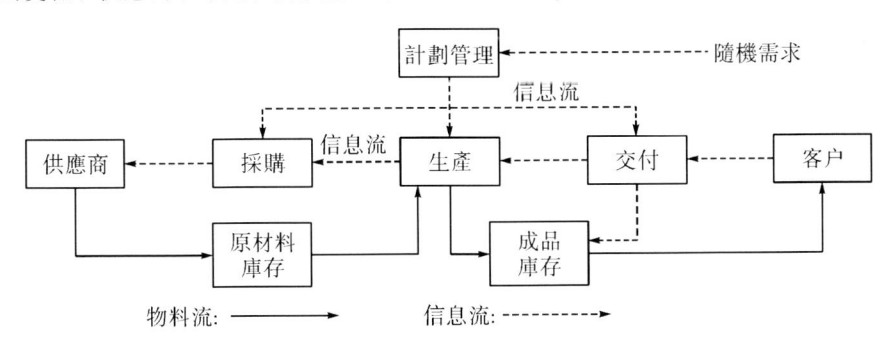

圖 2-3　庫存在供應鏈管理中的角色定位

供應鏈管理的主要目的是保證供應鏈中物流和信息流的有效流動。但在企業的實際管理活動中，經常出現由於各種不確定性問題而導致物流和信息流的流動出現障礙，如原材料延遲到達、機器故障、產品質量發生缺陷、客戶訂單突然取消等。這些不確定因素都會使企業管理者被迫提高庫存水準以吸收和平衡隨機波動因素帶來的損失。因此，很長一段時間以來，企業為了提高客戶訂單的準時交付率，常常要維持足夠的庫存量作為安全緩衝，這樣，即使供應鏈上的企業出現了問題也不致過於影響整個供應鏈的服務水準。然而，增加庫存水準必然導致庫存成本上升，也會削弱供應鏈的競爭力。根據實際調查得知，一般情況下庫存費用要占庫存物品價值的20%，有時高達40%。過高的庫存水準對供應鏈效率與效益都有巨大影響，因此如何控制好供應鏈中的庫存水準，一直是供應鏈管理的重要組成部分。

2.1.2.3 供應鏈網路設計

供應鏈網路系統是為客戶提供產品生產和服務的物質基礎，通常是指工廠、車間、設備、倉庫、配送中心等物質實體構成的一個有機體系，是實現企業產品物流和配送活動的載體。供應鏈管理中的網路設計，是指如何運用科學的方法確定各種設備設施的數量、地理位置、規模，並分配各設施所服務的市場（服務對象）範圍，使之與供應鏈的整體經營系統有機結合，以實現有效、經濟的供應鏈運作。供應鏈網路選址對設施的平面佈局以及投產後的生產經營費用、產品和服務質量以及成本都有極大而長久的影響。供應鏈網路的功能也將根據不同的市場環境進行合理規劃和設計，如回應型供應鏈、效率型供應鏈等。無論哪種功能類型的供應鏈網路，有關選址、能力及設施柔性的決策對供應鏈都有很大的影響，保證供應鏈網路設計的合理性和正確性是供應鏈正常運行的前提。

2.1.2.4 供應鏈合作夥伴關係管理

為了降低供應鏈總成本、降低供應鏈上的庫存水準、增強信息共享程度、改善相互之間的交流、保持戰略夥伴之間業務流程運作的一貫性，必須管理好供應鏈企業間的戰略合作夥伴關係。供應鏈上的每個節點，企業要想實現財務狀況、質量、產量、交貨、客戶滿意度以及業績的改善和提高，必須著眼於與預期合作的企業建立起戰略合作夥伴關係，而不能僅停留在一般的交易關係上，也不能僅從自身利益最大化出發。只有供應鏈的整體競爭力提高了，每個企業才能得以成長。因此，供應鏈的績效是以供應鏈成員企業相互間的充分信任和深度合作為基礎的，可以說，供應鏈管理就是合作夥伴關係管理。

2.1.2.5 物流管理

在傳統的企業管理體系中，物流僅僅被當成企業經營活動中的輔助內容，因此許多企業並不關注物流管理，缺乏戰略性的物流規劃和運作優化。有的企業之所以缺乏整體競爭力，原因之一就是它們的物流體系不通暢，導致產品配送受阻，影響了產品的準時交付。傳統的企業管理者只重視產品生產，而對保證生產正常進行的其他支持系統則重視不夠。例如，有的企業沒有建立有效的供應鏈物流協同管理體系，導致外

購材料或零部件缺件而延誤產品的總裝配活動，進而影響產品的按期交付。再如，有的企業沒有建立敏捷的客戶回應系統，產品不能及時、準確地配送到客戶手中，使企業的服務不能滿足客戶的需求，特別是在電子商務的環境下，供應鏈物流系統的末端配送水準直接影響到客戶的體驗。從供應鏈管理的視角出發，要想使自己的供應鏈物流系統能夠產生超常的競爭優勢，就是要使企業在成本、質量、時間、服務、靈活性上的競爭優勢得以顯著提高，這就需要將供應鏈物流系統從企業戰略的高度去規劃和管理，把供應鏈管理戰略通過物流管理落到實處。因此，在供應鏈管理的研究與實踐上，都將物流管理作為重要內容。

2.1.2.6 供應鏈資金流管理

供應鏈管理不僅需要協調好合作企業之間的信息流和物流的營運，還要格外重視對供應鏈上的資金流進行優化和管理。供應鏈資金流管理包括三個主要內容：從訂單到現金回收（Order-To-Cash）、從採購到付款（Procure-To-Pay），以及供應鏈金融（Supply Chain Finance）。

從訂單到現金回收，是指企業在收到客戶訂單以後，立即制訂生產計劃並組織生產，按照訂單要求將產品交付給客戶後，直至收到客戶付款的所有過程。供應鏈企業管理者要保證每個環節都必須有足夠的資金，以支撐日常營運活動，不能因缺少資金而導致生產停頓，延誤了訂單的交付。這樣不僅難以產生銷售收入，甚至有可能受到違約處罰，最終產生虧損。

從採購到付款，指的是向供應商下達採購訂單，收到貨物之後向供應商付款的所有過程。這是一項支出活動，不少企業經常拖延支付帳期，認為這樣可以降低本企業的成本。表面上看，延遲支付貨款對企業來說有利，但實際上會損害供應鏈的整體競爭力。因為這樣做的結果是提高了供應商的成本，反過來又會提高供應鏈的總成本。此外，資金緊張的供應商也可能採取更加隱諱的手段維持生存，最終使供應鏈整體受損。因此，一個健康的供應鏈一定是嚴守付款協議的，不會出現惡意壓制供應商貨款的現象。

供應鏈金融，或稱供應鏈融資，是整合了金融機構、核心企業和成員企業資源和需求的複雜活動，著眼於供應鏈營運優化，利用金融手段提高資金的使用效率，解決中小供應商（或分銷商）的融資難題，而使供應鏈能夠穩健運行，確保實現供應鏈整體目標的綜合性管理活動。供應鏈金融包括物流金融在內，可以使資金的運行效率得到提高，能夠為核心企業及其所主導的供應鏈帶來新的價值增長點，因此在進入 21 世紀後成為供應鏈資金流管理的一個重要領域。

2.1.2.7 供應鏈信息流管理

信息流是供應鏈上各種計劃、訂單、報表、庫存狀態、生產過程、交付過程等指令和其他關鍵要素相互之間傳遞的數據流，包含了整個供應鏈中有關庫存、運輸、績效評價與激勵、風險防範、合作關係、設施與客戶的信息和對信息的分析。由於信息流直接影響著物流、資金流、商流及其他關鍵要素的運行質量，因此它是供應鏈性能改進中最重要的要素。有效的信息流管理為供應鏈企業對市場需求回應更快、資源運

用效率更高提供了保證。

信息技術的發展進一步增強了企業應用供應鏈管理的效果。成功的企業往往通過應用信息技術來支持和發展經營戰略，它對整個供應鏈將會產生重大的影響，這種影響主要表現在：①通過信息系統與大數據技術可以幫助企業與客戶建立新型的夥伴關係，更好地瞭解客戶和市場需求；②有利於進一步拓寬和開發高效率的行銷渠道；③有助於改變供應鏈的構成，使得商流與物流達到統一；④重新構築企業與企業聯盟之間的價值鏈。

2.1.2.8　供應鏈企業組織結構

現代管理學認為，組織創新是企業的核心能力構成要素之一，是提高企業的組織效率、管理水準和競爭能力的有效措施。今天，隨著互聯網及網路技術的出現，企業的供應鏈管理再一次發生變化。目前，世界上許多企業為了提高供應鏈的效率與回應速度，對企業的供應鏈管理模式，特別是企業的組織結構形式進行了不斷的研究、探索與實踐。供應鏈組織創新是企業組織優化的重要組成部分，而且這種優化超越了企業的邊界，聯結起供應鏈的上、下游企業，致力於形成一種現代的、能夠支持整個供應鏈管理的全新組織體系。這對提高供應鏈的競爭能力起著非常重要的作用，而且創造了新的組織管理理論。

2.1.2.9　供應鏈績效評價與激勵機制

從系統分析角度來看，供應鏈績效評價與激勵是供應鏈管理中的一項綜合性活動，涉及供應鏈各個方面。供應鏈績效評價的目的主要有兩個：一是判斷各方案是否達到了各項預定的性能，能否在滿足各種內外約束條件下實現系統的預定目標；二是按照預定的評價指標體系評出參評方案的優劣，做好決策支持，幫助管理者進行最優決策，選擇系統實施方案。供應鏈激勵的目標主要是通過某些激勵手段，調動合作雙方的積極性，兼顧合作雙方的共同利益，消除由於信息不對稱和敗德行為帶來的風險，使供應鏈達到協調運作，消除雙重邊際效應，實現供應鏈企業共贏的目標。

通過建立供應鏈績效評價與激勵機制，圍繞供應鏈管理的目標對供應鏈整體、各環節（尤其是核心企業）的營運狀況以及各環節之間的運行關係等所進行的事前、事中和事後分析評價。如果供應鏈績效評價與激勵機制設置不當，那麼將會造成系統無法正確判斷供應鏈運行狀況，並且不利於各成員合作關係的協調。因此，保證供應鏈績效評價與激勵機制的合理性和一致性是供應鏈運行的關鍵。

2.1.2.10　供應鏈風險管理

在供應鏈管理的實踐中，存在著很多導致供應鏈運行中斷或出現其他異常情況的風險。例如，2000年3月美國新墨西哥州飛利浦公司第22號芯片廠的車間發生的火災，2001年9月11日在美國發生的「9/11」恐怖事件，2003年始於廣東並向許多地區蔓延的SARS，2011年日本的大海嘯等，都曾經導致供應鏈運行的中斷，給企業、國家和世界的經濟造成了很大的創傷，甚至是致命的打擊。因為企業的供應鏈是環環相扣的，任何一個環節出問題，都可能影響供應鏈的正常運作。而這些事件的發生具有

極大的不確定性和偶然性，是無法預知的。因此，供應鏈的風險防範機制設置的合理性和靈活性是供應鏈正常運行的保證。

21世紀企業的成功與否關鍵在於供應鏈管理的成功與否，供應鏈管理的成功與否又取決於人們對供應鏈管理系統結構與關鍵要素的認識和把握。

2.2 供應鏈管理的運行機制

2.2.1 供應鏈管理的總體運行機理

供應鏈營運管理的核心是上下游企業間的物流、信息流、資金流（即人們通常所說的「三流」）的集成，其目的可以從兩方面來理解和闡釋：一是通過產品（技術、服務）的擴散機制來滿足社會的需求，二是通過市場的競爭機制來發展壯大企業的實力。因此，供應鏈管理實際上是一種以競爭-合作為基礎、以企業集成和作業協調為保證的新型企業運作模式。

供應鏈管理的運行機理主要體現為：企業在市場競爭中的成熟與發展，通過供應鏈管理的合作機制（Cooperation Mechanism）、決策機制（Decision Mechanism）、激勵機制（Encourage Mechanism）和自律機制（Self-discipline Mechanism）來實現滿足顧客需求、使顧客滿意以及留住顧客等功能目標，從而實現供應鏈管理的最終目標，即社會目標（滿足社會就業需求）、經濟目標（創造最佳利益）和環境目標（保持生態與環境平衡）的合一如圖2-4所示。

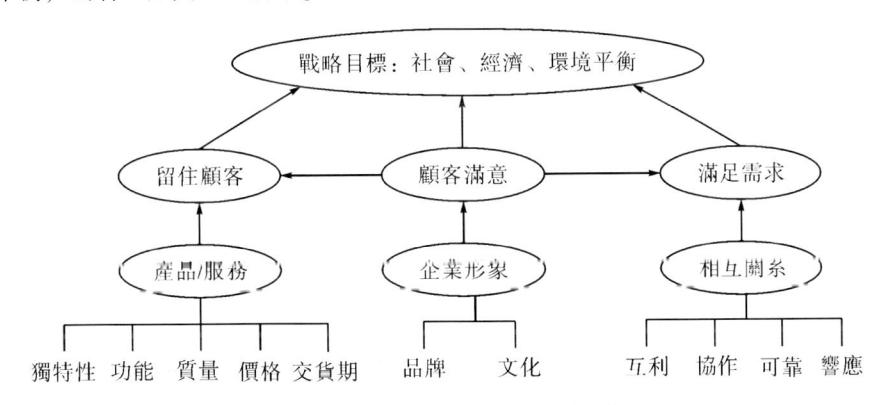

圖 2-4　供應鏈管理的運行機理與目標

2.2.1.1 合作機制

供應鏈合作機制體現了戰略夥伴關係和企業內外資源的集成與優化利用。基於這種企業環境的產品製造過程，從產品的研究開發到投放市場，週期大大縮短，而且定制化程度更高，模塊化、簡單化產品和標準化組件，使企業在多變的市場中的柔性和敏捷性顯著增強，虛擬製造與動態聯盟提高了業務外包策略的利用程度。企業集成的

範圍擴展了，從原來的中低層次的內部業務流程重構上升到企業間的協作，這是一種更高級別的企業集成模式。在這種企業關係中，市場競爭的策略最明顯的變化就是基於時間的競爭和基於價值的供應鏈管理。

2.2.1.2 決策機制

由於供應鏈企業決策信息來源不再僅限於企業內部，而是在開放的信息網路環境下，需要不斷進行信息的交換和共享，達到供應鏈企業同步化、集成化計劃與控制的目的。隨著互聯網發展成為新的企業決策支持的信息平臺，供應鏈企業間可以很方便地實現決策信息共享，哪怕是很小的企業也不會因缺少信息系統支持而無法共享信息。因此，企業的決策模式將會產生很大的變化，處於供應鏈中的任何企業決策模式都應該是基於互聯網的開放性新環境下的群體決策。

2.2.1.3 激勵機制

歸根到底，供應鏈管理和任何其他管理思想一樣，都要使企業在 21 世紀的競爭中在「TQCSF」方面有上佳表現。其中，T 為時間，指反應快，如提前期短、交貨迅速等；Q 指質量，意指產品、工作及服務質量高；C 為成本，企業要以更少的成本獲取更大的收益；S 為服務，企業要不斷提高顧客服務水準、顧客滿意度；F 為柔性，企業要有較好的應變能力。缺乏均衡一致的供應鏈管理績效評價指標和評價方法是目前供應鏈管理研究的弱點，也是導致供應鏈管理實踐效率不高的一個主要問題。為了掌握供應鏈管理的技術，必須建立健全績效評價和激勵機制，以推動企業管理工作不斷完善和提高，也使得供應鏈管理能夠朝著正確的方向發展，真正成為企業管理者樂於接受和實踐的新型管理模式。

2.2.1.4 自律機制

自律機制要求供應鏈企業向行業的領頭企業或最具競爭力的競爭對手看齊，不斷對產品、服務和供應鏈績效進行評價，並不斷地改進，以使企業能保持自己的競爭力並持續發展。自律機制主要包括企業內部的自律、對比競爭對手的自律、同行企業的自律、比較領頭企業的自律。企業通過推行自律機制，可以降低成本，增加利潤和銷售量，更好地瞭解競爭對手，減少顧客的抱怨，提高顧客滿意度，增加信譽，企業內部部門之間的業績差距也可以得到縮小，提高企業的整體競爭力。

2.2.2 供應鏈管理的系統優化機制

供應鏈運行機制又可以根據內容的不同，劃分為系統優化機制、風險防範與激勵機制，本小節主要介紹系統優化機制，下一小節介紹風險防範與激勵機制。

供應鏈管理的目的是實現回應性與效率之間的平衡，以更好地支持公司的競爭戰略，並獲得較高的系統收益。因此從供應鏈管理的系統優化角度來看，必須深入研究影響供應鏈績效的驅動因素，包括設施、庫存、運輸、信息、採購和定價，同時構建合理的系統優化框架，從而以盡可能低的成本獲得預期水準的回應性，提高供應鏈盈餘和公司財務績效。

2.2.2.1 系統優化的影響因素

影響供應鏈績效的驅動因素可以分為兩類，其中物流驅動因素包括設施、庫存、運輸，跨職能驅動因素包括信息、採購和定價。

1. 設施

設施是供應鏈網路的實體位置，即產品儲存、組裝或加工的場所。生產場地和倉儲場地是兩大主要設施。有關設施的作用、選址、產能和柔性的決策，對供應鏈的績效有重大影響。比如，2013年，為了提高回應性，亞馬遜增加了離顧客很近的倉儲設施的數量（結果就是增加了對固定資產的投入）。相反，2013年，百思買關閉了很多設施來提高它的效率，儘管這會降低它的回應性。如果設施由公司擁有，設施成本就在固定資產名下。如果設備是租賃的，設施成本就在銷售費用、一般費用和管理費用名下。

2. 庫存

庫存包括供應鏈上所有的原材料、在製品和產成品。屬於公司的庫存在公司資產名下。改變庫存策略能大大改善供應鏈的效率和回應性。例如，固安捷公司儲存大量存貨以滿足顧客的需求，同時也能夠快速地回應顧客需求，儘管高庫存會降低效率。固安捷公司這樣的實踐是有意義的，因為可以在長時間內保持其產品自身的價值。運用高庫存水準的戰略在時尚的服裝行業是危險的，這是因為季節和趨勢的變化使庫存價值損失得相對較快。西班牙的服裝零售公司 ZARA 盡力縮短新產品開發週期和補貨提前期，而不是持有高水準的庫存。結果，該公司不僅維持了低水準庫存，而且具有極好的回應性。

3. 運輸

運輸使庫存在供應鏈上實現了點對點的移動。運輸可以採取節點和路線的多種組合方式，每一種方式的績效都有其特點。運輸的選擇對供應鏈的回應性和效率有很大影響。例如，郵購目錄公司可利用較快的運輸方式，如選擇聯邦快遞運送產品，使供應鏈回應更迅速，但聯邦快遞的高成本也會使競爭優勢降低。然而，McMaster-Carr 公司和固安捷公司已經建立自己的供應鏈，運用地面運輸來為大多數顧客提供次日交付的服務。它們正以較低的成本提供高水準的回應性。顧客的外向運輸成本在銷售費用、一般費用和管理費用名下，而內向運輸成本則在產品銷售成本名下。

4. 信息

信息包括關於整個供應鏈上設備、庫存、運輸、成本、價格、顧客的數據和分析資料。信息可能是影響供應鏈績效的最重要驅動因素，因為它直接影響了其他各個因素。信息使供應鏈更具回應性、更有效率，這為管理帶來了機遇。例如，7-11便利店運用信息更好地使供給和需求相匹配，實現生產和分銷的經濟性。結果是在獲得對顧客需求高水準回應性的同時，生產和補貨成本也降低了。與信息技術相關的成本可以在營運費用名下（銷售費用、一般費用和管理費用），也可以在資產名下。比如，2012年亞馬遜投入的技術費用在營運費用名下有45.4億美元，在固定資產折舊名下有4.54億美元。

5. 採購

採購是選擇由誰來從事特定的供應鏈活動，如生產、儲存、運輸或信息管理。在戰略層次上，這些決策確定哪些職能由公司自己履行，哪些職能尋求外包。採購決策影響供應鏈的回應性和效率。例如，摩托羅拉將大量的生產外包給中國的合同製造商後，效率提高了，但由於提前期太長，回應性有所下降。為了彌補回應性的下降，摩托羅拉開始從中國空運其部分手機，即使這種選擇增加了運輸成本。偉創力公司是一家電子產品製造商，希望能為客戶提供既回應快又高效的採購選擇。它試圖使高成本場地的生產設施快速回應，同時低成本場地的生產設施保持高效。偉創力公司希望通過這兩種設施的結合，成為所有顧客的高效供應源。採購成本在產品銷售成本名下，應付給供應商的資金記錄在應付帳款科目下。

6. 定價

定價決定著公司對通過供應鏈提供的商品和服務如何收費。定價影響產品和服務的買方的行為，從而影響需求和供應鏈績效。舉例來說，如果運輸公司可依據顧客的提前期改變價格，那麼注重效率的顧客會提早下訂單，而注重回應性的顧客會一直等到他們需要運輸產品時才下訂單。不同的定價為重視回應性的顧客提供回應性，為不那麼重視回應性的顧客提供低成本。定價的任何變動都會直接影響收入，也會影響其他驅動因素的變化，從而影響成本。

對這些驅動因素的解釋描述了供應鏈管理如何運用物流驅動因素和跨職能因素來增加供應鏈盈餘。近年來，在增加供應鏈盈餘方面，跨職能驅動因素的作用越來越重要。物流驅動因素仍是主導因素，但供應鏈管理日益聚焦於三個跨職能驅動因素。

必須認識到，這些驅動因素並非獨立的，而是通過相互作用來決定供應鏈的整體績效。良好的供應鏈設計和運作能夠識別這種相互作用，並適當取捨以獲得預期的回應性。以宜家的家具銷售為例，這種供應鏈的首要目標是提供低價和可接受的質量。模塊化設計和未組裝的家具使得宜家把家具組件放在其商店的庫存裡就可以。較少的組件種類和穩定的補貨使宜家的供應商可以專注於效率。如果有一定庫存，就可以採用低成本運輸方式將密集包裝的家具組件運出去。在這種情況下，宜家相對較低的庫存就降低了運輸和生產成本，從而實現供應鏈的高效率。與此相反，美國有些家具生產商卻專注於家具多樣性。由於品種多且價格高，零售商儲存所有種類家具的成本是非常昂貴的。這時，通過設計供應鏈，零售商會維持非常少的存貨。顧客在看了這些不同類型的家具並從中選擇後會向零售商下訂單。供應鏈則變得具有回應性，因為使用了信息技術來有效傳遞訂單信息，建立有柔性的生產設施以小批量生產，並使用反應迅速的運輸方式把家具運送到顧客手中。這樣，利用快速反應的設施、運輸和信息，公司就降低了庫存成本。實現戰略匹配並在整個供應鏈中取得強勁的財務績效的關鍵是恰當組織供應鏈的驅動因素，實現以盡可能低的成本提供預期水準的回應性。

2.2.2.2 系統優化框架

圖2-5提供了一個直觀的供應鏈系統優化框架，也可稱為系統決策框架。大部分公司先制定競爭戰略，再決定供應鏈戰略應該是什麼樣的。供應鏈戰略決定了供應鏈

在效率和回應性方面如何運作。然後供應鏈必須運用三個物流驅動因素和三個跨職能驅動因素達到供應鏈戰略規定的績效水準並使供應鏈利潤最大化。雖然此模型應按自上而下的順序考慮，但在許多情況下，對這六個驅動因素的研究可能會顯示出改變供應鏈戰略甚至是競爭戰略的必要。

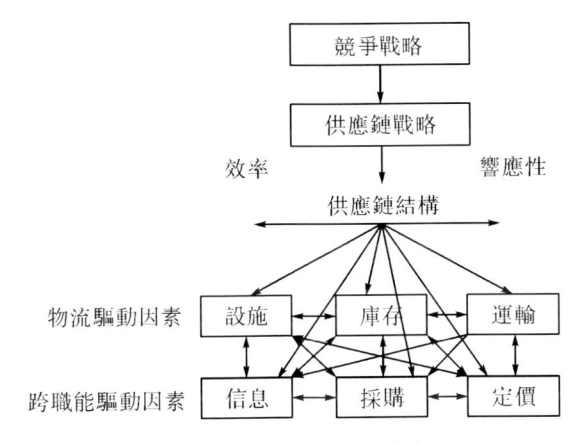

圖 2-5　供應鏈系統優化框架

以沃爾瑪為例來分析這一框架模型。沃爾瑪的競爭戰略是要成為一個可靠的、低成本的、經營多品種大規模消費品的零售商。這一戰略決定了理想的供應鏈不僅要強調效率，而且在產品可獲得性方面要維持足夠水準的回應性。沃爾瑪有效地利用三個物流驅動因素和三個跨職能驅動因素實現了這種理想的供應鏈。

就庫存因素而言，沃爾瑪通過保持低水準庫存來保證供應鏈高效。比如，沃爾瑪首創越庫（Cross-docking）體系，這是一種不將貨物存放在倉庫，而是由製造商直接運往商店的系統。這些貨物僅在分銷中心（DC）做短暫停留，並被轉移到卡車上，再轉運到指定商店。這樣大大減少了產品庫存，因為貨物僅在商店儲存，而不是既在商店儲存又在倉庫儲存。對於庫存因素，沃爾瑪重視效率超過回應性。

在運輸方面，沃爾瑪擁有自己的車隊，保持了快速回應性。這固然增加了運輸成本，但減少了庫存，提高了產品可獲得性，這些好處又說明這一成本是合理的。

至於設施因素，沃爾瑪利用位於商店網路中心的分銷中心來減少設施數量和提高效率。沃爾瑪只在需求充足的地方建立零售商店並由一個分銷中心提供支持，提高了運輸資本的效率。

沃爾瑪在信息技術方面的投資大大超過競爭對手，因此在供應鏈中它可以向那些只按需求生產的供應商提供需求信息。所以，沃爾瑪在使用信息因素改善回應性、降低庫存投資方面居於領先地位。

對於採購因素，沃爾瑪確定了它所銷售的每項產品的有效供應源。沃爾瑪大量訂貨，使得這些供應源能夠利用規模經濟而更有效率。

最後對於定價因素，沃爾瑪的產品實行「每日低價」（EDLP）。這樣可以確保顧客需求穩定，不會隨價格變化而發生波動。整條供應鏈則側重於有效地滿足需求。

沃爾瑪利用所有供應鏈的驅動因素來達到回應性與效率之間的恰當平衡，從而使競爭戰略與供應鏈戰略保持和諧。

2.2.3 供應鏈管理的風險防範與激勵機制

2.2.3.1 供應鏈管理的風險防範與激勵機制原理

供應鏈企業之間的合作會因信息不對稱、信息扭曲、市場不確定性、政治、經濟、法律等因素的變化而導致各種風險的存在。為了使供應鏈上的企業都能從合作中獲得滿意結果，必須採取一定的措施來規避供應鏈運行中的風險，如提高信息透明度和共享性，優化合作模式，建立監督控制機制等，尤其是必須在企業合作的各個階段通過激勵機制，採用各種激勵手段，以使供應鏈企業之間的合作更加有效。國內外供應鏈管理的實踐證明，能否加強對供應鏈運行中風險的認識和防範，是關係到供應鏈能否取得預期效果的大問題。如果認為實施了供應鏈管理模式就能取得預期效果，那就把供應鏈管理看得太簡單了。

供應鏈環境下合作過程中的風險防範與激勵機制的運作過程，如圖2-6所示。

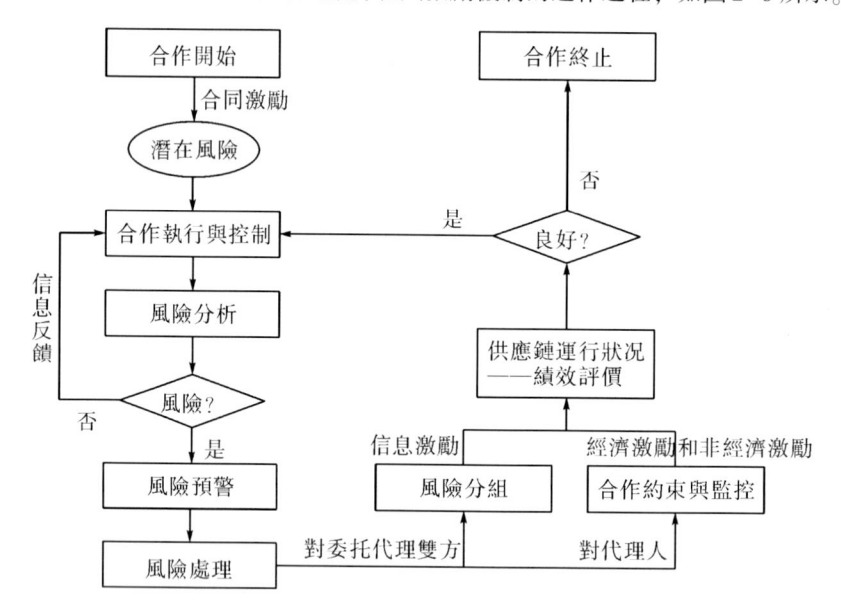

圖2-6 風險防範與激勵機制理論模型

在激烈變化的市場競爭環境下，存在著大量的不確定性。只要存在不確定性，就存在一定的風險，不確定性和風險總是聯繫在一起。所謂不確定性，指的是這樣一種情況：當引入時間因素後，事物的特徵和狀態不可充分地、準確地加以觀察、測定和預見。在供應鏈企業之間的合作過程中，存在著各種產生內生不確定性和外生不確定性的因素。這些不確定性因素的存在是導致供應鏈中出現各種風險的主要原因，尤其是道德風險的根源。因此，研究供應鏈企業合作之間的不確定性是非常重要的，對於風險防範具有特別重要的意義。

國內外學者已有不少人對供應鏈環境下的風險問題進行了研究，包括風險的類別、起因及特徵等。歸納起來，可以將供應鏈上的企業面臨的風險分為內生風險和外生風險兩大類，如圖2-7所示。

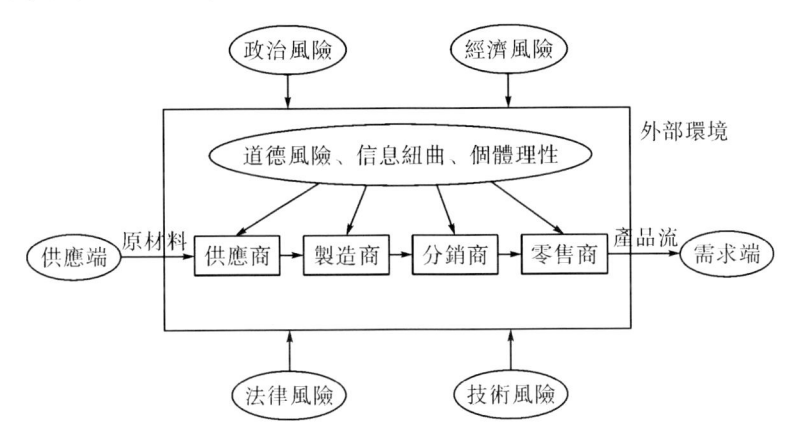

圖2-7 供應鏈風險的分類

在合作過程中，企業之間的風險偏好可能是不對稱的。由於委託方將某些業務外包，風險被分散了，但代理企業的風險程度因此而相應增加，於是在這樣的情況下出現了最優契約。但是，代理企業的風險規避度以及收益差別之間的關係直接影響到代理成本的大小，從而影響代理業務的運作。所以必須研究企業對風險的態度，以保證合作的正常進行。人們通過大量的研究，通常將供應鏈企業對風險的態度分為三類：風險偏好、風險厭惡和風險中性。

2.2.3.2 供應鏈風險防範的過程和具體措施

企業在供應鏈環境下運作風險防範的一般過程如圖2-8所示。

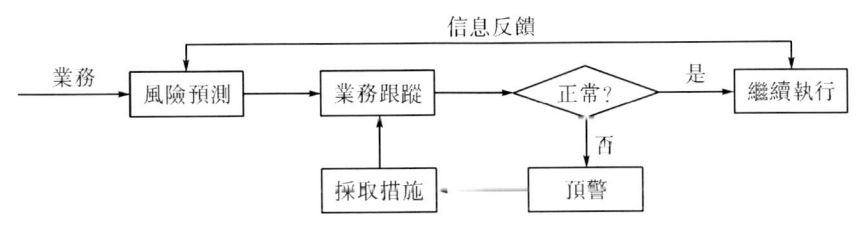

圖2-8 風險防範的一般過程

針對供應鏈企業合作存在的各種風險及其特徵，應該採取不同的防範對策。對風險的防範，可以從戰略層和戰術層分別考慮。主要措施包括：

（1）建立戰略合作夥伴關係。供應鏈企業要實現預期的戰略目標，客觀上要求供應鏈企業進行合作，形成共享利潤、共擔風險的局面。因此，與供應鏈中的其他成員企業建立緊密的合作夥伴關係，成為供應鏈成功運作、防範風險的一個非常重要的先決條件。建立長期的戰略合作夥伴關係，首先，要求供應鏈的成員加強信任。其次，

應該加強成員間信息的交流與共享。最後，建立正式的合作機制，在供應鏈成員間實現利益分享和風險分擔。

（2）加強信息交流與共享，優化決策過程。供應鏈企業之間應該通過相互之間的信息交流和溝通來消除信息扭曲，從而降低不確定性和風險。

（3）加強對供應鏈企業的激勵。對供應鏈企業間出現的道德風險的防範，主要是通過盡可能消除信息不對稱性，減少敗德行為的出現。同時，要積極採用一定的激勵手段和機制，使合作夥伴能夠得到比敗德行為更大的利益，以消除代理人的道德風險。

（4）柔性化設計。供應鏈合作中存在需求和供應方面的不確定性，這是客觀存在的規律。供應鏈企業合作過程中，要通過在合同設計中互相提供柔性，可以部分消除外界環境不確定性的影響，傳遞供應和需求的信息。柔性設計是消除由外界環境不確定性引起的變動因素的一種重要手段。

（5）風險的日常管理。競爭中的企業時刻面臨著風險，因此對於風險的管理必須持之以恒，建立有效的風險防範體系。要建立一整套預警評價指標體系，當其中一項以上的指標偏離正常水準並超過某一「臨界值」時，發出預警信號。

（6）建立應急處理機制。在預警系統發出警告後，應急系統及時對緊急、突發的事件進行應急處理，以避免給供應鏈企業之間帶來嚴重後果。針對合作中可能發生的各種意外情況的應急工作是一項複雜的系統工程，必須從多方面、多層次考慮這個問題。通過應急系統，可以優化供應鏈合作中各種意外情況帶來的風險，減少由此帶來的實際損失。

2.3　供應鏈管理的運作模式

2.3.1　推拉運作模式

當仔細觀察不同的供應鏈時，會發現驅動這些供應鏈運作的動力源頭並非一致。例如，可口可樂公司的供應鏈幾乎是完全以可口可樂的庫存為推動的，而寶馬公司的供應鏈卻是在接收到顧客訂單之後才開始運作。因此上述兩種供應鏈的運作模式又分別被稱為「推式」和「拉式」供應鏈。此外，還存在推拉結合的供應鏈運作模式（如戴爾公司）。

2.3.1.1　推式供應鏈

所謂推式供應鏈是指，供應鏈的運作以製造商為核心，製造商依據對市場的長期預測以及產品庫存水準，有計劃、按順序地將最終產品推向終端顧客。推式供應鏈的運作模式如圖2-9所示。

在推式供應鏈的運作模式下，製造商通常擁有強大的生產能力、品牌優勢和龐大的市場份額，往往是供應鏈的核心企業。製造商通常會通過強大的推力將產品推向下游的分銷商和零售商。例如，石油化工和日化產品等大多採用推式的供應鏈運作模式。

通常在推式供應鏈中，原材料供應商、分銷商和零售商的地位相對比較弱小，這

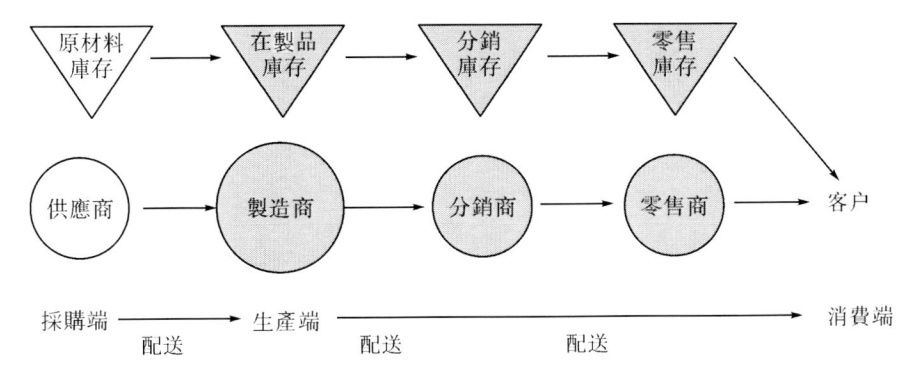

圖 2-9　推式供應鏈的運作模式

也導致推式供應鏈中的各節點企業關係比較鬆散，各節點業務運作流程之間通常缺乏溝通和交流。

儘管製造商擁有生產規模上的優勢，但從整體來看，過度依賴需求預測和庫存推動型的運作方式存在諸多缺陷，具體如下：

（1）市場需求發生異動時，基於需求預測的推式供應鏈很容易造成產品過時的風險。例如，2000年耐克公司的需求預測程序發出了遠超市場需求的Air Garnett運動鞋訂單，這次失敗的預測造成耐克2001年第三季度的銷售損失約為8,000萬至1億美元。

（2）嚴重的庫存「牛鞭效應」極大損傷了供應鏈的營運績效。一方面，推式供應鏈節點中存在大量的產品庫存因無法清空而面臨降價的風險。另一方面，嚴重缺貨會造成服務顧客的水準較低。例如，2008年，國內鋼材暴跌至鋼廠成本價之下，導致許多小型鋼廠停產。而後，救市政策的退出一度導致鋼材的供應不足。

（3）供應鏈創新動力不足。推式供應鏈中，供應商、分銷商和零售商相對處於弱勢地位，製造商往往通過強勢的供應鏈權力將可能的風險和成本壓力分散至上下游，造成推式供應鏈中的上下游企業的合作關係通常比較鬆散，協同創新也無從說起。例如，2007年，飛利浦公司和其代理商之間的矛盾衝突就在於，飛利浦強制代理商進行6個月的庫存補貨，上千萬的補貨費用大大增加了代理商的經營成本。

2.3.1.2　拉式供應鏈

越來越多的供應鏈管理者開始意識到推式供應鏈的種種弊端，為彌補這種運作模式的不足，拉式供應鏈的運作模式開始被廣泛採用。拉式供應鏈是指，供應鏈的運作以最終顧客為中心，基於顧客的實際需求而不是依靠預測組織生產，要求整條供應鏈集成度較高，信息交換迅速，最終為了實現定制化服務。拉式供應鏈的運作模式如圖2-10所示。

拉式供應鏈中的生產和分銷都是由需求驅動的，當接收到下游訂單之後，供應鏈的物流開始由上游至下游運動直至交付到最終客戶。拉式供應鏈比較適合個性化程度和單品附加值極高的產品，如核電站、船舶、高級轎車、奢侈品等。

拉式供應鏈中，需求信息在鏈中各企業間進行分享顯得極為重要。客戶訂單的需

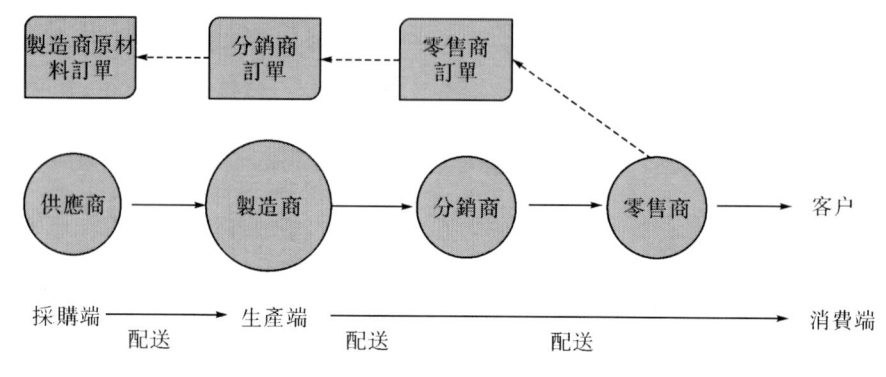

```
製造商原材料訂單 ← 分銷商訂單 ← 零售商訂單
供應商 → 製造商 → 分銷商 → 零售商 → 客戶
採購端  配送  生產端  配送  配送  消費端
```

圖 2-10　拉式供應鏈運作模式

求信息在這種運作模式中不僅扮演著庫存替代品的角色，同時也是供應鏈協同規劃、生產製造的驅動力量，拉式供應鏈能夠保持對客戶訂單需求的靈敏反應，並在提高客戶服務水準的同時降低系統的運作成本，尤其是庫存成本。

儘管拉式供應鏈理論上可以將庫存降至為零，完全做到「按單生產」（如飛機製造），然而這種供應鏈的運作模式幾乎完全是以買方需求為導向的，要求企業快速調整採購、生產和配送等計劃，實際上這是不現實的，因此拉式供應鏈也存在著較為致命的缺點，具體如下：

（1）提前期和需求信息的關係並不緊密，提前期不太會因為需求信息的共享而縮短。這比較容易理解，即採購原材料需要一定時間，生產工藝的限制也會使製造過程存在一個固定的期限，同時，運輸配送也存在時間限制。

（2）難以充分發揮生產和運輸的規模優勢。客戶需求差異化本質上會造成供應鏈中生產資源利用不充分（存在頻繁改動模具、生產流程等），定制化的產品也會造成產品規格種類繁多而不利於集中配送（對應單品運輸成本較高）。

（3）容易產生供應鏈斷裂現象。儘管信息代替了庫存而降低了成本，但拉式供應鏈也因此喪失了應對突發事件的能力，一旦信息和物料供應中斷就很容易造成交付的延遲。此外，拉式供應鏈要求鏈中企業具有極好的協同運作素質，但實際上卻很難做到這一點，交付延遲的事件也經常會發生。

2.3.1.3 推拉結合的供應鏈

推式供應鏈能夠發揮企業的規模優勢但無法對最終市場需求做出及時回應，而拉式供應鏈能夠快速回應市場需求，但以犧牲規模效應為代價，同時也可能因突發事件而中斷供應鏈。表 2-1 總結了兩種供應鏈運作模式的優缺點。

表 2-1　推式和拉式供應鏈的優缺點

運作模式	推式供應鏈	拉式供應鏈
驅動力量	製造商	顧客需求
需求變化	穩定且不會有劇烈波動	大且幾乎難以預測

表2-1(續)

運作模式	推式供應鏈	拉式供應鏈
提前預測期	長（以年、季度為單位）	短（以月、周為單位）
集成度	高（生產計劃剛性）	較低（生產計劃柔性）
緩衝庫存	大（牛鞭效應明顯）	低（按訂單生產和交付）
回應速度	慢（很難根據需求進行調整）	快（可以根據需求進行調整）
關注對象	資源配置（規模效應明顯）	快速回應（規模效應低）
數據共享	差	好且快速
服務水準	不高（不允許個性化需求）	高（允許個性化定制）
供應鏈風險	較低	較高（容易發生供應鏈斷裂）

在供應鏈構成的類型中，一般很難見到單純的推式供應鏈或者單純的拉式供應鏈，現實中的供應鏈結構類型更多的是「推動-拉動」組合形式。供應鏈面向市場一端主要以客戶需求為驅動力，主張快速回應客戶的需求，因此是拉動式的。而供應鏈上游供應商一端更多是預測驅動生產和供應，因此是推動式的。推動式與拉動式的接口處被稱為「推-拉」結合的分界點。

以戴爾計算機為例，雖然其需求具有較高的不確定性，規模效益也不十分突出，理論上應當採取拉動式戰略，但實際上戴爾計算機並沒有完全採取拉動戰略，否則，它的成本會非常高。戴爾計算機的組裝完全是根據最終顧客的訂單進行的，此時它的運作是典型的拉動戰略。戴爾計算機的零部件供應商是按中長期預測進行生產並制定供應決策的，此時它執行的是推動戰略。也就是說，供應鏈的推動部分是在裝配之前，而供應鏈的拉動部分則從裝配之後開始，並按實際的顧客需求進行，是一種上游企業（如供應商）採用推動模式、下游企業採用拉動模式的混合供應鏈戰略。

推拉結合的供應鏈運作模式在推式運作和拉式運作間進行了界面分離，這個分離點又稱為客戶訂單分離點（Customer Order Decoupling Point，CODP）。在 CODP 點之前，構成最終產品的各項成本是製造商最為關注的焦點，這就要求供應鏈的前端採用推式的運作模式，實現低成本、高效率以及規模化生成；而在 CODP 點之後，則關注如何對顧客訂單進行快速回應，以最快的時間對供應鏈末端採用拉式運作模式，實現最終產品的快速組裝和配送，最大化實現客戶個性化價值和產品時效價值。

2.3.2 行業匹配模式

對於企業而言，單純使用推式或拉式可能都是不妥當的，實際中使用推拉結合運作模式的供應鏈比較普遍，只是推拉的比例和程度有所差異而已。在此，應從市場需求的不確定性和生產規模經濟性兩個維度來分析適合不同行業的推拉供應鏈運作模式，如圖 2-11 所示。

根據這兩個維度的兩兩組合，可以將供應鏈行業匹配模式劃分為四個象限。

1. 象限 I

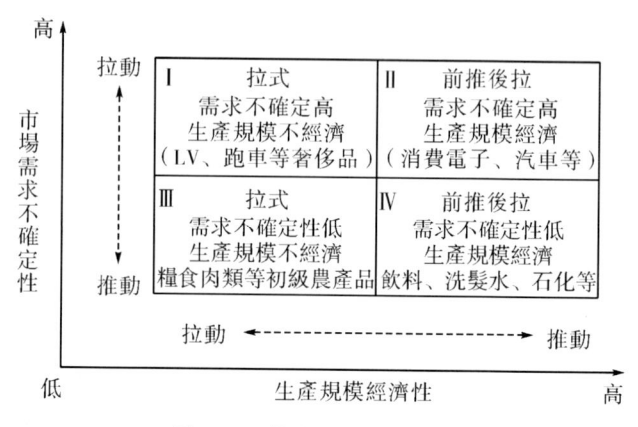

```
                高 ↑
                   │  ┌─────────────────┬─────────────────┐
                拉動│  │ Ⅰ    拉式       │ Ⅱ   前推後拉    │
              市   │  │   需求不確定高   │   需求不確定高   │
              場   │  │   生產規模不經濟 │   生產規模經濟   │
              需   │  │ （LV、跑車等奢侈品）│（消費電子、汽車等）│
              求   │  ├─────────────────┼─────────────────┤
              不   │  │ Ⅲ    拉式       │ Ⅳ   前推後拉    │
              確   │  │   需求不確定性低 │   需求不確定性低 │
              定   │  │   生產規模不經濟 │   生產規模經濟   │
              性   │  │糧食肉類等初級農產品│飲料、洗髮水、石化等│
                推動│  └─────────────────┴─────────────────┘
                   │      拉動 ← - - - - - - - - - → 推動
                低 └──────────────────────────────────→ 高
                              生產規模經濟性
```

圖 2-11　供應鏈行業匹配模式

處於這個象限的產品通常具有極高的不確定性，而且生產、安裝或分銷過程中的規模效應通常非常不明顯。例如 LV、普拉達、法拉利跑車等奢侈品的生產規模通常很小，而飛機、大型發電機、水淨化設備、半導體封裝設備等複雜工業產品通常定制化程度很高且安裝起來非常耗時。對於這些附加值極高的產品，任何備件或庫存的存在都將嚴重影響供應鏈的績效，應該採取嚴格的拉式供應鏈戰略以降低庫存的跌價或貶值風險。

2. 象限 Ⅱ

處於這個象限的產品通常時尚性很強，市場需求變化非常迅速，但這類產品可以通過規模化生產來降低成本。例如，消費電子類、時尚服裝類產品的市場價格通常不會太高，但價格衰減的速度卻很快，對於這類產品可以採取前推後拉的供應鏈運作模式，即對通用件或中間件可以採取基於預測的庫存採購模式（推式運作），而在供應鏈後端採用訂單組裝、配送（拉式運作），對市場需求進行快速回應。這類前推後拉的供應鏈運作目的是最大化實現「熱賣品」的當前價。

3. 象限 Ⅲ

處於這個象限的產品通常市場需求非常穩定且變化不大，但這類產品的生產過程卻又存在規模效應不明顯的特點。例如，糧食種植、肉類生產等並不會因為規模的擴大而降低生產成本（但可降低單品的管理費用），對於這類產品的供應鏈運作模式也無所謂推拉模式，但在同等情況下，拉式供應鏈運作模式的效果通常會好於推式供應鏈。

4. 象限 Ⅳ

處於這個象限的產品通常需求量比較穩定但產品形式稍有變化（或改良），同時這類產品的生產存在較為明顯的規模效應。例如，啤酒、可樂等軟飲料，洗髮水等日化產品以及汽柴油等石化產品都屬於這類產品。前推後拉的供應鏈運作模式仍然適用，但這類產品的一個特點是生產環節銜接非常明顯，中間產品（如原漿、石化蒸餾產品）大多是面向庫存生產（推式運作比重較大），而最終產品根據終端客戶需求對中間產品進行分離或增加不同的添加劑。

2.3.3 產品匹配模式

無論是中國製造、歐洲製造、美國設計抑或是日本設計，經濟全球化下的產品種類在過去的50年內極速膨脹。即便是同類產品也具有不同的特性。例如，同是四輪的汽車，昂貴者如上百萬美元的布加迪威龍，便宜如兩三萬人民幣的長安奧拓。如何根據產品的特徵選擇與之匹配的供應鏈運作戰略，對於企業而言是具有十分重要的意義的。

1. 產品特徵

顧客價值只有在其需求得到滿足之後才會實現。供應鏈管理可以看成是向顧客提供產品過程的管理，並在過程中逐步實現顧客需要的價值。因此，對於供應鏈管理者而言，瞭解顧客的需求是第一步工作，由此可以勾畫出顧客需求的產品特徵，並以此來設計相應的供應鏈營運戰略。美國數理經濟學家歐文·費雪（Irving Fisher）根據顧客的需求特徵將產品分為兩類，即功能型產品（Functional Products）和創新型產品（Innovative Products）。

功能型產品包括大部分零售店能買到的主要商品，這些商品主要用於滿足基本需求，並且這種需求穩定且預測誤差較小。雖然這類產品生命週期較長但市場競爭往往比較激烈，邊際利潤較低（如電風扇）。

創新型產品是指用於滿足特定需求的產品，此類產品能為企業帶來更高的利潤，但市場需求變化劇烈，產品生命週期一般較短，所以產品預測往往會失效（如消費電子）。

功能型產品和創新型產品的特徵差異比較見表2-2。

表 2-2　　　　　功能型產品和創新型產品的特徵差異比較

比較項目	功能型產品	創新型產品
需求特徵	可預測	不可預測
產品生命週期	大於2年	3個月至1年
邊際收益	5%～20%	20%～60%
產品多樣性	低	高
平均預測誤差幅度	10%	40%～100%
平均缺貨率	1%～2%	10%～40%
平均季末降價比率	幾乎為0	10%～25%
按訂單生產的提前期	6個月至1年	1天至2周

2. 與產品特徵匹配的供應鏈運作戰略

美國斯坦福大學供應鏈管理專家李效良（Hau L. Lee）教授認為，與功能型產品匹配的供應鏈運作戰略是有效型供應鏈（Efficient Supply Chain），與創新型產品匹配的供應鏈運作戰略是回應型供應鏈（Responsive Supply Chain）。

有效型供應鏈運作戰略，主要體現供應鏈的物料轉化功能，即以最低成本將原材料轉化成零部件、半成品、成品，並完成在供應鏈中的運輸、配送等活動。由於功能型產品的需求可以預測，因此有效型供應鏈運作戰略的目標是最大化生產效率和最小化供應鏈成本。

回應型供應鏈運作戰略主要體現供應鏈對市場需求做出迅速回應，確保以合適的產品在合適的地點和時間來滿足客戶的需求。由於創新型產品的需求難以預測且市場價值迅速衰減，因此回應型供應鏈的運作目標是追求可以適應需求變動的柔性和交付速度，最大化產品的「市場先機價值」。

有效型供應鏈與回應型供應鏈的具體比較見表2-3。

表2-3　　　　　　　　有效型供應鏈與回應型供應鏈的比較

比較項目	有效型供應鏈	回應型供應鏈
主要目標	以最低成本滿足市場需求	以最快速度回應市場需求，同時減少過期庫存產品
產品設計戰略	績效最大，成本最小	模塊化設計，盡量延遲產品差異化
製造過程的重點戰略	充分發揮資源使用效率，追求生產的規模效應	追求生產系統的柔性能力以回應可能的市場不確定性
定價戰略	以最低價格贏得客戶，邊際利潤低	低價不是獲得客戶的主要因素，快速的交付能夠獲得高的邊際利潤
庫存戰略	供應鏈中產成品的庫存最小	減少產成品庫存，但維持一定量的零部件庫存以應對供應鏈的不確定性
提前期戰略	在不增加成本的前提下，縮短提前期	採取主動措施減少提前期（不惜付出巨大成本）
供應商選擇戰略	選擇的重點是採購成本和質量	選擇的重點是交付速度、柔性、質量和創新開發能力

2.3.4　戰略定價模式

經濟全球化、科技進步，「以顧客為中心」的理念開始達成共識，產品和服務種類出現了爆炸性增長。如何對這些不同的產品和服務進行管理以獲得更多的邊際利潤，收益管理（Revenue Management）開始成為眾多供應鏈管理者關注的焦點，而定價（Pricing）是收益管理中的核心內容。

2.3.4.1　戰略定價的目標和準則

定價的目的是力求在有限資源的約束下提高收益，避免在資源閒置或因潛在利益流失的情況下造成企業收益下降。定價將直接影響選擇購買此產品或服務的顧客的期望，價格不僅能夠體現顧客的滿足感，還是實現供應鏈利潤重要的槓桿工具之一。

對比國內外航空行業，國外一些航空公司在航班臨起飛前實現超低價甚至免費的定價策略，而國內一些航空公司往往採取相反的定價策略，越是臨近起飛前的折扣越

低，越早預訂則折扣越高。國外定價低，是因為考慮臨近起飛時座位的邊際成本很低（因為燃油、人員費用等已經一次性支付），只要售出機票即可增加收益。國內定價高，是因為考慮臨近起飛時預訂機票的顧客更加注重時間效率，而價格敏感性較低。

究竟應該採用何種定價方式，應結合企業自身的目標，同時遵循如下一些基本的準則：

定價準則一：用需求導向代替成本導向定價。

定價準則二：用差別定價代替統一定價。

定價準則三：把產品留給最有價值的顧客。

此外，在進行戰略定價時還要注意以下一些問題：

（1）價格的可變性。同樣的產品，在不同的需求情況下制定不同的價格。例如，很多旅館都會在節假日採取高於平日的價格策略。

（2）合理性和接受性。顧客接受可變的價格，必須是合理的且能夠接受的。

（3）誠實性。企業定價最基本的要求就是對顧客誠實，如果企業利用自身市場權力對顧客進行詐欺，將會失去在顧客心目中的地位。

（4）溢價和折扣。顧客對於價格的認識，主要是基於參考價格和期望價格，如酒店的參考價格一般就是門市價，顧客在預訂時總希望得到折扣，而酒店則希望盡可能得到溢價。

2.3.4.2 戰略定價方法

1. 差異化定價

差異化定價，又稱價格歧視，是指企業針對同一產品或服務，根據不同的顧客、不同的交易、不同的交易時間等方面的需求差異而制定不同的價格，其目的是在滿足顧客需求的同時，最大限度地提高企業的收益。

差異化定價策略大致可以分為顧客差異化定價、渠道差異化定價、產品差異化定價和時間差異化定價四種策略。

（1）顧客差異化定價。服務行業經常會採用這樣的策略使經營效益最大化，如銀行針對客戶的劃分，如金卡客戶和普通客戶等；餐飲行業對顧客的劃分，如會員與非會員等。

（2）渠道差異化定價。對於相同產品，當經過的渠道不同時價格往往也是不同的。例如，同一本書籍，當當等網路渠道商的價格折扣往往比新華書店等零售商更多。

（3）產品差異化定價。產品差異化大致可以分為兩類，即不同品牌的同類產品和不同質量的同類產品。定價策略也可以根據這兩類產品差異進行定價。

（4）時間差異化定價。時間具有不可逆轉的特殊性，每個人對於時間的要求也不盡相同，因此企業往往利用顧客對時間上的需求差異實現差異化定價。

採用差異化定價確實是實現戰略定價的有效方法，然而現實中許多企業在推行時卻面臨著諸多障礙：

（1）不完全細分市場。顧客的需求和支付意願常常是模糊的，因此在市場細分時，很難保障每個細分市場平均支付意願的差異空間，從而為差異化定價造成了障礙。

（2）侵蝕。一旦採用差異化定價，那些處於較高層次的細分市場的顧客便會設法以較低價格購買，同時也較難把處於低層次細分市場的顧客培養為高層次細分市場的顧客。

（3）套利。差異化定價容易讓交易之外的第三方獲得套利的機會，他們會以低價買入，高價賣出，從中獲取差價。

2. 動態定價

前面提到的差異化定價，是在相對「靜態」環境下的產品市場細分，而實際上技術升級、市場風格轉換等因素都會造成同一產品或服務的價值隨著時間而流逝，這類產品或服務又稱為易逝品。例如，飛機起飛之後的空座對航空公司而言絲毫沒有價值；大型超市的水果蔬菜也會因為隔夜而進行降價處理等。

動態定價是指，根據供應鏈資源的配置情況將易逝品在不同時間段上進行差別定價來確保供應鏈的收益。從實質上來看，動態定價的目標是為了維持特定時間段內的供需平衡而採取的價格策略。從供應鏈的角度來看，動態定價是針對產品市場價值隨時間變動的一條「收益保值路線」。

在實際中，可以採用降價出清策略、打折或提價策略等進行動態定價。

通過打折和提價來實現動態定價時，供應鏈管理者應注意以下兩個原則：

（1）打折和提價不應該以損害品牌形象為代價，否則寧可不打折、不提價。

（2）打折和提價的目的不是打劫市場，而是提高供應鏈的運作績效，否則寧可不打折、不提價。

3. 線上線下雙渠道定價

電子商務的出現讓企業面臨線上和線下兩種銷售渠道。一方面，線上渠道開始對線下渠道造成衝擊，價格體系的紊亂就是其中一個表現。而另一方面，線上渠道也可以成為線下渠道的補充，製造商可以通過網路銷售獲得更多的收益。

電子商務背景下，協調製造商、線下和線上零售商三者之間的關係和利益是供應鏈雙渠道定價的出發點。根據縱向集成（製造商和零售商的合作）和橫向集成（線下和線上零售的合作）之間的供應鏈合作方式可以分為完全獨立、完全橫向集成、直銷為主和完全集成等四種雙渠道運作定價模式。

（1）完全獨立的雙渠道模式。在這種雙渠道模式中，製造商擁有絕對的供應鏈核心權利，對線上和線下零售商有著完全的價格控制能力。在這種模式中，線下和線上兩種銷售渠道幾乎不會發生衝突，產品的定價幾乎不會有差別，而且通常線下零售商會賣出更多的產品。

（2）完全橫向集成的雙渠道模式。在這種雙渠道模式中，零售商在供應鏈中處於權力中心，並且同時對線上和線下的銷售渠道進行控制。在這種模式中，線上銷售渠道只是為了拓展產品銷售量或零售商企業形象，而主體的銷售量均由零售商的線下賣場來完成，零售商沒有動力去進行差別定價。

（3）直銷為主的雙渠道模式。在這種雙渠道模式中，製造商和零售商均可以是供應鏈的核心企業，銷售方式主要是以直銷為主。在這種模式中，供應鏈中直銷渠道很可能面臨另一渠道的價格衝擊，尤其是線上低成本的銷售渠道很可能會以價格戰的形

式威脅線下的直銷渠道。從經濟學的角度來看，通過這種模式進行銷售的產品一定是具有市場競爭力的，因此最優的銷售模式是均採用網路銷售制定的價格。

（4）完全集成的雙渠道模式。在這種雙渠道模式中，製造商通常是供應鏈的核心，但製造商的產品技術含量並沒有高到第一種模式中其他廠商無法仿製的程度，並且大量的產品是通過線下銷售渠道完成的。在這種模式下，任何線上渠道的價格競爭都會造成供應鏈體系的混亂，製造商往往也會遭到來自線下經銷商的強大壓力。在這種模式下的任何定價策略幾乎都是無效的，但製造商可以自建網路渠道或者以「定利」模式讓其他線上經銷商放棄仿製的念頭。

本章小結

本章著重介紹了供應鏈運行的基本問題。首先是對供應鏈的體系框架和關鍵要素進行了分析。其次，對供應鏈管理的運行機制進行了介紹，主要包括總體運行機制、系統優化機制、風險防範與激勵機制。隨後介紹了供應鏈管理的運作模式，主要包括推拉運行模式、行業匹配模式、產品匹配模式、戰略定價模式等。本章是在供應鏈概念基礎上的認識深化。

思考與練習

1. 如何認識供應鏈管理體系框架與關鍵要素之間的關係？
2. 供應鏈管理的總體運行機制有哪些？
3. 供應鏈管理的系統優化機制中有哪些影響因素，如何發生作用？
4. 理解供應鏈管理的運作模式構成及其作用。

本章案例

ZARA 服裝連鎖公司

討論案例

ZARA 是西班牙 Inditex 集團旗下的一個子公司，它既是服裝品牌，也是專營 ZARA 品牌服裝的連鎖零售品牌。2014 年，ZARA 實現銷售收入 116 億歐元。目前，它在全球各地擁有 2,000 家專賣店。在其他時尚品牌紛紛利潤下滑的時候，ZARA 的利潤不但沒有下滑，反而以兩位數的速度在增長，被譽為「快」時尚的領導品牌。那麼，ZARA 獲勝的秘訣是什麼呢？簡單地說，那就是：感知市場、快速回應、以快為命。

快時尚以「快」為命（時尚服裝的流行週期為 2 個月左右）。當其他公司從設計到生產平均需要 4~6 個月的時候，ZARA 的平均生產週期是 2 周，最多不會超過 4 周，這就超出了競爭對手一大截。ZARA 不僅回應速度快，而且品種更新也非常快。它每年設計和投入市場的服裝新款大約 12,000 多種，平均每款有 5~6 種花色、5~7 種規格（而

不同於國內一些服裝企業一款就有幾十甚至上百個規格，極易形成大量不必要的庫存），每年投產的約有300,000個SKU，不重複出樣。如此高效的全球化營運模式，主要得益於ZARA的快速供應鏈系統，其系統結構和運作模式有如下幾個方面的特點：

「縱向一體化+橫向一體化」的混合供應鏈系統

ZARA的供應鏈可劃分為四大階段，即產品組織與設計、採購與生產、產品配送、銷售與反饋。ZARA為保證其供應鏈的極速回應能力，在供應鏈系統的組建上，採取了與眾不同的模式。

首先，ZARA將生產時尚產品的基地設在西班牙，ZARA公司在生產基地中擁有22家工廠，其所有產品的50%通過自己的工廠來完成，以保證絕對的快速。然後把人力密集型的縫製工作外包給其生產基地周邊的400多家代工廠，雖然這些小作坊在歐洲是很廉價的，但是勞動力成本還是比中國同行高出6~16倍。儘管外包給西班牙本地的廠家成本很高，但是這意味著更高的營運效率，不僅比競爭對手高出幾個量級的速度，還省掉了要預測顧客偏好的麻煩。

為了提高產品生產過程中的物流效率，減少半成品在各個環節的等待時間，ZARA花費巨資在西班牙方圓200英里（1英里≈1.609千米）的各個生產單位之間架設地下傳送帶網路。地下傳送帶網路將染色、裁剪中心與周邊縫製加工工廠連接起來進行流水式傳送，保證了運輸的高效率、快速性和生產的連貫性，極大地縮短了服裝的生產週期。

產品組織與設計

ZARA的開發模式基本上是基於模仿，而不是一般服裝企業所強調的原創性設計或開發。所以，ZARA設計師的主要任務不是創造產品，而是在藝術指導決策層的指導下重新組合現成產品，詮釋而不是原創流行。ZARA主要利用以下方式整合流行信息：

（1）根據服裝行業的傳統，高檔品牌時裝每年都會在銷售季節前6個月左右發布時裝信息，一般是3月發布秋冬季時裝，9月發布春夏季時裝。這些時裝公司會在巴黎、米蘭、佛羅倫薩、紐約、倫敦、東京等世界時尚中心發布它們的新款服裝，而ZARA的設計師就站在T臺旁邊的觀眾中，他們從這些頂級設計師和頂級品牌的設計中獲取靈感。

（2）ZARA在全球各地都有極富時尚嗅覺的買手，他們購買當地各高檔品牌或主要競爭對手的當季流行產品，並把樣品迅速集中返回總部做「逆向工程」。

（3）ZARA有專人搜集時裝展示會、交易會、咖啡館、餐廳、酒吧、舞廳、街頭藝人、大街行人、時尚雜誌、影視明星、大學校園等地方和場所展示的流行元素與服裝細節。例如2001年6月，麥當娜到西班牙巴塞羅那舉行演唱會，為期三天的演出還在進行中，就發現臺下已經有觀眾穿著麥當娜在演唱會上穿的衣服，之後西班牙大街上更是迅速掀起了一股麥當娜時裝熱，而服裝都來自當地的ZARA專賣店。

（4）ZARA全球各專賣店通過信息系統返回銷售和庫存信息，用於總部分析暢銷/滯銷產品的款式、花色、尺碼等特徵，以供完善服裝或設計新款服裝時參考。另外，各專賣店可以通過把銷售過程中顧客的反饋意見，或者它們自己對款式、面料或花色的一些想法和建議，甚至是來自光顧ZARA專賣店的顧客的可模仿元素等各種信息反

饋給 ZARA 總部。

ZARA 的總部有一個由設計專家、市場分析專家和買手（負責採購樣品、面料、外協和生產計劃等）組成的專業團隊，一起探討將來可能流行的服裝款式、花色、面料等，討論大致的成本和零售價格等問題，並迅速達成共識。然後，由設計師快速手工繪出服裝的樣式，再進一步討論修改。設計師利用計算機進行設計和完善，以保證款式、面料紋路、花色等搭配得更好，並給出詳細的尺寸和相應的技術要求。最後，這個團隊進一步討論、確定成本和零售價等，決定是否投產。在產品組織與設計階段，ZARA 與大多數服裝企業不同的是：它是從顧客需求最近的地方出發並迅速對顧客的需求做出反應，始終迅速與時尚保持同步，而不是去預測 6~9 個月後甚至更長時間的需求。

採購與生產

設計方案確定並決定投產後，馬上就開始製作樣衣。由於面料和小裝飾品等輔料在 ZARA 倉庫裡都有，因此製作樣衣只需要很短的時間。

同時，生產計劃和採購人員開始制訂原材料採購計劃和生產計劃。首先是依據產品特點、產品投放時間的長短、產品需求的數量和速度、專業技術要求、工廠的生產能力、綜合性價比、市場專家的意見等，確定各產品是自己生產還是外包出去。

如果決定自產，且有現成的面料庫存，那就直接領用面料開始生產；如果沒有現成的面料，那就可以選擇採購已染色的面料生產，或採購/領用原紗（一般提前 6 個月就向西班牙、印度、遠東和摩洛哥等地用輪船買來原坯布——未染色的織布，放在倉庫裡面），染色後，進行整理，然後生產。一般內部工廠只安排生產下一季預期銷量的 15%，這樣為當期暢銷產品補貨預留了大量產能。ZARA 公司自己的工廠生產產品時，其面料和輔料盡量從 Inditex 集團內相關廠家購買，其中 50% 的布料是未染色的，這樣就可以迅速應對市場上花色變換的潮流。為了防止對某個供應商的依賴，同時鼓勵供應商更快地做出反應，ZARA 剩餘的原材料供應來自附近的 260 家供應商，每家供應商的份額最多不超過 4%。面料準備好以後，則會下達生產指令，按要求迅速裁剪面料。裁剪好的面料及配套的拉鏈、紐扣等被一同通過地下傳送帶（長達 200 多千米）運送到當地外協縫製廠，這樣所有的縫製工作全部外包。這些外協縫製廠所雇用的絕大多數員工都是非正式的工人，ZARA 為這些工廠提供了一系列容易執行的指令，一般一段時間內，一個工廠集中做一款服裝，以減少差錯。因此，其他公司需要幾個月時間的工作，ZARA 在幾天內就能完成。外協縫製廠把衣服縫製好之後，再送回 ZARA 進行熨燙、貼標籤和包裝等處理，並接受檢查，最後送到物流配送中心。

如果從公司內部的工廠不能獲得滿意的價格、有效的運輸和質量保證，或者產能有限，那麼採購人員可以選擇外包。

產品配送

產品包裝檢查完畢以後，每個專賣店的訂單都會獨立放在各自的箱子裡，通過大約 200 千米的地下傳送帶運送到物流配送中心。為確保每一筆訂單準時、準確到達其目的地，ZARA 沒有採取耗時較多且易出錯的人工分揀方法，而是借助激光條形碼讀取工具（出錯率不到 0.5%），它每小時能挑選並分揀超過 80,000 件衣服。

為加快物流週轉，ZARA 總部還設有雙車道高速公路直通物流配送中心。通常，訂

單收到後8小時以內貨物就可以被運走，每週給各專賣店配貨兩次。物流配送中心的卡車都按固定的發車時刻表不斷開往各地。從物流配送中心用卡車直接運到歐洲的各個專賣店，利用附近的兩個空運基地運送到美國和亞洲國家，再利用第三方物流的卡車送往各專賣店。這樣，歐洲的專賣店可在24小時內收到貨物，美國的專賣店可在48小時內收到貨物，日本的專賣店可在48~72小時之內收到貨物。

銷售與反饋

通過產品組織與設計、採購與生產、產品配送這些環節的快速、有效運轉，ZARA雖然不是時尚的第一倡導者，卻是以最快的速度把潛能變成現實的行動者。有人稱「ZARA是一個怪物，是設計師的噩夢」，因為ZARA的模仿無疑會使他們的創造性大大貶值。大多數服裝企業從顧客的需求到做出反應這個週期為6~9個月甚至更長。所以，它們都不得不努力去預測幾個月後會流行什麼、銷售量會有多大，而一般提前期越長，預測的誤差就越大，最終的結果往往是滯銷的產品剩下一大堆，暢銷的又補不上，只能眼看著大好的銷售機會流逝。

ZARA的各專賣店每天把銷售信息發回總部，並且根據當前庫存和近兩週內的銷售預期，每週向總部發兩次補貨訂單。為了保證訂單能夠集中批量生產，減少生產轉換的時間，並降低成本，各個專賣店必須在規定的時間前下達訂單，如果錯過了最晚的下訂單時間，就只有等到下一次了。ZARA對這個時間點的管理是非常嚴格的，因為它將影響供應鏈上游多個環節。

總部拿到各專賣店的銷售、庫存和訂單等消息後，會分析判斷各種產品是暢銷還是滯銷。如果滯銷，就會取消原定的計劃生產（因為在當季銷售前只生產下一個季度出貨量的15%左右，而大多數服裝企業已經生產了下一個季度出貨量的45%~60%），這樣，ZARA就可以把預測風險控制在最低水準。如果有產品超過2~3周的時間還沒銷售出去，就會被送到所在國某專賣店進行集中處理，在一個銷售季節結束後，ZARA最多有不超過18%的服裝不太符合消費者的口味，而行業平均水準約為35%。

若產品暢銷，且總部有現存的面料，則迅速通過高效的供應鏈體系追加生產、快速補貨，以抓住銷售機會；若沒有面料，則會停產。一般暢銷品最多也就補貨兩次，一方面是為了減少同質化產品的產生，滿足市場時尚化、個性化的需求；另一方面是為了製造一些人為的「斷貨」，因為顧客知道有些款式的衣服還會補貨時，就有可能猶豫著下次再買。此外，一年中，ZARA也只在兩個確定的時間段內進行有限的降價銷售，一般是8.5折以上，而不是業內普遍採用的連續降價方法。

ZARA完全打破了傳統服裝品牌慣例的運作模式，走的是一條完全不同的破壞性創新之路，構建了具有獨特競爭力的極速供應鏈運作體系，這是它能夠在激烈的時尚產品市場競爭中始終占據制高點的核心。

討論題：

1. ZARA為何沒有把生產基地設在生產成本很低的亞洲或者南美洲？
2. ZARA的混合供應鏈結構模式有哪些優點？
3. 為什麼ZARA的供應鏈運作模式難以模仿？
4. 你從ZARA的供應鏈運作模式中獲得了哪些啟示？

3 供應鏈的構建與優化

本章引言

　　為了提高供應鏈管理的績效，除了必須有一個高效的運行機制外，建立科學合理的供應鏈及其管理系統，也是極為重要的一環。雖說供應鏈的構成不是一成不變的，但是在實際經營中，不可能像改變辦公室的桌子那樣隨意改變供應鏈上的節點企業。因此，作為供應鏈管理的一項重要環節，無論是理論研究人員還是企業管理人員，都應該重視供應鏈的構建問題。

學習目標

- 瞭解供應鏈構建的框架和原則。
- 理解供應鏈構建的策略。
- 掌握供應鏈網路設計的內容和要求。
- 理解供應鏈的重構與優化。

3.1 供應鏈構建概述

3.1.1 供應鏈構建的體系框架

　　供應鏈構建是一個龐大而複雜的工程，也是十分重要的管理內容。總體上，供應鏈構建體系應包括供應鏈管理的組織架構模型、供應鏈環境下的運作組織與管理、供應鏈環境下的物流管理和基於供應鏈的信息支持系統等方面的內容。

3.1.1.1 供應鏈管理的組織架構模型

　　供應鏈的構建必須同時考慮本企業和合作夥伴之間的管理關係，形成合理的組織關係以支持整個供應鏈的業務流程。因此，在進行供應鏈設計時，需要考慮的內容之一就是供應鏈上企業的主客體關係。根據核心企業在供應鏈中的作用，恰當設計出主客體的責任、義務及利益。接著，就是完成組織設計，支持主客體關係的運作。

3.1.1.2 供應鏈環境下的運作組織與管理

　　供應鏈能夠取得單個企業所無法達到的效益，關鍵之一在於它動員和協調了整個產品設計、製造與銷售過程的資源。但這並不是說只要將所有企業捏合到一起就可以達到這一目標。其中核心問題在於能否將所有企業的生產過程實現同步運作，最大限

度地減少由於不協調而產生的停頓、等待、過量生產或者缺貨等方面的問題。因此，供應鏈構建的問題之一是如何構造適應供應鏈環境的生產計劃與控制系統。

完成這一過程需要考慮的主要內容包括：一是對客戶的需求管理，準確掌握市場對本企業產品的需求特徵。二是建立供應鏈環境的生產計劃與控制模式，主要涉及基於供應鏈回應週期的資源配置優化決策、基於成本和提前期的供應鏈訂單決策、面向同步製造的供應鏈流程重構。三是與同步生產組織匹配的庫存控制模式，如何應用諸如自動補貨系統（AS/RS）、供應商管理庫存（VMI）、接駁轉運（Cross-Docking）、虛擬倉儲、提前期與安全庫存管理等各種技術，實現整個供應鏈的生產與庫存控制目標。

3.1.1.3 供應鏈環境下的物流管理

與同步製造相呼應的是供應鏈環境下的物流組織模式。它的目標是如何尋找最佳的物流管理模式，使整個供應鏈上的物流管理能夠準確回應各種需求（包括來自客戶的需求和合作夥伴的需求等），真正體現出物流是「第三利潤源泉」的本質。為此，在構建供應鏈時，必須考慮物流網路的優化、物流中心/配送中心的選擇、運輸路線的優化、物流作業方法的選擇與優化等方面的內容，充分應用各種支持物流運作管理決策的技術與方法。

3.1.1.4 基於供應鏈的信息支持系統

對供應鏈的管理離不開信息技術的支持，毋庸置疑，在設計供應鏈時一定要注意如何將信息技術融入整個系統中來。這方面的內容可參考相關專著和文獻，此處不再贅述。

3.1.2 供應鏈構建的原則

從以上提出的供應鏈構建體系框架出發，在供應鏈的構建過程中，我們首先應遵循一些基本原則，以保證供應鏈構建的設計和重建能使供應鏈管理思想得到實施和貫徹。

3.1.2.1 自頂向下和自底向上相結合的設計原則

在系統建模設計方法中，存在兩種設計方法，即自頂向下和自底向上的方法。自頂向下的方法是從全局走向局部的方法，自底向上的方法是一種從局部走向全局的方法；自頂向下是系統分解的過程，而自底向上則是一種集成的過程。在設計一個供應鏈系統時，往往是先由主管高層根據市場需求和企業發展規劃做出戰略規劃與決策，然後由下層部門實施決策過程，因此供應鏈的設計是自頂向下和自底向上的綜合。

3.1.2.2 簡潔性原則

簡潔性是供應鏈的一個重要原則，為了能使供應鏈具有靈活快速回應市場的能力，供應鏈的每個結點都應是精簡的、具有活力的，能實現業務流程的快速組合。比如供應商的選擇就應以少而精為原則，有的企業甚至選擇了單一供應商原則（即一種零件只由一個供應商供應）。通過和少數的供應商建立戰略合作夥伴關係，有利於減少採購的成本，有利於實施 JIT 採購和準時制生產。生產系統的設計更是應以精益思想（Lean

Thinking）為指導，構造精益的製造模式和精益的供應鏈。

3.1.2.3 集優原則（互補性原則）

供應鏈各個節點的選擇應遵循「強-強」聯合的原則，達到優勢互補，每個企業只集中精力致力於各自核心的業務過程，就像一個獨立的製造單元。這些所謂單元化企業具有自我組織、自我優化、面向目標、動態運行和充滿活力的特點，能夠實現供應鏈業務的快速重組。

3.1.2.4 協調性原則

供應鏈績效的好壞取決於供應鏈合作夥伴關係是否和諧，因此建立戰略夥伴的合作關係是實現供應鏈最佳效能的保證。和諧描述的是系統充分發揮了系統成員和子系統的能動性、創造性及系統與環境的總體協調性。只有和諧且協調的系統，才能發揮出最佳的效能。

3.1.2.5 動態性原則（不確定性原則）

供應鏈身處動態的環境中，各種不確定性因素在供應鏈中隨處可見，許多學者在研究供應鏈運作效率時都提到不確定性問題。由於不確定性因素的出現，容易干擾供應鏈的穩健營運，稍有不慎，可能導致供應鏈營運中斷，因此要及時預見各種不確定性因素對供應鏈營運的影響，主動採取措施，減少信息傳遞過程中的信息延遲和失真，增加透明性，減少不必要的中間環節，提高預測的精度和時效性，從而降低不確定性因素對供應鏈整體績效水準的影響。

3.1.2.6 創新性原則

創新設計是系統設計的重要原則，沒有創新性思維，就不可能有創新的管理模式，因此在供應鏈的設計過程中，創新性是很重要的一個原則。要產生一個創新的系統，就要敢於打破各種陳舊的思維框框，用新的角度、新的視野審視原有的管理模式和體系，進行大膽的創新設計。進行創新設計，要注意幾點：

（1）創新必須在企業總體目標和戰略的指導下進行，並與戰略目標保持一致。
（2）要從市場需求的角度出發，綜合運用企業的能力和優勢。
（3）發揮企業各類人員的創造性，集思廣益，並與其他企業共同協作，發揮供應鏈的整體優勢。
（4）建立科學的供應鏈和項目評價體系及組織管理系統，進行技術經濟分析和可行性論證。

3.1.2.7 戰略性原則

供應鏈的構建應有戰略性觀點，從戰略的視角考慮減少不確定性的影響。從供應鏈戰略管理的角度看，供應鏈建模的戰略性還體現在供應鏈發展的長遠規劃和預見性上，供應鏈的系統結構發展應和企業的戰略規劃保持一致，並在企業戰略的指導下進行。

3.1.3 供應鏈構建的策略

設計和運行一個有效的供應鏈對每一個製造企業來說都是至關重要的，因為它可以提高用戶服務水準，達到成本和服務之間的有效平衡，增強企業競爭力，提高柔性，快速進入新的市場，提高工作效率等。但是，供應鏈構建也可能因為設計不當而導致了失敗，因此必須採用正確的設計策略。

3.1.3.1 基於產品的供應鏈構建策略

基於投資考慮，美國的費舍爾教授提出了供應鏈設計要以產品為中心的觀點。供應鏈設計首先要瞭解用戶對企業產品的需求是什麼，因為產品生命週期、需求預測、產品多樣性、提前期和服務的市場標準等都是影響供應鏈設計的重要問題。供應鏈的構建必須與產品特性一致，這就是所謂的基於產品的供應鏈設計策略（Product Based Supply Chain Design, PBSCD）。

不同的產品類型對供應鏈設計有著不同的要求。如前所述，人們將產品分為邊際利潤高、需求不穩定的創新型產品，邊際利潤低、需求穩定的功能型產品，構建供應鏈時就應該考慮這方面的問題。

功能型產品一般用於滿足用戶的基本需求，變化很少，具有穩定的、可預測的需求和較長的生命週期，但它們的邊際利潤較低。為了獲得比較高的邊際利潤，許多企業在產品式樣或技術上進行革新以刺激消費者購買，從而使產品成為創新型的，這種創新型產品的需求一般不可預測，生命週期也較短。正因為這兩種產品的不同，才需要有不同類型的供應鏈去滿足不同的需求管理。

基於產品的供應鏈設計目標，主要在於獲得高用戶服務水準和低庫存投資（或低單位成本）之間的平衡，同時還應包括以下目標：

(1) 進入新市場。
(2) 開發新產品。
(3) 開發新分銷渠道。
(4) 改善售後服務。
(5) 提高用戶滿意度。
(6) 降低成本。
(7) 通過降低庫存提高工作效率等。

設計和產生新的基於產品的供應鏈，主要應解決以下問題：

(1) 供應鏈的成員組成（包括供應商、設備、工廠、分銷中心的選擇與定位）。
(2) 原材料的來源問題（包括供應商、流量、價格、運輸等問題）。
(3) 生產過程設計（包括需求預測、生產什麼產品、生產能力、供應給哪些分銷中心、價格、生產計劃、生產作業計劃和跟蹤控制、庫存管理等問題）。
(4) 分銷任務與能力設計（包括產品服務於哪些市場、運輸、價格等問題）。
(5) 信息管理系統設計。
(6) 物流管理系統設計等。

在一些高科技型企業（如惠普公司），產品設計被認為是供應鏈管理的一個重要因素，眾多學者提出了為供應鏈管理設計產品（Design For Supply Chain Management, DFSCM）的概念。與基於產品的供應鏈設計策略（PBSCD）不同，DFSCM 目的在於設計產品和工藝以使供應鏈相關的成本和業務能得到有效的管理。大量的實踐經驗告訴人們，在供應鏈中，生產和產品流通的總成本最終決定於產品的設計。因此，必須在產品開發設計的早期就開始同時考慮供應鏈的設計問題，以獲得最大化的潛在利益。

3.1.3.2 基於多代理的集成供應鏈構建策略

隨著信息技術的發展，供應鏈除了具有由人、組織簡單組成的實體特徵外，也逐漸演變為以信息處理為核心、以計算機網路為工具的人-信息-組織的集成超智能體。基於多代理的集成供應鏈模式（見圖 3-1）涵蓋了兩個世界的三維集成模式，即實體世界的人-人、組織-組織集成和軟環境世界的信息集成（橫向集成），以及實體與軟環境世界的人-機集成（縱向集成）。

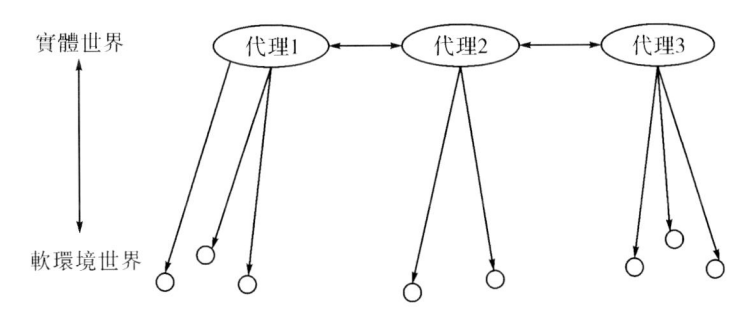

圖 3-1 基於多代理的集成供應鏈模式

可以採用多種理論方法指導基於多代理的集成供應鏈建模。基本流程為多維繫統分析→業務流程重構→建模→精細化/集成→協調/控制，在建模中並行工程思想貫穿於整個過程。

基於多代理集成供應鏈的建模方法主要有基於信息流的建模方法、基於業務流程優化的建模方法、基於案例分析的建模方法以及基於商業規則的建模方法等。

3.2 供應鏈網路設計

3.2.1 供應鏈網路設計概述

3.2.1.1 供應鏈網路設計框架

供應鏈網路設計是供應鏈的總體規劃，其目標是在滿足顧客需求和回應方面要求的同時，使企業的利潤最大化。全球的網路設計決策可以通過四個階段來制定，如圖 3-2 所示。

供應鏈管理

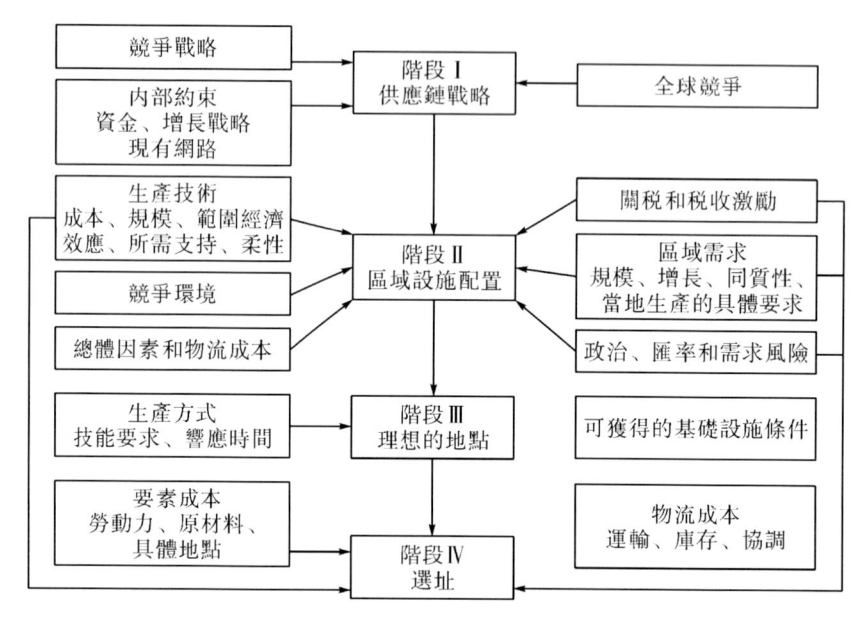

圖 3-2　供應鏈網路設計框架

1. 階段Ⅰ：明確供應鏈戰略

網路設計階段Ⅰ的目標是明確一個企業主要的供應鏈設計。這包括確定供應鏈的環節，以及每個供應鏈的職能是內部執行還是外包。

基於企業的競爭戰略、其導致的供應鏈戰略、對競爭的分析、任何的規模或範圍經濟效應，以及任何的約束條件，管理者必須為企業確定主要的供應鏈設計。

2. 階段Ⅱ：明確區域設施配置

網路設計階段Ⅱ的目標是確定設施將要選址的區域、它們潛在的作用（功能）以及大概的產能。

基於需求預測、現有的生產技術、激勵與風險、競爭環境、總體因素和物流成本等信息，管理者可以利用網路設計模型（網路優化模型、重力選址模型等）來確定供應鏈網路的區域設施配置。區域設施配置定義了設施將建的所在區域、網路中設施的大概數量，以及一個設施是為一個特定市場生產所有產品還是為網路中的所有市場生產少數幾種產品。

3. 階段Ⅲ：選擇一組理想的潛在地點

階段Ⅲ的目標是在設施將坐落的每個地區選擇一組理想的潛在地點。地點的選擇應基於對基礎設施能否支持預期的生產方法的有效性分析。硬件基礎設施的要求包括供應商的可獲性、運輸服務、通信、公共設施以及倉儲設施。軟件基礎設施的要求包括熟練勞動力的可獲性、勞動力的流動以及社會對工商業的接受能力。

4. 階段Ⅳ：選址

階段Ⅳ的目標是從潛在的地點當中為每個設施選擇一個準確的位置以及為之分配產能。網路設計的目標是在考慮每個市場所期望的毛利和需求、各種物流和設施成本，

以及每個地址的稅收和關稅的基礎上，使總利潤最大化。

3.2.1.2 供應鏈網路設計的影響因素

1. 戰略因素

企業的競爭戰略對供應鏈中的網路設計決策有著重要的影響。關注成本領先的企業傾向於尋求其製造設施成本最低的佈局，即使這樣做會導致製造設施離所服務的市場很遠，如富士康和偉創力公司。相反，關注回應性的企業傾向於將設施設立在更靠近市場的地方，甚至選擇一個高成本的地點，如西班牙的ZARA公司。

2. 技術因素

可獲得的生產技術的特性對網路設計決策有著重要的影響。如果生產技術顯示出相當的規模經濟，那麼擁有少許高產能的設施是最有效的。計算機芯片製造就是這種情形，其工廠需要很大的投資，而產品的運輸相對便宜。因此，大多數半導體公司只擁有幾個高產能的生產設施。相反，如果設施的固定成本較低，那麼就可以建立很多當地的設施，因為這樣有利於降低運輸成本。例如，可口可樂裝瓶廠的固定成本不是很高，為了降低運輸成本，可口可樂在全世界建立了很多裝瓶廠，各自服務於當地的市場。

3. 宏觀經濟因素

宏觀經濟因素包括稅收、關稅、匯率以及運費等，它們並不屬於個別企業內部的因素。隨著全球貿易的發展，宏觀經濟因素已對供應鏈網路的成敗產生了重要影響。所以，企業在做網路設計決策時有必要考慮這些因素。

4. 政治因素

國家的政治穩定性在選址決策中起到了關鍵作用。企業更喜歡選址在政治穩定的國家，因為其商業活動和所有權的規則比較完善。

5. 基礎設施因素

優良基礎設施的可獲性是在一個特定區域進行設施選址的重要先決條件。較差的基礎設施會增加在一個特定區域從事商業活動的成本。20世紀90年代，全球化企業將它們的工廠設在中國的上海、天津或廣州，因為這些地方擁有較好的基礎設施條件，即使這些地方的勞動力或土地成本不是最低的。在網路設計中，需要考慮的關鍵基礎設施因素包括場地和勞動力的可獲性、是否臨近運輸站點、是否有鐵路服務、是否臨近機場和港口、是否臨近高速公路入口、交通是否密集和當地的公共設施是否完備等。

6. 競爭因素

在設計供應鏈網路時，企業必須考慮競爭對手的戰略、規模和佈局。企業需要決定是將其設施設在靠近還是遠離競爭對手的地方。競爭的模式以及諸如原材料或勞動力的可獲性等要素會影響這個決策。

7. 顧客回應時間和當地設施

定位於那些看中回應時間的顧客的企業，選址必須靠近顧客。如果顧客不得不走很遠的距離才能到一個便利店去，那麼他們是不太可能到那裡去的。所以，對便利店來說，最好是在一個區域內設立很多商店以使大多數人就近擁有一家便利店。相反，

在超市大量購物的顧客願意走較遠的距離到達那裡。所以，連鎖超市傾向於建立比便利店更大的商店，但其分佈的密度低。

如果一個企業在將其產品交付給顧客時採用的是一種快速的運輸方式，那麼它可以建立較少的設施並且仍然能夠提供較短的回應時間。然而，這種方案將增加運輸成本。另外，在很多情形中，設施是否靠近顧客是非常重要的。一家咖啡店可能吸引的是那些居住在或工作在附近的顧客，快速的運送方式並不能替代它的作用，也不能吸引那些遠離咖啡店的顧客。

8. 物流和設施成本

供應鏈的物流和設施成本會隨著設施的數量、佈局以及產能分配的變化而變化。企業在設計其供應鏈網路時必須考慮庫存、運輸和設施成本。

庫存和設施成本會隨著供應鏈中設施數量的增加而增加。運輸成本則會隨著設施數量的增加而減少。如果設施數量增加到某一點導致內向規模經濟效應喪失，則運輸成本將會增加。

總物流成本是庫存、運輸和設施成本之和。供應鏈網路中的設施數量應該至少等於使總物流成本最小化的設施數量。一個企業可能會增加設施的數量並超過最佳點以縮短對顧客的回應時間。如果通過縮短回應時間所帶來的收入增加超過額外設施所增加的成本，那麼這種決策就是合理的。

3.2.2 供應鏈網路設計要點

供應鏈網路由供應商、倉庫、配送中心和零售網點組成，原材料、在製品和成品庫存在各環節之間流動。通過供應鏈網路設計，公司組織和供應鏈管理將實現以下目的：

（1）在生產成本、運輸成本和庫存成本之間找到合適的平衡點。

（2）通過高效的庫存管理，滿足供應和需求之間的匹配。

（3）通過在最高效的工廠獲取所需產品，實現資源利用的最優化。

供應鏈網路設計是一個複雜且多層次的過程，需要對網路佈局、庫存持有及管理、資源利用等問題綜合決策以降低成本、提高服務水準。網路設計主要內容如下：

（1）網路佈局，包括生產工廠和倉庫的數量、選址和規模的決策，從倉庫向零售店配送的策略等。關鍵的採購決策也往往在這個過程中做出。

（2）庫存策略，包括庫存點的決策、向倉庫供貨的工廠選擇，從而保證一定的庫存量和生產工廠的零庫存。

（3）資源分配。有了物流網路和庫存策略之後，現在的目標就是確定不同產品的生產和包裝是不是在合適的地點內完成。工廠的採購策略應該是什麼，每個工廠應該有多大的生產能力以應對季節性波動。

3.2.2.1 網路佈局

網路佈局就是對供應鏈配置和基礎設施所做的決策。網路佈局是對公司有長遠影響的戰略決策。網路佈局可能涉及的問題關係到生產廠、倉庫和零售店，同時也關係

到配送和採購。

通常由於需求類型、產品組合、生產過程、採購戰略、設施營運成本等方面的變動，供應鏈基礎設施需要重新評估。同時，兼併收購也會促使不同的物流進行網路整合。

在網路佈局中，一般關注以下戰略決策問題：
(1) 確定合適的設施（如倉庫和工廠）的數量。
(2) 確定每個設施的位置。
(3) 確定每個設施的規模。
(4) 為每個設施分配每種產品的空間。
(5) 確定採購需求。
(6) 確定配送策略，也就是客戶將從哪個倉庫收到何種產品。

網路佈局的目標是設計或重新配置物流網路，從而在不同的服務水準要求下，使每年的系統成本最小化，其中包括生產和採購成本、庫存持有成本、設施營運成本（儲存、搬運和固定成本）以及運輸成本。

增加倉庫數量，一般會造成如下後果：
(1) 由於減少了平均到達客戶的運輸時間，從而改進了服務水準。
(2) 為了使每個倉庫能夠應付顧客需求的不確定性而增加安全庫存量，從而增加了庫存成本。
(3) 管理費用和準備成本增加。
(4) 減少了倉庫的運出成本，即從倉庫至顧客的運輸成本。
(5) 增加了倉庫的運入成本，即從供應商/製造廠到倉庫的運輸成本。

對於具體的倉庫選址、服務水準估計、需求預測等可參考相關文獻。

3.2.2.2 庫存策略

庫存策略的重要性以及協調庫存和運輸策略的必要性，一直都是顯而易見的。在複雜的供應鏈網路中，管理庫存通常非常困難，同時會對客戶服務水準和供應鏈成本有比較大的影響。

庫存的存在形式有原材料庫存、在製品庫存、產成品庫存等，每種庫存都有其特殊性。然而，要決定採用何種控制策略是非常困難的。

為了降低系統性成本和改進服務水準，必須考慮在供應鏈不同水準上高效的生產、配送和庫存控制策略之間的相關作用。而一旦採取了合適的庫存策略，將產生巨大的效益。

庫存控制設計一般應包括以下內容：
(1) 產品需求預測。
(2) 戰略安全庫存設置。
(3) 在庫存方面平衡系統成本和服務水準。
(4) 在庫存方面平衡生產、配送與庫存水準。
(5) 確定合適的庫存控制策略，包括持續檢查或定期檢查策略、風險分擔策略、

集中管理或分散管理策略、供應商或分銷商分級管理策略、供應商管理庫存策略或聯合管理庫存策略等。

3.2.2.3 資源配置

對於給定的物流網路，公司需要按照供應鏈的主要計劃，按照月、季度或者年的時間長度來決定資源的有效使用。供應鏈主要的計劃就是協調分配生產和配送的資源以達到利潤最大或系統成本最低的目標。在這個過程中，公司需要考慮整個計劃期內的需求預測，也就是月度、季度或年度的安全庫存需求。

合理分配生產、運輸、庫存資源等以滿足最終需求可能比較具有挑戰性，特別是在公司面臨季節性需求、生產能力受限制、競爭性環境不確定時。實際上，諸如何時生產以及生產多少、在哪裡存放庫存、在哪裡租用倉庫等的決策會對整個供應鏈具有很大的影響。

傳統上講，供應鏈設計過程是由手工填寫表格，並由公司的每一個職能部門分別獨立完成。生產計劃一般在工廠制定，並獨立於庫存計劃，通常需要對這兩個計劃進行協調。這意味著，各個部門只能「優化」一個參數，通常是生產成本。

但是在現代供應鏈中，很容易理解上述的順序決策是不能奏效的。例如，僅側重於生產成本通常意味著每個工廠生產單一類型的產品，從而進行大批量生產並減少平均固定成本。然而，這可能會增加運輸費用，同時，工廠生產的某些產品不能滿足市場需求。另外，降低運輸成本通常會要求每個製造工廠生產很多不同類型的產品以使客戶能夠從就近工廠獲得產品。

要找到能夠平衡上述兩種成本的方法，需要將順序決策過程替換為考慮不同層面供應鏈交互作用的決策過程，以識別能夠使供應鏈達到績效最優化的策略。這被稱為全局最優化，它需要一個以優化為基礎的決策支持系統。將供應鏈建模為大型混合整數線性規劃的系統，能夠充分考慮到供應鏈的複雜性和動態性。

這些決策支持系統需要下面的數據：

（1）設施地點，如工廠地點、配送中心地點和需求地點。
（2）交通運輸資源，包括內部運輸部門和一般承運商。
（3）產品信息。
（4）生產線的信息，如最小批量、生產能力、成本等。
（5）倉庫容量和其他信息，如具有某些技術（如冷櫃）的特定倉庫以儲存某些特定產品。
（6）根據位置、產品和時間確定的需求。

根據計劃過程的目標，結果可能集中於以下兩點：

（1）採購策略。要考慮在計劃期內，每種產品需要在什麼地方生產。
（2）供應鏈的主要計劃。要考慮生產量是多少，以及不同產品、地點和時間段內的運輸量及倉儲需求分別是什麼。

在某些應用中，供應鏈的主要計劃作為一個詳細的生產調度系統的輸入而存在。在這種情況下，生產調度系統員工根據供應鏈的主要計劃中的生產量和規定日期，制

定詳細的生產序列和時間表。這使得規劃員能夠整合供應鏈後端的製造和生產，以及供應鏈前端的需求規劃和補貨系統。需要說明的是，補貨系統關注的重點是服務水準，戰術性規劃（公司產生供應鏈的主要計劃的過程）關注的重點是成本最小化或利潤最大化，而供應鏈的詳細的生產序列部分要關注可行性。也就說，所排定的詳細生產時間表需滿足所有生產條件的制約因素，並且要符合由供應鏈的主要計劃規定的所有截止日期要求。

當然，戰術性決策的過程，也就是供應鏈的主要計劃，需要在供應鏈的各個參與者之間共享以提高協作效果。例如，配送中心的經理可以利用這些信息更好地計劃人力使用和配送需求，生產經理可以利用這個計劃確定他們有足夠多的原材料供應。另外，供應鏈的主要計劃還應該能夠發現供應鏈中的潛在問題，能夠分析需求計劃和資源利用率以實現利潤最大化或成本最小化。

總之，供應鏈的網路設計應能夠解決供應鏈中的一些基本權衡問題，如生產準備成本與運輸成本、生產批量大小與生產能力。它也能考慮到供應鏈成本隨時間推移的變化，如生產、供應、倉儲、運輸、稅收，以及庫存、產能及其變化。

3.3 供應鏈優化

3.3.1 供應鏈分析診斷技術與方法

在進行供應鏈構建的設計與重建過程中，必須對現有的企業供應鏈模式進行診斷分析，在此基礎上進行供應鏈的創新設計。通過系統診斷分析，找到企業目前存在的主要問題，為新系統設計提供依據。

3.3.1.1 供應鏈的不確定性分析

對於供應鏈的不確定性因素，美國斯坦福大學的 Hau Lee 探討了由於信息的不確定性導致的供應鏈的信息扭曲，並形象地稱之為「長鞭效應」，剖析了產生這一現象的原因和應對措施；其他學者如黃培清也探討了不確定性對庫存和服務水準的影響，Bruce Kogut 和 Nalin Kulatilake 探討了在全球製造中提高企業柔性對應不確定性的作用，Jing sheng Song 也研究了提前期的不確定性對庫存與成本的影響，等等。供應鏈的設計或重建都需要考慮不確定性問題，要研究減少供應鏈不確定性的有效措施和不確定性對供應鏈設計的影響。

3.3.1.2 供應鏈的性能定位分析

供應鏈的性能定位是對現有的供應鏈做的一個全面評價，比如對訂貨週期、預測精度、庫存占用資金、供貨率等管理水準，以及供應鏈企業間的協調性，用戶滿意度等進行全面的評估。如果用一個綜合指數來評價供應鏈的性能定位，可以用這樣一個公式表示：

供應鏈綜合性能指數＝價值增值率×用戶滿意度

我們可以通過對用戶滿意度的測定並結合供應鏈的價值增值率來確定供應鏈管理水準，為供應鏈的重構提供參考。

3.3.1.3　供應鏈的診斷方法

診斷方法本身就是一個值得研究的問題，目前還沒有一個普遍適用的企業診斷方法。隨著企業創新發展的需要，企業診斷已成為許多企業策劃必不可少的內容。國外許多企業都高薪聘請諮詢專家為企業診斷，國內對企業診斷問題的研究也逐漸熱起來。企業診斷不同於傳統的可行性研究報告，它是企業從需要出發，為自身的改造或改革提供科學的理論與實際相結合的分析、戰略性的建議和改進措施。

目前，對供應鏈進行診斷的方法主要如下：

1. 網路圖形法

供應鏈設計問題有幾種考慮方式：一是單純從物流通道建設的角度設計供應鏈；二是從供應鏈選址（Supply Chain Location）的角度考慮在哪個地方找供應商，在哪個地方建設加工廠，在哪個地方設分銷點等。設計所採用的工具主要是圖形法，直觀地反應供應鏈的結構特徵。在具體的設計中，可以借助計算機輔助設計等手段進行網路圖的繪製。

2. 數學模型法

數學模型法是研究經濟和管理問題普遍採用的方法。把供應鏈作為一個管理系統問題來看待，我們可以通過建立數學模型來描述其經濟上的數量特徵。最常用的數學模型是系統動力學模型和經濟控制論模型，特別是系統動力學模型更適合供應鏈問題的描述。系統動力學最初的應用也是從工業企業管理問題開始的，它是基於系統理論、控制理論、組織理論、信息論的系統分析與模擬方法。系統動力學模型能很好地反應供應鏈的經濟特徵。

3. 計算機仿真技術法

利用計算機仿真技術，將實際的供應鏈構建問題根據不同的仿真軟件要求，先進行模型化，再進行仿真運行，最後對結果進行分析。計算機仿真技術已經非常成熟，可參考相關文獻進行學習。

3.3.2　供應鏈的重構與優化

為了提高現有供應鏈運行的效率，適應市場的變化，增強市場的競爭力，需要對企業的供應鏈進行優化與重構。通過供應鏈的重構，獲得更加精益的、敏捷的、柔性的企業競爭優勢。Hau Lee 等諸多學者和企業界人士對供應鏈的重構偏重於銷售鏈（下游供應鏈）的重構研究，提出了一些重構的策略，如供應商管理庫存（VMI）、延遲製造（Postponement）等。Towill 也對供應鏈的重構進行了研究，提出了關於供應鏈重構的方法模型。圖 3-3 為具有一般指導意義的供應鏈重構優化模型。

關於供應鏈的重構與優化，首先應明確重構與優化的目標，如縮短訂貨週期、提高服務水準、降低運費、降低庫存水準、增加生產透明性等。要明確了重構的目標後，進行企業的診斷和重構策略的研究，需要強調的是重構策略的研究，必須根據企業診

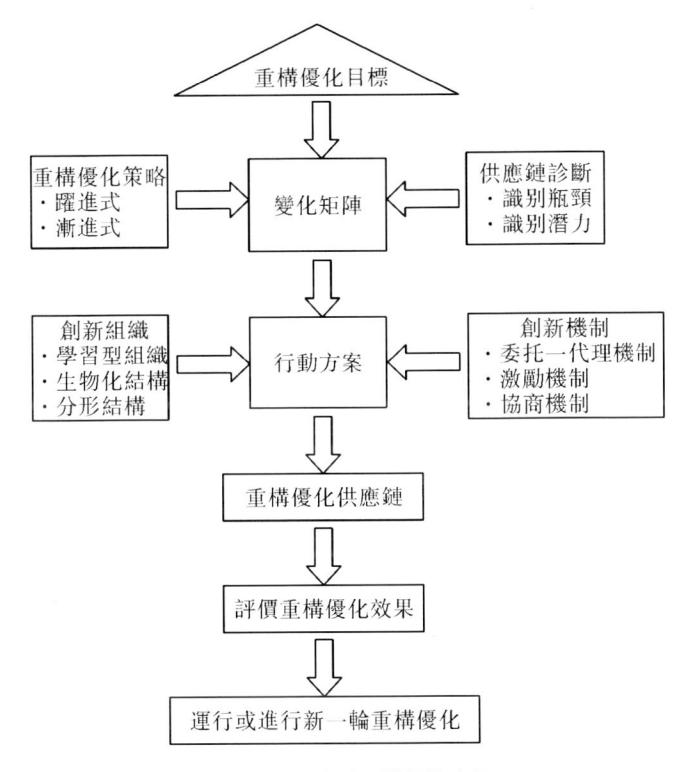

图 3-3 供應鏈重構優化流程

斷的結果來選擇重構策略。但無論如何，重構的結構都應使價值增值和用戶滿意度得到顯著提高，這是我們實施供應鏈管理始終堅持的一條原則和主體約束條件。

本章小結

供應鏈構建是實施供應鏈管理的首要環節，也是首要問題。沒有一個科學合理乃至優化的供應鏈體系結構，即使在運作時管理人員使出渾身解數，也無法達到預期的效果，因為先天不足的供應鏈構建已經決定了它的價值。因此，在這一章中，我們從構建供應鏈的角度，給出了一個供應鏈總體框架結構，並介紹了供應鏈構建的原則和策略。然後討論了供應鏈總體規劃的網路設計，包括網路設計的流程框架和主要影響因素，在此基礎上分析了供應鏈網路設計的網路佈局、庫存策略、資源配置等要點。最後，還研究了供應鏈構建的診斷技術和方法、供應鏈重構優化流程等內容。本章的目標是通過學習能對供應鏈構建、設計與優化有一個總體的認識，後續將繼續圍繞供應鏈總體框架的營運、管理、優化展開深入學習。

思考與練習

1. 如何理解供應鏈體系的總體框架？如何根據這個模型優化供應鏈的運作管理？
2. 試舉例描述幾種典型的供應鏈體系結構，並比較分析它們之間的區別。
3. 供應鏈構建的設計原則是什麼？如何理解這些原則？
4. 如何面向產品進行供應鏈的設計？產品的設計策略是否應該與供應鏈的設計策略保持一致？試闡述你的觀點。
5. 試闡述供應鏈網路設計的目標與設計要點之間的關係。
6. 對供應鏈構建的設計步驟進行討論，並選擇一個公司對其供應鏈進行重新優化設計。
7. 供應鏈構建的設計主要是解決哪些關鍵問題？

本章案例

供應鏈管理在中國汽車製造業的應用

該案例的背景要追溯到2000年前後。2001年，中國加入WTO後，中國汽車製造業面臨了前所未有的市場競爭環境。

一方面，國內汽車市場中的消費需求日趨個性化，且消費者要求能在任何時候、任何地點，以最低的價格及最快的速度獲得所需要的產品，從而使市場需求不確定性大大增加。在捉摸不定的市場競爭環境中，有的企業能夠長盛不衰，有的只能成功一時，還有的企業卻連一點成功的機會都沒有。另一方面，伴隨著中國加入WTO，中國整個汽車工業又將受到國外汽車製造商的衝擊和擠壓，而且隨著市場經濟的發展，中國企業原有的經營管理方式早已不適應激烈競爭的要求。在這內外交困的環境下，企業要想生存和發展下去，必須尋求新的出路。

經濟全球化、製造全球化、合作夥伴關係、信息技術進步以及管理思想的創新，使得競爭的方式也發生了不同尋常的轉變。現在的競爭主體，已經從以往的企業與企業之間的競爭轉向供應鏈與供應鏈之間的競爭。因而，在越來越激烈的競爭環境下，供應鏈管理成為國內外逐漸受到重視的一種新的管理理念和管理模式，在企業管理中得到普遍應用。風神汽車有限公司就是其中一個典型範例。

風神汽車有限公司是東風汽車公司、臺灣裕隆汽車製造股份有限公司（裕隆集團在臺灣的市場佔有率高達51%，年銷售量20萬輛）、廣州京安雲豹汽車有限公司等共同合資組建的，由東風汽車公司控股的三資企業。在競爭日益激烈的大環境下，風神公司採用供應鏈管理思想和模式及其技術方法，取得了當年組建、當年獲利的好成績。通過供應鏈系統，風神汽車有限公司建立了自己的競爭優勢：通過與供應商、花都工廠、襄樊工廠等企業建立戰略合作夥伴關係，優化了供應鏈上成員間的協同運作管理模式，實現了合作夥伴企業之間的信息共享，促進物流通暢，提高了客戶回應速度，

創造了競爭中的時間和空間優勢；通過設立中間倉庫，實現了準時採購，從而減少了各個環節上的庫存量，避免了許多不必要的庫存成本消耗；通過在全球範圍內優化合作，各個節點企業將資源集中於核心業務，充分發揮其專業優勢和核心能力，最大限度地減少了產品開發、生產、分銷、服務的時間和空間距離，實現對客戶需求的快速、有效回應，大幅度縮短訂貨的提前期；通過戰略合作，充分發揮鏈上企業的核心競爭力，實現優勢互補和資源共享，共生出更強的整體核心競爭力與競爭優勢。風神公司目前的管理模式無疑是成功、有效的，值得深入研究、學習、借鑑。

風神公司的供應鏈系統構建如下：

（1）風神供應鏈結構。供應鏈是圍繞核心企業，通過對信息流、物流、資金流的控制，從採購原材料開始，制成中間產品以及最終產品，最後由銷售網路把產品送到消費者手中的將供應商、製造商、分銷商、零售商，直到最終用戶連成一個整體的功能網鏈結構。它是一個範圍更廣的擴展企業結構模式，包含所有加盟的節點企業，從原材料供應開始，經過鏈中不同企業的製造加工、組裝、分銷等過程直到最終用戶。它不僅是一條聯結供應商到最終用戶的物料鏈、信息鏈、資金鏈，而且是一條增值鏈，物料在供應鏈上因加工、包裝、運輸等過程而增加其價值，給相關企業帶來收益。

風神汽車有限公司的供應鏈（以下簡稱風神供應鏈）結構示意圖如圖3-4所示。

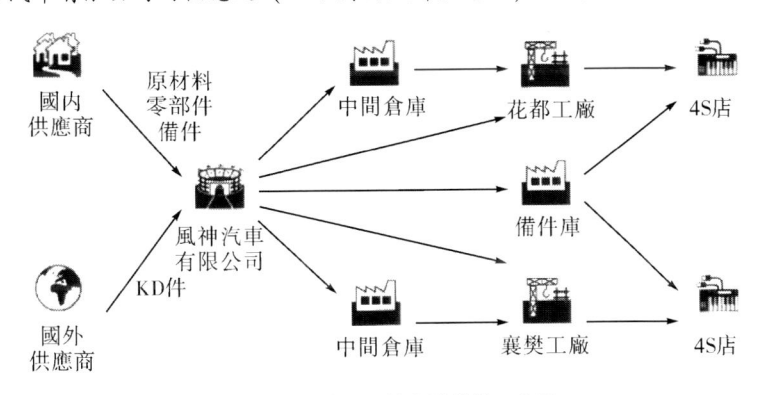

圖3-4　風神公司供應鏈結構示意圖

在風神供應鏈中，核心企業風神汽車有限公司總部設在深圳，生產基地設在湖北的襄樊、廣東的花都和惠州。「兩地生產、委託加工」的供應鏈組織結構形式，使得公司組織結構既靈活又科學。風神供應鏈中所有企業得以有效地連接起來，形成一體化的供應鏈，並和從原材料到向客戶按時交貨的信息流相協調。同時，在所有供應鏈成員之中建立起了合作夥伴型業務關係，促進了供應鏈活動的協調運行。

在風神供應鏈中，風神汽車有限公司通過自己所處的核心地位，對整個供應鏈的運行進行信息流和物流的協調，各節點企業（供應商、中間倉庫、工廠、專營店）在需求信息的驅動下，通過供應鏈的職能分工與合作（供應、庫存、生產、分銷等），以資金流、物流和服務流為媒介，實現整個風神供應鏈的不斷增值。

（2）風神供應鏈的結構特徵。為了適應產品生命週期不斷縮短、企業之間的合作日益複雜以及客戶的要求更加挑剔的環境，風神供應鏈中的供應商、產品（整車）製

造商和分銷商（專營店）被有機組織起來，形成了供應—生產—銷售的供應鏈。風神的供應商包括了多家國內供應商和多家國外供應商（KD件），並且在全國各地設有多家專營店。供應商、製造商和分銷商在戰略、任務、資源和能力方面相互依賴，構成了十分複雜的供應—生產—銷售網鏈。通過分析發現，風神供應鏈具有如下特徵：

第一，風神供應鏈的結構具有層次性。從組織邊界的角度看，雖然每個業務實體都是供應鏈的成員，但是它們可以通過不同的組織邊界體現出來。這些實體在法律上是平等的，在業務關係上是有層次的，這與產品結構的層次是一致的。

第二，風神供應鏈的結構表現為雙向性。在風神供應鏈的企業中，使用某一共同資源（如原材料、半成品或成品）的實體之間既相互競爭又相互合作，如襄樊和花都廠作為汽車製造廠，必然在產量、質量等很多方面存在競爭，但是在整個風神供應鏈運作中又是緊密合作的。花都廠為襄樊廠提供衝壓件，在備件、零部件發生短缺時，相互之間又會進行協調調撥以保證生產的連續性，最終保證供應鏈系統的整體最優。

第三，風神供應鏈的結構呈多級性。由於供應、生產和銷售關係具有複雜性，風神供應鏈的成員越來越多。如果把供應鏈網中相鄰兩個業務實體的關係看成一對「供應—購買」關係，對於風神供應鏈這樣的網鏈結構，這種關係應該是多級的，而且同一級涉及多個供應商和購買商。供應鏈的多級結構雖然增加了供應鏈管理的難度，但是也為供應鏈的優化組合提供了基礎，可以使風神汽車有限公司根據市場變化隨時在備選夥伴中進行組合優化，省去了重新尋找合作夥伴的時間。

第四，風神供應鏈的結構是動態的。供應鏈的成員通過物流和信息流聯結起來，但是它們之間的關係並不是一成不變的。根據風神汽車有限公司戰略轉變和適應市場變化的需求，風神供應鏈中的節點企業需要動態地進行更新。而且，供應鏈成員之間的關係也由於客戶需求的變化而經常做出適應性的調整。

利用風神供應鏈的這些特徵，風神汽車有限公司找到了管理的重點。例如，風神汽車有限公司對供應鏈系統進行了層次區分，確定除了主幹供應鏈和分支供應鏈，在此基礎上建立起了最具競爭力的一體化供應鏈。另外，利用供應鏈的多級性特徵，對供應鏈進行等級排列，對供應商/分銷商做進一步細分，進而制定出具體的供應/行銷組合策略。利用供應鏈結構的動態性特點指導風神汽車有限公司建立動態供應鏈，適時修正戰略，使之不斷適應外部環境的變化。世界著名的耐克公司之所以取得全球化經營的成功，關鍵在於它卓越地分析了公司供應鏈的多級結構，有效地運用了供應商多級細分策略，這一點在風神汽車有限公司的供應鏈上也得到了體現，說明充分掌握供應鏈的結構特徵對於制定恰當管理策略的重要性。

風神供應鏈的管理策略

風神供應鏈的結構具有層次性、雙向性、多級性、動態性和跨地域性等特點，在管理上涉及生產設計部門、計劃與控制部門、採購與市場行銷部門等多個業務實體，因此在實現供應鏈的目標、運作過程和成員類型等方面存在較大的差異。面對如此複雜的供應鏈系統，如何選擇恰當的管理策略是非常重要的。

（1）供應鏈核心企業的選址戰略。風神汽車供應鏈中的核心企業設在廣東的深圳，這是因為深圳有優惠的稅收政策和發達的資本市場，並且可為今後的增資擴股、發行

企業債券等提供財力支援。此外，在便利的口岸、交通、技術及資訊等方面具有無可替代的地理優勢，這些都是構成風神供應鏈核心競爭力的重要因素。而位於湖北的襄樊工廠有資金、管理及技術資源的優勢，廣東花都具有整車組裝能力，這樣就使深圳成為供應鏈中的銷售、財務、技術、服務及管理的樞紐。而將整車裝配等生產過程放在襄樊和花都，又以襄樊和花都為中心，連接起眾多的上游供應商，從而可以集中公司的核心競爭力完成銷售、採購等核心業務，在整個供應鏈中就像扁擔一樣挑起了襄樊、花都兩大生產基地。

（2）業務外包戰略。風神汽車有限公司「總體規劃、分期吸納、優化組合」的方式很好地體現了供應鏈管理中的業務外包（Outsourcing）及擴展企業（Extended Corporation）思想。這種組合的優勢體現為充分利用國際大平臺的製造基礎，根據市場需求的變化選擇新的產品，並且可以最大限度地降低基建投資及縮短生產準備期，同時還可以共享銷售網路和市場，共同攤銷研發成本、生產成本和物流成本，從而降低了供應鏈整體運行的總成本，最後確保風神汽車有限公司能生產出最具個性化、適合中國國情的中高檔轎車，同時還具有較強的競爭力。風神汽車有限公司緊緊抓住核心業務，而將其他業務（如製造、倉儲、物流等）外包出去。

（3）全球性資源優化配置。風神汽車有限公司的技術引進戰略以及KD件的採購戰略體現了全球資源優化配置的思想。風神汽車有限公司大部分的整車設計技術是由日產和臺灣裕隆提供的，而採購則包括了KD件的國外進口採購和零部件的國內採購，整車裝配是在國內的花都和襄樊兩個不同地方進行，銷售也是在國內不同地區的專營店進行，這就實現了從國內資源整合到全球資源優化配置的供應鏈管理，大大增強了整個供應鏈的競爭能力。

（4）供應商管理庫存的管理方式。在風神供應鏈的運作模式中，有一點很值得學習和借鑑的就是其供應商管理庫存（VMI）的思想。關於VMI，國外有學者認為，「VMI是一種在用戶和供應商之間的合作性策略，以對雙方來說都是最低的成本優化產品的可獲性，在一個相互認同的目標框架下由供應商管理庫存，這樣的目標框架被經常性監督和修正以產生一種連續改進的環境」。風神汽車有限公司的VMI管理策略和模式，通過與公司的供應商之間建立的戰略性長期合作夥伴關係，打破了傳統的各自為政的庫存管理模式，體系了供應鏈的集成化管理和「雙贏」思想，能更好地適應市場變化的要求。VMI是一種供應鏈集成化運作的決策代理模式，它把用戶的庫存決策權代理給供應商，由供應商代理客戶行使庫存管理的決策權。例如，在風神汽車有限公司的採購過程中，公司每六個月與供應商簽訂一個總量合同，在每個月初告訴供應商每個月的要貨計劃，接著供應商根據這個要貨計劃安排自己的生產，然後將產品運送到公司的中間倉庫。而公司的裝配廠只需要按照生產計劃憑領料單按時到中間倉庫提取產品即可，庫存的消耗信息由供應商採集並及時做出補充庫存的決策，實現了準時供貨，節約了庫存成本，為提高整個供應鏈的競爭力做出了貢獻。

（5）戰略聯盟的合作意識。風神汽車有限公司通過業務外包的資源整合，實現了強強聯合，達到了共贏的目的。通過全球採購供應資源和產品開發，以及國內第三方物流公司的優勢，風神汽車有限公司不僅獲得了投資僅一年就獲利的良好開端，而且

也為花都工廠、襄樊工廠以及兩地中間倉庫和供應商帶來了巨大商機，使所有的企業都能在風神供應鏈中得到較好的發展。風神供應鏈中的合作企業都已經認識到，它們已經構成了相互依存的聯合體，各方都十分珍惜這種合作夥伴關係，都培育出了與合作結成長期戰略聯盟的意識。可以說，這種意識才是風神供應鏈真正的價值。

案例思考

一個一體化的、協調的供應鏈「超級組織」具有對市場需求變化的高度回應力，能迅速支持一個夥伴企業的快速發展。請你根據該案例給出的信息，分析為了取得這樣的效果，供應鏈上的夥伴企業應該從哪些方面著手合作才能達此目的。

4 供應鏈企業的組織結構和業務流程再造

本章引言

作為一個概念和現實存在,供應鏈已遠遠超出了單一組織的範圍。供應鏈管理,實際上應該包括供應組織內部各功能部門之間的集成,以及供應鏈上下游組織之間的整合。整合的內部包括商流、物流、信息流、資金流等,集成的對象包括製造資源、組織、業務、流程等。傳統企業組織是建立在傳統管理模式下的,主要以勞動分工和職能專業化為基礎,組織內的部門劃分非常細,各部門的專業化程度較高。這種組織形式及與其相伴的業務流程適合於20世紀80年代以前的大規模生產和市場環境,那時的市場變化相對比較穩定。而在當今市場需求波動很大、生產經營模式發生變化的情況下,傳統的組織模式則顯出不適應性。在供應鏈管理的概念提出後,也發現企業中傳統的組織結構和運行管理模式在實施供應鏈管理的過程中出現了不同程度的不適應性,因此,研究供應鏈管理思想下的供應鏈組織結構形式和運行管理問題顯得十分必要。

學習目標

- 瞭解傳統的企業組織結構和供應鏈管理下的企業組織結構。
- 掌握企業組織設計與整合的理論與方法。
- 熟悉企業業務流程設計。
- 掌握供應鏈管理下企業業務流程再造的原則和方法。

4.1 供應鏈企業組織結構

企業組織結構的概念有廣義和狹義之分。狹義的組織結構,是指為了實現組織的目標,在組織理論指導下,經過組織設計形成的組織內部各個部門、各個層次之間固定的排列方式,即組織內部的構成方式。廣義的組織結構,除了包含狹義的組織結構內容外,還包括組織之間的相互關係類型,如專業化協作、經濟聯合體、企業集團等。

組織結構中應包括組織內部對工作的正式安排。

4.1.1 常見企業組織結構

企業組織基本結構主要可以分為直線式、職能式、直線職能式、事業部式、矩陣

式等，其中直線職能式組織結構、矩陣式組織結構和事業部式組織結構比較常見。此外還有模擬分權式、多維式、超級事業部式等形式。

企業要全面認識各種組織結構的優缺點，根據自身實際情況，選擇最優組織結構。

4.1.1.1 直線式

直線式是一種最早出現也是最簡單的組織形式。它的特點是企業各級行政單位從上到下實行垂直領導，下屬部門只接受一個上級的指令，各級主管負責人對所屬單位的一切問題負責。廠部不另設職能機構（可設職能人員協助行政主管工作），一切管理職能基本上都由行政主管自己執行。

直線式組織結構的優點是：結構比較簡單，責任分明，命令統一。缺點是：它要求行政負責人通曉多種知識和技能，親自處理各種業務。這在業務比較複雜、企業規模比較大的情況下，把所有管理職能都集中到最高主管一人身上，顯然是難以勝任的。因此，直線式只適用於規模較小、生產技術比較簡單的企業，對生產技術和經營管理比較複雜的企業並不適宜。

4.1.1.2 職能式

職能式組織結構，是各級行政單位除主管負責人外，還相應地設立一些職能機構。這種結構要求行政主管把相應的管理職責和權力交給相關的職能機構，各職能機構就有權在自己業務範圍內向下級行政單位發號施令。因此，下級行政負責人除了接受上級行政主管人指揮外，還必須接受上級各職能機構的領導。

職能式的優點是能適應現代化工業企業生產技術比較複雜、管理工作比較精細的要求；能充分發揮職能機構的專業管理作用，減輕直線領導人員的工作負擔。但缺點也很明顯：它妨礙了必要的集中領導和統一指揮，形成了多頭領導；不利於建立和健全各級行政負責人和職能科室的責任制，在中間管理層往往會出現有功大家搶，有過大家推的現象；另外，在上級行政領導和職能機構的指導和命令發生矛盾時，下級就無所適從，影響工作的正常進行，容易造成紀律鬆弛，生產管理秩序混亂。

4.1.1.3 直線職能式

19世紀末20世紀初，西方大企業普遍採用的是一種按職能劃分部門的縱向一體化的職能結構，被稱為直線職能式或「U」型結構。它是在直線式和職能式的基礎上，取長補短，吸取這兩種形式的優點而建立起來的。我們絕大多數企業都採用這種組織結構形式。這種組織結構形式是把企業管理機構和人員分為兩類，一類是直線領導機構和人員，按命令統一原則，對各級組織行使指揮權；另一類是職能機構和人員，按專業化原則，從事組織的各項職能管理工作。直線領導機構和人員在自己的職責範圍內有一定的決定權和對所屬下級的指揮權，並對自己部門的工作負全部責任。而職能機構和人員，則是直線指揮人員的參謀，不能對直接部門發號施令，只能進行業務指導。詳見表4-1。

表 4-1　　　　　　　　　　　直線職能式組織結構特徵表

適用條件	環境	不確定性低，穩定
	規模	小型到中型
	戰略目標	提高內部效率、技術質量
組織特徵	經營目標	重視職能目標
	計劃和預算	基於成本進行預算、統計、報告
	正式權力	職能經理
優缺點	優點	1. 鼓勵發展部門內規模經濟
		2. 促進深層次技能提高
		3. 促進組織實現職能目標
		4. 在小型到中型規模下效果最優
		5. 只有一種或少數幾種產品時效果最優
	缺點	1. 對外界環境變化反應較慢
		2. 可能引起高層決策堆積、超負荷
		3. 部門間缺少橫向協調
		4. 缺乏創新
		5. 對組織目標的認識有限

1. 直線職能式結構的優點

採用直線職能式組織結構的企業，部門設置比較簡單，高度集權，制度化程度高，便於實施強有力的管理。

每個部門的功能比較單一，部門內部技能也較低，鼓勵各部門把事情做好，每個人的專業能力可以更快地提升。

這種組織結構適合於品種、數量相對比較少的企業。中國許多製造型企業都是這種組織形式。

2. 直線職能式結構的缺點

直線職能式結構的缺點主要有：僵化、反應慢、部門間溝通困難、不利於創新、信息堆積、決策集中、領導層超負荷等。

【案例1】層層匯報

一家有五間工廠的典型製造企業的新工人和老工人一起工作時，主管們發現一個問題：儘管新工人接受過入職培訓，但其工作還是不太令人滿意，效率不是很高。於是，很多主管同時向上司反應這種情況。

五間工廠有很多主管，主管都提出希望對下屬繼續進行培訓，主管向股長反應，股長向科長反應，科長又向部長反應。

生產部共有五個部門，生產一部的部長得到這樣的培訓需求層層簽字後，再把這

個信息傳遞給人力資源行政部部長，人力資源行政部部長把信息發給培訓科長，培訓科長把相關信息發給基層培訓股長，這樣，基層培訓股長收到了很多信息。五大工廠的每個工廠的科長、部長都簽了字，結果使培訓股長不知該如何處理。

由案例可知，這樣的流程導致效率不高。但如果由工廠主管不經層層匯報，直接把信息送到基礎培訓科科長，就有越級的嫌疑。

【案例2】信息堆積，領導層超負荷

某集團公司生產部下面有五個工廠，信息會全部匯集到生產部，然後再向上反應。採用直線職能式結構有一個特點，即公司老總最忙，其常常自嘲「起得比雞還早，幹得比驢還累」，有的企業老總每天的家庭作業就是將文件帶到家裡簽字。大多數企業的老總是完不成的，而老總沒有簽字，問題就解決不了。

由案例可知，信息堆積就是這樣的結果——整個企業效率很低。所以，進行組織設計和考核時，必須通過公司統一戰略目標把所有部門串起來。

3. 克服直線職能式結構缺點的方法

要克服直線職能式結構的缺點，可以採取以下措施：

（1）扁平化：即減少層次，擴大管理範圍。

（2）強化流程驅動，弱化職能職權：強化流程、流程優化時會遇到權力階層的阻礙，要想突破障礙，一方面要強化執行；另一方面可以通過知會的方式通報給不能在現場批准的領導，讓他們監控。

（3）成立協調委員會，加強跨部門間的協調：成立協調委員會，由其決定大訂單的評審，常規訂單按照公司流程執行。協調委員會的成立，也能夠促使各部門間的協作更加緊密。

（4）充分授權：直線職能式結構企業的老總比較忙，要學會授權。

4.1.1.4 矩陣式

在組織結構上，把既有按職能劃分的垂直領導系統，又有按產品（項目）劃分的橫向領導關係的結構，稱為矩陣組織結構，詳見表4-2。

表4-2　　　　　　　　　矩陣式組織結構特徵表

適用條件	環境	高度不確定性
	規模	中等、幾條產品線
	戰略目標	二元化-產品創新與累積技術專長
組織特徵	經營目標	產品與職能目標同等重要
	計劃和預算	二元體系-基於職能或產品線
	正式權力	職能經理與產品經理的合作

表4-2(續)

優缺點	優點	1. 通過滿足環境的二元需要實現協調 2. 跨產品人力資源靈活共享 3. 適應不確定環境下的複雜決策和頻繁變化
	缺點	1. 接受雙重管理的員工感到迷惑 2. 參與者需要良好的人際交往技能以及專門的培訓 3. 時間消耗多，參加會議太頻繁 4. 需要承受來自環境和維持權力平衡的雙重壓力

矩陣結構的優點是機動、靈活，可隨項目的開發與結束進行組織或解散。同時，由於矩陣結構任務清楚、目的明確，各方面有專長的人都是有備而來，工作效率相對較高。

矩陣結構的缺點是項目負責人的責任大於權力，因為參加項目的人員都來自不同部門，隸屬關係仍在原單位，只是為「會戰」而來，所以項目負責人對他們進行管理十分困難，沒有足夠的激勵與懲治手段，這種人員上的雙重管理是矩陣結構的先天缺陷。

矩陣式組織是為了改進直線職能制橫向聯繫差，缺乏彈性的缺點而形成的一種組織形式。它的特點表現在圍繞某項專門任務成立跨職能部門的專門機構上，例如組成一個專門的產品（項目）小組去從事新產品開發工作，在研究、設計、試驗、製造各個不同階段，由有關部門派人參加，力圖做到條塊結合，以協調有關部門的活動，保證任務的完成。這種組織結構形式是固定的，人員卻是變動的，需要誰，誰就來，任務完成後就可以離開。項目小組和負責人也是臨時組織和委任的。任務完成後就解散，有關人員回原單位工作。因此，這種組織結構非常適用於橫向協作和攻關項目。

矩陣結構的優點是：機動、靈活，可隨項目的開發與結束進行組織或解散；由於這種結構是根據項目組織的，任務清楚，目的明確，各方面有專長的人都是有備而來。因此在新的工作小組裡，能溝通、融合，能把自己的工作同整體工作聯繫在一起，為攻克難關，解決問題而獻計獻策，由於從各方面抽調來的人員有信任感、榮譽感，使他們增加了責任感，激發了工作熱情，促進了項目的實現；它還加強了不同部門之間的配合和信息交流，克服了直線職能結構中各部門互相脫節的現象。

矩陣結構的缺點是：項目負責人的責任大於權力，因為參加項目的人員都來自不同部門，隸屬關係仍在原單位，只是為「會戰」而來，所以項目負責人對他們管理十分困難，沒有足夠的激勵手段與懲治手段，這種人員上的雙重管理是矩陣結構的先天缺陷；由於項目組成人員來自各個職能部門，當任務完成以後，仍要回原單位，因而容易產生臨時觀念，對工作有一定影響。

矩陣結構適用於一些重大攻關項目。企業可用來完成涉及面廣的、臨時性的、複雜的重大工程項目或管理改革任務。特別適用於以開發與實驗為主的單位，例如科學研究，尤其是應用性研究單位等。

4.1.1.5 事業部式

事業部式最早是由美國通用汽車公司總裁斯隆於1924年提出的，故有「斯隆模

型」之稱，也叫「聯邦分權化」，或 M 型組織結構，是一種高度（層）集權下的分權管理體制。它適用於規模龐大、品種繁多、技術複雜的大型企業，是國外較大的聯合公司所採用的一種組織形式，近幾年中國一些大型企業集團或公司也引進了這種組織結構形式。

事業部式是分級管理、分級核算、自負盈虧的一種形式，即一個公司按地區或按產品類別分成若干個事業部，從產品的設計、原料採購、成本核算、產品製造，一直到產品銷售，均由事業部及其所屬工廠負責，實行單獨核算、獨立經營，公司總部只保留人事決策權、預算控制權和監督權，並通過利潤等指標對事業部進行控制。也有的事業部只負責指揮和組織生產，不負責採購和銷售，實行生產和供銷分立，但這種事業部正在被產品事業部所取代。還有的事業部則按區域來劃分。

事業部式結構是公司多元化擴張的優選結構，要想提高效率就必須把不同業務分開。一般來說，各事業部實行自主經營、獨立核算、自負盈虧，同時各事業部間的業務不能交叉，因此各事業部之間可能存在巨大差異。事業部式組織結構的特徵如表 4-3 所示。

表 4-3　　　　　　　　　　事業部式組織結構特徵表

適用條件	環境	中度到高度的不確定性，不斷變化
	規模	大型
	戰略目標	外部有效性，適應環境，滿足顧客
組織特徵	經營目標	重視產品線
	計劃和預算	基於成本和收益的利潤中心
	正式權力	事業部經理
優缺點	優點	1. 適應不確定、高度變化的環境 2. 使各分部適應不同的產品、地區和顧客 3. 跨職能的高度協調 4. 在產品較多的大公司效果最優 5. 決策分權
	缺點	1. 失去了職能部門內部的規模經濟 2. 事業部間缺乏協調 3. 不利於各職能技術的深度挖掘和提高 4. 產品線之間的整合與標準化變得困難

【案例3】「大船結構」與「艦隊結構」

聯想早期叫「大船結構」，後來改稱「艦隊結構」。大船結構就是整個公司一起運作，後來是各自獨立的艦，同時這些艦裡面有一個旗艦，它指揮所有艦只，艦隊結構就是各艘艦自己運作，但是有統一的指揮系統。

由案例可知，當企業規模較大，需要多元化擴張，有很多不同區域，面臨不同客戶等情況時，可以考慮使用事業部式組織結構。

在使用事業部式結構時需要注意：事業部可能會擺脫公司的控制，或者和公司出現信息不對稱，同時事業部之間可能協調困難。因此，使用事業部式組織結構時，要在公司提供的統一平臺、統一控制和管理下，實施有效營運，給公司創造利潤。

4.1.1.6 模擬分權式結構

自負盈虧：既自負「盈」又自負「虧」，即各部門對自己的盈虧狀況承擔全部或相應的經濟責任，充分調動員工的積極性。

自主經營：自主經營是指各事業部內部決定怎樣營運，有利於考察和培養複合型人才。

事業部之間有巨大差異：各事業部之間的業務上不能交叉，以利於多元化。

解決效率和規模的矛盾：各事業部均有自己經營的產品、地區或客戶群，從研發、生產、銷售，直到售後服務，均自主決策、自我調整，市場反應節奏大大加快。

【案例4】「大船結構」與「艦隊結構」

聯想早期叫「大船結構」，後來改稱「艦隊結構」。大船結構就是整個公司一起運作，後來是獨立的每艘艦，同時這些艦裡面有一艘旗艦，它指揮所有艦隻，艦隊結構就是各艘艦自己運作，但是有統一的指揮系統。

由案例可知，當企業規模較大，需要多元化擴張，有很多不同區域。當面臨不同客戶等情況時，可以考慮使用事業部式組織結構。

2. 使用事業部式結構的注意事項

（1）事業部可能會擺脫公司控制。事業部式組織結構的部門獨立向公司貢獻利潤，擁有獨立的業務、團隊，能夠獨立營運。所以，在利益或其他誘惑下很容易發生員工集體跳槽、擺脫公司控制的情況。

（2）和公司出現信息不相符。事業部和集團總部掌握的信息不一致，事業部的信息更充分，可能出現與公司信息不對稱的情況。

（3）事業部之間協調困難。事業部實行獨立核算，各事業部只考慮自身利益，影響部門之間的協作，業務聯繫與溝通往往被經濟關係替代。

（4）公司資源整合困難。各事業部都具有對各自資源的掌控權，加之部門之間的溝通、協作存在困難，公司資源不能得到有效利用，導致資源整合困難。

3. 使用事業部式結構的原則

事業部就是在公司提供的統一平臺下進行統一控制和管理，實施有效的營運，給公司創造利潤。

使用事業部式組織結構時，要遵循以下原則：

（1）統一管理。

（2）統一財務。

（3）統一管理。

（4）分散經營：把整個企業劃分為若干相對獨立的經營實體，分散決策、獨立核算，形成以企業總部為核心的經營群體。

（5）每個事業部要有大的發展潛力。事業部要有大的發展潛力，要具有業務相關性或者是快速發展的行業。

（6）不要對事業部經營干預太多，在業務經營上，企業要給予充分的自主權。

（7）事業部之間平等共存。各個事業部之間應該平等面對市場，不是依存關係。

4.1.1.6 模擬分權式結構

這是一種介於直線職能式和事業部式之間的結構形式。

許多大型企業，如連續生產的鋼鐵、化工企業由於產品品種或生產工藝過程所限，難以分解成幾個獨立的事業部。又由於企業的規模龐大，以致高層管理者感到採用其他組織形態都不容易管理，這時就出現了模擬分權組織結構形式。所謂模擬，就是要模擬事業部式的獨立經營，單獨核算，而不是真正的事業部，實際上是一個個「生產單位」。這些生產單位有自己的職能機構，享有盡可能大的自主權，負有「模擬性」的盈虧責任，目的是要調動他們的生產經營積極性，達到改善企業生產經營管理的目的。需要指出的是，各生產單位由於生產上的連續性，它們之間的經濟核算，只能依據企業內部的價格，而不是市場價格，也就是說這些生產單位沒有自己獨立的外部市場，這也是與事業部的差別所在。

模擬分權式的優點除了調動各生產單位的積極性外，就是解決企業規模過大、不易管理的問題。其缺點是，不易為模擬的生產單位明確任務，造成考核上的困難；各生產單位領導人不易瞭解企業的全貌，在信息溝通和決策權力方面也存在著明顯的缺陷。

4.1.1.7 多維式

多維式結構，又稱立體組織結構，是在矩陣式結構的基礎上建立起來的。它由美國道-科寧化學工業公司於1967年首先創立。在矩陣式結構（即二維平面）基礎上構建產品利潤中心、地區利潤中心和專業成本中心的三維立體結構。若再加時間維可構成四維立體結構。雖然多維式細分結構比較複雜，但每個結構層面仍然是二維結構，而且多維式結構未改變矩陣式結構的基本特徵，多重領導和各部門配合，只是增加了組織系統的多重性。因而，其基礎結構形式仍然是矩陣式。

4.1.1.8 超級事業部式結構

超級事業部式是在M型結構基礎上建立的，目的是對多個事業部進行相對集中管理，即分成幾個「大組」，便於協調和控制。但它的出現並未改變M型結構的基本形態。

4.1.2 企業組織結構發展趨勢

4.1.2.1 扁平化

組織結構的扁平化，就是通過減少管理層次、裁減冗餘人員來建立一種緊湊的扁平組織結構，使組織變得靈活、敏捷，提高組織效率和效能。彼得·德魯克預言：未來的企業組織將不再是一種金字塔式的等級制結構，而會逐步向扁平式結構演進。根據1988年對美國41家大型公司的調查發現，成功的公司比失敗的公司平均要少4個層級。

扁平化組織結構的優勢主要體現在以下幾個方面：

第一，信息流通暢，使決策週期縮短。組織結構的扁平化，可以減少信息的失真，增加上下級的直接聯繫，信息溝通與決策的方式和效率均可得到改變。

第二，創造性、靈活性加強，致使士氣和生產效率提高，員工工作積極性增強。

第三，可以降低成本。管理層次和職工人數的減少，工作效率提高，必然帶來產品成本的降低，從而使公司的整體營運成本降低，市場競爭優勢增強。

第四，有助於增強組織的反應能力和協調能力。企業的所有部門及人員更直接地面對市場，減少了決策與行動之間的時滯，增強了對市場和競爭動態變化的反應能力，從而使組織能力變得更柔性、更靈敏。

組織結構框架從「垂直式」實現向「扁平式」轉化，是眾多知名大企業走出大而不強困境的有效途徑之一。美國通用電氣公司推行「零管理層」變革，杰克·韋爾奇把減少層次比喻為給通用電氣公司脫掉厚重的毛衣。如在一個擁有8,000多工人的發動機總裝廠裡，只有廠長和工人，除此之外，不存在任何其他層級。生產過程中，必需的管理職務由工人輪流擔任，一些臨時性的崗位，如招聘新員工等，由老員工臨時抽調組成，任務完成後即解散。國內家電行業的知名企業，如長虹、海爾也不約而同地進行了企業組織結構的調整，從原來的「垂直的金字塔結構」實現了向「扁平式結構」的轉化。

4.1.2.2 網路化

隨著信息技術的飛躍發展，信息的傳遞不必再遵循自上而下或自下而上的等級階層，就可實現部門與部門、人與人之間直接的信息交流。企業內部的這種無差別、無層次的複雜的信息交流方式，極大地刺激了企業中信息的載體和運用主體——組織的網路化發展。

組織結構網路化主要表現為企業內部結構網路化和企業間結構網路化。企業內部結構的網路化是指在企業內部打破部門界限，各部門及成員以網路形式相互連接，使信息和知識在企業內快速傳播，實現最大限度的資源共享。

企業間結構網路化包括縱向網路和橫向網路，縱向網路即由行業中處於價值鏈不同環節的企業共同組成的網路型組織，例如供應商、生產商、經銷商等上下游企業之間組成的網路。這種網路關係打破了傳統企業間明確的組織界限，大大提高了資源的利用效率及對市場的回應速度。橫向網路指處於同一環節的不同企業所組成的網路。這些企業之間發生著業務往來，在一定程度上相互依存。

組織的網路化使傳統的層次性組織和靈活機動的計劃小組並存，使各種資源的流向更趨合理化，通過網路凝縮時間和空間，加速企業全方位運轉，提高企業組織的效率和績效。

4.1.2.3 無邊界化

無邊界化是指企業各部門間的界限模糊化，目的在於使各種邊界更易於滲透，打破部門之間的溝通障礙，有利於信息的傳送。

在具體的模式上，比較有代表性的無邊界模式是團隊組織，團隊指的是職工打破原有的部門邊界，繞開中間各管理層，組合起來直接面對顧客和對公司總體目標負責

的以群體和協作優勢贏得競爭優勢的企業組織形式。團隊一般可以分為兩類：一是「專案團隊」，其使命是為解決某一特定問題而組織起來，問題解決後即宣告解散；另一類是「工作團隊」，工作團隊一般是長期性的，常從事於日常性的公司業務工作。

無邊界思想是一種非常具有新意的企業組織結構創新思想，通過無邊界模式使得組織的整體功能得以提高。

4.1.2.4　柔性化

組織結構的柔性化是指在組織結構上，根據環境的變化，調整組織結構，建立臨時的以任務為導向的團隊式組織。組織柔性的本質是保持變化與穩定之間的平衡，它需要管理者具有很強的管理控制力。

隨著信息化、網路化、全球化的日益發展，企業內外部信息共享、人才共用已成為主要特徵。全球範圍跨國經濟的發展和企業集團的壯大，已初步形成了一種跨地區、跨部門、跨行業、跨職能的具有高度柔性化的機動團隊化組織。柔性化組織最顯著的優點是靈活便捷，富有彈性，因為這種結構可以充分利用企業的內外部資源，增強組織對市場變化與競爭的反應能力，有利於組織較好地實現集權與分權、穩定性與變革性的統一。除此之外，還可以大大降低成本，促進企業人力資源的開發，並推動企業組織結構向扁平化發展。

美國霍尼韋爾公司為鞏固客戶關係，組建了由銷售、設計和製造等部門參加的「突擊隊」，這個臨時機構按照公司的要求，把產品的開發時間由4年縮短為1年，把即將離去的客戶拉了回來。很顯然，柔性化的組織結構強化了部門間的交流合作，讓不同方面的知識共享後形成合力，有利於知識技術的創新。

4.2　企業組織結構設計與整合

4.2.1　組織結構設計概述

4.2.1.1　定義

1. 定義

組織結構設計，是通過對組織資源（如人力資源）的整合和優化，確立企業某一階段的最合理的管控模式，實現組織資源價值最大化和組織績效最大化。通俗地說，也就是在人員有限的狀況下通過組織結構設計提高組織的執行力和戰鬥力。

企業的組織結構設計是這樣的一項工作：在企業的組織中，對構成企業組織的各要素進行排列、組合，明確管理層次，分清各部門、各崗位之間的職責和相互協作關係，並使其在實現企業的戰略目標過程中，獲得最佳的工作業績。

組織結構本質上是一種職權-職責關係結構。一個現代化的、健全的組織機構一般包括這些子系統：決策子系統、指揮子系統、參謀-職能子系統、執行子系統、監督子系統和反饋子系統。組織結構設計就是對組織的組成要素和它們之間連接方式的設計，

它是根據組織目標和組織活動的特點，劃分管理層次，確定組織系統，選擇合理的組織結構形式的過程。

2. 組織設計要點

組織設計有以下幾個要點：

（1）組織設計是管理者根據目標一致、效率優先的原則在組織中把任務、權責進行有效組合和協調的有意識的過程。

（2）組織設計是管理者在既考慮組織內部要素（如戰略、人員、技術等），又充分考慮組織外部環境因素之後進行的。

（3）組織設計的成果是組織系統圖、職位說明書和組織手冊。

3. 組織結構合理性要求

對企業組織結構進行合理性判斷應分析以下問題：

（1）看最近幾年企業目標制定得是否合理、是否如期實現。如果沒有實現，是否存在有不可抗拒的政策、市場、環境因素。如果這種原因也存在，還要分析企業在危機事件應對、發展預測分析、機會與風險研究等方面的行為。

（2）看企業發展戰略制訂的情況和實施情況。

（3）看新戰略對組織結構功能的要求與組織結構相應功能的歷史表現之間的差異。

（4）看企業客戶滿意度的高低。

4.2.1.2 主要內容

1. 職能設計

職能設計是指企業的經營職能和管理職能的設計。企業作為一個經營單位，要根據其戰略任務設計經營、管理職能。如果企業的有些職能不合理，那就需要進行調整，對其弱化或取消。

2. 框架設計

框架設計是企業組織設計的主要部分，運用較多。其內容簡單來說就是縱向的分層次、橫向的分部門。

3. 協調設計

協調設計是指協調方式的設計。框架設計主要研究分工，有分工就必須要有協作。協調方式的設計就是研究分工的各個層次、各個部門之間如何進行合理的協調、聯繫、配合，以保證其高效率的運作，發揮管理系統的整體效應。

4. 規範設計

規範設計就是管理規範的設計。管理規範就是企業的規章制度，它是管理的規範和準則。結構本身設計最後要落實並體現為規章制度。管理規範保證了各個層次、部門和崗位，按照統一的要求和標準進行配合和行動。

5. 人員設計

人員設計就是管理人員的設計。企業結構本身設計和規範設計，都要以管理者為依託，並由管理者來執行。因此，按照組織設計的要求，必須進行人員設計，配備相應數量和質量的人員。

6. 激勵設計

激勵設計就是設計激勵制度，對管理人員進行激勵，其中包括正激勵和負激勵。正激勵包括工資、福利等，負激勵包括各種約束機制，也就是所謂的獎懲制度。激勵制度既有利於調動管理人員的積極性，也有利於防止一些不正當和不規範的行為。

4.2.1.3 企業組織結構設計與管理的意義

由於組織結構不同、要素組合在一起的方式不同，從而造成了要素間配合或協同關係的差異。

企業組織結構設計可以合理配置企業各類資源，支撐戰略目標的實現，滿足客戶的需求，為企業高效營運奠定基礎。柔性靈活的組織，可以動態地反應外在環境變化的要求，並在組織成長過程中，有效地積聚新的組織資源，同時協調好組織中部門與部門之間的關係、人員與任務間的關係，使員工明確自己在組織中應有的權力和應承擔的責任，有效地保證組織活動的開展。

組織結構管理得好，可以形成整體力量的匯聚和放大效應。否則，就容易出現「一盤散沙」，甚至造成力量相互抵消的「窩裡鬥」局面。而且正是基於這種效果，人們常將「組織」譽為與人、財、物三大生產要素並重的「第四大要素」。

伯特諮詢的研究指出，競爭優勢來源於組織內部運行機制，它確保企業經營的不同方面得以協調，如它的市場範圍、技能、資源和程序。企業競爭力和競爭優勢的核心不是依賴於擁有特定的組織資源或能力，這些通常可能被其他公司模仿或購買。企業的組織結構為其構成要素間相互依賴的系統，所有的要素都必須在組織結構中保持協調一致。正是這些要素複雜而模糊的互補關係及組織協調戰略目標的能力和執行的程度，給了企業一些特殊的、難以完全模仿的能力，形成了組織競爭優勢的來源。

4.2.2 企業組織結構設計理論與方法

4.2.2.1 基本理論

組織理論又被稱作廣義的組織理論或大組織理論，它包括了組織運行的全部問題，如組織運行的環境、目標、結構、技術、規模、權力、溝通等，都屬於其研究對象。組織設計理論則被稱作為狹義的組織理論或小組織理論，它主要研究企業組織結構的設計，而把環境、戰略、技術、規模、人員等問題作為組織結構設計中的影響因素來加以研究。

組織設計理論又被分為靜態的組織設計理論和動態的組織設計理論，靜態的組織設計理論主要研究組織的體制（權、責結構）、機構（部門劃分的形式和結構）和規章（管理行為規範）。而動態的組織設計理論除了包含上述基本內容之外，還增加了人的因素，推進了組織結構設計，以及組織在運行過程中的各種問題，諸如協調、信息控制、績效管理、激勵制度、人員配備及培訓等。現代組織設計理論，無疑地屬於動態的組織設計理論。

組織設計權變理論是動態組織設計理論中的一種常用方法，其主要要素包括：組織戰略（業務決策）、環境、技術、組織生命週期、組織規模、人員素質等。

根據伯特諮詢理論框架，將這些要素又分為建設性要素和制約性要素兩大類，其中，組織戰略、環境和技術為建設性要素；組織生命週期、組織規模、人員素質為制約性要素。各因素含義如下：

組織戰略：即組織需要實現的戰略目標，其主要受企業業務戰略目標決定，是影響組織結構、權責分配最重要的因素。

環境：企業環境主要指的是企業面對的外部客戶及市場環境。

技術：是關於企業業務管理所需的關鍵技術。

組織生命週期：是指組織從誕生到轉折的一個自然、連續的時間過程。

組織規模：是指一個組織所擁有的人員數量以及這些人員之間的相互作用的關係。

人員素質：是指一個組織中每個員工的能力素質以及知識技能的總和。

4.2.2.2 基本原則

中國企業在組織結構的變革實踐中也提出了一些有代表性的組織結構設計原則，主要包括：

1. 任務與目標原則

企業組織設計的根本目的，是為實現企業的戰略任務和經營目標服務的。這是一條最基本的原則。組織結構的全部設計工作必須以此作為出發點和歸宿點，即企業任務、目標同組織結構之間是目的與手段的關係；衡量組織結構設計的優劣，要以是否有利於實現企業任務、目標作為最終的標準。

從這一原則出發，當企業的任務、目標發生重大變化時，例如，從單純生產型向生產經營型、從內向型向外向型轉變時，組織結構必須做相應的調整和變革，以適應任務、目標變化的需要。又如，進行企業機構改革，必須明確要從任務和目標的要求出發，該增則增，該減則減，避免單純地把精簡機構作為改革的目的。

2. 專業分工和協作的原則

現代企業的管理，工作量大、專業性強，分別設置不同的專業部門，有利於提高管理工作的質量與效率。在合理分工的基礎上，各專業部門只有加強協作與配合，才能保證各項專業管理的順利開展，達到組織的整體目標。

貫徹這一原則，在組織設計中要十分重視橫向協調問題。主要的措施有：實行系統管理，把職能性質相近或工作關係密切的部門歸類，成立各個管理子系統，分別由各副總經理（副廠長、部長等）負責管轄；設立一些必要的委員會及會議來實現協調；創造協調的環境，提高管理人員的全局觀念，增強相互間的信任感。

3. 有效管理幅度原則

由於受個人精力、知識、經驗條件的限制，一名領導人能夠有效領導的直屬下級人數是有一定限度的。有效管理幅度不是一個固定值，它受職務的性質、人員的素質、職能機構健全與否等條件的影響。

這一原則要求在進行組織設計時，領導人的管理幅度應控制在一定水準，以保證管理工作的有效性。由於管理幅度的大小同管理層次的多少呈反比例關係，這一原則要求在確定企業的管理層次時，必須考慮到有效管理幅度的制約。因此，有效管理幅

度也是決定企業管理層次的一個基本因素。

4. 集權與分權相結合的原則

企業組織設計時,既要有必要的集中權力,又要有必要的分散權力,兩者不可偏廢。集權是大生產的客觀要求,它有利於保證企業的統一領導和指揮,有利於人力、物力、財力的合理分配和使用。而分權是調動下級積極性、主動性的必要組織條件。集權與分權是相輔相成的,是矛盾的統一。沒有絕對的集權,也沒有絕對的分權。

企業在確定內部上下級管理權力分工時,主要應考慮的因素有:企業規模的大小、企業生產技術特點、各項專業工作的性質、各單位的管理水準和人員素質的要求等。

5. 穩定性和適應性相結合的原則

穩定性和適應性相結合的原則要求組織設計時,既要保證組織在外部環境和企業任務發生變化時,能夠繼續有序地正常運轉;同時又要保證組織在運轉過程中,能夠根據變化了的情況做出相應的變更,組織應具有一定的彈性和適應性。為此,需要在組織中建立明確的指揮系統、責權關係及規章制度;同時又要求選用一些具有較好適應性的組織形式和措施,使組織在變動的環境中,具有一種內在的自動調節機制。

4.2.2.3 設計重點

組織結構設計中,應關注以下重點:

1. 有明確的組織疆界

組織的疆界是劃分企業內外資源的分水嶺。企業必須通過管理手段控制組織內資源,而通過市場手段購買組織外資源。聰明的企業家會有效地設計自己企業的疆界,專注於控制具有核心競爭力的資源,以達到企業利潤最大化的目的。譬如,一般說來,一個餐飲企業正常運轉不可或缺的資源包括就餐場所、烹飪服務人員及食品原材料等,其核心競爭力則來自產品和服務特色,一旦一家餐飲企業擁有這樣的核心能力,它就可以將其他的組織內資源轉移到組織外部,以確保效率的最大化。麥當勞、肯德基等外國餐飲連鎖企業就是成功地運用了組織疆界的規律,只保留產品經營和服務特色,使自己的企業發展及利潤迅速膨脹。

2. 集權與分權的統一

權力是組織中一種無形的力量。一個管理者的權力來源於組織對其的依賴度、所控制的財務資源、正式職位賦予的權力以及對決策信息的控制。管理者位於組織結構的中心,其權力的集中是組織正常運轉的保證。組織結構中高層對低層有控制的權力,而低層對高層同樣有討價還價的權力。為了減少高層和低層之間權力的摩擦,提高效率,使員工產生參與意識,越來越多的組織傾向於將管理者的權力分散,授予中級管理人員和普通員工一定的權力。成功的分權,應保證將權力授予知識、技能達到一定水準的員工,並輔以一定的激勵機制和有效的信息反饋及溝通機制。

3. 注意對影響組織結構要素的分析

根據美國的伯頓和奧貝爾兩位教授的長期研究,影響組織結構的要素有六類,包括:領導和管理模式、組織及文化氛圍、組織規模及組織技能、組織的外部環境、組織的技術水準和組織的戰略發展。兩位教授還指出,很多企業組織結構的調整,目的

多是希望新的組織結構能滿足六要素的要求。

4. 有合適的部門組合

不同業務和不同目標的企業可能會有不同的部門組合，一般分為：職能式、矩陣式、事業部式、官僚式和特別式組合。隨著信息技術的發展和企業管理水準的提高，現代企業的組織架構由一成不變的集權化、等級制的組織結構，轉向分權化而富有彈性的結構。銀行業是傳統的官僚式組織，具有嚴格的行政等級制度。德國的銀行家們正著手打破傳統銀行的組織模式，未來的銀行很可能採取矩陣式的管理架構，一旦有新的服務項目，就成立一個臨時部門，項目結束，部門隨即解散。

5. 有迅速有效的執行能力

越龐大的組織，執行能力越低，這就導致了大企業的效率不如小企業。提升企業的執行能力，首先應保證管理指令系統的順暢，每個員工都有明確的匯報路線，每個員工有唯一的經理負責他的行政管理和工作行為。很多國有企業的員工通常沒有明確的匯報/管理路線，指令體系的不順暢會使員工無所適從，在工作中只能消極等待上級的安排。其次，應注意管理層級和控制跨度，管理層級過多會導致企業執行速度減慢，而適當控制跨度可以減少管理成本，提高企業效率。管理層級和控制跨度是檢驗組織管理效率的主要因素。在中國，企業的組織結構經常處於變化中，由於企業的結構調整缺少方向性，沒有可以量化的數據參考，組織結構的調整經常會招致不滿和非議，同時也會造成許多資源的浪費。

4.2.2.4 設計範例：組織結構中的崗位職責和權力

（一）董事長

職責：

(1) 召集股東大會，並向股東大會匯報董事會工作；
(2) 負責執行股東大會各項決議及監督企業管理的日常經營活動；
(3) 負責審議企業管理層提交的各項經營計劃、發展規劃、投資方案等文件；
(4) 負責擬定企業的調整、分立、變革、合併及設立分支機構等方案；
(5) 決定企業內部管理機構的設置及組織高層管理人員的聘任和解聘，並決定薪酬等事項。

權力：

(1) 有企業內部日常經營的決策權
(2) 有對企業業務執行情況的監督權
(3) 有對外代表企業的權力
(4) 有對各項經營計劃、規劃的審批權
(5) 有對高級管理人員的任免權

（二）行政後勤類

職責：

1. 根據領導意圖和企業發展戰略，負責起草企業的重要文稿
2. 負責企業資料、信息管理以及宣傳報導等日常行政事務管理工作

3. 負責企業日常安全保衛及消防管理工作
4. 負責前臺接待、對外宣傳、公關聯繫等工作
5. 負責總務後勤、車輛管理等工作

權力：
1. 有對制訂企業經營計劃的建議權
2. 對行政稽查發現的問題，有實施處理的權力
3. 有對企業員工違反行政制度的處罰建議權
4. 有對企業行政資源（包括車輛、辦公設備等）合理調動的權力
5. 有對部門內部員工聘任、解聘的建議權

(三) 組織架構設置原則

組織架構是為了承接企業戰略，企業在不同階段有不同的戰略側重點，同時隨著企業戰略重點的變化，組織結構也隨之變化，而企業戰略重點的變化也是因為市場的變化。

組織架構設置中的一些基本原則包括：

一是組織架構適應企業戰略。企業戰略不同，組織架構的模式和職能也不同，一定程度上體現了目標管理的組織架構。

二是精簡高效原則。不要設很多部門。部門多了，經理階層自然就多了；經理階層多了，很多事情沒有也就有了。當然也要考慮企業的現實和特殊情況。

三是組織架構能很好地回應市場和客戶需求。組織架構設計時，一定要考慮如何才能更快地回應市場和客戶的需求，組織內部分工明確，同時溝通協調信息傳遞順暢及時，盡量避免多部門同時接觸同一客戶。

四是組織架構應考慮管理單位和內控的要求。比如上市公司要有完善的公司治理結構，中央企業要考慮《中央企業全面風險管理指引》的要求，銀行要考慮《商業銀行內部控制指引》等。

4.2.3　組織結構整合

4.2.3.1　概述

組織結構整合（Organizational Structure Redesigned），是指併購後的企業在組織機構和制度上進行必要的調整或重建，以實現企業的組織協同，併購後的公司要進行組織整合，重建企業的組織指揮系統，以保證企業有健全的制度和合理的組織結構，從而實現重組雙方最佳的協同效應，降低內耗，提高運作效率。組織結構整合是企業最常用的組織結構變革方式。

由於組織結構整合可能會出現某種程度的矛盾及相互間的重複交叉和衝突，組織成員會有各自不同的要求，甚至還可能出現離散現象，這就需要通過有效的綜合或整合，使企業組織上下暢通、左右協調。一般有效的措施包括：重新建立目標、多餘資源運用、改變組織成員的某些行為、放寬預算、動用後備資源等。

4.2.3.2 整合原則

1. 崗位設置講求實效

組織整合的根本目的是為了保證企業目標的實現,因此要堅持「因事設崗」,使組織目標能落實到具體的崗位和部門,而不是「因人設崗」。

遵守這條原則,要做好職務設計與分析,這是組織整合中的基礎工作。職務設計是在目標活動逐步分解的基礎上,設計與確定企業內從事具體管理工作所需的職務類別和數量,分析每個任職人員應負的責任和應具備的素質。

2. 權責對等統一

在組織整合中,不但要對每個部門的崗位責任做出明確規定,還要就這些部門取得和利用人、財、物以及信息等的權力,做出詳細說明。

要做好這一條的前提是部門合理劃分,根據各個職務所從事的工作內容、性質以及職務間的相互聯繫,依照一定的原則,將各個職務組合成被稱為「部門」的管理單位。各職能部門之間必須職責清晰、權利明確,否則會產生邊界摩擦,混淆員工權責,影響組織的工作效率。

3. 統一指揮

統一指揮是組織整合中的一條重要原則,企業內部的分工越細、越深入,統一指揮原則對於保證企業目標的實現的作用就越重要。

除了以上三條最重要的原則外,組織整合還應當遵守彈性原則、專業化原則和集權分權原則等。另外,為保證組織機制的快速整合,建立過渡期的管理組織對實現組織機制整合非常關鍵。

4.2.3.3 併購整合策略

很多公司併購之所以沒有成功,往往是因為只在形式上完成合併,沒有根據實際情況進行相應的人力、組織結構等的調整,導致人員流失、績效下降,初定目標難以達成。

1. 在併購後的初期,先融後整

兩大巨頭惠普、康柏的合併令世人關注。整合後,惠普公司 2004 年第二財季營業額突破歷史紀錄,達到 201 億美元,這充分顯示了惠普公司的整合有效。

探求惠普成功的經驗,其中一點特別值得借鑑:整合初期,惠普公司就定下了先融合、再整化的原則。兩家公司並沒有因為併購就全部統一起來,而是採取先合起做事,其他的工作下一步再進行的方法,把雙方都有的相同業務部門合併在一起,基本上裡面的每個員工都還做原來的事情,不會影響到對客戶的服務和企業的正常運作,至於一方獨有的業務,像惠普的打印機、專業服務和諮詢,則繼續保留,此舉取得明顯的效果。

在企業併購中,採取先融合後整合的思路,能夠給兩個企業磨合的時間,保留部分原有機構可以讓員工逐漸適應併購帶來的變化,減少了人員流失,從而防止了績效下降。

2. 突出主要業務,調整部門設置

企業併購後要求根據發展戰略撤銷、合併或分解原有的機構,重新設置部門。三九藥業集團就是一個典型案例。在它的組織結構重建中,思路是主輔分離,也就是醫

藥產業與非醫藥產業相分離，並設立了相應的管理機構。一方面使集團的組織結構更加科學合理；另一方面，更有利於它集中精力發展醫藥主業。這樣的整合思路，能夠繼續強化主要業務，保持企業的核心競爭力。

在世界眾多企業發展中，過早的進行多元化經營、淡化了主營業務的企業大多只能是曇花一現。因此，在企業併購之後，如何保持自己原有主營業務的持續發展，是組織結構整合的重要考慮因素。

3. 根據企業發展戰略設計組織模式

進行組織結構調整，實質目的是為戰略實施服務的，不同的戰略需要不同的組織結構與之相適應。如通用電氣公司，從簡單的事業部式到戰略經營單位結構的轉變，就是與企業的發展戰略緊密聯繫在一起的，後者適應了從事大規模經營的戰略，從而使行政管理滯後的問題得到瞭解決，妥善地控制了多種經營，利潤也相應地得到了提高。

海爾集團在其兼併過程中不斷調整原有事業部以下的組織機構，改進後的海爾集團組織的特點是分層利潤中心制，實質上就是超事業部的變形。在該結構中，集團是投資決策中心，各事業部是利潤中心，事業部下屬的分部、司、工廠是成本中心。實踐證明，該組織結構對海爾集團實現低成本擴張戰略起到了重要作用。

管理者在進行具體整合時，首先應根據併購企業的經營戰略，考慮併購雙方的行業特點、產品種類、企業規模、技術複雜程度、專業化水準、雙方企業的地理分佈以及雙方的管理人員的素質等因素，設計一個合理的組織形式，不必完全拘泥於原有的組織結構。

在組織整合的過程中，還應該注意以下一些問題，如：相關消息盡早公開，重視整合中的溝通，組織結構整合以靈活精簡為好。

4.3 企業業務流程設計

4.3.1 企業業務流程概述

為了便於分析，先給出對供應鏈管理環境的一個簡單約定：所謂供應鏈管理環境，是指有供需業務關係的企業構成了一個相對穩定的網鏈結構（一定時期內），供應鏈企業之間通過因特網或 EDI 傳遞有關信息，每個結點企業都有自己的網站，企業與企業之間有著一定的運作協定，相互之間已形成一種合作夥伴關係。下面主要從供應鏈系統過程中的輸入端業務流程、輸出端業務流程，以及企業內部有關部門業務流程的順序來討論。

4.3.1.1 基於傳統管理模式的企業業務流程模型

對企業業務流程再造的問題主要從兩個不同視角進行研究：一個是站在上游企業（如供應商）的角度觀察接收來自用戶（顧客）或下游企業（如製造商）訂貨需求的業務流程的變化；另一個是站在下游企業（如製造商）的角度觀察向上游企業（如供應商）提出貨物需求的流程變化。

傳統的企業間完成供需業務的簡化流程模型如圖4-1所示。

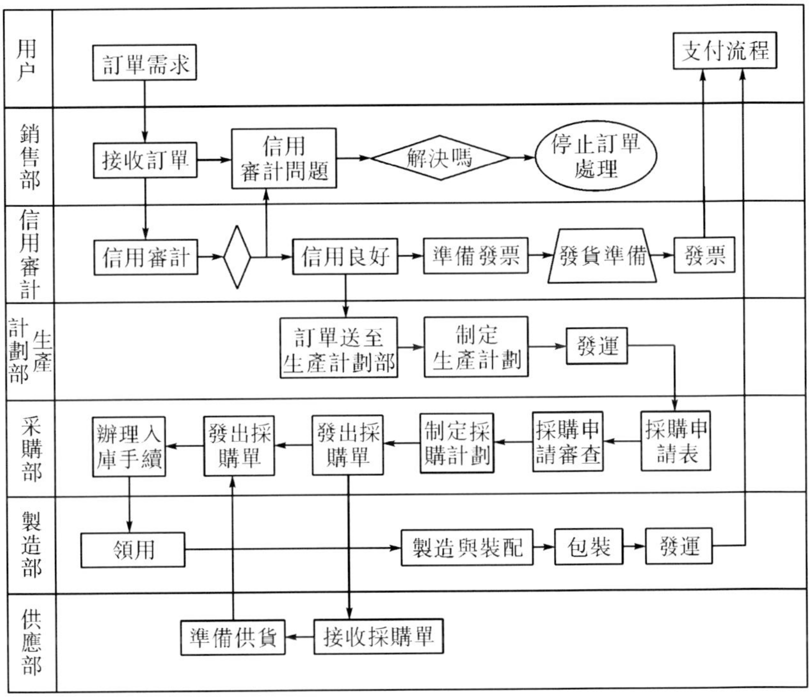

圖4-1 傳統的跨企業供需業務的流程模式

首先，考察企業從瞭解用戶訂貨需求、接收用戶訂單直至形成生產計劃這一階段的業務流程。用戶的需求信息，如提出某種訂貨，一般情況下都是通過電話、傳真、信函或者直接派人洽談，將信息傳遞給企業。這些訂貨需求信息，如品種、數量、交貨期等先由企業的銷售部門處理，簽訂好合同後，再由流程傳遞到生產管理部門。生產管理部門接到任務後，再制訂生產計劃，安排生產任務。經過加工、裝配、包裝等一系列工序後，再將完工信息反饋給銷售部門，最後發給用戶。從這個簡單的模型可以看出，一筆業務要經過多個部門，而且在每個部門內還有多道工作，因此完成一項用戶訂貨的週期不僅與生產週期有關，而且與整個流程的各個業務點上所消耗的時間有關。

其次，考察製造企業和供應商之間的流程關係。在一般的情況下，這一階段的業務流程是：首選是生產管理部門根據銷售部門傳來的指令，制訂生產計劃並提出物料需求申請，然後交由物資供應部門審查並制訂相應的採購供應計劃，最後再由採購供應部門向供應商發出採購訂單（原材料或配套的零部件）。供應商接到製造商的訂貨信息後，即組織物資供應。製造商接到供應商的貨物後，進行驗貨和入庫手續辦理，然後再由製造部門按生產計劃領料進行生產，最後再把完工產品發給用戶。在現有技術條件下，製造商與供應商之間的業務通信手段主要是電話、傳真、信函或直接派人出差，因此一般花費的時間較多，生產提前期較長，增加了生產與採購過程的不確定性。因此，在實際工作中，為了避免缺貨情況發生，採購部門常採用擴大採購批量的方法增加安全係數。

業務流程效率的高低直接影響企業的競爭力。但是，現實中的企業不可能對每一種可能的業務流程都進行實際驗證，因為那樣要花費大量的時間和資金，而且現實中的市場競爭也不允許企業去做這種試驗。因此，為了避免企業在實際運行中出現問題，目前較多的是採用計算機流程仿真軟件對各種流程進行仿真分析和評估。

4.3.1.2 基於供應鏈管理模式的企業業務流程模型

在供應鏈管理環境下，企業間的信息可以通過 Internet 傳遞，這樣可以簡化上游企業的業務流程，如圖 4-2 所示。從圖中可以看出，與一般情況下的企業與用戶方的業務交往不同的是，處於供應鏈上的企業（如某供應商）不是被動地等待需求方（如用戶或供應鏈下游的企業）提出訂貨要求再來安排生產，而是可以主動地通過 Internet 瞭解下游企業的需求信息，提前獲知它們的零部件消耗速度，這樣便可以主動安排好要投入生產的資源。在這種情況下，生產管理部門具有一定的主動權，銷售部門不是生產部門的上游環節，而是和生產部門處於同一流程的並行環節。在這種流程模式下，減少了信息流程的部門，因而減少了時間消耗。此外，由於流程環節少了，也避免了信息的失真。在此流程模式中，銷售部門所獲取的信息是發貨和資金結算的依據。

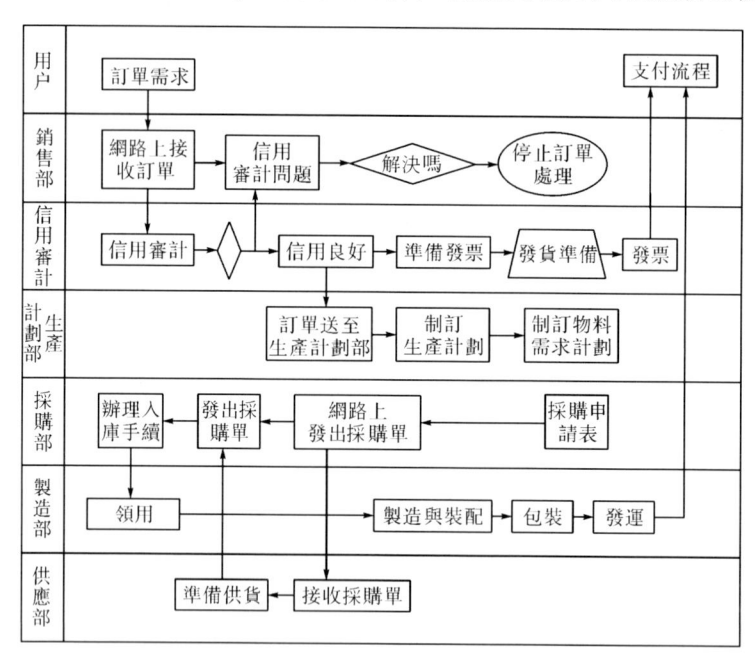

圖 4-2 供應鏈管理環境下跨企業業務的流程模型

採用這種模式的企業提高了對需求方的回應速度，因此比潛在的競爭對手更有競爭力。由於可以對需求方提供及時、準確的服務，節省了需求方為向供應商發出訂貨信息而花費的人力和時間，因而大受下游企業的歡迎。在這方面已有成功的例子。美國一家為其他公司提供零部件的企業，為了增強競爭力，採取了通過互聯網瞭解下游企業零部件消耗速度的方法，可以及時、準確地掌握需求方對零部件的需要時間和數

量，本企業在不必接到下游企業要貨指令的情況下，就能事先做好準備工作，並且及時生產出來，在需求方需要的時候已經出現在生產第一線，深受需求方企業的歡迎，更重要的是雙方共同提高了競爭力。採用這種模式的企業提高了對需求方的回應速度，因此比潛在的競爭對手更有競爭力。

供應鏈管理環境下的企業間完成供需業務的流程也同樣發生了變化，如圖4-2所示。製造商和供應商之間通過因特網實現信息共享，雙方又已建立了戰略合作夥伴關係，每個企業在整個供應鏈中承擔不同的責任，完成各自的核心業務。

4.3.1.3 供應鏈企業內部業務流程模型

在供應鏈管理環境下，企業之間通過互聯網實現信息共享，企業內部通過內部網，並採用MRPII或ERP等管理軟件實現信息共享，實現計算機輔助管理。因此，供應鏈管理環境下的企業運作均建立在計算機網路支撐平臺上。在這樣一種環境中，應該對原有的業務流程進行重新設計，以便提高企業和整個供應鏈的競爭力。在新的業務流程模型中，主要涉及了從生產計劃部門、採購管理部門、生產車間到供應商之間的業務流程。

從圖4-3可以看出，在生產計劃部門生成對原材料、外購件等的需求計劃後，由管理軟件直接編製採購計劃。這個過程由計算機自動完成，其間可由人工干預進行必要的調整。採購計劃生成後，通過互聯網向供應商發布。供應商從網上得到需求信息後，即可進行生產或包裝，然後將貨物運至製造商的生產現場，雙方根據事先簽訂的合同協議定期進行結算，從這一流程可以明顯看出，企業內部原來那種經過多個業務部門的流程簡化了許多，製造商與供應商之間的環節也減少了，運行機制也發生了變化。這些新的流程有利於提高整個供應鏈的競爭力，對每一個企業都有好處。

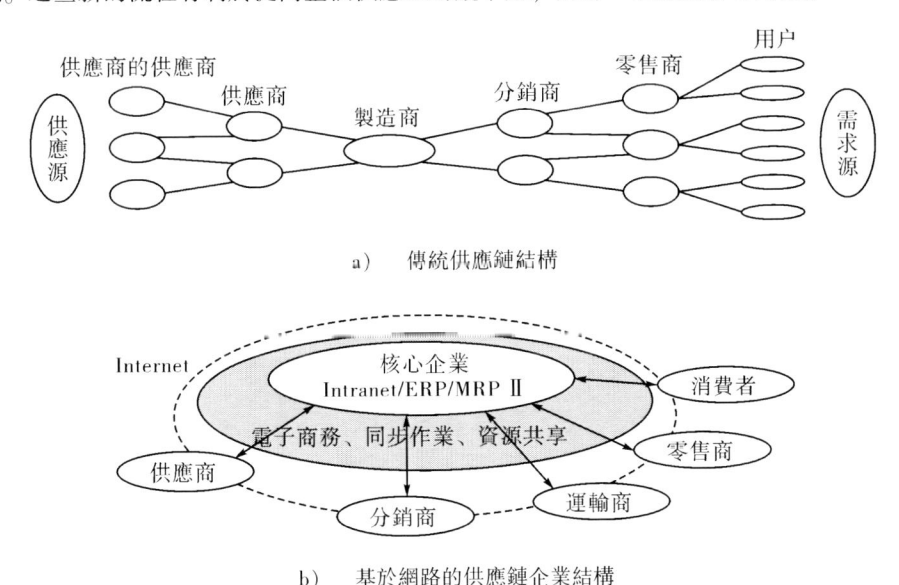

a) 傳統供應鏈結構

b) 基於網路的供應鏈企業結構

圖4-3 **供應鏈企業內部業務流程模型**

4.3.2 企業業務流程設計方法

對於一個新產品開發或者一項新業務開展來說,一般要經過概念設計、功能設計、流程設計、原型設計四個階段,然後才進入實際的產品開發和業務開展階段。本小節主要介紹企業業務流程設計中的業務流程梳理和業務流程圖繪製的要求。

4.3.2.1 業務流程梳理

對於業務功能或產品功能中的每一點,都是相對完整的一個業務實例或功能實例。需要先梳理出原有的業務流程,然後找出可以優化的環節,從而設計出新的業務流程。在梳理業務流程的過程中,需要更多考慮業務場景和業務開展的合理性,一般應注意以下幾點:

1. 要完整還原現有業務流程,不管是線上還是線下

任何業務的開展都有其既定的流程,不管是線上業務還是線下業務,即便是先前沒有做過流程化的梳理,也必然存在相對應的流程,可以先基於業務現狀,將其流程化表達出來。在這個過程中不能加入自己的理解,一定要和業務人員去溝通和確認,最大限度地還原實際在運作的業務流程,否則容易忽略核心環節。

比如常見的費用報銷流程裡面都會有財務會計審核和財務出納打款的環節,如果只是簡單地把這兩個環節加入流程當中去,而不去和會計人員溝通,很容易造成業務理解的片面性。有的公司業務辦理比較簡單,審核一次就可以了;有的公司業務辦理比較複雜,需要審核兩次:

財務會計初審:主要審核費用報銷項目的合理性,即是否是公司允許的報銷範圍,是否符合員工的報銷權限,之後報送領導審批。

財務會計復審:主要審核發票的合規性以及是否有虛假呈報等,之後才給到出納打款。

如果產品功能上能滿足簡單的報銷項目和報銷權限的自動校驗,第一次審核就完全可以優化。但如果不去梳理,可能就發現不了原來業務流程當中需要優化的點。

2. 做優化設計的時候,多考慮一下業務場景

即便相同的業務,也會因為每個公司業務切入點不一樣而導致流程不一樣。所以不能以常態的業務流程設計方式去優化,更需要結合業務實際的需要,除非可以按照你所設定的流程去變更。

在此以退款流程(不涉及退貨)為例,簡單的業務流程為買家申請、商家審核兩個環節,視商家審核的結果,買家可以修改後再次提交,但是我們在優化業務流程的時候不應該只考慮到這一種業務場景,可能會有以下多種選擇:

(1) 商家要是一直拒絕,買家難道就一直修改重新提交嗎?這顯然不合理。所以買家需要有申請平臺介入的環節。

(2) 買家一直不選擇平臺介入,就是不斷地重新提交,顯然也不合理,所以商家也要有申請平臺介入的環節。

(3) 買家要是申請部分退款,剩下的款項或者貨物怎麼辦?這就要考慮發貨前後

申請的區別。

（4）還有一些其他場景需要考慮。

這樣就會讓整個業務流程逐漸地完善，不以簡單的業務實現為基準，而是以業務場景實現為目標。圖 4-4 可供參考。

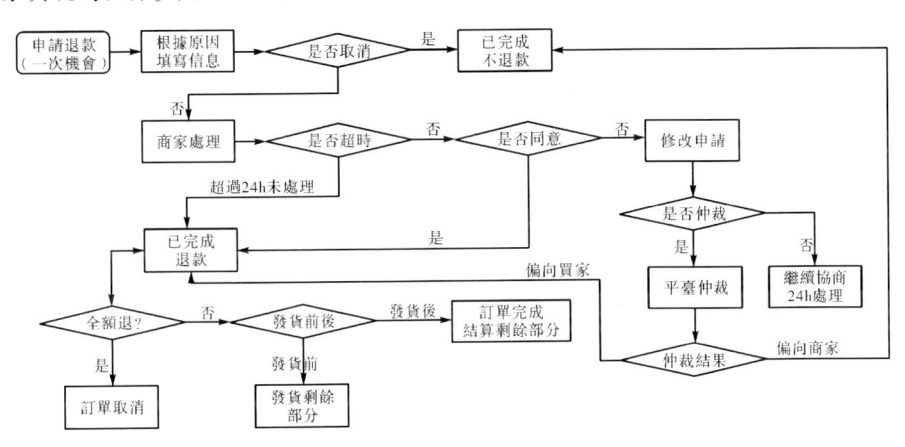

圖 4-4　簡單退款業務流程圖示例

3. 盡量降低用戶的認知成本和學習成本，降低複雜度，提升友好性

在流程的說明和引導上，要根據目標用戶群體的特徵，減少使用專業術語，更多地使用白話式的描述，注意用戶的習慣，及其對常見佈局和排版的接受度。很多已經約定俗成的流程設計方式可以直接採用，新設計的流程方式就需要考慮用戶的學習成本和接受度。

盡量確保每個流程操作都有明確的反饋，這樣，用戶會覺得流程操作比較友好，這也是交互設計的一個重要組成部分。

4. 涉及單據狀態變更的流程，要注意關聯影響和變化前後的業務控制

單據是指類似訂單、退貨單、換貨單、申請單等，這些單據會在系統中流轉，而流轉的過程中會涉及單據狀態的改變，每個狀態改變都是由用戶操作引起的，這種情況下，一是要考慮操作前和操作後的變化；二是要考慮狀態變更之後的關聯影響，看是否會影響到別的單據或者業務的變化。

一般涉及狀態變化的操作流程，除了要定義操作流程以外，還要有狀態流轉圖，就是單個單據各個狀態發生改變的前置和後置，定義清楚每種狀態之間的相互關係，以及發生狀態變化的必要因素。

流程設計能讓你對業務的流轉有清晰的認識，公司經理或其他人也可以通過流程圖加深對業務的理解。

4.3.2.2　業務流程圖繪製

在實際生活中，我們會碰到各種各樣的流程。比如你去醫院看病，你需要先去服務臺領具體要去看病的某個科室的小票，再前往掛號窗口將小票遞給工作人員，繳完掛號費之後拿到掛號單，再前往具體科室去看病。各處都會有自己的流程，按照流程來走可

以快速達到目的，減少不必要的麻煩，當然你也可以獨闢蹊徑，這就屬於流程的優化。

流程是為了達到特定的目標而進行的一系列有邏輯性的操作過程，它可以不規範，可以充滿問題，但它確確實實存在著。只要有事情或任務，就會有流程的存在，將有一定規律的流程用圖表表示出來可以讓流程可視化，從而有利於流程的重組優化。

在工作中，常用到的流程圖有：業務流程圖、頁面流程圖和數據流程圖。作為產品，經常談的是業務流程圖；作為交互設計師，則比較關心頁面流程圖；而作為系統分析師，數據流程圖最關鍵。在這裡我們主要學習業務流程圖。

1. 業務流程圖定義

業務流程圖是指描述系統內各單位、人員之間業務關係、作業順序和管理信息流向的圖表。也可以直接簡單地理解為用圖來表示需要完成產品業務的過程。

業務流程圖是用來描述業務流程的一種圖，通過一些特定的符號和連線來表示具體某個業務的實際處理步驟和過程，詳細地描述任務的流程走向，一般沒有數據的概念。

分析業務流程，並將業務流程圖表化可以幫助分析者瞭解業務如何運轉，幫助分析者找到業務流程中不合理的流向。現有產品存在的業務流程未必是合理的，通過業務流程圖，鑽研關鍵事件的流程，分析為什麼要這麼做，探索出更深層次的問題，從而對現有不合理的業務流程進行重組優化，進而制訂優化方案，改進現有流程。

產品在寫需求文檔時主要是對業務規則的描述，而配合業務流程圖可以讓業務邏輯更清晰；日常梳理關鍵事件業務流程時，畫出業務流程圖可以幫助發現不合理流程，從而對關鍵事件進行優化。

2. 業務流程圖的兩種圖表類型

（1）管理業務流程圖

我們現在所說的流程圖其實是傳統的管理業務流程圖，包含基本流程圖和跨職能流程圖（泳道圖）兩種，如圖4-5所示。

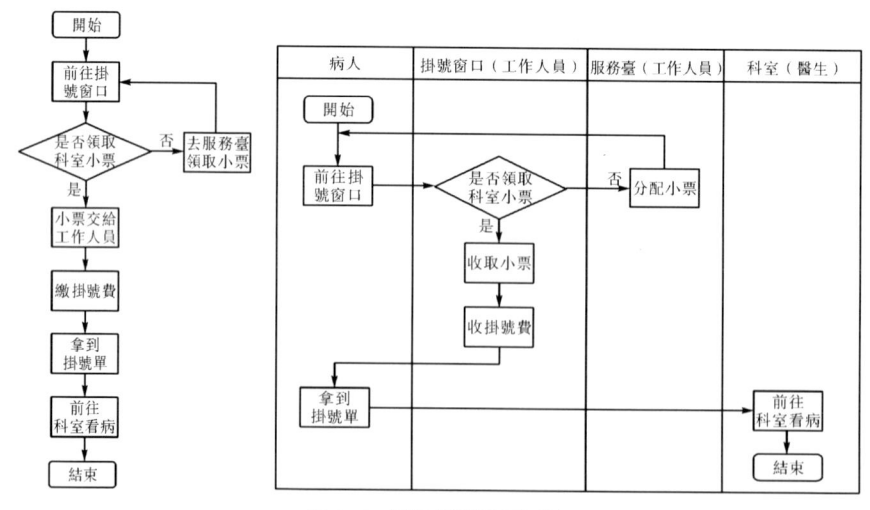

圖4-5 醫院掛號流程示例

以醫院掛號流程為例，業務流程描述：去醫院看病，你需要先去服務臺領具體要去看病的某個科室的小票（假設必須要領），再前往掛號窗口將小票遞給工作人員，繳完掛號費之後拿到掛號單，再前往具體科室看病。

基本流程圖雖然明確地說明了整個流程，但卻無法清楚地說明每步流程是由哪個角色負責的。為了有效表示各個流程是由誰來負責的，可以通過泳道流程圖來實現，這樣不僅體現了整個活動控制流，還能清楚知道各個角色在流程中所承擔的責任。

(2) 統一建模活動圖

管理業務流程圖已基本能滿足業務流程走向的表達，但在複雜的系統交互中，表達並發概念時，傳統的管理業務流程圖已無法表達，這就需要用到統一建模（Unified Modeling Language，UML）活動圖。

傳統的流程圖著重描述處理過程，它的主要控制結構是順序、分支和循環，各個處理過程之間有嚴格的順序和時間關係；而 UML 活動圖描述的是對象活動的順序關係所遵循的規則，它著重表現的是系統的行為，而非系統的處理過程。

UML 活動圖也可包含為基本活動圖和泳道活動圖，表達的方式與管理業務流程圖差不多，但圖例上稍有不同（圖例區別可參考圖 4-6）。

同管理業務流程圖一樣，泳道讓流程中每個角色的分工一目了然。一個泳道表示流程內的一個角色，泳道內僅僅畫出該泳道所表示角色完成的活動（判斷、並行等可以畫在任意泳道）。

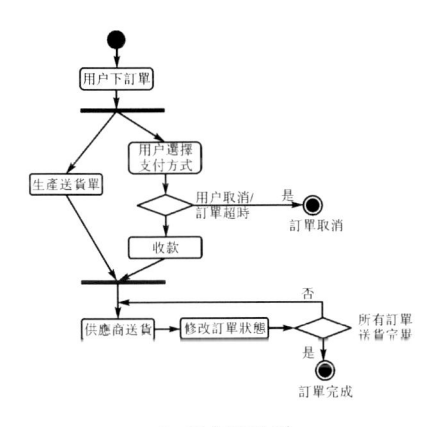

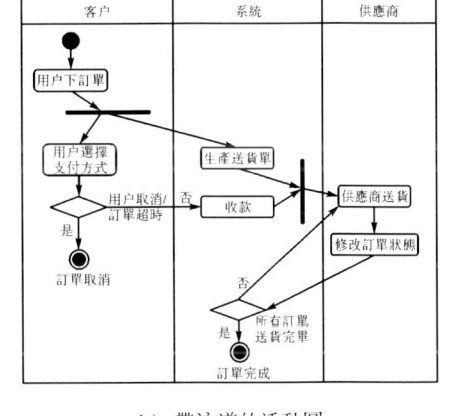

a) 基本活動圖　　　　　　b) 帶泳道的活動圖

圖 4-6　UML 流程圖示例

3. 兩種流程圖圖例和結構

管理業務流程圖的常用符號如圖 4-7、圖 4-8 所示，其基本結構包含：順序結構、選擇（分支）結構、循環結構。

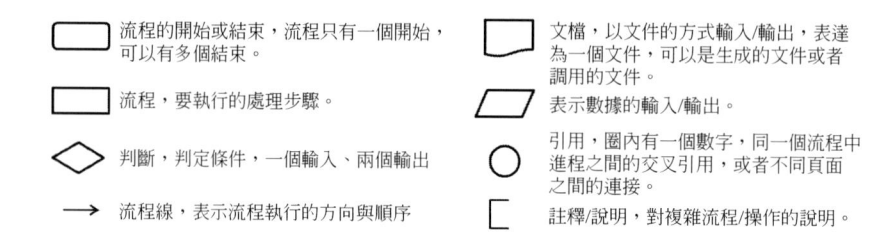

▭	流程的開始或結束，流程只有一個開始，可以有多個結束。	▱	文檔，以文件的方式輸入/輸出，表達為一個文件，可以是生成的文件或者調用的文件。
▭	流程，要執行的處理步驟。	▱	表示數據的輸入/輸出。
◇	判斷，判定條件，一個輸入、兩個輸出	○	引用，圈內有一個數字，同一個流程中進程之間的交叉引用，或者不同頁面之間的連接。
→	流程線，表示流程執行的方向與順序	▭	註釋/說明，對複雜流程/操作的說明。

圖 4-7　管理業務流程圖常用符號

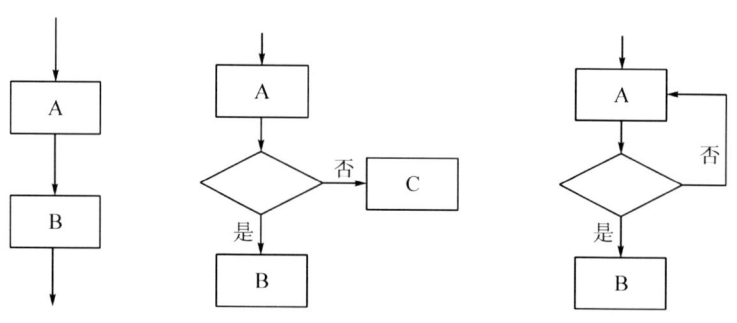

圖 4-8　管理業務流程圖基本結構

UML 活動圖的常用符號如圖 4-9、圖 4-10 所示，其基本結構除了順序結構、選擇（分支）結構和循環結構外，還可能存在並發的事件流。在 UML 中，可以採用一個同步線來說明這些並行控制流的分岔和匯合。

●	開始，一個活動圖最多有一個初始狀態	▭	活動，表示流程中的一個步驟(根據粒度不同，一個活動可以細化為多個活動)
◉	結束，一個活動圖可以有一個或者多個結束狀態	◇	分支，判斷分支，與流程圖相似
→	流程線，表示流程執行的方向與順序		

圖 4-9　UML 活動圖常用符號

同步線：分岔時有一個進入轉換，兩個或多個離開轉換，而匯合則是有兩個或多個進入轉換，一個離開轉換。

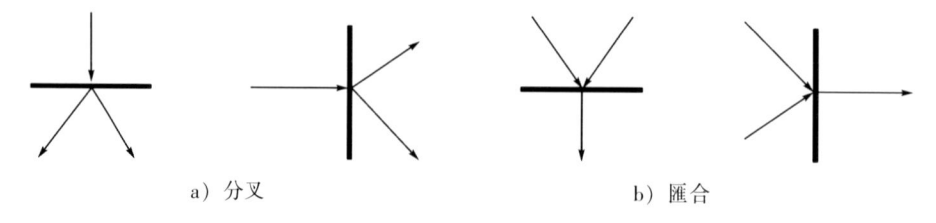

a) 分叉　　　　　　　　　　　b) 匯合

圖 4-10　同步線示例

4. 如何繪製流程圖

（1）在開始繪製業務流程圖之前需要先明確 2 個問題：

1）明確所要描述的業務流程範圍

在畫流程圖之前先確定業務流程起點、終點，是截取某一段業務進行詳細描述，還是從整體業務模塊進行描述。一般不可能將所有的流程都放到一個圖裡展示，也不可能大而籠統不畫出關鍵事件，要學會劃分業務流程範圍，把握粒度（分析元素或單元的大小）。

一般可採用自頂向下、逐層分解的繪製方法。明確要梳理的業務流程範圍，首先列出流程中的關鍵事件，如在醫院掛號看病，掛號流程和看病流程便算是整個流程中的關鍵事件流程；再結合分析的目的來判斷是否需要再往下層進行分解，如取小票流程、掛號流程、繳掛號費流程、排隊看病流程。如此例，層層向下分解，直到符合分析的目的，當目的是為了對某個業務流程進行優化時，則分解到對應流程即可。

2）明確所要描述的業務流程是否涉及參與者

涉及參與者的業務流程使用泳道圖來描述簡單、明了。

以醫院掛號看病為例，參與者包括病人、掛號窗口的工作人員、服務臺的工作人員、科室醫生。此時用泳道流程圖更合適。

（2）問題想明白了之後便可以對業務流程進行梳理，進而分解各個要素。

業務流程梳理的步驟包括：

1）首先找到產品或業務的戰略目標，確定功能定位。

2）深入瞭解思考核心業務流程，確定泳道。

3）確定產品有哪幾個階段，思考業務在各個階段的形態。

4）思考清楚後開始畫業務流程圖，在畫的過程中也在頭腦中進行梳理，盡可能不遺漏任何的分支或異常情況。

但是，業務流程圖並不是一成不變的，在多次討論會後可能會有改動。因此，在剛開始梳理流程圖時保證邏輯的清晰和完整，可以為將來的工作節省不必要的時間，提高整體工程的工作效率。

業務流程圖有 4 個關鍵要素，即執行操作、順序、輸入輸出、規則。要更清楚地描述業務流程，還可以有參與者這一要素。

執行操作：執行了什麼操作。

順序：操作產生的順序。

輸入輸出：發生操作的原因和結果。

規則：操作產生的條件。

參與者：誰參與了這個流程，可以是系統，可以是頁面，也可以是用戶。

（3）流程圖規範要求

各圖形形狀、字號要統一。如果各個圖形形狀、字體、字號相差懸殊，這對於理解圖形的人也是一種折磨，對於某個比較重要的流程可以使用顏色來區分其他普通流程（但顏色數量和種類不應太多，以免重點不突出），再在該重要的流程旁加上註釋說明，就能將重點轉達給對方。

流程名要用動賓結構。流程均以開始框開始，以結束框結束。流程圖從左到右、從上到下排列。流程線盡量不要交叉。

常見的繪製流程圖的在線工具有 Process On 等。客戶端有 Microsoft Visio、Star UML、Xmind 億圖等。

4.4　企業業務流程再造

4.4.1　企業業務流程再造概述

4.4.1.1　基本概念及內涵

業務流程再造（Business Process Reengineering，BPR）最早由美國的哈默（Michael Hammer）和錢皮（James Champy）在 20 世紀 90 年代提出。BPR 又被譯為業務流程重組、企業流程再造等，該理論是當今企業和管理學界研究的熱點。美國的一些大公司，如 IBM、科達、通用汽車、福特汽車等紛紛推行 BPR，試圖利用它發展壯大自己，實踐證明，這些大企業實施 BPR 以後，都取得了巨大成功。

關於 BPR 的定義有較多的提法。哈默和錢皮認為：BPR 是對企業的業務流程做的根本性的思考和徹底重建，其目的是在成本、質量、服務和速度等方面取得顯著的改善，使得企業能最大限度地適應以顧客（Customer）、競爭（Competition）、變化（Change）為特徵的現代企業經營環境。

哈佛商學院的 Michael Porter 教授將企業的業務流程描繪為一個價值鏈，他認為競爭不是發生在企業與企業之間，而是發生在企業各自的價值鏈之間，只有對價值鏈的各個環節——業務流程進行有效管理的企業，才有可能真正獲得市場上的競爭優勢。

中國協達軟件的付勇教授則認為，業務流程重組關注的要點是企業的業務流程管理，並圍繞業務流程展開重組工作，業務流程管理是指一組共同為顧客創造價值而又相互關聯的活動。

儘管定義的描述不盡相同，但它們的內涵是相似的，即 BPR 的實質是通過對企業戰略、增值營運流程以及支持它們的系統、政策、組織和結構的重組與優化，達到工作流程和生產力最優化的目的。它強調以業務流程為改造對象和中心、以關心客戶的需求和滿意度為目標，對現有的業務流程進行根本性的再思考和徹底的再設計，利用先進的製造技術、信息技術以及現代的管理手段最大限度地實現技術上的功能集成和管理上的職能集成，以打破傳統的職能型組織結構，建立全新的過程型組織結構，從而實現企業經營在成本、質量、服務和速度等方面的突破性的改善。

BPR 是國外管理界在 TQM（全面質量管理）、JIT（準時生產）、WORKFLOW（工作流管理）、WORKTEAM（團隊管理）、標杆管理等一系列管理理論與實踐全面展開並獲得成功的基礎上產生的。是西方發達國家在 20 世紀末，對已運行了 100 多年的專業分工細化及組織分層制的一次反思及大幅度改進。BPR 是對企業僵化、官僚主義的徹底改革。國外大企業通過應用 BPR 及其他先進思想，都使自己獲得了新生。

在中國企業管理信息化過程中，特別是在 ERP 項目實施過程中，BPR 是不可或缺的一項關鍵性步驟，是企業管理信息化成功的重要因素。BPR 的 IT 應用支撐最佳工具為 BPM 業務流程管理軟件，該類軟件國際上的產品以 IBM、微軟為主，國內以協達軟件、用友、金蝶為主，其中用友、金蝶的 BPM 軟件均採用來自協達軟件的工作流引擎技術。

4.4.1.2 基本框架與核心內容

1. 基本框架

企業流程再造框架包括了再造過程中的各個部分，主要包含以下幾方面：一系列的指導原則；企業流程再造的過程（一系列的活動和它們的內部關係）；一系列的方法和工具，以及這些方法和工具在支持企業流程再造過程中的作用。企業流程再造框架涵蓋了再造的重要環節，企業自己可以按照框架的內容順利地完成企業流程再造過程。

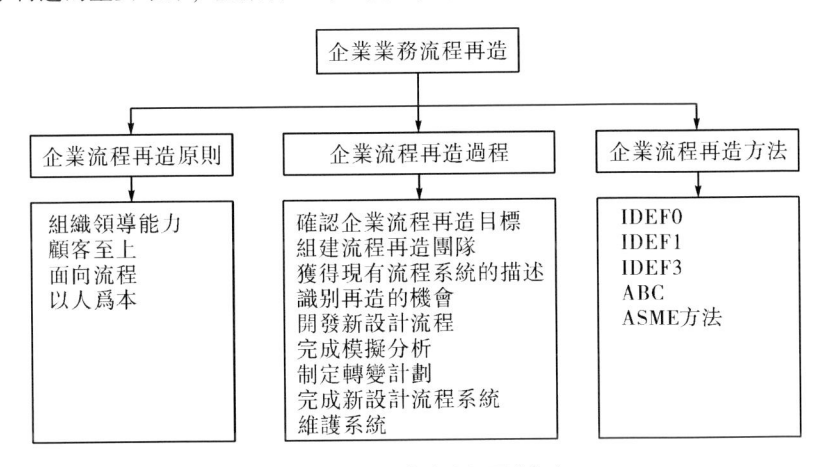

```
                    企業業務流程再造
            ┌───────────┼───────────┐
    企業流程再造原則   企業流程再造過程   企業流程再造方法
    ┌─────────┐   ┌─────────────┐   ┌─────────┐
    │組織領導能力│   │確認企業流程再造目標│   │IDEF0    │
    │顧客至上  │   │組建流程再造團隊  │   │IDEF1    │
    │面向流程  │   │獲得現有流程系統的描述│ │IDEF3    │
    │以人為本  │   │識別再造的機會   │   │ABC      │
    │         │   │開發新設計流程   │   │ASME方法 │
    │         │   │完成模擬分析    │   │         │
    │         │   │制定轉變計劃    │   │         │
    │         │   │完成新設計流程系統 │   │         │
    │         │   │維護系統       │   │         │
    └─────────┘   └─────────────┘   └─────────┘
```

圖 4-11　企業業務流程再造框架

圖 4-11 描繪了企業流程再造框架，圖的上半部分說明了框架的基本結構。企業流程再造原則，涵蓋了管理學家的研究成果和各個實施流程再造企業的實踐經驗。企業流程再造的方法和工具促進了企業流程再造的實踐，為企業流程再造提供了具體的分析、設計和實施技術。

2. 核心內容

在 BPR 定義中，根本性再思考、徹底性再設計、戲劇性改善成為備受關注的核心內容。

根本性再思考表明業務流程重組所關注的是企業核心問題，如「我們為什麼要做現在這項工作」「我們為什麼要採用這種方式來完成這項工作」「我們為什麼必須由我們而不是別人來做這份工作」等。通過對這些企業營運最根本性問題的思考，企業將會發現自己賴以生存或營運的商業假設是過時的，甚至是錯誤的。

徹底性再設計表明業務流程重組應對事物進行追根溯源。對自己已經存在的事物不是進行膚淺的改變或調整性修補完善，而是拋棄所有的陳規陋習，並且不需要考慮

一切已規定好的結構與過程，而是創新完成工作的方法，重新構建企業業務流程。

戲劇性改善表明業務流程重組追求的不是一般意義上的業績提升或略有改善、稍有好轉等，而是要使企業業績有顯著增長、極大地飛躍，並產生戲劇性變化，這也是流程重組工作的特點和取得成功的標誌。

4.4.1.3　應用效果及問題

「業務流程再造工程」在歐美的企業中受到了高度的重視，因此得到迅速推廣，帶來了顯著的經濟效益，湧現出大批成功的範例。美國信用卡公司（American Express）通過業務流程再造，每年減少費用超過10億美元。德州儀器公司的半導體部門，通過業務流程再造，對集成電路的訂貨處理程序的週期時間減少了一大半，提升了顧客的滿意度和企業的收入。

從1999年開始，海爾進行業務流程再造，實施了「並行工程」，使海爾「美高美」彩電在產品設計上打了一個漂亮的速度戰。按原有的開發程序，產品從設計到整體投放市場需要6個月；按國際最快的產品開發程序，需要3個月，而海爾「美高美」彩電僅用了2個月。

在企業業務流程再造取得成功的同時，另一部分學者也在嚴肅地探討其在企業實施中高失敗率的原因。大家認為，企業業務流程再造理論在實施中易出現的問題在於：

（1）流程再造未考慮企業的總體經營戰略思想。
（2）忽略作業流程之間的聯結作用。
（3）未考慮經營流程的設計與管理流程的相互關係。

總體來說，企業業務流程再造理論順應了通過變革創造企業新活力的需要，這使越來越多的學者加入流程再造的研究中來。有些管理學者通過大量研究流程重建的實例，針對企業業務流程的不足，發展出一種被稱為「MTP」（Manage Through Process）的流程管理的新方法。其內容是以流程為基本的控制單元，按照企業經營戰略的要求，對流程的規劃、設計、構造、運轉及調控等所有環節實行系統管理，全面考慮各種作業流程之間的相互配置關係、管理流程的適應問題。可以說，「MTP」是再造工程的擴展和深化，它使企業經營活動的所有流程實行統一指揮、綜合協調。因此，作為一個新的管理理論和方法，企業再造仍在繼續發展。

4.4.2　企業業務流程再造原理與方法

4.4.2.1　企業業務流程再造原理

1. 企業業務流程再造原理

業務流程再造能夠為企業創造優化的業務流程，提升企業的核心競爭力，在業務流程再造過程中的工作重點，就是要消除價值傳遞鏈中的非增值活動和調整核心增值活動。這裡要遵循的再造原理如下：

（1）應該發現並消除非增值活動，如過量生產或過量供應、等待時間、運輸、轉移和移動、不增值或失控流程中的加工處理環節、庫存與文檔、缺陷、故障與返工、重複任務、信息格式重排或轉移、調停、檢驗、監視和控制等。

（2）在盡可能清除了不必要的活動之後，應該對剩下的必要活動進行簡化，如程序和流程、溝通流程、技術分析流程和問題區域設置流程等。

（3）經過簡化的任務需要進一步整合，以使之流暢、連貫，並能夠滿足顧客需要。如為實現面向訂單的單點接觸的全程服務，由一位員工獨立承擔一系列任務的工作任務整合；為了高效優質地滿足顧客需要，組建單個成員無法承擔的系列任務的團隊；整合顧客和供應商的資源等。

在完成了流程與任務的清除、簡化和整合的基礎上，充分運用和發展信息技術的強大功能，實現以流程加速與提升顧客服務準確性為目標的自動化。

通常，重組之後的業務流程將呈現這些特徵：組織扁平化，決策權下放或外移；審核與控制明顯減少；取消裝配線式的工作環節；同步工作代替了順序工作方式；通才或專案員主導型的工作方式；管理者的工作職責轉變為指導、幫助和支持。

2. 企業業務流程再造方法與原則

在企業內部業務流程再造的過程中，主要存在以下幾種基本的流程改進方法：①消除浪費；②減少浪費；③簡化流程；④需要時可能組合流程步驟；⑤設計具有可選路徑的流程；⑥並行思考；⑦在數據源收集數據；⑧應用信息技術改進流程；⑨讓用戶參與流程再造。其中較為重要的就是「簡化流程」。

企業業務流程再造應遵循的原則是：

（1）圍繞結果而不是工序進行組織；

（2）注重整體流程最優的系統思想；

（3）將信息處理工作納入產生這些信息的實際工作中去；

（4）將各地分散的資源視為一體；

（5）將並行工作聯繫起來，而不是僅僅聯繫它們的產出；

（6）使決策點位於工作執行的地方，在業務流程中建立控制程序。

在實際操作過程中還要注意以下幾點：

（1）建立扁平化組織；

（2）新流程應用之前應該做可行性實驗；

（3）再造估計受影響人們的個人需求，設計變革方案必須邀請當事人參與；

（4）再造應該在 12 個月內初見成效。

3. 企業業務流程再造的戰略因素

企業業務流程再造只有在企業強化戰略地位時才真正有可能實施。因此在業務流程再造之前，明確企業的經營戰略就變得異常重要。需要實施業務流程再造的一些戰略因素有：

（1）認識到競爭對手將在成本、速度、靈活性、質量及服務等方面產生優勢。

（2）增加營運能力所需的戰略。

（3）重新評估戰略選擇的需要：進入新市場或重新定位產品與服務。

（4）核心營運流程基於過時的商業假設或技術建立。

（5）企業的戰略目標似乎無法實現。

（6）市場上有了新變化。如市場份額需要擴大，出現新的競爭對手等。

當企業出現以上因素時，業務流程重組會更加有效地得以實施。

4.4.2.2 企業業務流程再造程序

BPR 的技術手段主要有流程圖的設計與分析、標杆瞄準法等。在雲計算時代，BPR 最佳的實現手段，就是以雲計算和 SOA 為 IT 技術理念的 BPM 業務流程管理軟件系統。

企業業務流程再造就是重新設計和安排企業的整個生產、服務和經營過程，使之合理化。通過對企業原來生產經營過程的各個方面、每個環節進行全面的調查研究和細緻分析，對其中不合理、不必要的環節進行徹底的變革。在具體實施過程中，可以按以下程序進行。

1. 對原有流程進行全面的功能和效率分析，發現其存在的問題

當市場需求、技術條件發生的變化使現有作業程序難以適應時，作業效率或組織結構的效能就會降低。因此，必須從以下方面分析現行作業流程的問題：

（1）功能障礙：隨著技術的發展，技術上具有不可分性的團隊工作，個人可完成的工作額度就會發生變化，這就會破壞原來的作業流程，增加管理成本，或者核算單位太大造成組織機構設計不合理，形成企業發展的瓶頸。

（2）重要性：不同的作業流程環節對企業的影響是不同的。隨著市場的發展，顧客對產品、服務需求的變化，作業流程中的關鍵環節以及各環節的重要性也在變化。

（3）可行性：根據市場、技術變化的特點及企業的現實情況，分清問題的輕重緩急，找出流程再造的切入點。為了對上述問題的認識更具有針對性，還必須深入現場，具體觀測、分析現存作業流程的功能、制約因素以及表現等關鍵問題。

2. 設計新的流程改進方案，並進行評估

為了設計更加科學、合理的作業流程，必須群策群力、集思廣益、鼓勵創新。在設計新的流程改進方案時，可以考慮：

（1）將如今的數項業務或工作組合，合併為一；
（2）工作流程的各個步驟按其自然順序進行；
（3）給予職工參與決策的權力；
（4）為同一種工作流程設置若干種進行方式；
（5）工作應當超越組織的界限，在最適當的場所進行；
（6）盡量減少檢查、控制、調整等管理工作；
（7）設置項目負責人（Case Manager）。

BPR 作為一種重新設計工作方式、設計工作流程的思想，是具有普遍意義的，但在具體做法上，必須根據本企業的實際情況來進行。美國的許多大企業都不同程度地進行了 BPR，其中一些主要方案的內容包括：

第一，合併相關工作或工作組。

第二，使工作流程的各個步驟按其自然順序進行。

第三，同一業務在不同工作中的地位和工作方式可以不同。

第四，模糊組織界線。

對於提出的多個流程改進方案，還要從成本、效益、技術條件和風險程度等方面進行評估，選取可行性強的方案。

3. 制定與流程改進方案相配套的組織結構、人力資源配置和業務規範等方面的改進規劃，形成系統的企業流程再造方案

企業業務流程的實施，是以相應組織結構、人力資源配置方式、業務規範、溝通渠道甚至企業文化作為保證的，所以，只有以流程改進為核心的企業再造方案，才能達到預期的目的。

4. 組織實施與持續改善

實施企業流程再造方案，必然會觸及原有的利益格局。因此，必須精心組織，謹慎推進。既要態度堅定，克服阻力，又要積極宣傳，形成共識，以保證企業流程再造的順利進行。

企業流程再造方案的實施並不意味著企業流程再造的終結。在社會發展日益加快的時代，企業總是不斷面臨新的挑戰，這就需要對企業流程再造方案不斷地進行改進，以適應新形勢的需要。

4.4.2.3 流程簡化

由於設計不完善、需求變化快、技術過時、官僚主義的滋生等原因，組織中許多流程會不由自主地包含大量效率不高，或者說在輸出創造價值方面做得不盡人意的流程。流程化正是一種解決這一問題行之有效的技術。

1. 簡化的時機

通常而言，在實施 BPR 的過程中，若發現以下三類現象，那麼，企業就可以考慮有選擇地展開流程簡化工作。

（1）問題解決流程所占用的時間成本存在改進的可能。

（2）瞄準標杆的結果表明，與競爭者相比，企業在產品的配送成本或包括服務、技術支持的回應速度上存在明顯的劣勢。

（3）在分析問題的過程中，發現對滿足顧客需要貢獻甚微或幾乎無法貢獻的活動。

2. 簡化的作用

通過將非增值性步驟從業務流程中剔除出去或盡可能地簡化，能有針對性地提高為顧客提供產品與服務的效率，提高對質量管理環節的監控能力。流程簡化的作用主要表現為以下四點：

（1）提高回應能力。這主要表現在為顧客提供支持性服務的產品配送環節。由於每個子環節的速度加快了，就促使緊隨其後的環節跟進性動態改變，最終提高了顧客的滿意度。

（2）降低成本。徹底消除無效預算。

（3）降低次/廢品率。隨著那些容易導致次/廢品出現的無效低能環節的減少，次/廢品率也將出現明顯的下降。

（4）提高員工滿意度。降低流程的無效性和複雜性，意味著員工將被授予更多的權力對自身工作進行具體決策，這無疑會大大提高員工參與工作的熱情和幹勁。

3. 簡化類別

（1）成本導向的流程簡化。這是一種最基本的流程簡化方法，它旨在通過對特定流程進行成本分析，來識別並減少那些誘使資源投入增加或成本上升的因素，該方法適用於對產品的價格或成本影響較大的那些活動。操作的前提是不能損害那些能夠確保滿足顧客需要的流程或活動。

（2）時間導向的流程簡化。這是一種在降低產品週期方面運作得越來越廣泛的流程簡化方法。其特點是注重對整個流程各環節占用時間、各環節間的協同時間進行深入的量化分析。

（3）重組性的流程簡化。這是一種立足長期流程能力大幅改進，而對整個業務流程進行根本性再設計的方法。該方法強調在企業組織的現有業務流程績效及其戰略發展需要之間尋找差距與改進空間。要求組織自上而下，制訂跨部門、跨企業的執行計劃。

本章小結

現行企業的組織機構大多是基於職能分工和專業化的層級架構模式。計算機化的管理信息系統和 BPR 引入企業管理實踐後，對企業管理的組織結構和過程模式產生了巨大影響。BPR 的核心思想是打破企業傳統的按職能分工設置部門的組織方式和管理模式。基於 BPR 的企業組織應包括以下幾個方面的內容，即企業應是流程型組織；發揮流程經理的作用；職能部門也應存在，但應位於流程之後；突出人力資源部門的重要性；發揮現代信息技術的支持作用。

在供應鏈管理環境下，企業業務流程的變化涉及了製造商和供應商之間業務流程的變化、企業內部業務流程的變化和支持性技術手段的變化。

思考與練習

1. 試比較傳統的和供應鏈管理下的企業組織結構和業務流程。
2. 試說明 BPR 的核心思想。
3. 基於 BPR 的企業組織結構內容有哪些？
4. 供應鏈管理下企業業務流程的主要特徵有哪些？
5. 供應鏈企業物流管理組織形式有哪些？又有哪些變化趨勢？
6. 供應鏈管理下業務流程再造的原則和方法有哪些？
7. 試比較分析供應鏈管理下與傳統管理模式下的企業業務流程。

本章案例

業務流程再造過程中的組織結構調整

業務流程再造理論已經深入企業實踐領域，但大多數研究關注信息技術、流程設計等技術環節，忽視了對組織中人的行為進行適應性的調整和控制。本文對通過華為和聯想這兩家公司的流程管理案例進行研究，揭示出企業範圍流程再造的成功，需要整體考慮業務流程的再設計和組織結構的適應性調整，二者是一個動態的匹配過程，並對這一過程中的關鍵策略問題予以說明。

興起於20世紀90年代初的流程再造理論，利用信息技術對企業的業務流程進行重新設計，重組工作體系，打破部門壁壘，把人員的注意力引導到顧客的需求上面，力圖實現企業在質量、速度等關鍵績效上的突破。自20世紀90年代中後期，業務流程再造理論傳入中國以後，隨著理論界研究的深入，特別是一些大企業如聯想、華為和海爾等先行者進行了不同程度的企業再造的實踐，並取得了階段性的成就，越來越多的管理者開始把這一管理理論引入企業。但無論是在企業的實踐之中，還是學術研究領域，仍然把過多的精力投放在了技術環節，注意力的焦點放在了如何利用信息技術實現企業的信息化、如何重新設計工作體系和業務流程等方面，很少關注如何對人的行為進行適應性的調整和控制。

本文認為，企業大範圍的業務流程再造過程，並不僅僅是「對業務流程進行重新設計」，在對業務流程進行再造的過程中，涉及了組織結構、人力資源管理體系和企業文化的重大轉變，對人員的行為方式和核心價值觀提出了挑戰，而後者正是管理的難點。如果不進行相應的組織結構、人力和文化的調整，業務流程的真正轉變很難發生，甚至連重新設計的可能性都很小。在支持業務流程進行再造的過程中，組織結構的適應性調整是一個很重要的環節，它涉及權力路線的重新設計和決策權力的再次分配，信息溝通路徑和方式的相應變化，以及從個體、部門、團隊到企業的整體如何組成的問題。本文的核心論點是在整個企業範圍內實施業務流程再造，可否成功的一個關鍵環節是能否將「業務流程的重新設計、實施」與「組織結構的調整」結合考慮，這二者是一個相互適應的動態匹配過程。

本文通過案例分析，即對華為、聯想這兩家企業的實際實施過程來進行分析，說明這一問題，本文的觀點只是根據少數企業考察得出的結果，其適用範圍有待於更多案例研究的補充和修正。由於這兩家企業在中國是較早進行業務流程再造實施的企業，其經驗教訓值得借鑑。

華為研發流程再造案例

1997年，華為意識到企業目前的業務流程無法適應戰略的需要，經過一段時間的思考，華為在1998年初開始以研發為切入點實施IPD（集成產品開發）項目，即以研發為核心進行業務流程再造。當時選擇研發領域主要基於兩點考慮，第一，如果華為介入系統和終端兩個市場，就需要開發手機產品。國外手機廠商利用研發優勢獲得了

產品的市場佔有優勢，華為由於研發週期相對較長，自己新產品的推出總會落後於對手，這樣，國外廠商就會獲得高價撇脂和降價放量兩個階段的利潤；第二，研發環節屬於企業經營的上游，一旦研發出現問題，會在下游的生產、銷售等環節不斷放大錯誤，企業整體損失很大。可以說華為以研發為切入點是找到了問題的核心。

為了IPD項目的實施，華為成立了專門的項目小組，配備了專業人員和專門的辦公場所。經過一段時間的工作，項目組拿出了業務流程再造的方案，其中包含了新的研發流程的設計方案、組織結構調整的內容。隨後，各產品線著手推行新的IPD流程，其管理辦法採用項目管理的方式。總的看來，大體的設計思路是希望通過研發人員與其他職能領域的相關人員緊密合作，打通整個研發流程的接口環節，逐步實現對產品生命週期過程的管理，這在方向是正確的。然而，推行的結果遠遠低於預期，新的流程效率低下，甚至出現了混亂局面，舊的問題依然存在，同時又產生新的麻煩，再造項目遭到很多人的抱怨。

雖然在後來的經驗總結中，有各種對失敗原因的解釋，如：流程的整體結構設計不夠合理，研發團隊沒有得到相應的授權，職責定義不清，缺乏新的績效考核等。這些問題也確實是失敗的原因，一般的企業初次實施流程再造項目都會經過一段時間的不適應，甚至混亂。但如果從更為本質、更為深層次的原因來考慮，一個更為關鍵的問題是華為在沒有對研發業務流程進行徹底的、仔細的重新設計，且投入的力量明顯不足的情況下，就急於調整組織機構，這等於在不清楚具體要做的工作的情況下就先調整了人員的安排，調整了權力和溝通的路線，其結果當然會造成混亂，這種混亂並不是一般意義上的由於變化多帶來的不適應，而是存在著邏輯上的順序錯誤。這一點在後來華為的實踐中得到了充分的說明。

1999年，華為吸取了以前的經驗教訓，認識到獨自進行研發流程的再造能力不足，於是聘請外部諮詢公司參與項目。在IBM諮詢公司的幫助下再次啟動IPD項目，這次，IBM的專家和華為的工作人員花了很長時間，共同對業務流程進行深入分析，把與研發相關的各種工作階段、任務細化為一個一個的「活動」，利用信息技術等新技術對各種活動如何組合進行重新設計。IBM專家提出的把工作任務分解的方法對華為的人員觸動很大。以前華為的研發管理只是針對需求描述、概念形成、產品初步設計等階段以及一些重要的工作任務，較為粗略地把整個工作體系進行了分解和描述，而在IBM專家的要求和技術支持下，華為現在需要把階段和任務細化成「活動」，而且針對活動，需要有詳細的描述和必要的量化指標。這樣在不斷調整的過程中，逐漸形成了再造後研發流程的新結構，華為真正大範圍內的組織結構調整是在2000年之後，即在對研發流程進行了充分的認識、再設計和調整之後，才進行大範圍的組織結構調整，這時，個人、團隊或部門就對需要做什麼工作有了比較清晰的認識，對於如何做工作有了進一步的瞭解，使組織結構的調整有了落腳點。

聯想流程整合案例

2005年，聯想併購IBM的PC事業部之後，逐漸推動兩家企業的整合，力圖使二者的業務合併以發揮優勢互補的效應，但整合的一個難點就是兩家企業的業務流程存在很大差異。

原IBM的PC事業部的競爭力主要依靠強大的研發優勢和品牌效應，因此並不是太注重流程的銜接，研發、生產、行銷和物流工作分別由不同的部門負責，相互之間缺乏協同。例如，在PC市場變化迅速的情況下，產品的價格調整問題需要一定的靈活性，當競爭對手調整一些產品或產品系列的價格時，要對自己產品線中相同性能的產品價格進行及時反饋，但IBM的PC事業部的定價權一直掌握在財務部門手中，這就產生財務與行銷、銷售部門的協同難題。銷售部門接觸市場一線，往往站在客戶和競爭的角度看待問題，財務部門則主要從整個公司的內部財務管理角度看待問題，二者之間有時存在矛盾，這會導致調價策略極為不靈活。可以說IBM的PC事業部一直是採用傳統的職能制組織結構。

另一方面，聯想從1998年開始啟動ERP（企業資源計劃）以來，先後實施了以SCM（供應鏈管理）、CRM（客戶關係管理）和PLM（產品生命週期管理）為核心的電子商務平臺建設，不僅使企業的信息化程度加強，更為重要的是通過這一過程，聯想實際上對企業整體的業務流程進行了梳理和再造，已經向流程型的組織結構邁出了很大一步。例如，就上面提到的產品價格調整問題來講，聯想已經能夠較為快速的根據市場的需求進行反饋，各個職能部門之間可以較好地進行配合。

面對聯想和原IBM的PC事業部業務流程的不同，聯想希望整合二者的業務流程，但現實中面臨著許多困難。原IBM的PC事業部按照傳統的分工方式，把不同的工作分配給不同的部門，在企業整體流程方面考慮不多。IBM的PC事業部在長期經營中形成的傳統觀念和部門壁壘難於打破，這就使業務流程的再設計難以進行，更不用談二者實際進行整合的問題。因為沒有各個部門的支持，流程的梳理和設計沒有足夠的信息和技術支持，畢竟各個部門的專業人員對自己的工作認識最為深入，流程的再設計離不開各個部門人員的全力支持和參與。可見，在一些現實的問題面前，業務流程再造的順利實施，有可能先要從組織結構的適度調整入手，先改變一些權力和信息的路徑。

雖然聯想的這個案例並不是具體說明一家企業是如何進行業務流程再造的，而是兩家經營同一種業務的公司合併後如何整合其業務流程的問題，但它清晰地說明了現有的權力路線和溝通渠道等組織結構問題是如何制約業務流程整合的。從長遠發展來看，聯想要想作為一個整體發揮競爭優勢，必須把「聯想中國」（以原聯想國內業務中心）和「聯想國際」（以原IBM PC事業部為中心）的業務流程進行對接，而這與其他企業內部業務流程之間的對接存在著極大的共性。

海爾流程整合案例

1999年3月，海爾提出了促進企業進一步發展的三種轉變的發展戰略，即從職能結構向流程網路型結構轉變，由主要經營國內市場向國外市場轉變以及從製造業向服務業轉變，其總體目標是使海爾成為一個國際化企業，跨入世界五百強。面對如此宏偉的目標，海爾無論在人員素質、創新能力、核心競爭力還是在經營規模、全球化程度、品牌價值等方面均有待於很大程度上的提升和強化，特別是海爾在其經營國際化的過程中面臨著不可避免而又必須解決的兩大難題。第一個問題就是如何規避「大企業病」的發生和提高流程效率。隨著企業經營規模的多元化擴張，許多大企業不同程度地患上了「大企業病」。在中國所謂的「200億現象」就是用來比喻許多大企業發展

到一定規模，就停滯不前或走向衰退。「大企業病」的根本原因在於傳統組織結構所形成的業務流程無法適應市場的變動和個性化的消費需求，專業化分工帶來的效率優勢被過多、過細地分工而造成被分工之間的邊際協調成本所替代。1998年，海爾的銷售收入為168億元，按照過去的發展速度，將很快接近200億元。為了迴避「大企業病」的威脅，同時整合企業內部管理方面的優勢，必須在管理上進行變革和創新，按照大企業規模和小企業速度的要求，在管理上事先設計，謀定而後動，進行業務流程再造，通過不斷的創新，提高企業的管理效率和回應市場變化的速度，從根本上解決「大企業病」的問題。第二個問題是海爾員工的整體素質問題。員工是企業創新的主體，也是企業謀求生存與發展的最重要因素。海爾經營的國際化客觀上要求員工必須具有國際化企業經營所需要的創新力和責任心。在以個性化為主旋律的新經濟環境下，企業的最終目標是通過最大限度地發揮員工的創新力，以達到顧客滿意度最大化，最終實現企業發展壯大。

流程再造實施策略分析

通過以上企業實踐的總結，並結合我們對其他企業的考察，可以清晰地總結出一個脈絡：流程再造不是一個單純的技術問題，對業務流程進行重新設計只是重要的一步，而要實施新的流程，必須要對權力路線、溝通方式和部門組成等組織結構問題進行相應的調整。在具體的實施過程中，關於業務流程和組織結構的動態匹配，有三個策略問題需要特別關注。

（1）先設計業務流程，後調整組織結構

先要對流程進行重新設計，即弄清楚需要做什麼工作，如何把這些工作結合起來以適應市場的需要，把握住在這個過程中需要哪些技術予以支持，在此之後，才可以進行較大範圍的組織結構調整。否則，如果先對組織結構進行大的改動，就等於是在不清楚如何進行工作的情況下調整人員的結構，極易引起混亂，華為初期的研發流程再造案例充分說明了這個策略問題。

對於整體業務流程的再設計不是一個簡單的問題，中國的企業基礎管理往往不夠完善，很多工作沒有經過一個規範化、標準化的過程，缺乏科學理性。對於信息技術的認識也不是一個簡單的問題，信息技術的應用又恰恰是業務流程再造的關鍵支持技術。例如信息技術到底為企業的經營管理提供了怎樣的支持？其本質是什麼？現實中很多企業並沒有認清信息技術的作用，錯誤地認為信息技術就是流程再造本身，甚至期望以用信息技術來替代管理，最終落入技術陷阱中。

因此，「先有業務流程」。業務流程的再設計並不是一個簡單的任務，只有在對此問題有了較深的認識，具備了一定的能力之後，才能大範圍地調整組織結構。

（2）適度調整組織結構，支持業務流程重新設計

雖然從整體來講是「先設計業務流程，後調整組織結構」。但在現實的具體情況中，企業內的一些部門可能存在部門意識、以部門為界限的控制權力和信息流動等現象，這樣會阻礙流程的重新設計，因為如果各個部門不配合，或者按照部門利益來設計流程，企業從整體上設計的流程就會失去客觀性，並不能反應市場的實際要求和企業本身的現實情況。因此，為了使重新設計流程具備基本的可能性和條件，企業往往

先要適當調整一組織結構，對一些權力的分配、信息的獲取途徑以及部門的組成做一些改變，以便為流程的重新設計排除障礙。聯想的案例正說明了這一點。這也從另一個角度說明了為什麼流程再造的實施往往是個「一把手」項目。在部門意識十分強烈、部門壁壘難於突破的情況下，只有企業的一把手才能利用其權力和影響力獲得部門的配合。一些企業不得不以只能通過撤換某些部門領導的辦法來解決問題，這雖然不是對組織結構的調整，只是對人員的調整，但其背後的意義是希望通過調整人員來改變權力的使用性質，獲得對整體業務流程再設計的支持。

（3）徹底的再設計，漸進性的實施

從以上兩點揭示的業務流程與組織結構的關係來看，二者的相互匹配是一個複雜的互動過程，並不能簡單地解決，需要時間和經驗的累積。哈默在流程再造理論中特別強調了要對有關的「基本的」流程問題進行再思考，要對現有的流程進行「徹底的」再設計，這一觀點引發了很多企業用激進的方法實施改造。但企業的現實和目前的研究表明，漸進式的項目實施辦法同樣可以獲得成功，激進的實施項目造成的失敗率反而很高。

的確，在理論層面如果用系統論的觀點來解釋，對於一個超穩態系統，其結構要素之間的相互關係在長期的過程中已經達到平衡狀態，如果只是採用小修小補、局部改善、漸進調整的方法，只能引起系統的震盪，或者是暫時的混亂，很難改變原有的穩定結構，顯然這種改變不可能幫助企業獲得績效的大幅提升。而另一方面，從企業的現實來看，競爭的環境始終會對其生存產生壓力，如果採用激進的辦法對其業務流程實施徹底的重組，很有可能造成企業的生存危機，再者由於流程再造項目的複雜性，也需要企業有一個不斷試錯、累積經驗的過程，從這個角度來看，激進的方法未必是正確的選擇。這一組看似矛盾的問題，實際上還是需要通過深刻認識業務流程和組織結構的相互關係來解決。哈默提出的根本性的、徹底的重塑流程，指的是對業務流程的「再設計」，他主張先不要考慮原先進行工作的各種傳統的假設前提，而應從環境現實需要的角度「重新設計」流程，從新技術創新的角度「重塑設計」流程。儘管哈默較為主張激進的再造方式，他所指的還主要是「再設計」。而當新的業務流程設計出來並進入實施階段之後，就會涉及本文前面提到的組織結構和人員調整的問題，這時採取激進的方式就未必是妥善的選擇。

從華為、聯想和海爾的實際做法來看，在流程再設計階段都進行了較大的創新，通過信息化的手段來徹底改變原有的業務流程結構；在組織結構、企業文化等方面的轉變，還是採用了逐步實施推進的辦法。華為、聯想和海爾的管理水準已屬國內一流。1998年，它們就開始為業務流程的全面再造進行基礎準備工作，但至今為止，沒有一家企業認為自己已經成功實施了該項目，而且需要做的工作還很多。對於中國多數企業的管理水準而言，要低於這三家企業，與美國企業相比距離更大，因此，一般企業實施業務流程再造項目不要過於激進，可以採取「徹底的再設計，漸進性的實施」的辦法，把實現新流程的工作方式作為一個中長期的目標，逐步向流程型組織推進。

業務流程再造的本質是通過改變工作的方式重塑企業的工作活動體系，它所關心的是再造如何通過從基於一種方式的運作轉變為基於另一種方式的運作。有關對業務

流程再造失敗原因的研究已經很多，業務流程設計不合理、信息技術的運用不當、投入不足、項目人員安排失誤、員工過於強烈的抵制以及高層領導的支持不夠等，都是重要原因。從前文可以看出，業務流程和組織結構問題在邏輯上存在著先後順序，現實中卻需要根據實際情況來具體把握，而準確把握這兩者的關鍵是把它們作為一個整體來考慮。因此，企業範圍的流程再造項目成敗的關鍵一點還在於，作為企業的高層領導和項目負責人能否從整體上考慮問題，把業務流程和組織結構結合考慮，以及在人力資源體系、企業文化等更大的領域內整體考慮問題、尋求對策。

本文只是從整體上說明了業務流程和組織結構在整個再造過程中的互動關係，並沒有詳細論述隨著業務流程的再設計和實施過程中，需要組織結構做哪些具體的改變。例如：不同性質的決策權力需要做哪些轉移，需要一些什麼樣的信息傳遞和溝通方式作為支持，各個職能部門的性質會發生哪些變化，組織結構整體的形態、層級將會發生哪些具體的變化等，這些都是今後研究中值得關注的領域。

資料來源：包政，郭威，岳玲. 業務流程再造過程中的組織結構調整 [J]. 商業時代，2006（27）.

案例思考

1. 中國的華為、聯想、海爾等企業的流程再造案例，給我們帶來哪些啟示？
2. 在流程再造的過程中應注意哪些事項？

5　供應鏈需求預測

本章引言

在供應鏈中，成員企業根據所能獲取的資料，包括自身的和鏈內其他企業的，對下一階段的各項採購、生產、經營、物流等業務做出預先安排，例如原料或零部件的採購數量和日期、產品的生產節奏和數量等。做出這些決策的基礎就是預測。上游企業除了需要預測自身的各項數據，還需要對下游企業的需求量做出預測，以便提前應對。供應鏈的決策大多基於預測提供的分析或數據，供應鏈需求預測是整個供應鏈計劃和活動的基礎。

學習目標

- 瞭解預測在供應鏈中的作用。
- 熟悉主要的定性預測和定量預測方法。
- 掌握時間序列法和因果分析法進行需求預測。
- 掌握預測誤差的評價。

5.1　供應鏈需求預測概述

預測是指對事物的演化發展預先做出科學推測。廣義的預測，既包括在同一時期根據已知的事物推測未知事物的靜態預測，又包括根據某一事物的歷史和現狀推測其未來的動態預測。狹義的預測僅指動態預測，也就是對事物的未來演化預先做出科學的推測。

5.1.1　預測的作用與特點

需求預測是所有供應鏈計劃的基礎。供應鏈管理者需要計劃生產、運輸、庫存或者其他任何有必要的活動的預期水準，這些計劃的支持都源自預測顧客未來的需求。當供應鏈中的每一環節或企業都進行獨立預測時，預測結果之間往往存在很大的差異，從而導致需求與供給不匹配。而當供應鏈的各個環節或企業一起協作預測時，預測結果將會準確得多。準確的預測結果可以使供應鏈更好地回應市場，並有效地服務顧客。因此，很多成功的供應鏈都是通過協作預測來提高供需匹配能力的。

雖然預測的結果會有一定的誤差，但是可以通過誤差修正來進行調整。對於較為成熟的產品或市場，誤差往往較小，易於控制。而對於新興市場或者是創新產品，嚴

謹地估計誤差並據此靈活地回應市場就相當重要了。

在整個預測的過程中以及使用預測的結果時要注意，預測有著如下的特點：

(1) 預測的結果不是精確的。預測的過程受到預測人員的能力、所收集數據的準確性和完整性、預測方法的適用性及其參數的選擇以及其他相關因素的影響，使得預測結果不精確。在供應鏈的決策中，除了預測結果之外，還需要注意預測誤差的情況。在基於預測做出決策時，除了要考慮預測的結果，還必須考慮預測結果的誤差，或者是預測結果的不確定性。但是，供應鏈決策者並沒有要求估計預測的誤差。

(2) 長期預測的精度低於短期的。預測是根據現有情況對未來進行的推測，目標時間離當前時間越遠，它所能受到的當前的各種相關因素的影響也就越小。供應鏈企業越來越重視整個供應鏈對於市場的回應速度，回應時間越短，預測結果也就越精準，所起的作用也就越大。

(3) 綜合性預測的結果往往比離散型預測更為準確。預測的目標對象越小，各種相關因素對它的影響也就越大。在未來，任何一個因素的隨機性變化都會對預測結果產生較大的影響。預測的目標對象越大，其抗影響的能力也就越強。在未來，任何一個因素的隨機性變化對預測結果的影響也就相對較小。所以，預測一個國家未來的經濟總量比預測一個企業的未來更為準確。

(4) 越靠近供應鏈上游的企業，進行預測的困難度越大。供應鏈中，各級企業往往會提升訂貨量來應對市場的風險，那麼企業越靠近供應鏈上游，離最終用戶的需求也就越遠，這種提升訂貨量應對風險的效應，即供應鏈中的牛鞭效應也就顯現得更為明顯。此時，對供應鏈上游的企業進行預測，其結果的誤差值就會增大，準確預測的難度也就越高。因此，對整個供應鏈中的企業進行協作預測就非常有必要了。

5.1.2 預測的分類

通常可以根據範圍或層次、時間長短、所用方法的性質等對預測進行分類。

根據範圍或者層次，可以分為宏觀預測和微觀預測。宏觀預測，是指針對國家或地區、部門的社會經濟活動進行的各種預測。它以整個社會經濟發展的總圖景作為考察對象，研究社會經濟發展中各項指標的聯繫和發展變化。微觀預測，是針對基層單位的各項活動進行的各種預測。它以企業生產經營發展的前景作為考察對象，研究微觀經濟中各項指標的聯繫和發展。供應鏈中的各類預測均屬於微觀預測。

根據時間的長短，可以分為長期預測、中期預測和短期預測。所涉及的範圍和層次不同，長期預測、中期預測和短期預測的時間也就不相同。同樣是短期預測，綜合預測的時間可能是半年甚至1年，而離散預測往往是1個月甚至1週，即綜合預測的時間比離散預測的長。

根據所用方法的性質，可以分為定性預測和定量預測。定性預測是指預測者通過調查研究瞭解實際情況，憑自己的知識背景和實踐經驗，對於事物發展前景的性質、方向和程度做出判斷，進行預測，也稱為判斷預測和調研預測。定量預測，是指根據準確、及時、系統、全面的調查統計資料和信息，運用統計方法和數學模型，對事物未來發展的規模、水準、速度和比例關係的測定。定量預測與統計資料、統計方法有

密切的關係。定性預測結果主要是以文字進行的分析和說明，定量預測結果主要是以數據進行分析和說明。採用哪種方法，一般根據預測要求而定。

5.1.3 預測的步驟和內容

預測往往是不準確的，而且可能還存在著誤差較大的問題，那為什麼還要進行預測呢？企業對於顧客過去購買行為的精準分析，在一定程度上能夠知道顧客未來的購買行為。其實顧客的購買行為，即需求往往是有跡可循的，它受到一定數量的相關因素的影響。如果企業能夠比較準確地確定這些因素是如何影響顧客未來的需求，那麼在一定程度上就能夠對顧客的需求進行預測。因此首先需要明確那些影響顧客未來需求的因素，並且確定它們與未來需求之間的關係。

在影響顧客需求的各種因素中，可以分為主觀因素和客觀因素，這兩方面的因素需要在預測的過程中充分加以考慮並予以平衡。比如在取得定量預測數值結果之後，做出最後決策之前，必須輔以專家意見。

供應鏈需求預測一般有以下 5 個步驟：
（1）明確與協調鏈內企業預測的目標。
（2）整合整個供應鏈的需求計劃和預測。
（3）分析影響需求預測的主要因素。
（4）選擇合適的模型進行預測。
（5）評估預測績效和誤差。

5.1.3.1 明確與協調鏈內企業預測的目標

預測是為供應鏈決策提供支撐，每一項預測都支撐著具體的決策，因此，首先要明確預測的服務對象，例如特定產品的生產量決策、庫存決策或是訂購量決策。其次，供應鏈中的企業是相互影響的，下游企業的訂購量決策或庫存量決策可能影響到上游企業的生產量決策。那麼，在某個企業做出決策時，有必要提前通告鏈內其他企業，以使其對相關預測目標及其所做出的決策進行調整，以免鏈內各個環節出現過多或者過少產品的情況。

5.1.3.2 整合整個供應鏈的需求計劃和預測

企業應當將其預測與整個供應鏈的所有計劃整合起來，例如產能計劃、生產計劃、促銷計劃和採購計劃等。為了達到整個供應鏈協調計劃和預測的目標，需要建立一支跨職能的專業團隊來進行工作，團隊成員來自受到計劃和預測影響的各個職能部門，現實中，往往需要所有職能部門的參與。這一般由供應鏈中的核心企業或委託第三方諮詢公司完成，發布核心企業的整合需求計劃，再由鏈中其他企業協調預測，最後完成整合的計劃與預測。例如，由零售商和供應商組成的供應鏈，預測團隊由雙方職能部門人員共同組成。當零售商決定在今後某一時期採取促銷手段時，供應商相應調整生產計劃，並將此信息向供應鏈上游傳遞，避免包括供應商在內的其他相關企業繼續根據歷史訂單或銷量進行預測，造成鏈內企業供需不匹配，不能滿足最終顧客的需求。

5.1.3.3 分析影響需求預測的主要因素

接下來，需要做預測的企業必須考慮會對預測造成影響的主要因素，主要包括需求、供給和產品等方面。在需求方面，要基於顧客需求分析，而不是具體的銷售數據。因為銷售數據會受到自身或者下游企業促銷等銷售手段的影響。這種銷售手段扭曲了真實的顧客需求，並會對接下來一段時間的顧客需求造成一定程度的影響。因此，在考慮顧客需求時，要排除諸如促銷之類銷售手段的影響。例如，供應鏈中的零售企業在某個時間段對某產品進行了促銷活動，這段時期該產品的銷售量可能達到一個新高。但是，這並不代表顧客對於該產品的實際需求量。他們只是受到價格的吸引囤積了產品，並會在此後一段時間內，不再採購此產品，反而會造成該產品在此後一段時間內銷量降低。因此，在預測時，供應商應該根據顧客的實際需求做出預測而不是此階段的銷售量。當然，在短期預測中，必須考慮促銷手段對於臨近一段時期內的影響。在供給方面，企業必須考慮供貨商的數量以及供貨提前期的長短。如果可替代的供貨商數量較多且供貨提前期短，則預測結果的誤差可能較大，反之，供貨商較少且供貨提前期長，則預測結果的誤差必須較小。在產品方面，企業必須考慮其產品的相關性。如果相關性高，即一個產品可以與另一個產品互補甚至替代，則需要把兩個產品放在一起來進行預測。此時，需要協調考慮兩個產品的總需求。

5.1.3.4 選擇合適的模型進行預測

既然綜合預測比單一預測更為準確，那麼盡量選擇綜合預測對於供應鏈的決策更為有益。關鍵問題在於選擇什麼水準的綜合預測最為合適。比較可行的方法是，對於訂貨提前期較長的，並具有一定互補性或可替代性的產品或零部件採用綜合水準預測，對於特定產品且訂貨提前期短的可以採用單一預測。例如，某連鎖商店總部對具有一定可替代性的甲、乙兩種商品進行綜合預測，並向供應商採購。然後給下屬商店比較短的提前期，要求其分別提出甲、乙商品的需求量。

5.1.3.5 建立預測績效和誤差的衡量標準

預測總是具有一定的誤差，部分誤差能夠在預測過程中通過調整預測方法或者調整方法中的參數予以降低，但是，這並不是良好的做法。還有相當一部分誤差不是通過簡單的方法就能夠消除的，因為它們受到各類影響因素的制約。對於這種制約，可以建立預測績效機制對預測效果進行衡量。一般的方法是衡量預測結果與實際情況，並與之前制定的誤差標準進行對比，找到各種影響因素及其造成影響的途徑與幅度，據此提出降低誤差的手段，便於此後進行更精確的預測。

5.2 定性預測方法

定性預測，是預測者根據自己的知識背景以及所掌握的實際情況和實踐經驗，對預測對象的發展前景、性質、方向和程度做出的判斷。在定性分析的基礎上，如果資

料足夠充分，也可以在一定程度上做出數量估計。一般來說，進行定性預測時，要注意以下幾種情況：

第一，為決策提供宏觀分析支持。定性分析需要的數據少，能夠考慮無法定量的因素，比較簡便可行。因此，其不失為一種較為靈活的預測方法，能夠為供應鏈宏觀決策提供依據和趨勢分析。

第二，在數據等資料較少的情況下進行預測。在掌握的數據不多、不夠準，或者主要影響因素難以用數字描述時，無法進行定量預測，定性預測就是一種行之有效的預測方法。但是，由於其預測結果的精度與定量預測相差很大，僅能夠在對精度要求不高的預測中作為替代。否則，仍需要盡量進行數據方面的增補工作。

第三，定性預測與定量預測相結合。在有可能的情況下，一般以定量預測作為基礎。但是，定量預測只能測定主要因素的影響，其餘因素的影響，特別是無法定量因素的影響，則難以包含。同時，由於某些定量預測方法的局限，無法分析各相關影響因素之間的關係。因此，在有可能的情況下，應該將定性預測和定量預測相結合，提高預測質量。

定性預測方法中，使用較多的主要有市場調查預測法、專家預測法等。

5.2.1 市場調查預測法

市場調查預測，是指預測者深入實際進行市場調查研究，取得必要的經濟信息，根據自己的經驗和專業水準對市場商情發展變化前景的分析判斷。當具完備的調查統計資料和經濟信息時，可採用定量預測方法進行數據預測。但是，這種方法主要還是判斷市場發展前景的性質和方向，為決策提供支撐，因此還是屬於定性預測範疇。

市場調查預測的基本思想是調查與市場相關的人員或者事物，依據他們的判斷或者表現出對未來市場的推斷。根據調查對象的不同，可以分為業務經理調查預測法、銷售人員調查預測法、消費者調查預測法。

5.2.1.1 業務經理調查預測法

這種方法是由企業的高級管理人員召開熟悉市場情況的各業務部門經理的座談會，將與會人員對市場商情的預測意見加以歸納、分析、判斷，制訂企業的預測方案。其基本步驟如下：

（1）高級管理人員根據經營管理決策的需要，向各業務主管部門，如企劃、生產、物料、行銷、信息與情報、財務等部門提出預測目標和預測期限的要求。

（2）各業務經理分頭準備，根據自己掌握的情況，提出各自的預測意見；

（3）高級管理人員召開座談會，對各種預測意見進行討論分析，綜合判斷，最後得到反應客觀實際的預測結果。

這種方法的優點是有利於發揮集體智慧，充分調動高級管理人員和業務經理開展市場預測的積極性，加上業務經理處於生產與管理第一線，領導和管理企業的各類活動，熟悉自己領域的動向，他們的判斷以市場供需變化實際為依據，預測結果一般比較準確、可靠，預測不需要經過複雜計算，不需要花較多費用，比較迅速、經濟。如

果市場發生劇烈變化，還可以及時對預測結果進行調整。

這種方法的缺點是對於市場商情的變化瞭解得不夠深入、具體，主要依靠經驗判斷，受主觀因素影響大，只能做出粗略的數量估計。

5.2.1.2 銷售人員調查預測法

這種方法是通過銷售人員進行調查，徵詢他們對市場動態以及他們自己所負責領域的估計，加以匯總整理，對市場銷售前景做出綜合判斷。這種預測除了由公司提供必要的調查統計資料和信息外，主要依靠銷售人員掌握的情況、經驗、水準和分析判斷能力，還要經過從基層到高級管理人員，逐級審核匯總和批准後才能定案。一般適合於短期預測，且一般是作為其他預測的補充，其步驟如下：

（1）由公司向參與預測的銷售人員提供本公司的行銷策略、措施，和有關產供銷的統計資料及市場信息，作為銷售人員預測的參考；

（2）由銷售人員根據自身所負責的產品種類、顧客類別和市場情況，估計下一時間段的銷售量和銷售額；

（3）由銷售業務經理對所屬銷售人員的估計結果進行審核、修正、整理、匯總，按照規定日期上報業務管理部門或公司；

（4）公司或業務主管部門對上報的估計數做進一步的審核、修正、匯總和綜合平衡，得到總預測數據，並以此為參照編製相關預測文件。

這種方法的優點是銷售人員在市場最前沿，最接近顧客，最熟悉市場情況；預測經過多次審核、修正，比較符合實際。根據預測確定的任務由自己負責完成，使銷售人員具有光榮感和責任感，易於發揮積極性和創造精神。

這種方法的缺點是銷售人員為了超額完成銷售計劃並獲得獎金，估計容易偏向於保守；由於受工作崗位所限，對於經濟發展和市場變化全局瞭解和理解得不深入，提出的預測結果具有一定的局限性。

5.2.1.3 消費者調查預測法

根據調查的對象可以把消費者分為兩類，一類是潛在消費者，一類是實際消費者。這種調查法是以調查表的方式發放給被調查者，詢問被調查者對商品的各種參數和價格的意見，以及在這種情況下對未來的需求。最後將意見加以匯總整理，綜合判斷商品的市場前景。調查表中除了上述的內容之外，還可以根據調查者的目的添加其他的調查項，比如消費者自身的一些情況，以便能夠設計生產出更符合消費者需求的產品。

這種方法的優點是由於商品的購買者就是商品的使用者、消費者，他們知道自己將來要購買什麼、購買多少，他們的意見是最直接、最有用的情報。因此，只要購買者願意合作，能如實回答調查表中的問題，可以獲得比較準確的預測結果。通常適用於生產資料需求預測和耐用消費品的需求預測。

為了提高預測的準確程度，在進行調查時，應當注意以下問題：

（1）調查表不要包羅萬象，應只包括與預測有關的基本內容；

（2）要抽選出一定數目的具有代表性的調查對象；

（3）設法取得被調查者的充分合作；

（4）要參考統計資料和市場信息，對調查預測結果進行修正，以提高預測的準確程度；

（5）盡量利用城市和農村住戶抽樣調查資料，以節省人力物力，提高調查預測的科學性和準確性。

5.2.2 專家預測法

專家預測法簡單易行，是比較常用的一種定性預測方法。至今為止，專家預測法在各類預測方法中仍佔有重要地位。專家預測法以專家為索取信息的對象，組織各種領域的專家運用專業方面的經驗和知識，通過對過去和現在發生的問題進行直觀、綜合的分析，從中找出規律，對於發展遠景做出判斷。專家預測法的最大優點是在缺乏足夠統計數據和原始資料的情況下，仍然可以做出評估，得到其他方法無法獲取的信息。

專家預測法主要有頭腦風暴法和德爾菲法。

5.2.2.1 頭腦風暴法

頭腦風暴法通過組織專家會議，激勵全體與會專家積極開發創造性思維。採用頭腦風暴法組織專家會議時，應遵循如下原則：

（1）就所討論問題提出一些具體要求，並嚴格規定提出設想時所用的術語，以便限制所討論問題的範圍，使參加者把注意力集中於所討論的問題上。

（2）不能對別人的意見提出懷疑，不能放棄和終止討論任何一個設想。

（3）鼓勵參與者對已經提出的設想進行改進和綜合，為準備修改自己設想的人提供優先發言權。

（4）支持和鼓勵參加者解除思想顧慮，創造一種自由的氣氛，激發參加者的積極性。

（5）發言要精煉，不需要詳細論述。

（6）不允許參加者宣讀事先準備的建議一覽表。

實踐經驗證明，利用頭腦風暴法從事預測，通過專家之間直接交換信息，充分發揮創造性思維，有可能在比較短的時間內得到富有成效的預測成果。

5.2.2.2 德爾菲法

德爾菲法是美國蘭德公司20世紀40年代發明的一種預測方法，其名稱來自古希臘神話中能夠預卜未來的阿波羅的神諭之地德爾菲。1946年，蘭德公司首次用德爾菲法進行預測，後來這一預測方法被廣泛使用。

德爾菲法是專家會議預測法的一種發展。它以匿名方式通過多輪函詢，徵求專家們的意見。專家只與調查人員發生聯繫，專家之間不發生聯繫。調查人員對每一輪的意見都進行匯總整理，作為參考資料，再發給每位專家，供他們分析判斷，提出新的論證。如此多次的反覆，專家的意見漸趨一致，結論的可靠性越來越大。

為了彌補專家會議的缺點和不足，德爾菲法有如下三個特點：

（1）匿名性。為克服專家會議易受心理因素影響的缺點，德爾菲法採用匿名方式。

應邀參加預測的專家互不瞭解,完全消除了心理因素的影響。專家可以參考前一輪的預測結果修改自己的意見,而無需做出公開說明,無損自己的聲望。

(2) 各輪意見反饋。德爾菲法不同於民意測驗,一般要經過四輪。在匿名情況下,為了使參加預測的專家掌握每一輪預測的匯總結果和其他專家的意見和論證,調查人員對每一輪的預測結果做出統計,並作為反饋材料發給每個專家供其提出下一輪預測時參考。

(3) 預測結果的統計特性。對各輪反饋意見進行定量處理是德爾菲法的一個重要特點。為了定量評價預測結果,德爾菲法採用統計方法對結果進行處理。

5.3 定量預測方法

定量預測以統計資料和信息為依據,考慮事物發展變化的規律性和相關關係等,建立數學模型,可以對事物未來發展前景進行科學的定量分析。但是,定量預測要求外界環境和各種主要因素相對穩定,當其發生突變時,預測結果有可能會出現較大誤差。

定量預測有多種方法,在日常工作預測中常常用到的有時間序列預測法和迴歸分析預測法。

5.3.1 時間序列概述

時間序列是指某一統計指標數值,按照時間先後順序排列而形成的數列。例如,國內生產總值 GDP 按照年度順序排列起來的數列、某種商品銷售量按季度或月度排列起來的數列等都是時間序列。時間序列一般用 $y_1, y_2, \cdots, y_t$ 表示,t 為時間。

時間序列預測法是通過對歷史數據的分析去發現未來的發展趨勢,並根據一定的算法規則預測下一段時間內可以達到的水準的方法。時間序列預測法是基於歷史繼承性這一原則而進行的預測,即短期內某個事物的發展趨勢是其過去歷史的延伸。這種方法通常適合發展比較穩定的短期預測。

常用的時間序列預測法有簡單移動平均法、加權移動平均法、指數平滑法等。

5.3.1.1 簡單移動平均法

簡單移動平均法根據歷史發生的數據,將最近 n 期數據賦以相同的影響權重,並通過簡單的移動平均算法來預測未來一段時間的需求。假設已經擁有 n 期的銷售數據,第 $n+1$ 期的銷售量可以進行簡單的移動平均預測,其計算公式如下:

$$F_{t+1} = \frac{1}{n}(D_{t-n+1} + D_{t-n+2} + \cdots) \qquad (5-1)$$

式中,n 為用於銷售預測的歷史數據長度;F_{t+1} 為第 $t+1$ 期的銷售預測值;D_i 為第 i 期的實際銷售值。

例 5-1:某商場 2009 年至 2018 年出售電視機的數量如表 5-1 所示。根據 2009 年

至 2013 年的銷售情況，利用簡單移動平均法預測第 2014 年的銷售情況。

表 5-1　　　　　　　　　　　某商場電視機銷售數據

時期/年	銷量/臺
2009	2,100
2010	2,300
2011	2,600
2012	3,100
2013	2,900
2014	3,300
2015	3,200
2016	3,800
2017	4,100
2018	4,300

解：根據式（5-1），2014 年的電視機銷售預測值 F_{2014} 應為

$$F_{2014} = \frac{1}{5}\sum_{i=1}^{5} = \frac{2,100 + 2,300 + 2,600 + 3,100 + 2,900}{5} = 2,600 \text{ 臺}$$

由計算結果可以看出，預測結果為 2,600 臺，實際結果為 3,300 臺，兩者之間有一定差距。通過分析發現，除了時間序列預測法本身具有的滯後特徵之外，還與 n 的取值有關。一般來說，n 越大，表示考慮過去歷史數據的長度就越長，那麼最近的數據對移動平均值的影響就越小，這與實際情況並不相符，因此需選擇合適的 n 值。

另外，由於簡單移動平均法消除了季節性、週期性和隨機性變動等因素的影響，預測結果往往比較粗糙。

5.3.1.2　加權移動平均法

在簡單移動平均公式中計算平均數時，每期數據的作用是相同的。在實際應用中，不同時間的數據所包含的信息量不同，通常新數據包含更多關於系統未來變化的信息。t 期數據自身和靠近 t 期的數據包含更多 t 期數據波動的信息。因此，簡單移動平均把各期數據等同對待不盡合理。加權移動平均法的基本思想是在移動平均計算過程中，考慮一個時期數據的重要性差異，對靠近模擬目標的數據賦予較大的權重。

加權移動平均預測可以用式（5-2）表示：

$$F_{t+1} = w_{t-n+1}D_{t-n+1} + w_{t-n+2}D_{t-n+2} + \cdots + w_t D_t \tag{5-2}$$

式中，n 為用於銷售預測的歷史數據長度；F_{t+1} 為第 $t+1$ 期的銷售預測值；D_i 為第 i 期的實際銷售值。

與簡單移動平均法預測類似，加權移動平均預測法的效果也依賴於歷史數據長度 n 值的選擇，n 值越大預測結果就越平滑，但這也會導致預測值對數據實際變動的不敏感。因此，n 值的選擇有賴於預測者的經驗。

例 5-2：根據表 5-1 中提供的數據，商場電視機銷售量在 2010 年至 2013 年的影響權重分別為 0.1、0.2、0.3、0.4，則利用加權移動平均法預測 2014 年的電視機銷售量為多少？

解：根據式（5-2）有：

$$F_{2014} = \sum_{i=1}^{4} w_i D_i = 0.1 \times 2,300 + 0.2 \times 2,600 + 0.3 \times 3,100 + 0.4 \times 2,900 = 284$$

如果選擇 $n=3$，對 2011 年至 2013 年銷售權重賦值分別為 0.1、0.3、0.6，那麼加權平均預測 2014 年的電視機銷量為 2,930 臺；如果選用 $n=2$，對應 2012 年和 2013 年的銷售權重賦值為 0.3、0.7，則加權平均預測 2014 年的電視機銷量為 2,960 臺。

5.3.1.3 指數平滑法

移動平均法存在兩個不足之處：一是存儲數據量較大，二是對最近的 n 期數據等同看待，而對 n 期以前的數據則完全不考慮，這往往不符合實際情況。指數平滑法有效地克服了這兩個缺點。它既不需要儲存很多歷史數據，又考慮了各期數據的重要性，而且使用了全部歷史資料。因此它是移動平均法的改進和發展，應用極為廣泛。

1. 指數平滑法預測模型

指數平滑法是一種特殊的加權平均法，對當期需求水準的預測值是所有歷史需求觀測值的加權平均。在指數平滑預測中，引入了一個移動加權係數 α，α 越大，相當於近期數據對預測結果的影響程度越大；反之，α 越小，相當於近期數據對預測結果的影響程度越小。

指數平滑預測可用式（5-3）、式（5-4）來表示：

$$F_{t+1} = F_t + \alpha(D_t - F_t) \tag{5-3}$$

$$F_{t+1} = \alpha D_t + (1-\alpha) F_t \tag{5-4}$$

式（5-3）、式（5-4）中，F_{t+1} 為第 $t+1$ 期的預測值；F_t 為第 t 期的預測值；D_t 為第 t 期的實際值；α 為移動加權係數（$0 \leq \alpha \leq 1$）。

由式（5-3）和式（5-4）可以看出，只要知道當期的實際值和上一期的指數平滑值，則可用 α 或 $1-\alpha$ 加權求和，得出當期的指數平滑值。由此可見，利用指數平滑法不需要很多的時間序列數據，而且也不需要確定幾個權重，只需要找一個 α 值即可。

例 5-3：根據表 5-1 中提供的數據，應用指數平滑法，預測 2014 年電視機的銷售量，其中假設 $\alpha = 0.2$。

解：根據式（5-3），有

$$F_{2003} = F_{2002} + \alpha(D_{2002} - F_{2002}) = 1,392 \ 臺$$

$$F_{2003} = F_{2002} + \alpha(D_{2002} - F_{2002}) = 1,392 \ 臺$$

$$F_{2003} = F_{2002} + \alpha(D_{2002} - F_{2002}) = 1,392 \ 臺$$

若 $\alpha = 0.5$，則 $F_{2003} = 1,392$ 臺；若 $\alpha = 0.8$，則 $F_{2003} = 1,392$ 臺。

2. 加權係數 α 的選擇

在進行指數平滑時，加權係數的選擇是很重要的。α 的大小確定了在新預測值中新數據和原預測值所占的比重。α 值越大，新數據所占的比重就越大，原預測值所占的比

重就越小，反之則相反。新預測值是根據預測誤差對原預測值進行修正而得到的，α 的大小則體現了修正的幅度，α 值越小，修正幅度越小，反之就越大。因此，α 值應根據時間序列的具體性質在 0-1 之間選擇。具體如何選擇，一般可遵循下列原則：

①如果時間序列波動不大，比較平穩，則 α 應取小一點，如 0.1-0.3，以減小修正幅度，使預測模型能包含較長時間序列的信息。

②如果時間序列具有迅速且明顯的變動傾向，則 α 應取大一點，如 0.6-0.8，使預測模型靈敏度高一些，以便迅速跟上數據的變化。

在使用時，類似移動平均法，多取幾個 α 值進行試算，看哪個預測誤差較小，就採用哪個 α 值作為權重。

3. 初始值的確定

用一次指數平滑法進行預測，除了選擇合適的加權系數 α 外，還要確定初始值。初始值是由預測者估計或指定的。當時間序列的數據較多，比如在 20 個以上時，初始值對以後的預測值影響很小，可選用第 1 期數據為初始值。如果時間序列的數據較少，在 20 個以下時，初始值對以後的預測值影響很大。這時就必須認真研究如何正確確定初始值。一般以最初幾期實際值的平均值作為初始值。

5.3.1.4 趨勢調整後的指數平滑法

指數平滑法會抹平數據的趨勢，如在一段時間內收集到的數據呈現上升或下降趨勢時，指數平滑預測的結果往往存在滯後效應。因此，需要對指數平滑的結果添加一個趨勢修正值進行調整，從而在一定程度上改進指數平滑的預測結果。在趨勢調整後的指數平滑預測中引入了趨勢平滑系數 β 就可以達到上述目的。β 值越大，表明近期需求趨勢對預測結果的影響越大；反之，β 值越小，近期需求趨勢對預測結果影響越小。

趨勢調整後的指數平滑預測可用下式表示：

$$TAF_{t+1} = F_t + T_t \tag{5-5}$$

式（5-5）中，展示第 t 期指數平滑預測的結果和 t 期的趨勢調整項，並分別滿足：

$$F_t = \alpha D_{t-1} + (1-\alpha)(F_{t-1} + T_{t-1}) \tag{5-6}$$

$$T_t = \beta(F_t - F_{t-1}) + (1-\beta) T_{t-1} \tag{5-7}$$

式中，D_{t-1} 為第 $t-1$ 期的真實需求；α 為移動加權系數（$0 \leq \alpha \leq 1$）；β 為趨勢平滑系數（$0 \leq \beta \leq 1$）。

例 5-4：根據表 5-1 中提供的數據，利用趨勢調整後的指數平滑方法預測 2014 年電視機的銷售情況，其中假設 2009 年的指數平滑的趨勢為 2,000 臺，$\alpha = 0.8$，$\beta = 0.1$。

解：$T_{2000} = 2,000$ 臺，根據式（5-6）和式（5-7）得：$F_{2001} = 1,140$ 臺，$F_{2001} = 1,840$ 臺；$F_{2002} = 1,305$ 臺，$T_{2002} = 182$ 臺；$F_{2003} = 1,577$ 臺，$F_{2003} = 191$ 臺；則由式（5-5）可得趨勢調整後的 2004 年電視機銷量預測結果：$TAF_{2004} = F_{2003} + T_{2003} = 1,769$ 臺。

如果其他參數均不變，若 $\beta = 0.5$，則 $F_{2003} = 1,577$ 臺，$F_{2003} = 191$ 臺，$TAF_{2004} = F_{2003} + T_{2003} = 1,769$ 臺。

若 $\beta = 0.5$，則 $F_{2003} = 1,577$ 臺，$F_{2003} = 191$ 臺，$TAF_{2004} = F_{2003} + T_{2003} = 1,769$ 臺。

顯然從 2004 年發生的銷售數據來看，近期的需求趨勢對預測結果的影響隨著 β 值

的增大而增大。

5.3.2 迴歸分析預測法

迴歸分析起源於生物學研究，是由英國生物學家兼統計學家高爾登（Francis Galton）在 19 世紀末研究遺傳學特性時首先提出來的。他在研究人類的身高時，發現父母身高與子女身高之間有密切的關係。一般來說，迴歸分析是研究因變量隨自變量變化的關係形式的分析方法。其目的在於根據已知自變量來估計和預測因變量的總平均值。

迴歸模型可以從不同的角度進行分類。如根據自變量的多少，迴歸模型可以分為一元迴歸模型和多元迴歸模型。根據迴歸模型的形式線性與否，又可以分為線性迴歸模型和非線性迴歸模型。

應當注意的是，如果 X 與 Y 之間是因果關係，那麼兩者之間必須滿足以下 3 個條件：第一，X 與 Y 有相關關係；第二，X、Y 之間的關係不是其他因素形成的；第三，X 的變化在時間上先於 Y 的變化。

當根據統計數據建立迴歸模型後，還需要對迴歸模型進行顯著性檢驗，判斷自變量與因變量之間是否具有顯著的相關關係，一般可以採用相關係數檢驗法、F 檢驗法、t 檢驗法等。具體可參考相關統計學書籍。

5.3.2.1 一元線性迴歸

一元線性迴歸是最簡單的迴歸模型，該模型中只有一個影響因素。例如，啤酒的銷量只和氣溫相關（氣溫高銷量大，氣溫低銷量小），且兩者的關係可以用一條直線表示，如式（5-5）所示：

$$\hat{Y} = b_0 + b_1 x \tag{5-8}$$

式中，$\hat{Y}$ 是預測值或因變量；x 為自變量（如氣溫）；b_0 為直線在 Y 軸的截距；b_1 為直線的斜率。

對於已知的 n 組 (x_i, Y_i) 數據，需要求出 b_0 和 b_1 值才可以將模型用於未來需求的預測。

根據市場調研的研究，假設已經獲得 n 組 (x_i, Y_i) 數據，則可以由下式求得偏差平方和 Q 值：

$$Q = \sum_{i=1}^{n} (Y_i - \hat{Y}_i)^2 = \sum_{i=1}^{n} (Y_i - b_0 - b_1 b_i)^2$$

根據極值定理，要使 Q 為最小，則必須滿足一階導數為零，進而可求得 b_0 和 b_1 值，公式如下：

$$b_0 = \bar{Y} - b_1 \bar{x} \tag{5-9}$$

$$b_1 = \left(\sum xY - n\bar{x}\bar{Y} \right) / \left(\sum x^2 - n\bar{x}^2 \right) \tag{5-10}$$

例 5-5：假設啤酒的銷售量僅受氣溫的影響，表 5-2 為某小區便利店在 2018 年夏天每天啤酒銷售量與氣溫（氣溫高於 34℃ 時）的關係。試建立一元線性迴歸模型分析氣溫為 35.5℃ 時啤酒的銷售量。

表 5-2　　　　　　　　　　某便利店啤酒銷售量與氣溫關係

氣溫 $x/\text{℃}$	啤酒銷售量 $Y/$箱
35	10
36	12
37	16
38	22
39	30

解：根據表 5-2 中的數據，利用式（5-9）、式（5-10）計算參數 b_0 和 b_1 值

$$b_1 = \frac{\sum xY - n\bar{x}\bar{Y}}{\sum x^2 - n\bar{x}^2} = \frac{3,380 - 5 \times 37 \times 18}{6,855 - 6,845} = 5$$

$$b_0 = \bar{Y} - b_1\bar{x} = 18 - 5 \times 37 = -167$$

則可得啤酒銷售和氣溫的一元迴歸模型：$Y = -167 + 5x$

當氣溫 $x = 35.5\text{℃}$ 時，可預測啤酒的銷售量為 10.5 箱。

5.3.2.2　多元線性迴歸

在現實的經濟生活中，通常會涉及兩個或兩個以上的影響因素。例如，啤酒銷量不僅僅與氣溫有關，而且與便利店所在小區的人口數量有關，這時僅考慮氣溫因素對啤酒銷量的影響顯然是不夠的。在此可以建立用多元線性迴歸預測模型，如式（5-11）所示：

$$\hat{Y} = b_0 + b_1 x_1 + b_2 x_2 + \cdots + b_k x_k \tag{5-11}$$

式中，$\hat{Y}$ 是預測值；x_k 為自變量；b_0 為 Y 軸的截距；b_k 為自變量 x_k 的迴歸係數。

假設有 n 組，$(x_{i1}, x_{i2}, \cdots, x_{ik}, Y)$，$i = 1, 2, \cdots, n$，則可由下式求得偏差平方和 Q 值：

$$Q = \sum_{i=1}^{n}(Y_i - b_0 - b_1 b_{i1} - b_2 b_{i2} - \cdots - b_k b_{ik})^2$$

根據極值定理，要使 Q 為最小，則必須滿足一階導數為零，由此可得

$$B = (X^T X)^{-1} X^T Y \tag{5-12}$$

$$b_0 = \bar{Y} - B^T \bar{X} \tag{5-13}$$

其中，$B = (b_1, \cdots, b_k)^T$ 為多元迴歸係數的最小二乘估計，$\bar{Y} = \frac{1}{n}\sum_{i=1}^{n} Y_i$ 為需求量的均值，為對應自變量的均值。

5.3.3　預測的誤差

顧客的需求都包含隨機成分，一種好的預測方法應當抓住需求的系統成分，而不是隨機成分。隨機成分是通過預測誤差的形式表現出來的。預測誤差包含有價值的信息，基於下面兩個原因，管理者必須對預測誤差進行仔細分析。

第一，管理者通過誤差分析來判定現行的預測方法是否準確預測了需求的系統成分。如果一種預測方法持續產生正的誤差，說明這個方法過高估計了需求的系統成分，需要修正。

第二，可用歷史誤差估計範圍評判預測方法的可信度。只要觀測到的誤差值在歷史誤差估計範圍內，就可以繼續使用現行的預測方法。如果某次誤差值遠大於歷史誤差估計值範圍，就說明現行的預測方法不再適用，或者需求發生了根本變化。如果所有預測值都傾向於連續高於或低於實際值，那麼可能也是在暗示預測方法需要改變了。

預測誤差可以用預測精度表示，通常由誤差指標反應預測精度。誤差越大，精度就越低。常用的有絕對誤差、相對誤差、平均誤差、平均絕對誤差、標準誤差等。

5.3.3.1 絕對誤差

設某一項預測指標的實際值為 x，預測值為 $\hat{x}$，令

$$e = x - \hat{x} \tag{5-14}$$

e 就是預測值 $\hat{x}$ 的誤差，又稱偏差。e>0，表示 $\hat{x}$ 為低估預測值，反之為高估預測值。

5.3.3.2 相對誤差

預測誤差在實際值中所佔比例的百分數稱為相對誤差，記為 ε，即

$$\varepsilon = \frac{e}{x} \times 100\% = \frac{x - \hat{x}}{x} \times 100\% \tag{5-15}$$

該指標克服了預測指標本身量綱的影響，通常把 $1 - \varepsilon$ 稱為預測精度。

5.3.3.3 平均誤差

n 個預測誤差的平均值稱為平均誤差，記為 $\bar{e}$，其計算公式為

$$\bar{e} = \frac{1}{n}\sum_{i=1}^{n} e_i = \frac{1}{n}\sum_{i=1}^{n}(x_i - \hat{x}_i) \tag{5-16}$$

由於每個 e_i 可為正值，也可為負值，求代數和時，這些分別取正負值的 e_i 將有一部分互相抵消，故 $\bar{e}$ 值無法真正反應預測誤差的大小，但它反應了預測值的偏差情況，可作為修正預測值的依據。$\bar{e}$ 為正，說明預測值平均比實際值低，反之，說明預測值平均比實際值高。因此，如果用某一種方法求得的預測值為 $\hat{x}_{n+1}$，運用該方法時預測值的平均誤差為 $\bar{e}$，則修正的預測值 $\hat{x}_{n+1} = \hat{x}_{n+1} + \bar{e}$。

5.3.3.4 平均絕對誤差

n 個預測誤差絕對值的平均值稱為平均絕對誤差，記為 $\overline{|e|}$，其計算公式為

$$\overline{|e|} = \frac{1}{n}\sum_{i=1}^{n}|e_i| = \frac{1}{n}\sum_{i=1}^{n}|x_i - \hat{x}_i| \tag{5-17}$$

由於每個 $|e_i|$ 皆為正值，故 $\overline{|e|}$ 可用於表示預測誤差的大小。

5.3.3.5 標準誤差

方差的算術平方根就是標準誤差，又稱為標準差，記為 S，其計算公式為

$$S = \sqrt{\frac{1}{n}\sum_{i=1}^{n} e_i^2} = \sqrt{\frac{1}{n}\sum_{i=1}^{n}(x_i - \hat{x}_i)^2} \tag{5-18}$$

S^2 和 S 的值介於 0 到 $+\infty$，其值越大，預測準確度越低。

上述公式給出的誤差指標功能相近，但有各自不同的特點：平均絕對誤差 $|\bar{e}|$ 計算方便，相對誤差 ε 不受量綱的影響，S 對預測誤差的反應較為靈敏。其中，S 不僅保留了 S^2 靈敏度高的優點，還克服了其數值大的不足，它和 $|\varepsilon|$ 式最常用的是衡量預測準確度的兩個指標。

本章小結

步入 20 世紀 90 年代以後，隨著科學技術的飛速進步和生產力的快速發展，顧客消費水準不斷提高，需求日益多樣化，企業之間競爭加劇，加上政治、經濟、社會環境的巨大變化，使得需求的不確定性大大增加。導致需求日益多樣化。在激烈的市場競爭中，面對變化迅速且無法準確預測的全球市場，傳統的生產與經營模式對市場巨變的回應越來越遲緩和被動。除了本章介紹的定性預測方法和定量預測方法之外，開始出現一些智能優化算法和大數據分析方法，並應用於顧客消費需求和供應鏈需求預測，預測結果更加精準。

思考與練習

1. 需求預測對供應鏈運作具有重要的作用，但預測通常會出錯。請思考需求預測本質是什麼？供應鏈管理者應該如何選擇合適的預測模型？

2. 某汽車 4S 店 2001 年至 2010 年的年汽車銷售量如表 5-1 所示。請根據最近 3 年的銷售情況，分別採用簡單移動平均法、加權移動平均法、指數平滑法和趨勢調整後的指數平滑法預測 2010 年該 4S 店汽車銷售量是多少？其中，影響權重 ω 取（0.2，0.3，0.5），移動加權係數 $\alpha=0.6$，趨勢平滑係數 $\beta=0.5$，同時，請你嘗試用不同的參數對該題進行分析。

表 5-1　　　　　　　　　　　　汽車年銷售數據

時期/年	銷售/輛
2001	300
2002	360
2003	420
2004	490

表5-1(續)

時期/年	銷售/輛
2005	510
2006	400
2007	430
2008	480
2009	580
2010	600

3. 根據歷史銷售數據（見表5-2），冰激凌的銷售量與氣溫有著非常明顯的相關係數，請用一元線性迴歸模型預測當氣溫為35.5℃時的冰激凌的銷售量是多少？請分析該預測模型的標準誤差和平均誤差是多少？

表5-2　　　　　　　　冰激凌銷售量與氣溫之間的關係數據

氣溫 x/℃	冰激凌銷售量 Y/盒
35	100
36	122
37	146
38	92
39	80

本章案例

銳步銷售國家橄欖球聯盟的球衣

今年的這個時候，我們是有點太興奮了。我的倉庫裝滿了橄欖球衣，而零售商仍然抱怨缺貨。每年，我們似乎都為新賽季準備了正確的庫存品種搭配。隨後，那些沒人看好的球隊以一個4：0的開局表現得很好，而那些被人們看好的有望奪得超級杯的球隊卻輸掉了首輪比賽。突然間我就有1,000件球衣賣不出去，同時還有1,000份訂單不能滿足。

托尼負責銳步中央分銷中心國家橄欖球聯賽球衣的庫存。10月初，國家橄欖球聯盟新賽季順利進行。「怪不得我們稱此為追蹤，我感覺自己已經跑了幾個月似的，已經筋疲力盡了。我希望尋找某種方法來制訂庫存計劃，使我能夠根據熱門球員和球隊的變化迅速調整庫存。但是隨著球員受歡迎情況的變化，需求逐年發生很大的變化，我真的不能增加庫存，事實上我更希望在年終使庫存最小化。」

背景介紹

銳步國際有限公司的總部在馬薩諸塞州的坎頓。公司有將近7,100名員工，公司有著廣為人知的運動服裝和鞋類的品牌。1979年，銳步還是個小型的英國鞋業公司，當時保羅·法爾曼（Paul Fireman）獲得北美專門銷售銳步牌鞋的營業執照。1985年，銳步美國有限公司收購了原銳步英國有限公司，並成立了銳步國際有限公司。2003年，銳步公司從投入1.57億美元資金的運作中獲得了34.85億美元的收入。保羅·法爾曼繼續擔任公司總裁。

2000年12月，銳步和國家橄欖球聯盟簽訂了一份10年期合約。合約中規定，銳步公司有權製造、行銷和銷售國家橄欖球聯盟准許經營的商品（包括場上隊服、訓練服、球鞋和國家橄欖球聯盟品牌的系列球衣）。國家橄欖球聯盟是美國橄欖球第一個專業聯盟，聯盟總共有32支隊伍。這些隊伍被組織成兩個協會——美國橄欖球協會（AFC）和國家橄欖球協會（NFC），在每個協會中都有4個部門。

美國橄欖球運動的歷史可以追溯到1869年。亞利桑那的紅雀隊是最早連續從事橄欖球運作的，這可以追溯到1899年。2003年，塔帕灣海盜隊和奧克蘭突襲者隊之間進行的超級杯比賽迎來了1.39億觀眾，使它成為歷史上觀看人數最多的電視節目。國家橄欖球聯盟從很不起眼開始，最終發展成為一個成功的橄欖球聯盟。

特許的服裝業務

特許的服裝業務非常賺錢。在賦予銳步專門許可證的同時，國家橄欖球聯盟期望銳步為運動用品零售商提供非常高水準的服務，運動用品零售商負責將商品最終賣給公眾。但是，需求受到很多不可控因素的影響，並且這些因素很難預測。預測哪種商品暢銷就等同於預測誰是超級杯下一賽季的最受歡迎球員。

銳步公司擁有提供優質產品的歷史。一個零售商談到：「銳步公司的生產線是很棒的。我們既興奮又期待。過去。我們害怕的是在大型購物中心，人們能夠在5個不同的商店發現由5個不同製造商製造的同一球隊的球服。現在的問題是，顧客是否會僅僅因為它是銳步公司製造的而為每件球服多支付20美元。」

另一些零售商也會擔心這些產品只有單源供應。一個零售商說道：「作為球衣的超級零售商，我們僅代理銳步這個品牌。我認為銳步公司製造很棒的產品。因為我們沒有其他的品牌可以選擇，所以只是希望銳步公司能夠提供所需的產品。」

提供市場熱門商品的能力對銳步公司來說特別重要，這是零售商在所有特許業務中所關注的。另一個零售商說：「我認為在銳步公司中擁有一個主要合作夥伴，我們就能在市場熱門商品中處於較好的地位……銳步公司將能夠在運動衫和羊毛衫領域填補空白，並且相信它能夠滿足零售商的需求。」

在國家橄欖球聯盟球衣業務背景下，市場熱門商品往往是一種在新賽季開始前沒有預計到能夠熱賣的產品，或者是沒有很好的銷售業績的不知名產品。銳步公司早期工作的經歷證明它的業績是令人滿意的。「公平地說，在熱門市場上，產品交貨是一個問題，無論你擁有1個或者12個夥伴，它也將是一個問題，我不得不說，今年悅步公司在產品交貨上相當準時。」

銳步公司在經過許可的服裝領域通過收購和擴張發展它的專業技術。2001年，銳

步公司購買了位於印第安納波利斯具有 Athletic 標示的一個相對較小的特許服裝業務。Athletic 標示的品牌在運動服裝領域擁有充足的經驗和專業技術，在過去，和國家橄欖球聯盟同樣有著密切的關係。因此，銳步公司決定將它的特許服裝的管理放在印第安納波利斯的前 Athletic 的設施上。

國家橄欖球聯盟球衣需求

國家橄欖球聯盟球衣由 5 盎司（1 盎司 = 29.57 毫升）帶菱形網眼設計的前後身、一雙亮色的尼龍短袖以及一個 8.6 盎司的聚酯纖維的扁平編織螺紋衣領組成，不同的球隊的球衣採用不同的條紋編織。每一支球隊的球衣是風格、款式、顏色和隊徽的不同組合（見圖 5-1）。

儘管一年內都有顧客需求，但是國家橄欖球聯盟賽季內生產的需求占主要部分。整個賽季 8 至 9 月份的期望銷售額最高。在新賽季初，某些球隊和球員由於他們的表現使得銷售猛增。例如，2003 年，堪薩斯酋長隊在賽季初取得連勝，因此，他們的球衣變得炙手可熱，形成缺貨局面。以前不知名的球員的球衣出乎意料地好賣：丹蒂·霍爾（Dante Hall）在前面四場比賽中有一些突出的表現，這使得他的球衣非常熱門。

賽季後期，顧客需求通過節日禮物和對季後賽的預期來拉動。整個季後賽期間，顧客需求和球隊每週的表現有著密切的關係。輸掉比賽的球隊的球衣銷量銳減，而贏得比賽，進入下一輪的球隊的球衣銷量激增。最後，角逐超級杯的兩支球隊的球衣銷量比正常情況下高得多。贏得超級杯的球隊，其球衣在他們得到冠軍後的一兩週內繼續被強勁出售，然後銷量快速下降，直到下一個賽季。如圖 5-1 所示。

圖 5-1　美國國家橄欖球聯盟球衣樣式示意圖

大多數球員交易和自由球員簽約發生在賽季結束後的 2 至 4 月。顧客會根據這些球員變化來購買他們所喜歡的球隊裡的新球星的球衣。例如，2004 年 3 月，當沃倫·薩普（Warren Sapp）同奧克蘭突襲者隊簽約時，零售商希望銳步立即開始運送他的球衣。

銷售週期

每年的銷售用期始於當年 1 至 2 月。銳步公司為那些提前下訂單的零售商提供一個價格折扣。這使得零售商每年 5 月份下的訂單占全年訂單的近 20%。在即將到來的

賽季，銳步公司根據提前訂單的信息向供應商制訂採購計劃。

當年2至4月，除了一些訂單調整外，零售商的訂單有限。例如，零售商會下達一些供貨提前期短的訂單來滿足由於球員變化而產生的意外需求。2004年，費城隊簽約特雷爾·歐文斯（Terrell Owens）就是個典型的例子。

當年5至8月，零售商的訂單主要用於零售分銷中心的庫存，以滿足各個零售直銷店賽季內補充庫存的需求。這個時候零售商所期望的提前期是3至4周。8月末，銳步公司已經為零售商運送期望銷售量的50%。

當年9月到來年1月的賽季庫存補充被稱為「追蹤」。根據賽季前預測正在銷售的球衣，零售商用分銷中心的庫存來補充門店的存貨。但是，對於熱銷球衣，零售商需要向銳步公司下達補貨訂單來補充分銷中心庫存。在這一時期內，顧客對球員和球隊的表現做出反應，從而形成熱門市場。零售商需要及時調整它們的庫存結構，「追蹤」熱銷商品，並且希望銳步公司能夠提供熱門市場所需產品。不知名的球員變成了超級球星，先前的超級球星不再是球隊核心。如果零售商儲存的球衣能滿足顧客需求，那麼這會為零售商提供一個把巨額數量產品銷售一空的機會。

在一家大型運動產品零售公司工作的一個高級採購經理解釋道：「我們確實需要預測哪支球隊和哪些球員在這一賽季會受歡迎，並且確認擁有他們球衣的庫存。我們每週會按照需求從分銷中心給門店補充庫存。」

供應鏈

銳步公司從位於印第安納波利斯的分銷中心為它的主要零售商的分銷中心直接供貨。零售商希望對補充正常需求的訂貨提前期介於3至12周。但是，當面對熱銷產品需求時，他們希望獲得1至2周或更短的訂貨提前期。

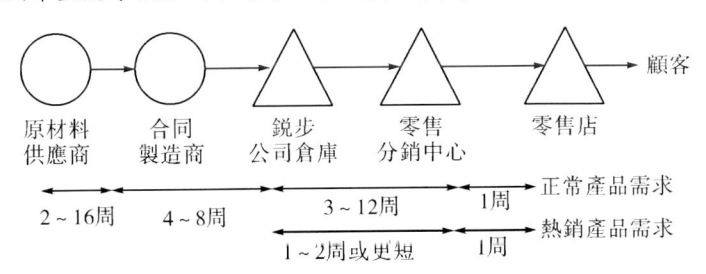

圖5-2　銳步公司的普通供應鏈

圖5-2和圖5-3提供了對銳步公司供應鏈的高水準描述。銳步公司從離岸合同製造商（CM）那裡採購所有球衣，製造提前期為30天。銳步公司從每個合同製造商所持有的庫存中獲得布料和其他原材料。通過簽訂內部合同確保了原材料庫存量的充足，從而使銳步公司有能力生產任何球隊的球衣。海運需要2個月，空運則需要1個星期。

合同製造商剪裁、縫制和組裝一件帶有顏色和球隊標誌的隊服，但是不含有球員名字和球衣號碼。這樣一件服裝被稱為「隊服」或者「空白」球衣。然後，這種球衣有兩種可能的方式轉變為成品。對於某些訂單，合同製造商在球衣上印上球員名字和號碼，從而生產出球員球衣，然後作為成品運送到銳步公司的分銷中心。對於空白球

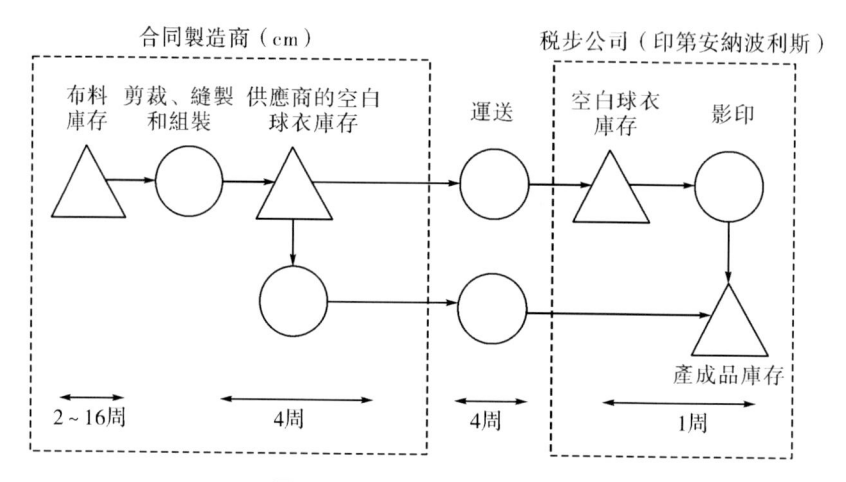

```
合同製造商（cm）                    銳步公司（印第安納波利斯）
布料    剪裁、縫製  供應商的空白              空白球衣          影印
庫存    和組裝      球衣庫存      運送        庫存
 △  →   ○  →     △   →       ○   →      △   →   ○
                  ↓              
                  ○  →           ○  →                 △
                                                      產成品庫存
 ←→      ←——→      ←→              ←——→
 2~16周   4周       4周              1周
```

圖 5-3　銳步公司的詳細供應鏈

衣，托尼解釋道：「空白球衣被直接送到銳步公司的分銷中心。在我們瞭解客戶需求之前，我們一直持有這類球衣的庫存，等到熱銷球衣的客戶需求出現，我們才及時為這類球衣印上球員名字和號碼。」

　　銳步公司在其分銷中心裡擁有自己的絲網印刷設備，這些設備被用來完成空白球衣的印製。在賽季需求高峰期，這些設備每天大約有能力印製 10,000 件球衣。位於印第安納波利斯的成品生產設備包括縫紉機和絲網印刷機，有能力绣出和印製出符合最高商業標準的球衣。這個能力和其他運動產品（如 NBA 球衣、T 恤和運動襪）能力共享。如果當前的需求超過現有能力，銳步公司會通過外包服務來獲取足夠的能力，但是這就需要增加額外成本。外包的成本比自身成本高大約 10 個百分點。

　　位於印第安納波利斯的分銷中心的空白球衣的庫存設置有兩個主要目的：滿足那些對某些球員的球衣的小規模需求和對受歡迎球員球衣高出期望的快速反應。合同製造商和銳步公司對於任何球員的球衣有一個最小訂購數量為 1,728 件的協議。對某個球員球衣的需求如果小於這個數量，那麼將由位於印第安納波利斯的分銷中心通過印製空白球衣來滿足這一部分的需求。傳統的國家橄欖球聯盟的球隊只有少數球員會有足夠的需求讓合同製造商對其球衣進行生產。

　　在賽季結束後，銳步公司同樣利用空白球衣來滿足那些對意外轉會球員球衣的需求。作為生產經理的蒙迪（Monty）引用了一個曾經發生的案例：2004 年 3 月，當沃倫·薩普和奧克蘭突擊者隊簽約時，零售商希望我們能立即開始運送沃倫·薩普的球衣。幸運的是，我們還持有額外的突擊者隊服的庫存。

採購計劃

　　銳步公司的採購週期比銷售週期啟動得更早，即上一年的 7 月，即國家橄欖球聯盟目標賽季開始前的 14 個月。例如，2004 年 9 月，那個賽季的採購週期從 2003 年 7 月就開始了。從每年 7 月到 10 月，銳步公司每個月向它的合同製造商下達兩次採購訂單，為來年 4 月的交貨計劃做準備。這期間所訂購的球衣通常為空白球衣，這是因為在即將到來的賽季裡，球隊的球員名單還不確定。銳步公司希望合同製造商立即製造

球衣，並且持有空白球衣的庫存。如果銳步公司在本年度需要球衣，那麼它會向合同製造商發出請求，促使它們立即發貨。

每年1~2月，銳步公司針對已知需求（即來自零售商提前的訂單需求）下達訂單。銳步公司在每年3~4月結合已知需求和預測需求信息來制訂採購計劃。當年5至6月，根據對零售商在即將到來的賽季裡訂單需求的預期，銳步公同持續下訂單來決定它位於印第安納波利斯的分銷中心的庫存水準。每年3至6月，是銳步公司制訂採購計劃的人員一年中面臨的最艱難的時期：提前的訂單需求已經被滿足，但是制訂採購計劃的人員必須根據對即將到來的賽季的需求預測來決定庫存水準。

計劃問題

如上所述，每年3至6月是整個採購週期內最關鍵的時期。銳步公司已經下達訂單來滿足來自零售商賽季前提交的訂單需求，現在必須根據對即將到來的賽季的需求預測來決定如何下訂單。在這一部分，我們列舉了一個說明性案例，即2003賽季新英格蘭愛國者隊的計劃問題。

銳步公司以每件球衣24美元的批發價把球衣賣給零售商。零售價格大概是50美元。銳步公司的成本取決於合同製造商：送往印第安納波利斯的一件空白球衣和一件球員球衣的平均成本分別是9.5美元和10.9美元，在印第安納波利斯加工一件空白球衣的成本大概是2.4美元。

銳步公司對於沒能賣給零售商的球衣有多種選擇，這些球衣到了賽季末，將成為積壓庫存。銳步公司可以打折賣掉這些球衣，但是必須很小心地處理，來保護它的零售渠道。銳步公司也可以把這些球衣放在它的分銷中心，並希望下個賽季期間能夠賣掉它們。由於自由球員的簽約、交易和退休，這個選擇存在潛在危險，特別是那些加工過的球衣。而且，球隊經常改變他們隊服的類型和顏色。在這兩種情況下，銳步公司都可能承受過時球衣帶來的損失。

銳步公司一般的做法是以打折的方式來賣掉剩下的加工過的球衣，卻把空白球衣留到下個賽季，寄希望於這些球隊在下個賽季不會對球衣做任何改變。一件銳步公司加工過的球衣打折後的平均價格是7美元。銳步公司估計每件空白球衣的年平均庫存持有成本為11個百分點，這個平均庫存持有成本包括庫存的資金佔有成本、保管費和處理成本。因此，持有一件沒賣掉的空白的愛國者隊隊服並保存到下個賽季的成本是1.045美元。新英格蘭愛國者隊幾年前重新設計了他們的隊服，並且沒有跡象表明他們會在不久的將來對球衣做變動。

預測需求是一個挑戰。銳步公司根據如下綜合因素研究需求預測：以往的銷量、球隊和球員的表現、市場情報、提前的訂單需求、合理預測。此外，需求預測根據銷售週期中的未銷售數量和本賽季銳步公司所獲得的更多信息被不斷調整。

2003年2月，根據最初零售商的訂單需求，可以獲得足夠的信息對球隊和球員進行需求預測。表5-3提供了關於新英格蘭愛國者隊球衣需求的預測。

表 5-3　　　　　　　　　　　　　需求預測

描述	均值	標準差
新英格蘭愛國者隊需求總額	87,680	19,211
Brady, Tom, 12 號	30,763	13,843
Law, TY, 24 號	10,569	4,756
Brown, Troy, 80 號	8,159	3,671
Vinatieri, Adam, 4 號	7,270	4,362
Bruschi, Tedy, 54 號	5,526	3,316
Smith, Antowain, 32 號	2,118	1,271
其他球員	23,275	10,474

當時，表中所列的 6 個球員的球衣很受歡迎，此外，這 6 個球員中每人都擁有足以滿足覆蓋合同製造商最小訂單數量的需求預測。然而銳步公司更希望預測出其他球員的需求，例如 Ted Johnson 的 52 號球衣。這個需求更難預測，並且不可能超過合同製造商的最小訂單數量。因此，銳步公司開發了累計預測方法，得到其他隊員的球衣需求總和超過 23,000 件。

資料來源：大衛·辛奇利維，菲利普·卡明斯基，伊迪斯·辛奇利維. 供應鏈設計與管理：概念、戰略與案例研究 [M]. 季建華，邵曉峰，譯. 北京：中國人民大學出版社，2010：162-168.

案例思考

1. 鑒於球衣需求的不確定性，銳步公司應該如何做出關於國家橄欖球聯盟球衣的庫存計劃？

2. 銳步公司的目標應該是什麼？銳步公司是否應該使賽季以來庫存最小化，或者最大化利潤？銳步公司能否同時達到這兩個目標？銳步公司應該給客戶提供什麼水準的服務？

3. 一件賽季內正常售出的加工過的球衣的成本是多少？一件賽季內未售出的加工過的球衣的成本是多少？銳步公司應該如何決定加工過的球衣和空白球衣的數量？

4. 使用關於新英格蘭愛國者隊球衣的需求預測，每個球員球衣的最優訂購數量應該是多少？每個球員的空白球衣的最優訂購數量應該是多少？銳步公司能獲得多少期望利潤？賽季末剩下來的是什麼類型球衣的庫存？這類庫存有多少？銳步公司能提供怎樣的服務水準？

6 供應鏈運作管理

本章引言

在供應鏈的日常運行中,供應鏈上的企業之間發生著頻繁的工作流、物料流、資金流、信息流交換,彼此之間運作的協調性對供應鏈的整體績效影響很大。但是,供應鏈管理的職能不可能通過一般的行政管理手段實現,因為企業和企業之間並不存在隸屬關係。因此,為了提高企業乃至整個供應鏈的競爭能力,供應鏈成員需要通過一定的機制來協調各種運作決策。近幾年來,供應鏈激勵、供應契約(Supply Contract)和供應鏈合作夥伴關係管理已成為供應鏈成員協調各種決策活動的常用手段。本章首先介紹常見的供應鏈不協調現象及緩解方法,然後分別介紹供應鏈運作管理中的供應鏈激勵問題、供應契約以及供應鏈合作夥伴關係。

學習目標

- 瞭解常見供應鏈運行不協調現象。
- 掌握提高供應鏈協調性的方法。
- 掌握基於供應契約的主要激勵模式。
- 熟悉供應契約的參數和常見的供應契約類型。
- 理解供應鏈合作夥伴選擇時考慮的主要因素。

6.1 供應鏈協調管理

6.1.1 常見供應鏈運行不協調現象

傳統上,處於自發運行的供應鏈往往會由於多方面原因而處於失調狀態。首先,成員之間的目標不一致會造成供應鏈失調;其次,由於供應鏈與外部環境之間、供應鏈內部成員之間的信息往往是不對稱的,因此,它會由於缺乏足夠的信息而產生運行風險。凡此種種,都會使供應鏈的運行不能同步進行,由此產生了不協調現象。下面對供應鏈運行不協調的幾種常見現象及產生的原因做簡要介紹。

6.1.1.1 長鞭效應

「長鞭效應」又稱「需求變異放大」現象,它源於英文單詞 Bullwhip。「需求變異放大」是對需求信息在供應鏈傳遞中被扭曲的現象的一種形象描述:在供應鏈的各節

點，企業只根據來自其相鄰的下級企業的需求信息進行生產或供給決策時，需求信息的不真實性會沿著供應鏈逆流而上，使訂貨量產生了逐級放大的現象，到達源頭供應商時，其獲得的需求信息與實際消費市場中的顧客需求信息存在著很大的偏差。

由於這種需求放大效應的影響，上游供應商往往維持比下游供應商更高的庫存水準。這種現象反應了供應鏈上需求的不同步，圖6-1顯示了「需求變異放大」的原理和需求變異加速放大的過程。

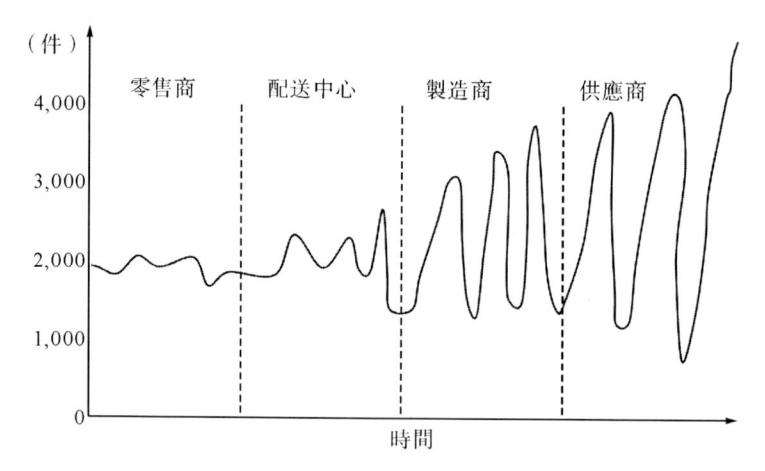

圖6-1　需求變異放大效應示意圖

「需求變異放大」現象最早是由寶潔公司發現的。寶潔公司在考察該公司最暢銷的產品──一次性尿布的訂貨規律時，發現零售商銷售的波動性並不大，但當它們考察分銷中心向寶潔公司的訂貨時，驚奇地發現波動性明顯增大了；有趣的是，它們進一步考察寶潔公司向其供應商的訂貨時，發現其訂貨的波動更大。

人們對「需求變異放大」現象進行了深入的研究，將其產生的原因歸納為以下幾個方面。

（1）需求預測修正。需求預測修正是指當供應鏈的成員採用其直接的下游訂貨數據作為市場需求信號時，為保險起見，通常將預測訂貨量調高，即產生需求放大現象。

（2）產品定價銷售策略導致訂單規模產生變動。產品的定價策略可能有兩種影響：一種是批量折扣，批量折扣極有可能擴大供應鏈內訂單的批量規模，進而引起供應鏈上各階段庫存尤其是安全庫存的增加。另一種則是由於批發、預購、促銷等因素引起的價格波動。如果庫存成本小於因價格折扣所獲得的利益，銷售人員當然願意預先多買，這樣訂貨就不能真實反應需求的變化，從而產生「需求變異放大」的現象。

（3）分攤訂貨成本。由於訂貨成本及運輸的固定成本很高，同時供應商提供批量折扣的優惠，下游企業可能大批量訂購產品以分攤訂貨成本。

（4）補貨提前期延長。因為補貨企業發出訂單時，會將兩次訂貨期間的需求計算在內，補貨提前期越長，計算在內的預測需求將越多，變動也將更大，長鞭效應越強。

（5）短缺博弈。高需求產品在供應鏈內往往處於短缺供應狀態。這樣，製造商就

會在分銷商或零售商之間調配這些產品的供給。此時，客戶為了獲得更大份額的配給量，可能誇大其訂貨需求。

總之，由於缺少信息交流和共享，企業無法掌握下游的真正需求和上游的供貨能力，只好增加採購量，多依存貨物。

6.1.1.2 曲棍球棒效應

在企業實現供需活動過程中，存在一種被稱為「曲棍球棒」（Hockey-Stick）的效應，即在某一個固定的週期（月、季或年），前期銷量很低，到期末，銷量會有一個突發性的增長，而且這種現象在企業生產和經營活動中會周而復始地出現，其需求曲線的形狀類似於曲棍球棒，如圖6-2所示。

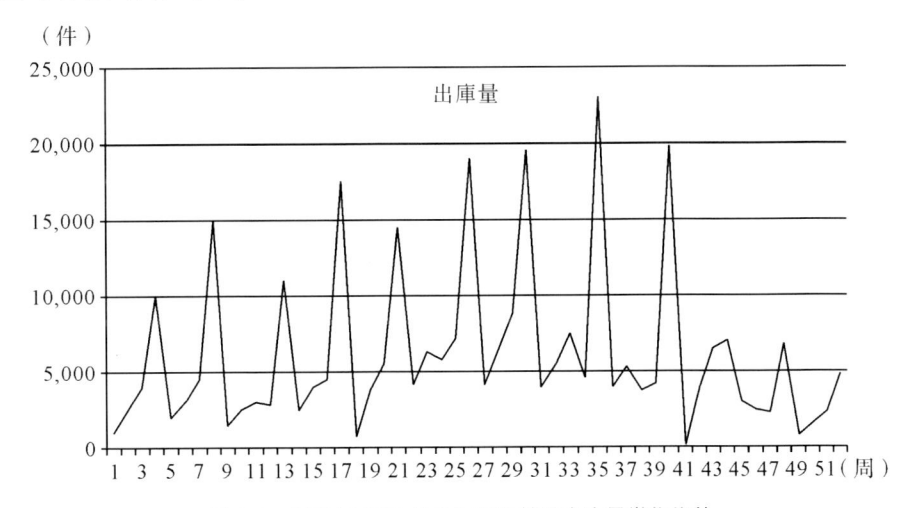

圖6-2 某公司2015年全年每週銷售出庫量變化趨勢

1.「曲棍球棒」效應實例

某國際著名食品公司在中國的生產廠，年產飲料20多萬噸，產值約5億元。公司根據經銷商的每月累計訂貨量向其提供一定的返利，但雙方事先通過銷售契約約定了一個目標訂貨量，經銷商的累計訂貨量必須達到或超過目標訂貨量，才能拿到相應的返利。公司採用每季前2個月按4周計，第3個月按5周計的統計方式。

這裡將該廠2015年的周銷售出庫量按時間序列繪成曲線圖，如圖6-2所示。從圖中可見，每月月初銷售出庫量很低，月中逐步增加，並達到相對均衡，月底則急遽增加。因為圖6-2中的圖形就像曲棍球運動中擊球杆的形狀，所以被形象地稱為「曲棍球棒」效應。

較早提到這種現象的Lee等人認為，公司對銷售人員的週期性考評及激勵政策造成了這種需求扭曲的現象。在公司的行銷系統中，為了激勵銷售人員努力工作，通常會對他們規定一個固定的工資和一個銷售的目標。如果銷售量超過了這個目標，就能夠拿到一個獎勵的佣金，超出目標越多，拿到的佣金也越多。如果銷量在目標以下，就只能拿一個固定額的工資。因此銷售人員在考核期限未到時，會看看不努力能夠賣

多少，如果什麼都不干就能達到目標當然是最理想的。但是快到期末的時候，他們就會覺得不努力不行了，如果離目標還有一定的距離，他們就會拼命地干。大家都拼命地干，訂單就會非常多。

此外，這些公司為了促使經銷商長期更多地購買，普遍採用一種被稱之為總量折扣（Volume Discounts）的價格政策，這種促銷政策也是造成「曲棍球棒」效應的一個根源。在行銷戰略中，價格折扣往往被公司用來作為提高分銷渠道利潤和搶占市場份額的利器，在較長的時期內，公司主要採用基於補貨或訂單批量的折扣方式（Quantity Discounts），但是在近10年，基於買方在某一固定週期（月、季、年）的累計購買量的折扣方式（即總量折扣）開始流行起來，在快速消費品行業，這種價格政策更為普遍。

2.「曲棍球棒」效應對公司營運的影響

「曲棍球棒」效應的存在，給公司的生產和物流運作帶來了很多負面的影響。在這種情況下，公司在每個考核週期的期初幾乎收不到經銷商的訂單，而在臨近期末的時候，訂貨量又大幅增加。為了平衡生產能力，公司必須按每期的最大庫存量而非平均庫存量建設或租用倉庫，從而使公司的庫存費用比需求均衡時高很多。而且，這種現象使公司大量的訂單處理能力、物流作業人員和相關設施、車輛在期初時閒置，而在期末，大家手頭的工作又太多，拼命加班也處理不完，廠內搬運和運輸的車輛不停運轉，但有時還是短缺，從而不得不從外部尋求支援。這種情況下，不僅使公司加班更多，物流費用更高，而且工作人員的差錯率也增加，送貨延誤的情況也時有發生，公司的服務水準顯著降低。

此外，基於總量折扣的政策並不能增加終端用戶的實際需求，經銷商增加的訂貨量大部分被積壓在渠道中，延長了終端用戶購買產品的貨齡，從而使消費者的福利受損，並增加了供應鏈的總成本及供應鏈成員的經營風險。而且，如果經銷商的庫存太多，或者產品臨近失效期，通常會採取兩種措施：一種是折價銷售，這種方式會對市場造成衝擊；另一種是迫使公司退貨或換貨，從而形成逆向物流，增加公司與經銷商處置產品的費用。從長遠來看，這兩種結果對公司和經銷商的正常經營和利潤都不利。

6.1.1.3 雙重邊際效應

「雙重邊際效應」（Double Marginalization）是供應鏈上下游企業為了謀取各自收益最大化，在分散的、各自獨立決策的過程中確定的產品價格高於其生產邊際成本的現象。如果下游企業的定價過高，比如會造成市場需求的萎縮，導致供應鏈總體收益下降。早在1950年，斯彭格勒（Spengler）就發現了「雙重邊際效應」，他發表了一份研究報告，指出零售商在制訂庫存訂貨決策時並不考慮供應商的邊際利潤，因此導致批量很小而達不到優化的水準。

企業個體利益最大化的目標與整體利益最大化的目標不一致，是造成「雙重邊際效應」的根本原因。為了減弱這種效應，就要努力提高供應鏈的協調性，盡可能消除不協調因素的影響。

實現供應鏈的協調是供應鏈成功的關鍵，然而，供應鏈的協調並不是以犧牲某一

個體的利益去提高其他個體或系統的利益，而是以實現雙贏甚至多贏為目標，即至少要使得改變後的個體或者系統的利益不低於以前的利益，也就是所謂的「帕累托改善」。

作為一種能夠實現供應鏈協調的有效機制，供應契約得到了廣泛的研究。帕斯特納克（Pasternack）比較早地提出了契約的概念，他使用單週期報童模型研究了回購契約，指出當供應商允許零售商以部分退款返回過剩產品時，可以在一定程度上實現渠道的協調。

隨著對契約關注的日益增加，越來越多的學者以帕斯特納克的研究為基礎，希望在供應鏈上下游之間通過協商，達成最佳（或滿意）的契約參數，設計合理的供應契約形式實現供應鏈的協調，從而有效地解決「雙重邊際效應」和「長鞭效應」等現象，在提高最大化供應鏈的整體利潤的同時，優化供應鏈績效。

6.1.2 提高供應鏈協調性的方法

供應鏈運作不協調的現象和原因還有很多，從以上三種現象的描述就已經可以看出，如果不能很好地解決這些問題，供應鏈管理的績效水準會大打折扣，進而影響人們實施供應鏈管理的信心。

6.1.2.1 緩解「長鞭效應」的方法

從供應商的角度看，「長鞭效應」是供應鏈上的總經銷商、批發商、零售商等各層級銷售商轉嫁風險和進行投機的結果，它會導致庫存增加、成本加重、市場混亂、風險增大，因此需妥善處理，一般可以從以下五個方面著手解決。

1. 提高需求信息共享性

由於需求信息在供應鏈中傳遞時被放大，所以造成了需求扭曲，每一個節點企業的預測需求均為上游節點訂貨決策的放大因子，並具有累積效應。而消除這種需求扭曲的方法是供應鏈上的每一個節點企業必須在自身的需求中排除下游節點企業訂貨對上游企業的影響，這就要求供應鏈上的每個節點，企業只能根據最終產品市場的實際需求進行自身的需求預測，所以這就需要供應鏈企業增強對需求信息的共享性。

2. 科學制定定價策略

為了避免由於價格下降導致的需求變異放大效應，這就要求供應商採取天天低價策略和長期供貨契約策略。天天低價通過價格的持續性緩解市場價格的波動，而長期供貨契約則是通過供貨的階段性來抑制市場價格的波動，以減少對上游企業的影響。

3. 加強營運管理水準

要緩解因批量訂貨決策所引發的需求變異放大效應，降低訂貨成本與運輸成本是關鍵。這就要求需求方通過增加訂貨次數並以最低的訂貨成本快速將需求傳遞給供應商，常用的技術與方法有電子數據交換、訂貨看板等。但應用這些技術的前提條件是組成供應鏈系統的企業具有較強的營運管理水準，擁有穩定的戰略聯盟關係。

4. 提高供應能力透明度

供應鏈上各企業通過共享生產能力、庫存信息、風險共擔、利益共享等策略來緩

解由於短缺所導致的需求變異放大效應。這種策略實際上最終會導致聯合庫存管理的出現，即強調多方同時參與，共同制訂庫存控制計劃，共同管理庫存，使供需雙方相互協調，共同管理庫存，從而減弱需求變異放大效應。

5. 建立戰略合作夥伴關係

通過實施供應鏈戰略合作夥伴關係，可以消除「長鞭效應」。供需雙方在戰略聯盟中相互信任，公開業務數據，共享信息和業務集成。這樣，相互都瞭解對方的供需情況和能力，避免了短缺情況下的博弈行為，從而減少了產生「長鞭效應」的機會。

6.1.2.2 緩解「曲棍球棒」效應的方法

由於商業模式的慣性和市場不成熟，目前在快速消費品行業，基於總量的價格折扣方式仍然盛行，很少有公司運用天天低價的政策。為了消除「曲棍球棒」效應，平衡物流，公司可以採用總量折扣和定期對部分產品降價相結合的方式。

假定公司向經銷商提供兩種規格的產品，當經銷商的兩種產品月累計進貨量達到一定的數量以後，公司根據該數量向經銷商提供一定的返利，即按總量打折的價格折扣政策。在運用這個政策時，公司可以適當降低返利率，然後在考核週期的初期降低其中一種產品的轉讓價格，在期中再將其價格調高。在這種政策下，經銷商為了投機，會在期初多訂降價產品，而在期末為了拿到返利，增加另一種產品的進貨量，期中則進行正常補貨，其訂貨量將變得更加均衡，從而緩和公司出庫中的週期性「曲棍球棒」效應，使其銷售物流更為平穩，以減輕公司庫存和物流的壓力，提高物流運作的效率和效益。

除了以上方法，公司還可以對不同的經銷商採用不同的統計和考核週期，從而讓經銷商的這種進貨行為產生對沖，以緩和公司出貨中的「曲棍球棒」效應。公司通過延長考核週期可以減少「曲棍球棒」效應出現的頻率，而通過縮短考核週期可以減小出庫波動的幅度。

此外，通過與經銷商共享需求信息和改進預測方法，公司能夠更準確地瞭解經銷商的外部實際需求，從而在設計折扣方案時，盡可能讓折扣點與經銷商的外部需求一致或略高，這樣做也能夠緩和「曲棍球棒」效應。當然，最好的方法是：公司能夠根據每期經銷商的實際銷售量提供折扣方案，但需付出較大的人力、物力去調查和統計經銷商的實際銷售數據，或者經銷商能夠共享這些數據或信息。

6.1.2.3 緩解「雙重邊際效用」的方法

實現供應鏈的協調是緩解「雙重邊際效用」的關鍵，然而，供應鏈的協調並不是以犧牲某一個體的利益去提高其他個體或系統的利益，而是以實現雙贏甚至多贏為目標，即至少要使得改變後的個體或者系統的利益不低於以前的利益，也就是所謂的「帕累托改善」。

作為一種能夠實現供應鏈協調的有效機制，供應契約得到了廣泛的研究。帕斯特納克（Pasternack）比較早地提出了契約的概念，他使用單週期報童模型研究了回購契約，指出當供應商允許零售商以部分退款返回過剩產品時，可以在一定程度上實現渠道的協調。

同時，通過在供應鏈企業間建立激勵機制，也能夠使合作企業共擔風險，共享收益，使企業利益和供應鏈的整體目標協調一致，緩解「雙重邊際效用」的影響。

6.2 供應鏈激勵管理

6.2.1 供應鏈激勵問題的提出

在大多數情況下，供應鏈成員總是首先關心如何優化企業自身的績效，然後才去考慮供應鏈的整體績效，這種自我優化意識導致了供應鏈的低效率與不協調。「雙重邊際效應」就是這一現象的表現。由於在供應鏈成員間缺乏組織結構進行有效的監督，傳統的控制機制無法在供應鏈管理中發揮作用，不能通過行政手段解決「雙重邊際效應」問題。在這種情況下，通過在供應鏈企業間建立激勵機制，促使成員企業間形成更緊湊的戰略夥伴式的聯盟，使合作夥伴共擔風險、共享收益，企業利益與供應鏈的整體目標協調一致，可以提高供應鏈的整體競爭優勢。

下面分析一個簡單的單週期產品供應鏈系統。該供應鏈系統由一個製造商和一個零售商組成，如圖6-3所示。該供應鏈採用傳統的分散決策模式：

(1) 零售商根據市場需求確定一個訂貨量。
(2) 零售商向製造商下達訂單。
(3) 製造商按批發價交付。
(4) 零售商按零售價銷售，最後計算各自的利潤。

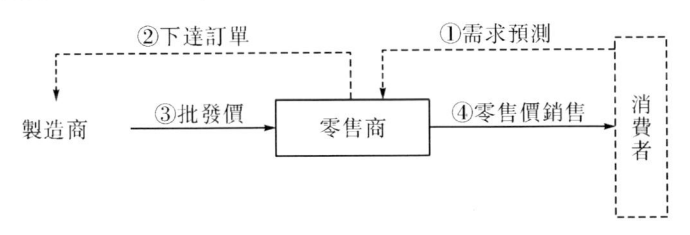

圖 6-3 由一個製造商和一個零售商組成的供應鏈

假設，製造商生產的產品按122元/件批發給零售商，該產品的市場零售價格為200元/件。如果零售商訂貨過多，在銷售期結束時每一件沒有賣出去的產品只能按18元/件的價格處理掉。製造商的生產成本為40元/件。市場對該產品的需求分佈如表6-1所示。

表 6-1　　　　　　　　　市場需求概率分佈

需求量（件）	概率	需求量（件）	概率
300	0.00	900	0.22
400	0.01	1,000	0.12
500	0.04	1,100	0.05

表6-1(續)

需求量（件）	概率	需求量（件）	概率
600	0.10	1,200	0.01
700	0.20	1,300	0.00
800	0.25		

　　從上面描述的製造商與零售商之間的交易方式可以看出，當製造商以一定的批發價將產品交付給零售商後，製造商的收益就得到了保證。零售商為了保證自己的利益，在向製造商訂貨時，同樣會按照最有利於自己的訂貨策略發出訂單。

　　下面借助報童模型（可參見相關文獻）做一個具體分析。比如，根據上述例子中的數據，不難看出，在零售商訂貨決策的臨界狀態，如果零售商多訂一件產品並賣出去了，它的收益是78元；但如果多訂一件產品且沒有賣出去的話，它的損失就是104元。如果我們假定銷售出去與否的概率相同，零售商的期望風險就大於期望收益。於是，零售商就會把訂貨的數量向減少一件的方向移動，整個供應鏈也就少了一件產品所帶來的收益。這裡先根據表6-1求出需求量的均值和標準差，然後依據報童模型計算相應的結果。本例中，可求得零售商的期望利潤最大時的訂貨量為782件，此時零售商的期望利潤是52,078元，製造商的利潤是64,124元，整個供應鏈的利潤是116,202元。同樣，能夠計算出不同訂貨量條件下製造商的利潤水準，計算結果如圖6-4所示。

　　站在製造商的角度，它一定希望零售商盡可能多地訂貨，但是，在上述傳統合作機制下，零售商是沒有任何動力來自己冒著承擔整個供應鏈的風險增加訂貨量的。製造商應該如何說服零售商盡可能多地增加訂貨量呢？這就需要有一個對零售商進行激勵的機制，也可以認為是供應鏈協調運作的激勵機制。

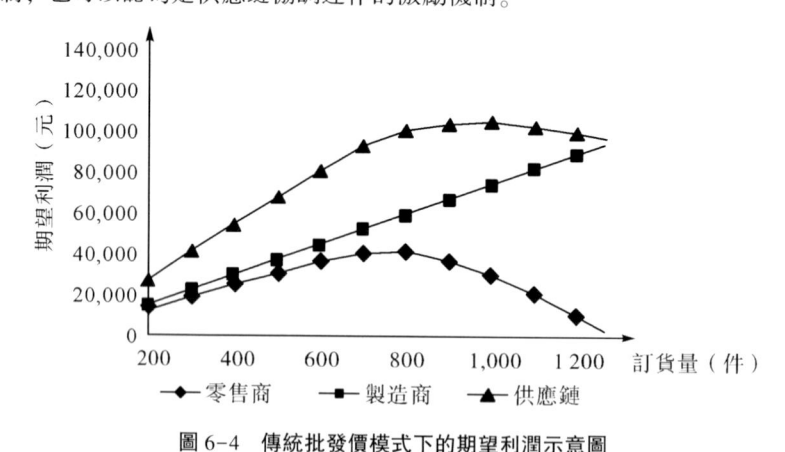

圖6-4　傳統批發價模式下的期望利潤示意圖

6.2.2　基於供應鏈協調運作的激勵模式

　　仍以上面的例子為討論的對象。現在，製造商向零售商提出了一個激勵機制。它向零售商承諾，如果零售商增加了訂貨量而沒有銷售出去，製造商會以78元/件的價

格將未銷售出去的產品回收。這時，零售商的考慮是什麼呢？它會分析，如果多訂一件產品並且銷售出去了，不僅它的收益增加了，製造商的收益也隨之增加，同時整個供應鏈的收益也增加了。在此條件下，零售商的最優訂貨量是 866 件，零售商的收益為 56,080 元，製造商的收益為 65,372 元，整個供應鏈收益為 121,452 元。不同訂貨數量下的收益情況如圖 6-5 所示。這就是能夠使供應鏈運行達到協調的激勵模式，又稱為回購契約（Buyback Contract）。

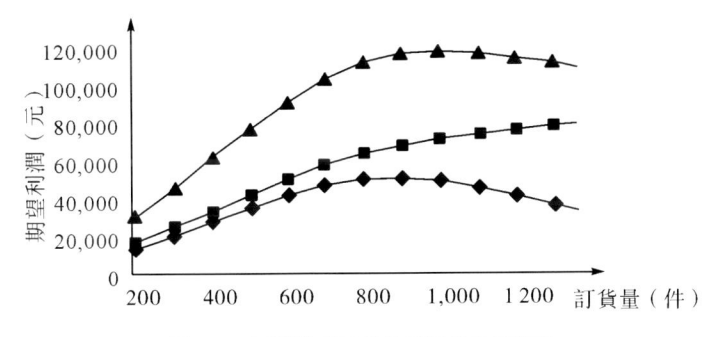

圖 6-5　回購模式下的供應鏈收益示意圖

實際上，製造商選擇不同的回購價格，會影響自身的收益和供應鏈上合作夥伴的行為，因此也會影響供應鏈的整體收益。製造商所給出回購價格的高低都會影響零售商對銷售量的期望，也就是說會對零售商有不同程度的激勵。因此，如何確定回購價格就成為一個能否讓供應鏈達到最佳協調效果的重要因素。這就是最優回購價格的決策問題。由 Gerard Cachon 等人的研究可知，回購價格確定的公式為：

$$回購價格 = 運輸成本 + 銷售價 - (銷售價 - 批發價) \times \left(\frac{銷售價 - 殘值}{銷售價 - 生產成本}\right)$$

採用上面這個式子計算出的回購價格，可以使供應鏈達到最佳協調效果。可以嘗試利用上面的例中的數據計算能使供應鏈達到最佳協調效果的回購價格，並分析回購價格的高低是如何影響供應鏈合作各方行為和供應鏈整體收益的。

6.2.3　常見的供應鏈激勵方式

激勵機制或措施一般應屬於供應鏈合作或者供應鏈契約中的重要內容或條款。一般而言，有以下幾種激勵方式較為常用：

（1）價格激勵。高價格能增強企業的積極性，不合理的低價會挫傷企業的積極性。供應鏈利潤的合理分配有利於供應鏈企業間合作的穩定和運行的順暢。

（2）訂單激勵。供應鏈獲得更多的訂單是一種極大的激勵，在供應鏈內的企業也需要更多的訂單激勵。一般來說，一個製造商擁有多個供應商。多個供應商競爭來自製造商的訂單，獲得較多訂單對供應商是一種激勵。前面的例子介紹的供應鏈中的回購激勵模式，原則上也可以歸屬於訂單激勵，在具有較大訂單而不能完成銷售時，有製造商的回購作為降低風險的保證。

（3）商譽激勵。商譽是一個企業的無形資產，對企業來說極其重要。商譽來自供

應鏈內其他企業的評價和在公眾中的聲譽，反應了企業的社會地位（包括經濟地位、政治地位和文化地位）。

（4）信息激勵。信息對供應鏈的激勵實質上屬於一種間接的激勵模式，如果能夠很快捷地獲得合作企業的需求信息，企業就能夠主動採取措施，提供優質服務，必然會使供應鏈合作各方的滿意度大大提高。這對合作方之間建立起信任來說有著非常重要的作用。

（5）淘汰激勵。為了使供應鏈的整體競爭力保持在一個較高的水準上，供應鏈必須建立對成員企業的淘汰機制。

6.3　供應契約管理

6.3.1　供應契約概述

供應契約是供需雙方之間的合同及相關條款。

供應契約管理是對供應合同及其具體條款的管理。

供應契約的類型多種多樣。按照供應鏈中節點企業的合作程度，可以將供應契約分為單方決策型和聯合決策型供應契約。按照需求的特點，又可以將供應契約分為需求確定型和需求不確定型供應契約。

在實際運作中，企業使用較為普遍的契約方式有：回購契約、收入共享契約和數量折扣契約等。

使用供應契約，可以克服「長鞭效應」和「雙重邊際效應」等多種不利影響，有效地實現供應鏈協調運作，還可以保障供應鏈企業之間的合作關係。

6.3.2　供應契約的參數

隨著對供應契約的研究日益重視，人們不斷建立新的契約模型，深挖原有契約模型的潛在意義，並致力於將供應契約應用到實際管理中。

對供應契約的研究離不開契約參數。通過設置不同的參數，可以構建出多種不同的供應契約模型。例如，在契約中研究超儲庫存的退貨問題，就形成了回購契約；在契約中研究供應鏈利潤的分配問題，即為利潤共享契約。

此外，契約參數的具體設定會影響到供應契約的作用，例如，數量折扣契約中折扣百分比的設計，最低購買數量契約中最低購買數量限度的確定，以及利潤貢獻契約中利潤分享參數大小的設定等，都會影響供應契約的效果。

因此，供應契約的參數設定必須對供應鏈節點企業起到激勵和約束作用，促進企業之間建立更緊密的合作，使節點企業通過致力於增大整個供應鏈的利潤來增加自身的收益。

一般而言，供應契約的參數有以下幾種：

1. 決策權的確定

在傳統合作模式下，契約決策權的確定並不是一個非常重要的因素，幾乎每個企業都有自己的一套契約模式，並且按照該模式進行日常的交易活動。但是在供應鏈管理環境下，供應契約決策權的確定卻發揮著相當重要的作用，因為在供應契約模式下，合作雙方要進行風險共擔以及利潤共享。

2. 價格

價格是契約雙方最關心的內容之一，價格可以表現為線性的形式（按比例增長或者下降）或者非線性的形式。合理的價格使得雙方都能獲利。賣方在不同時期、不同階段會有不同的價目表，一般都會隨著訂貨量的增大和合作時間的延長而降低，以激勵買方重複訂貨。

3. 訂貨承諾

買方一般根據賣方的生產能力和自身的需求量提出數量承諾。訂貨承諾大體有以下兩種方式：一種是最小數量承諾，另外一種是分期承諾。兩種數量承諾方式有著明顯的區別。從一定意義上說，前者給出總需求量，有利於賣方做好整個契約週期內的生產計劃，然而一旦市場發生變化，絕大部分市場風險便轉移到賣方身上。後者則要求買方在各個期初給出當期的預計訂貨量承諾，進行了風險共擔，使得賣方的風險有所降低，同時也迫使買方加強市場決策的有效性。

4. 訂貨柔性

任何時候，買方提出數量承諾，賣方一般都會提供一些柔性，以調整供應數量。契約會細化調整幅度和頻率。這種柔性包括價格、數量以及期權等量化指標。這樣，一方面，賣方在完成初始承諾後，提供（或不提供）柔性所決定的服務補償；另一方面，買方也從中獲得收益，當市場變動影響其銷售時，就可以使用柔性機制來避免更大的損失。

5. 利潤分配原則

所有企業最根本的目的都是實現自身利潤的最大化，因此，在設定契約參數的時候，利潤分配原則通常是企業協商的重點。供應契約往往以企業的利潤作為建模的基礎，在合作雙方之間劃分供應鏈的整體渠道收益就是利潤的分配問題。供應契約包括按什麼原則進行分配，分配的形式是怎樣的，以及如何設計利潤分配的模型等。

供應鏈利潤的分配原則主要體現為利益共享和共擔風險。在實際利潤的分配過程中，供應鏈的核心企業起著決定性的影響，它在供應鏈成本、交易方式、利潤刺激等方面都有著舉足輕重的作用。此外，主導企業對利潤分配的態度還會影響其他企業對合作的積極性，以及對供應鏈利潤增值的貢獻。

6. 退貨方式

從傳統意義上講，退貨似乎對賣方很不利，因為它要承擔滯銷產品帶來的風險和成本。但事實上，實施退貨政策能有效激勵買方增加訂貨量，從而擴大銷售額，增加雙方收入。如果提高產品銷售量帶來的收入遠大於滯銷產品所帶來的固定成本，或者買方有意擴大市場佔有率，退貨政策給賣方帶來的好處就會遠遠大於其將要承擔的風險。

7. 提前期

在質量、價格可比的情況下，提前期是買方關注的重要因素之一。同時，提前期導致需求信息放大，產生「長鞭效應」，這對賣方而言也很不利。因此，有效地縮短提前期，不僅可以降低安全庫存水準，節約庫存投資，提高客戶服務水準，很好地滿足供應鏈時間競爭的要求，還可以減少「長鞭效應」的影響。

8. 質量控制

在基於供應鏈的採購管理中，質量控制主要是由供應商進行的，企業只在必要時對質量進行抽查。因此，關於質量控制的條款應明確質量職責，如進行質量方面的獎勵或懲罰等，還應激勵供應商提升其質量控制水準，以達到雙贏的目的。對供應商實行免檢，是對供應商質量控制水準的最高評價。在契約中，應指出實行免檢的標準和對免檢供應商的額外獎勵，以激勵供應商提高其質量控制水準。

9. 激勵方式

對節點企業的激勵是使節點企業參與供應鏈的一個重要條件。為節點企業提供只有參與此供應鏈才能得到的利益是激勵條款所必須體現的。此外，激勵條款應包括激勵節點企業提高質量控制水準、供貨準時水準，降低供貨成本水準等內容，因為節點企業業務水準的提高意味著業務過程更加穩定、可靠，同時費用也會隨之降低。

10. 信息共享機制

充分的信息交換是基於供應鏈的採購管理良好運作的保證。因此，契約應對信息交流提出保障措施，例如規定雙方互派通信員和每月舉行信息交流會議等，防止信息交流出現問題。

綜上所述，契約需要考慮的因素非常多。此外，在契約的簽訂過程中，還需要考慮眾多複雜因素的一些動態的、不斷重複的博弈過程。

6.3.3 常見的供應契約

如前所述，供應契約中有許多參數，將這些參數單獨列出或者經過組合，就可以形成多種不同類型的供應契約。一般而言，較常見的供應契約包括以下幾類：

（1）回購契約（Buyback Contract）。契約規定，在銷售季末，零售商可以以一定的價格把未售出的產品全部退還給供應商。回購是一種在不確定性需求系統協調中常見的契約方式，既是一種風險分擔機制，又能起到激勵訂購的作用。回購的最大特點在於，它能夠較靈活地消除隨機需求下系統的「雙重邊際效應」。通過締結回購契約，供應商與零售商共同分擔市場風險，而刺激零售商訂貨的措施則能夠提高其期望利潤。

回購契約往往應用於生產週期較長而銷售季節較短的商品交易中，它在時令商品市場（如服裝、圖書等）中得到了廣泛應用。

（2）收入共享契約（Revenue Sharing Contract）。在這種契約中，供應商擁有貨物的所有權，決定批發價格，而收入共享的比例則由零售商決定。對於每一件賣出的產品，零售商根據事先確定的收入共享百分比，從銷售收入中扣除自身應當享有的份額，然後將剩餘部分交給供應商。

（3）數量折扣契約（Quantity Discount Contract）。按契約規定，在一定時期內供應

商根據零售商承諾的購買的數量，按照一定的比例對價格進行調整。

數量折扣契約在實際交易中非常普遍，通常使用的方式有兩種：全部單位數量折扣和邊際單位數量折扣。使用前者時，供應商按照零售商的購買數量，對所有產品都給予一定的價格折扣；而後者只對超過規定數量的部分給予價格折扣。研究發現，在確定性需求或不確定性需求下，數量折扣適用於風險中性和風險偏好型的零售商。

(4) 最小購買數量契約（Minimum Purchase Contract）。在最小購買數量契約下，零售商在初期做出承諾，將在一定時期內至少向供應商購買一定數量的產品。通常，供應商根據這個數量給予一定的價格折扣，購買產品的單位價格將隨著數量的增加而降低。零售商承諾在未來一個年度裡的最小購買數量，供應商同意以折扣價格提供產品。這種契約在電子產品行業尤為普遍。

最小購買數量契約與數量折扣契約有些類似，不同的是，前者需要做出購買數量承諾，這種承諾並非一次性的，也可以是一段時期或者一個年度內的購買數量總和。

(5) 數量柔性契約（Quantity Flexibility Contract）。交易雙方擬定契約，規定每一期內零售商訂貨量的波動比率。使用這種契約時，零售商承諾一個最小的購買數量，然後可以根據市場實際情況，在最低和最高訂貨範圍內選擇實際的訂貨量。按照契約規定，供應商有義務提供低於最高採購上限的產品數量。這種方式能夠有效地遏制零售商高估市場需求，而導致供應鏈庫存增多的不利現象產生。

(6) 帶有期權的數量柔性契約（Flexibility Quantity Contract With Option）。在這種契約模式下，零售商承諾在未來各期購買一定數量的產品，同時它還向供應商購買了一個期權。這種期權允許零售商可以在未來以規定的價格購買一定數量的產品，從而獲得了調整未來訂單數量的權利。

(7) 削價契約（Markdown Contract）。這是一種經過改進的回購契約，供應商為了避免零售商將未售出的產品返還給自己，會採取一定的價格補貼措施，激勵零售商繼續保留那些未售出的產品。價格補貼雖然對供應商來說，實施起來比較方便，但可能會給予零售商套利的機會，因此必須建立在買賣雙方充分信任的基礎之上。目前，價格補貼已經被廣泛應用於 It 產品的銷售中。

價格補貼實質上是一種價格保護策略，是分銷商分擔零售商過剩庫存風險的另外一種方式。它通過對期末未售出商品進行價格補差來實現，並經常應用價格遞減方式實現短生命週期產品的協調。價格補貼與回購與很大的相似性，也可實現供應鏈系統的協調，但針對多零售商時，會出現不能確保各零售商均參與契約的情況，主要是因為價格補貼實現協調的條件與客戶需求信息無關，僅與買賣雙方的成本結構有關。

(8) 備貨契約（Backup Contract）。零售商和供應商經過談判後，雙方擬定契約為零售商提供一定的採購靈活性。備貨契約的流程為：零售商承諾在銷售旺季採購一定數量的產品，供應按零售商承諾數量的某一比例為其保留產品存貨，並在銷售旺季到來之前發出所預存的產品。在備貨契約中，零售商可以按原始的採購價格購買供應商為其保留的產品，並及時得到貨物，但要為沒有購買的部分支付罰金。

(9) 質量擔保契約（Quality Contract）。質量問題構成了零售商和供應商談判的矛盾。供應商知道自己生產質量的水準，擁有信息優勢，而零售商卻處於信息劣勢。由

於信息不對稱,會產生兩個問題:第一,零售商不能正確辨認供應商的能力,於是產生了錯誤選擇的問題;第二,供應商可能存在惡意的欺騙行為,導致了嚴重的道德問題。為了保證零售商和供應商自身的利益不受侵犯,並保證供應鏈績效最優,談判雙方必須在一定程度上實現信息共享,運用合作激勵機制,設計質量懲罰措施,當供應商提供不合格產品時對其進行懲罰。

隨著契約參數的改變,供應鏈承擔的風險在供應鏈的不同階段之間發生了轉移,從而影響了零售商和供應商的決策,穩固了它們之間的長期合作夥伴關係,同時提高了供應鏈的總體收益。此外,還可以通過修改契約的激勵模式,為合作企業創造更好的優惠條件,減少彼此之間的不信任感,實現雙贏,進一步促進並增強供應鏈中節點企業的合作關係。

6.4 供應鏈合作夥伴關係管理

6.4.1 供應鏈合作夥伴關係概述

6.4.1.1 供應鏈合作夥伴關係的含義

供應鏈合作夥伴關係(Supply Chain Partnership,SCP)目前尚無統一的定義,有多種不同的說法。例如,有人稱之為供應商-製造商(Supplier-Manufacturer)關係,或者賣方/供應商-買方(Vendor/Supplier-Buyer)關係,甚至有人簡稱之為供應商關係(Supplier Partnership)。供應鏈合作夥伴關係,可以理解為供需雙方在一定時期內共享信息、共擔風險、共同獲利的一種戰略性協議關係。

這種戰略合作關係是隨著集成化供應鏈管理思想的出現而形成的,是供應鏈中的企業為了達到特定的目標和利益而形成的一種不同於簡單交易關係的新型合作關係。建立供應鏈合作夥伴關係的目的是降低供應鏈交易的總成本,提高對最終客戶需求的回應速度,降低供應鏈上的庫存水準,提高信息共享程度,改進相互之間信息交流的質量,保持戰略夥伴關係的一體化,從而使整個供應鏈產生更為明顯的競爭優勢,以實現供應鏈各個企業在收益、質量、產量、交貨期、客戶滿意度等方面的績效目標。顯然,戰略合作夥伴關係非常強調企業之間的合作和信任。

建立供應鏈合作夥伴關係就意味著各個企業之間的新產品和技術的共同開發、數據和信息的交換、市場機會共享和風險共擔。在供應鏈合作夥伴關係環境下,製造商選擇供應商不再只考慮價格優勢,而是更注重選擇在優質服務、技術革新、產品設計等方面具有綜合優勢的、能夠進行良好合作的供應商。

供應鏈合作夥伴關係發展的主要特徵就是從過去的以產品、物流業務交易為核心轉為以資源集成、合作與共享為核心。在集成、合作與共享的思想的指導下,供應商和製造商把它們相互的需求和技術集成在一起,以實現為製造商提供最有用產品的共同目標。因此,供應商與製造商的交換不僅僅是物質上的交換,而且包括一系列可見和不可見的服務的整合,如研發、流程設計、信息共享、物流服務等。

6.4.1.2 供應鏈合作夥伴關係與傳統企業間關係的區別

在新的競爭環境下，供應鏈合作夥伴關係強調直接的、長期的合作，強調共同努力實現共同的計劃、解決共同問題，強調相互之間的信任與合作。這與傳統的企業間的關係模式有著很大的區別。

供應鏈合作夥伴關係與傳統的企業間的關係，以供應商關係為例，其主要區別體現在以下幾個方面（見表6-2）。

表6-2　　供應鏈合作夥伴關係與傳統供應商關係的比較

比較項目	傳統供應商關係	供應鏈合作夥伴關係
相互交換的主體	物料	物料、財務
供應商選擇標準	強調低價格	多個標準並行考慮（交貨期、質量和可靠性等）
穩定性	變化頻繁	長期、穩定、緊密合作
合同性質	單一、短期	側重長期戰略合同
供應批量	小	大
供應商數量	很多	少（少而精，可以長期、緊密地合作）
供應商規模	可能很小	大
供應商的定位	當地	國內和國外
信息交流	信息專有	信息共享（電子化連接、共享各種信息）
技術支持	被動提供	主動提供甚至介入產品開發
質量控制	入庫驗收、檢查控制	質量保證（供應商對產品質量負全面責任）
選擇範圍	每年一次投標評估	廣泛評估可增值的供應商

供應鏈聚焦

戴爾（Dell）公司為了能夠與供應商建立良好的戰略合作夥伴關係，採取了在多方面照顧供應商利益的策略，既支持了供應商的發展，也為打造自身供應鏈的競爭力奠定了堅實的基礎。

首先，在利潤上，戴爾公司除了要補償供應商的全部物流成本（包括運輸、倉儲、包裝等費用）外，還要讓其享受供貨總額3%~5%的利潤，這樣，供應商才有發展機會。其次，在業務運作上，還要避免因零庫存導致的採購成本上升。戴爾公司一般都要向供應商承諾長期合作，然而萬一有預測失誤而導致的庫存，戴爾公司也盡可能將其消化，以盡可能減輕供應商的壓力，保障其利益。最後，戴爾公司為調動供應鏈上各個企業的積極性，充分發揮整個供應鏈的能量，讓該地區的供應商同時作為該地區的銷售代理商之一，這樣，供應商又可以從中得到另外一部分利潤。這種由單純的供應商身分向供應商和銷售商雙重身分的轉變，使「物品採購供應—生產製造—產品銷售」各環節更加緊密結合，也真正實現了企業由商務合作向戰略合作夥伴關係的轉變，真正實現了風險共擔、利潤共享的雙贏目標。

除了以上區別外，供應鏈企業在戰略上是相互合作關係，因此必須重視各個企業的利益。供應鏈獲得總的利潤需要在供應鏈中各個企業間進行合理的分配，這樣才能體現出合作的價值和對合作者的激勵作用。

6.4.1.3 供應鏈戰略合作夥伴關係的價值

1. 有利於形成基於戰略合作夥伴關係的企業集成模式

建立供應鏈戰略合作夥伴關係的價值之一體現在企業集成模式的形成方面。與合作夥伴形成戰略合作關係之後，企業在宏觀、中觀和微觀上都很容易實現相互集成。在宏觀層面上，主要是實現企業之間的資源優化配置，企業合作以及委託實現機制設計；而在中觀層面上，主要是在一定的信息技術支持和聯合開發的基礎上實現信息的共享；在微觀層面上，則是實現同步化、集成化的生產計劃與控制，並實現物流保障和服務協作等業務職能。

2. 有利於建立戰略合作夥伴關係的質量保證體系

戰略合作夥伴關係企業必須將顧客需求貫穿於整個設計、加工和配送的過程中，企業不僅要關心產品質量，而且要關心廣告、服務、原材料供應、銷售、售後服務等活動的質量。這種基於供應鏈全流程的以並行工程為基礎的質量思想被稱為「過程質量」，通過實施供應鏈各節點企業的全面質量管理，實現基於「雙零」（零庫存、零缺陷）的精益供應鏈目標。

為獲得顧客滿意的產品質量，人們普遍採用了基於質量功能開發（Quality Function Development, QFD）的管理方法。QFD 能將顧客實際需求反應到企業製造全過程中，通過產品質量功能的配置滿足顧客的需求，從而提高顧客滿意度。

3. 有利於戰略合作夥伴關係中的技術與服務協作

具有戰略合作夥伴關係的供應鏈，其競爭優勢並不是僅僅因為企業有形資產的聯合和增加，而是企業成為價值鏈的一部分，實現了知識的優化重組和「強-強」聯合，也就是「用最小的而組織實現了最大的管理效能」。通過信息的共享，企業把精力用於具創新能力的活動，運用集體的智慧提高應變能力和創新能力。供應鏈管理過程中的知識或技術的擴展，與傳統意義上的信息流是不同的。企業要合理利用知識鏈（或技術鏈），確定各項具體技術在知識鏈中的每一個環節上所起的作用，注重那些能顯著提升企業創新能力的知識與信息的合理運用和擴散作用。為此，必須重視知識主管（Chief Knowledge Officer, CKO）和信息主管（Chief Information Officer, CIO）在企業中的作用。

4. 有利於提高供應鏈對客戶訂單的整體回應速度

從供應鏈戰略合作夥伴關係有利於縮短供應鏈總週期的視角來分析，也可以看出它對供應鏈管理企業的重要意義（見圖6-6）。

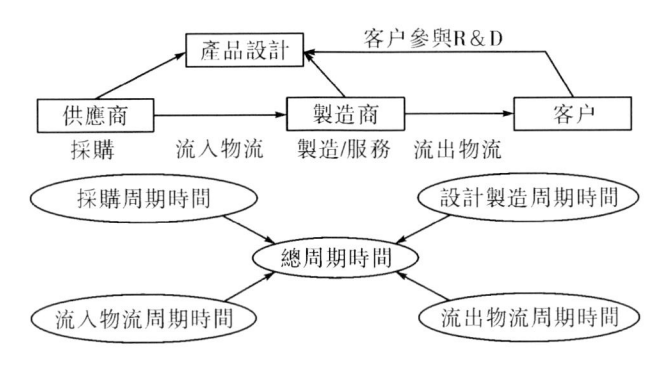

圖 6-6 供應鏈總週期時間

速度是企業贏得競爭的關鍵所在，供應鏈中的製造商要求供應商加快生產運作速度，通過縮短供應鏈總週期時間，達到降低成本和提高服務質量的目的。從圖 6-6 中可以看出，要縮短總週期，主要依靠縮短採購時間、流入物流（Inbound Logistics）時間、流出物流（Outbound Logistics）時間和生產製造時間（客戶、製造商與供應商共同參與）來實現。因此，加強供應鏈合作夥伴關係有利於縮短供應鏈總週期，提高對客戶訂單的回應速度。

6.4.2 供應鏈合作夥伴的選擇

具有戰略合作夥伴的企業關係體現了對企業內外資源的集成與優化利用。基於這種企業環境的產品製造過程，從產品的研究開發到投放市場，大大地縮短了週期，而且顧客導向化程度更高，模塊化、簡單化、標準化的組件，使企業在多變的市場中柔性和敏捷性顯著增強。虛擬製造與動態聯盟加強了業務外包策略的應用，企業集成從原來的中低層次的內部業務流程重構上升到企業間的協作，形成一種更高層次的企業集成模式。

雖然有這些利益存在，但仍然有許多潛在的風險會影響供應鏈戰略合作夥伴關係的參與者。最重要的是，過分地依賴於一個合作夥伴，可能會在合作夥伴不能滿足期望要求時造成慘重的損失。而且，企業也可能因為對戰略合作夥伴管理失控、過於自信、合作夥伴過於僵化的專業領域等原因而使自身的競爭力受到影響。此外，企業可能還會過高估計供應鏈戰略合作夥伴關係的利益而忽視了潛在的缺陷。所以企業必須對供應鏈戰略合作夥伴關係策略進行正確的分析，再做出最後的決策。

供應鏈合作夥伴是由供應商、生產商或製造商、銷售商和用戶組成的一個整體，各方之間具有有機的內在關聯性。無論是哪一種角色，在選擇合作夥伴時都必須考慮對它的評價。因此，供應鏈合作夥伴選擇評價就成為管理人員必須掌握的基本內容。

6.4.2.1 供應鏈合作夥伴的關係類型

在供應鏈管理環境下，供應鏈合作夥伴關係管理要考慮的主要問題之一，就是合作夥伴的數量決策。這裡所說的確定合作夥伴的數量，尤其是對供應商，指的是同樣一種零部件，是選擇一家供應商單獨供貨，還是多選擇幾家共同供貨。也就是說，對

同一種零部件（原材料）是遵循單一供應商原則，還是多供應商原則。

兩種不同的選擇原則有不同的特點。

1. 單一供應商原則

對單一供應商選擇原則來說，它的優點主要表現在：節省協調管理的時間和精力，有助於與供應商發展夥伴關係；雙方在產品開發、質量控制、計劃交貨、降低成本等方面共同改進；供應商早期採取對供應鏈價值改進的貢獻機會較大。但是單一供應商也有很大的風險，主要表現在：供應商的失誤可能會導致整個供應鏈的崩潰；企業更換供應商的時間和成本較多；供應商有了可靠顧客，會失去其競爭的原動力及應變、革新的主動性，以致不能完全掌握市場的真正需求等。在企業實際工作中，包括豐田公司在內的很多企業選擇了單一供應商合作模式。雖然與豐田公司合作的供應商也確實出現過由於火災燒毀了工廠而導致供貨中斷，給豐田公司帶來了很大的損失，但是這麼多年來，豐田公司始終堅持單一供應商原則。它們認為，單一供應商原則給豐田公司帶來的收益遠遠大於損失。

2. 多供應商原則

對多供應商原則來說，它的優點主要表現在：通過多個供應商供貨可以分攤供應環節中斷的風險；可以激勵供應商始終保持旺盛的競爭力（成本、交貨期、服務）；可以促使供應商不斷創新，因為一旦它們跟不上時代步伐就會被淘汰。但多供應商原則也有缺點：因為供應商都知道被他人替代的可能性很大，缺乏長期合作的信心，從而降低了供應商的忠誠度；由於多供應商之間過度價格競爭，容易導致供應鏈出現偷工減料帶來的潛在風險；等等。實際上，由於行業、區域、政策等方面的原因，多供應商原則未必能夠完全消除供應鏈供貨中斷的風險。

供應鏈聚焦

蘋果公司對供應商的風險防範一直比較在意。例如iPhone使用的「透明玻璃投射式電容技術」，最先由臺灣廠商宸鴻研發而成，並希望成為蘋果公司的供應商。蘋果公司考察後認為該技術很好，但是蘋果公司提出了一個讓宸鴻意想不到的要求：宸鴻要教會它的競爭對手勝華科技公司這一技術，由兩家廠商共同為蘋果供貨，以避免出現風險。蘋果現任CEO庫克特別強調，蘋果歷來重視由不同供應商供貨。

綜上所述，到底是採用單一供應商原則還是多供應商原則，供應鏈上的合作夥伴應根據具體情況做出決策。

6.4.2.2 供應鏈合作夥伴的關係類型

由於供應鏈緊密合作的需要，並且製造商可以在全球市場範圍內尋找最傑出的合作夥伴，為了能使選擇合作夥伴的工作更為有效，可以把合作夥伴分為不同的類型，進行有針對性的管理。

首先，可以將合作夥伴關係分成兩個不同的層次：重要合作夥伴和一般合作夥伴。重要合作夥伴是少而精的、與製造商關係密切的合作夥伴，而一般合作夥伴是相對較多的、與製造商關係不十分密切的合作夥伴。供應鏈合作關係的變化主要影響重要合作夥伴，而對一般合作夥伴的影響較小。

其次，根據合作夥伴在供應鏈中的增值作用及其競爭力，可將合作夥伴分成不同的類別，分類矩陣如圖6-7所示。圖中縱軸代表的是合作夥伴在供應鏈中增值的作用，對一個合作夥伴來說，如果不能對供應鏈的增值做出貢獻，它對供應鏈的其他企業就沒有吸引力。橫軸代表某個合作夥伴與其他合作夥伴之間的區別，主要是設計能力、特殊工藝能力、柔性、項目管理能力等競爭力方面的區別。

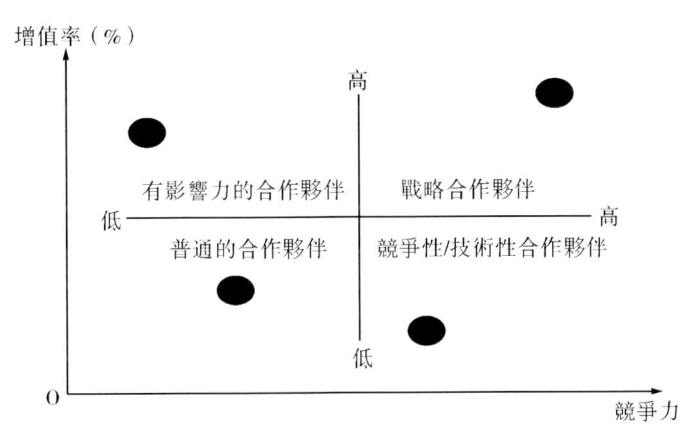

圖6-7 合作夥伴分類矩陣

在供應鏈企業的實際運作中，應根據不同的目標選擇不同類型的合作夥伴。對長期合作而言，要求合作夥伴能保持較高的競爭力和增值率，因此最好選擇戰略性合作夥伴。對短期合作或某一短暫市場需求而言，只需選擇普通合作夥伴滿足需求即可，以保證成本最小化。對中期合作而言，可根據競爭力和增值率對供應鏈的重要程度的不同，選擇有影響力的或競爭性/技術性的合作夥伴。

6.4.2.3 選擇合作夥伴時考慮的主要因素

供應鏈管理是一個開放系統，供應商隸屬於該系統的一部分，因此，供應商的選擇會受到各種政治、經濟和其他外界因素的影響。供應商選擇的影響因素主要有以下幾個方面：

（1）價格因素。它主要是指供應商所供給的原材料、初級產品（如零部件）或消費品組成部分的價格，供應商的產品價格決定了消費品的價格和整條供應鏈的投入產出比，對生產商和銷售商的利潤率產生一定程度的影響。

（2）質量因素。它主要是指供應商所供給的原材料、初級產品或消費品組成部分的質量。原材料、零部件、半成品的質量決定了產品的質量，這是供應鏈生存之本。產品的使用價值是以產品質量為基礎的。如果產品的質量低劣，該產品將會缺乏市場競爭力，並很快退出市場。而供應商所供產品的質量是消費品質量的關鍵之所在，因此，質量是一個重要因素。

（3）交貨週期因素。對企業或供應鏈來說，市場是外在系統，它的變化或波動都會引起企業或供應鏈的變化或波動，市場的不穩定性會導致供應鏈各級庫存的波動，由於交貨提前期的存在，必然造成供應鏈各級庫存變化的滯後性和庫存的逐級放大效

應。交貨提前期越短，庫存量的波動越小，企業對市場的反應速度越快，對市場反應的靈敏度越高。由此可見，交貨週期也是重要因素之一。

（4）交貨可靠性因素。交貨可靠性是指供應商按照訂貨方所要求的時間和地點，將指定產品準時送到指定地點的能力。如果供應商的交貨可靠性較低，必定會影響生產商的生產計劃和銷售商的銷售計劃及時機。這樣，就會引起整個供應鏈的連鎖反應，造成大量的資源浪費並導致成本上升，甚至會致使供應鏈的解體。因此，交貨可靠性也是較為重要的因素。

（5）品種柔性因素。在全球競爭加劇、產品需求日新月異的環境下，企業生產的產品必須多樣化，以適應消費者的需求，達到佔有市場和獲取利潤的目的。因此，企業就必須發揮柔性生產能力，而企業的柔性生產能力是以供應商的品種柔性為基礎的，供應商的品種柔性決定了消費品的種類。

（6）研發和設計能力因素。供應鏈的集成是未來企業管理的發展方向。產品的更新是企業的市場動力。產品的研發和設計不僅僅是生產商的分內之事，集成化供應鏈要求供應商也應承擔部分的研發和設計工作。因此，供應商的研發和設計能力屬於供應商選擇機制的考慮範疇。

（7）特殊加工工藝能力因素。每種產品都具有其特殊性，沒有獨特性的產品的市場生存力較差。產品的獨特性需求特殊的生產工藝，所以，供應商的特殊工藝能力也是影響因素之一。

（8）其他影響因素。例如，項目管理能力、供應商的地理位置、供應商的庫存水準、供應商可能存在的風險等。

具有戰略合作夥伴的企業關係體現了對企業內外資源的集成與優化利用。基於這種企業環境的產品製造過程，從產品的研究開發到投放市場，大大地縮短了週期，而且顧客導向化程度更高，模塊化、簡單化、標準化的組件，使企業在多變的市場中柔性和敏捷性顯著增強。虛擬製造與動態聯盟加強了業務外包策略的應用，企業集成從原來的中低層次的內部業務流程重構上升到企業間的協作，形成一種更高層次的企業集成模式。

雖然有這些利益存在，但仍然有許多潛在的風險會影響供應鏈戰略合作夥伴關係的參與者。最重要的是，過分地依賴於一個合作夥伴，可能會在合作夥伴不能滿足期望要求時造成慘重的損失。而且，企業也可能因為對戰略合作夥伴管理失控、過於自信、合作夥伴過於僵化的專業領域等原因而使自身的競爭力受到影響。此外，企業可能還會過高估計供應鏈戰略合作夥伴關係的利益而忽視了潛在的缺陷。所以企業必須對供應鏈戰略合作夥伴關係策略進行正確的分析，再做出最後的決策。

華中科技大學管理學院曾進行過一次調查，調查數據顯示，中國企業在 20 世紀 90 年代末期選擇合作夥伴時，主要的標準是產品質量，這與國際上重視質量的趨勢是一致的；其次是價格，92.4%的企業考慮了這個標準；另有 69.7%的企業考慮了交貨提前期；品種柔性和品種多樣性也是企業考慮的因素之一。調查統計數據見圖 6-8。

通過近幾年來的調查發現，中國企業評價選擇合作夥伴時存在較多問題：一是選擇方法不科學，主觀成分過多，有時往往根據企業的印象來選擇，選擇中還存在一些

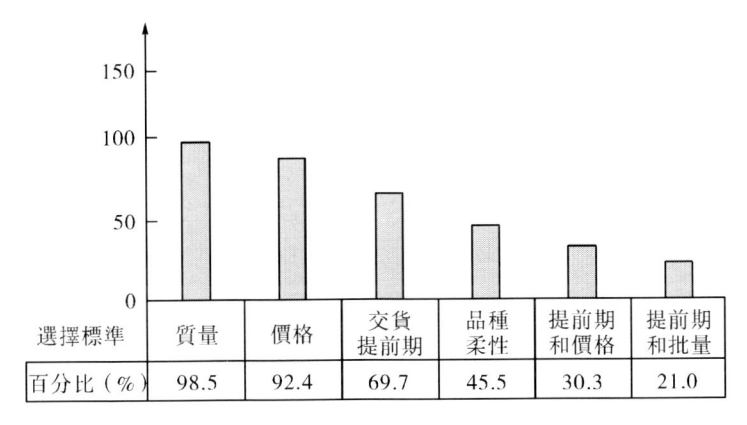

選擇標準	質量	價格	交貨提前期	品種柔性	提前期和價格	提前期和批量
百分比（%）	98.5	92.4	69.7	45.5	30.3	21.0

圖 6-8　選擇合作夥伴的標準統計圖

個人成分；二是選擇標準不全面，目前企業的選擇標準多集中在企業的產品質量、價格等方面，沒有形成一個全面的綜合評價指標體系，不能對企業做出全面、具體、客觀的評價；三是選擇機制不配套，各個部門各行其是，有時選擇流於形式；四是對供應鏈合作夥伴關係的重要性認識不足，對合作夥伴的態度惡劣。這些問題影響著企業建立合作夥伴關係的基礎，從整個供應鏈來看是不利的。

6.4.2.4　供應鏈合作夥伴選擇的評價標準

1. 評價準則（指標體系）的設置原則

（1）全面性原則。評價指標體系必須全面反應合作夥伴企業目前的綜合水準，並包括企業發展前景的各項指標。

（2）科學性原則。評價指標體系的大小也必須適宜，即指標體系的設置應有一定的科學性。如果指標體系過大、層次過多、內容過細，勢必將評價者的注意力吸引到細小的問題上；而指標體系過小、層次過少、內容過粗，又不能充分反應合作夥伴的水準。

（3）可比性原則。評價指標體系的設置還應考慮到應易於與其他指標體系相比較。

（4）可操作性原則。評價指標體系應具有可操作性，企業應能根據自己的特點以及實際情況，選擇合適的評價指標。

對供應商來說，要想在所有的內在特性方面獲得最大利益是相當困難的，或者說是不可能的。例如，一個高質量產品的供應商就不可能有最低的產品價格。因此，在實際的選擇過程中必須綜合考慮供應商的主要影響因素。

2. 評價指標體系的設立原則

前面所列的影響因素在實際的供應鏈合作夥伴選擇過程中表現出來的重要性是不同的。為了準確地評價和選擇合作夥伴，必須建立一個相應的評價指標體系。Dickson 在對美國的數百家企業的經理進行調查後，認為產品的質量、價格和交貨行為的歷史是選擇合作夥伴的三大重要標誌，他建立了一個包含 21 個評價準則的供應商選擇指標體系（見表 6-3）。

表6-3　　　　　　　　　　Dickson 的供應商評價標準

排序	準則	排序	準則	排序	準則
1	質量	8	財務狀況	15	維修服務
2	價格	9	遵循報價程序	16	態度
3	交貨	10	溝通系統	17	形象
4	歷史效益	11	美譽度	18	包裝能力
5	保證	12	業務預期	19	勞工關係記錄
6	生產設施/能力	13	管理與組織	20	地理位置
7	技術因素	14	操作控制	21	以往業務量

Dickson 的供應商選擇準則雖然很全面，但是它沒有設置權重，不易分析、應用。這一問題被後來的很多學者加以改進和完善，出現了分層次的評價準則體系（見表6-4）。不同的企業在選擇合作夥伴時，可以根據自己的需要設計不同的評價準則。

表6-4　　　　　　　分層次、有權重的供應商評價準則

序號	評價準則	子準則
1	質量水準（0.25）	顧客拒收度（0.60）
		工廠檢驗（0.40）
2	回應性（0.03）	緊急交貨（0.70）
		質量水準（0.30）
3	紀律性（0.04）	誠實（0.75）
		程序遵循度（0.25）
4	交貨（0.35）	交貨可靠性（1.00）
5	財務狀況（0.06）	財務評價等級（1.00）
6	管理水準（0.06）	企業制度執行情況（0.75）
		業務水準（0.25）
7	技術能力（0.08）	解決技術問題的能力（0.80）
		產品線寬度（0.20）
8	設備設施（0.14）	機器設備完好率（0.60）
		基礎設施水準（0.20）
		佈局合理性（0.20）

中國企業目前採用得比較多的評價準則主要是產品質量和價格。由於建立供應鏈合作夥伴關係時，更加關注長期合作，價格的重要性在降低，因此可以採用表6-5所示的評價指標體系。

表 6-5　　　　　　　　　　合作夥伴綜合評價指標體系

層級	指標			
第一層	合作夥伴綜合評價指標體系			
第二層	企業業績評價 A	生產能力評價 B	質量系統評價 C	企業環境評價 D
第三層	企業發展前景 企業信譽 訂單交付質量 成本分析 員工福利	製造/生產狀況 設備狀況 財務狀況 人力資源狀況 技術合作	質量管理資源 質量檢驗和試驗 製造質量保證 供應質量保證 產品開發質量 質量認證體系	社會文化環境 自然地理環境 經濟與技術環境 政治法律環境
第四層	根據以上因素選擇可觀測指標	根據以上因素選擇可觀測指標	根據以上因素選擇可觀測指標	根據以上因素選擇可觀測指標

6.4.2.4 供應鏈合作夥伴的選擇方法與注意事項

合作夥伴的評價選擇是供應鏈合作關係運行的基礎。合作夥伴的業績對製造企業的影響越來越大，在交貨期、產品質量、提前期、庫存水準、產品設計等方面都影響著製造企業。合作夥伴的評價、選擇對企業來說是多目標的，包含許多可見和不可見的多層次的因素。

1. 合作夥伴選擇的常用方法

通過多年的理論與實踐的發展，目前選擇合作夥伴的方法較多，一般要根據供應單位的多少、對供應單位的瞭解程度以及對物資需要的時間是否緊迫等要求來確定。目前，國內外常用的方法綜述如下：

（1）直觀判斷法

直觀判斷法是根據徵詢和調查所得的資料並結合人的分析判斷，對合作夥伴進行分析、評價的一種方法。這種方法主要是傾聽和採納有經驗的採購人員的意見，或者直接由採購人員憑經驗做出判斷。它的缺點是帶有明顯的主觀性，因此常用於選擇企業非主要原材料的合作夥伴，或用於確定合作夥伴的初期名單。

（2）招標法

當採購數量大、合作夥伴競爭激烈時，可採用招標法來選擇適當的合作夥伴。它是由企業提出招標條件，各招標合作夥伴進行競標，然後由企業決標，與提出最有利條件的合作夥伴簽訂合同或協議。招標法可以是公開招標，也可以是指定競標。公開招標對招標者的資格不予限制；指定競標則由企業預先選擇若干個可能的合作夥伴，再進行競標和決標。招標方法競爭性強，企業能在更廣泛的範圍內選擇適當的合作夥伴，以獲得供應條件有利的、便宜、適用的物資。但招標法手續較繁雜、時間長，不能適應緊急採購的需要；同時雙方沒有時間充分協商，容易造成貨不對路或不能按時到貨的後果。

（3）協商選擇法

在供貨方較多、企業難以抉擇時，也可以採用協商選擇的方法，即由企業先選出供應條件較為有利的幾個合作夥伴，同它們分別進行協商，再確定適當的合作夥伴。

與招標法相比，協商選擇法由於供需雙方能充分協商，在物資質量、交貨日期和售後服務等方面較有保證。但由於選擇範圍有限，不一定能得到價格最合理、供應條件最有利的供應來源。當採購時間緊迫、投標單位少、競爭程度小、訂購物資規格和技術條件複雜時，協商選擇比較適用。

(4) 採購成本比較法

對質量和交貨期都能滿足要求的合作夥伴，則需要通過計算採購成本來進行比較分析。採購成本一般包括售價、採購費用、運輸費用等各項支出的總和。採購成本比較法是通過計算分析各個不同合作夥伴的採購成本，以選擇採購成本較低的合作夥伴的一種方法。但這種方法容易造成「低價中標」，從而犧牲必要的質量水準，形成質量事故隱患。

此外，還可以採用層次分析法、ABC 分析法、神經網路算法等。

2. 建立供應鏈合作關係的注意事項

良好的供應鏈合作關係首先必須得到最高管理層的支持，並且企業之間要保持良好的溝通，建立相互信任的關係。

在戰略分析階段，需要瞭解相互的企業結構和文化，消除社會、文化和態度之間的障礙，並適當地改變企業的結構和文化。同時，在企業之間建立協調、統一的運作模式或體制，消除業務流程和結構上存在的障礙。

在合作夥伴評價和選擇階段，總成本和利潤的分配、企業文化的兼容性、財務的穩定性、合作夥伴的能力和定位（包括地理位置分佈）、管理的融合性等都將影響合作關係的建立，必須增加與主要供應商和用戶的聯繫，增進相互之間的瞭解（對產品、工藝、組織、企業文化等），相互之間保持一定的一致性。

在實施階段，相互之間的信任最為重要，良好願望、柔性、解決矛盾衝突的技能、業績評價（評估）、有效的技術方法和資源支持等都很重要。

另外，建立供應鏈合作關係後需要定期或不定期地動態考核，促進合作夥伴不斷成長。

本章小結

本章首先引出供應鏈協調運行對提高供應鏈整體效益的重要性，其後簡單介紹了幾種供應鏈運行中的不協調現象，分析了產生這些現象的原因。針對「需求變異放大」現象、曲棍球棒效應及雙重邊際效應三種不協調現象提出了相應的改進方法，能夠緩解這些不協調現象。針對供應鏈運作管理及協調問題，本章從供應鏈運作激勵和供應契約的角度進行了分析，並介紹了常見的供應鏈激勵方式和常見的供應契約。這些管理措施可以多管齊下，促進供應鏈協調運行，使整體利益達到最大化。最後介紹了供應鏈戰略合作夥伴關係的含義、類型，以及供應鏈合作夥伴的選擇評價方法。

思考與練習

1. 供應鏈運作中的不協調現象都有哪些表現？舉例進行說明。
2. 引起供應鏈「長鞭效應」的原因有哪些？如何緩解供應鏈上的「長鞭效應」？
3. 分析供應鏈管理環境下導致曲棍球棒效應的原因，並給出解決的方法。
4. 供應契約的本質是什麼？這些供應契約時如何達到供應鏈協調運行的？
5. 供應鏈運作管理的協調性與供應鏈激勵之間的關係是什麼？如何構建供應鏈管理中的激勵機制？
6. 詳細說明供應鏈合作關係的含義，討論一般合作關係與戰略合作夥伴關係之間的區別，並提供例子進行說明。
7. 供應鏈企業之間合作的基礎是什麼？
8. 如何建立夥伴選擇的評價指標體系？描述一些可以用於選擇合作夥伴的技術方法。

本章案例

案例 6-1　日用品製造商的第三方物流合作夥伴選擇

王小軍受聘到一家日用品製造商——Y 公司任物流總監。他對第三方物流進行調研分析後，發現了一個令人驚奇的現象：為 Y 公司在同一個城市提供市內分銷配送服務的三家公司（兩大一小）提供同樣的服務，但價格差異卻很大——最高的一家價格甚至是最低一家的兩倍之多（見表 6-6）。

表 6-6　　　　　　　　　　　　服務價格差異

物流商	物流價格（舉例）	物流商業性質
N	3.7 元/噸·千米	Y 公司所在集團參股的第三方大型物流企業
M	3.0 元/噸·千米	第三方大型物流企業
W	1.8 元/噸·千米	第三方小型物流企業（搬家公司）

註：本表數據經過處理，以防止洩露企業信息。

這樣的選擇結果，究竟是怎麼來的呢？

雖說在製造商的供應鏈環節中，物流商選擇不像產能規劃、產品戰略、庫存模式那樣直接影響企業的全面成本，但好歹每年幾千萬甚至幾億元投進去，至少也要明白所選的第三方物流商究竟怎樣。王小軍決定要認真做一下分析。

相關資料：Y 公司的背景及供應鏈運作方法

Y 公司擁有上百個規格品種的產品，年營業額達百億元人民幣。

Y 公司每月 70% 的銷量來自經銷商（全國共 600 多家），其餘來自一些重點零售客

戶（Key Account，以下簡稱KA）和特別渠道，如機構、學校等。

因此，Y公司有一個由生產技術為主導的供應鏈部門負責公司產成品的倉儲、運輸、調撥計劃、需求和供應計劃、銷售訂單處理等業務，並在武漢、成都、西安等城市分別設有區域配送中心（RDC）。這些區域配送中心負責支持各自區域的銷售活動。

每週，Y公司總部計劃部門會根據各區域配送中心所覆蓋地區的銷售預測、部門設定的庫存目標、當前庫存和生產基地的供應週期等，向生產基地下達補貨計劃。每年，除了管理人員的薪酬、辦公費用和IT系統支出外，大部分的物流支出（總共約2億元）花在倉儲、分裝、運輸領域。

倉儲方面的主要支出是配送中心的支出。Y公司所有的配送中心採用外包租賃形式，包給了不同的第三方物流，也就是租賃它們的倉庫。配送中心的主要職責是收發貨、倉儲、分揀、輕度加工和按訂單配送，其中輕度加工主要是為Y公司的不定期的促銷活動服務，這往往需要諸如貼標籤、再包裝等工作。

運輸主要包括：從生產基地到區域配送中心的幹線運輸、從配送中心到經銷商的支線運輸和配送中心到零售商的配送。運輸的整體費用占Y公司儲運支出的80%。雖然有少量的車輛，但大部分運輸活動均採用外包——Y公司會在配送中心所在區域尋找基於該市範圍內的物流商。

Y公司的物流業務模式對其物流合作夥伴也有許多不利。例如，Y公司有上百個單品，目前把銷量小的規格品種存在一個倉庫中，而現在下游分銷客戶訂貨平均包含10多個品種。為了完成配貨，物流商需要在各個地點的倉庫分別裝貨，完成配貨需要花費大概一整天的時間，而物流商真正運輸的時間平均只有一天，從而大大增加了物流商的物流成本。

產品規格增加還導致物流商運輸工具裝載能力下降。僅以60噸的火車皮為例，如果裝載單一品種，可以滿載60噸。但是客戶一般訂貨平均有10多種規格的產品，數量大小不一，裝載能力就下降到50噸，從而使每噸運輸費用增加了20%。假如能對規格進行有效管理，使得車皮裝載能力提高到53噸，大約每噸運輸費用會降低5%，則物流企業每年可以節約運輸費用400萬元左右。這種裝載問題同樣存在於廂式貨車（市內配送）等固定容積運輸工具。

原來是不得已而為之

面對Y公司的奇事，王小軍決定深入研究一下。

每年六七月份，Y公司都會舉行物流服務商招標會，確定下一年度的物流服務商，也順勢對區域的經銷商、KA物流策略進行相應的調整。

搞招標會，設想得挺好，看起來也不是很難：只要生產技術部儲運經理的分析報告往招標會上一放，然後各物流商針對分析報告內容提交各自的解決方案，確定一家第三方物流公司，這次招標活動就算圓滿結束了。至少在一年時間內，Y公司不用再為換物流服務商的事情操心。目前，很多公司都採用這種方法。

但每當這個時候，問題經常接踵而至。正如Y公司所抱怨的，與中標物流企業確定服務價格、協商具體服務合同條款是個麻煩事。要知道，一場招投標活動，招標方、投標方各有算盤：招標方擔心物流商報價有假，在招標現場故意砸價，等真正干起來，

服務條款難以保證，物流商到時候還可能會借機漲價；投標的物流商擔心合作難以持久，成本不好換算，如果為Y公司投入人力、物力，甚至購買新物流設備，資金壓力太大。

這樣，談來談去，最後Y公司也看花了眼，就去查探當地同行中哪個物流公司的口碑好，價格其實反而放在了一邊。

這樣，雖然能縮小範圍，但終究還剩下幾家能挑。Y公司滿心想在這幾家中選個大物流商，但大物流商實力漸長，店大欺客，物流成本談不下來。小物流商雖然服務口碑也不錯，但以它的配送能力，又沒法兼顧區域內的全面市場。

這時，公司內部又有話了：如果全選集團外的配送商，它們又不是只接我們一家的，萬一到了旺季，無法保證對我們的服務怎麼辦？豈非白白把市場送給對手品牌？因此，還是應該把部分業務給Y公司自己參股的物流公司才好。

到底應該選哪一種物流服務商呢？到頭來，Y公司只好大小通接，就出現了這一幕：彼此間同樣的服務，價格差異卻很大，生產商也無法管理。大物流商說：「嫌價高，讓它去找小物流商啊。」小物流商說：「嫌我遠地方的貨物送得慢，你去找價高的送啊！」

物流公司的委屈

其實，物流公司也一肚子委屈。

報價高的那家N大型物流公司的管理者雖然隸屬於Y公司，但在合作條件上其實與第三方物流公司相同。他們會說：我知道自家的價格肯定不比對手有競爭力，但我絕不是店大欺客。

這宗大單落到N物流公司頭上，不僅意味著巨大的業務量，同時也意味著它得承擔Y公司的物流風險：因為現在Y公司要求的報價單畢竟與過去投標的報價單不同，物流公司的解決方案報價明明白白列出了N物流公司的成本底線，細分到細節，成本透明且沒有任何彈性空間。一旦遭遇淡季或是其他原因引起的銷量變化，N物流公司就有虧本的危險。而M物流公司除了Y公司之外還有別的客戶，因此一些如叉車、貨架、人工等的服務資源都可能被共享，成本可以攤薄。

那麼，N物流公司要是跟W物流公司比呢？N物流公司可以說小物流公司W是故意砸價，但口說無憑，從專業角度講，如果W物流公司在報價時採用作業成本法來具體分析各項倉儲配送活動的成本，則真有可能會報價低！

比如，同樣的兩個倉庫都用30個工人30天的成本完全攤到每月每箱的報價中，而不管Y公司的業務是否是全時使用；W物流公司作為小型物流公司，在報價中，可能考慮到業務真正耗用的人工有時多，有時少，因此是按比例分攤的人工成本，當然搬運工人這項的報價就比N物流公司低。

既然理論上（方案中）真存在這樣的情況，Y公司基本就無法判斷W物流公司的報價是真實的低成本報價，還是惡性報低價。而且Y公司在運作中也的確不覺得W物流公司的服務差多少。

Y公司還拿W物流公司和M物流公司的價格去找N物流公司，一再表示別人的報價比N物流公司低，可N物流公司的管理者說：我們也沒有辦法改變。

與大物流商進行價格談判比較麻煩，它們大都會提出最低運輸量的要求（所謂的保本業務量），不過它們運作還算正規。小物流商價格低，也好操控，但它們是不是先報低價勝標，等日後再找各種借口要求漲價？要是那樣，招標豈不是白搞了？或屆時再搞？選擇物流商是大的好還是小的好？又如何管理招投標呢？

這些問題不得不使王小軍對那些報價高的企業表示同情，但也惋惜有這麼多改進的地方。為什麼Y公司沒有動靜呢？要知道，Y公司畢竟是這條鏈條上的主導者。

Y公司有這麼多物流管理問題都沒有改進，更談不上對第三方物流夥伴進行仔細的篩選了。更加上有N物流公司這樣一個「特殊關係」的企業，Y公司更難在招標中進行精細化的考慮。

如果招標的考察不精細，那麼招投兩邊都猶猶豫豫，尷尬的場面就很容易出現。

王小軍應該如何解開供應鏈上的這些問題？

資料來源：馬士華，林勇. 供應鏈管理［M］. 5版. 北京：機械工業出版社，2017：122-124.

案例6-2　啤酒游戲模擬

啤酒游戲最初來自美國麻省理工學院，是一種類似「大富翁」的策略游戲。這個游戲來源於《第五項修煉》，是彼得·聖吉為「組織修煉」而設計的一個角色模擬項目。該游戲通常用以簡單說明供應鏈中的牛鞭效應，它暴露了供應鏈中信息傳遞過程中出現的問題，即不對稱的信息往往會扭曲供應鏈內部的需求信息，使信息失真，導致供應鏈失調。

在啤酒游戲中，由消費者、零售商、批發商、分銷商和製造商組成一個簡單的供應鏈（如圖6-9所示），各環節之間存在兩條流，即物流（啤酒）和信息流（訂單）。在游戲進程中，任何上、下游企業之間不能交換任何商業資訊，只允許下游企業向上游企業傳遞訂單，消費者只能向零售商下訂單。

消費者 ---→ 零售商 ←— 批發商 ←— 分銷商 ←— 製造商

--------→ 信息流（訂單）　　←—— 物流（啤酒）

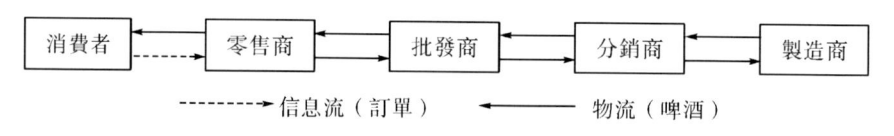

圖6-9　啤酒游戲的供應鏈

啤酒游戲假設：

（1）將供應鏈簡化為單線產銷、供銷，只由零售商、批發商、分銷商、製造商四個企業實體組成產供銷系統。

（2）有需求時，盡量滿足需求發貨，除非缺貨。

（3）發貨後即下達採購訂單，各個企業實體只有一個決策，即採購數量的決策。

（4）每個企業實體均可自由做出決策，其唯一目標是追求利潤最大化，游戲的最後結果是以整組總成本最低者為優勝。

成本計算方法：總成本＝（庫存量X_1+累計缺貨量X_2），i=1，2，3，4，…，n。

每個供應鏈由四個板塊組成，分別是零售商板塊、批發商板塊、分銷商板塊和製

造商板塊（如圖6-10所示）。

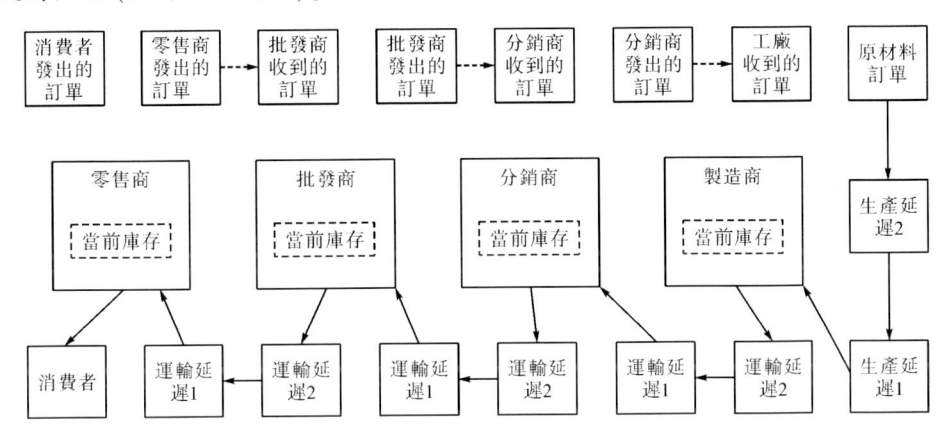

圖6-10 啤酒游戲操作流程

在四個板塊中進行初始設置：運輸（生產）延遲1、運輸（生產）延遲2、當前庫存為4。運作這個游戲每輪分為8個步驟，進行的次數可以由參與者自行決定。表6-7給出了分銷商的操作步驟。

表6-7　　　　　　　　　分銷商操作步驟（每個角色務必同步）

步驟	內容	操作
1	收貨	將運輸延遲1中的貨物移動到當前庫存中
2	走貨	將運輸延遲2中的貨物移動到運輸延遲1中
3	接訂單	分銷商查看收到的訂單中標籤紙上的訂單數量，並將該標籤放在一邊
4	發貨	根據第3步驟的訂單數量發貨至批發商的運輸延遲2
5	記錄庫存或缺貨	在表格中記錄庫存量和累計缺貨量
6	走訂單	將分銷商發出的訂單移至工廠收到的訂單
7	寫訂單	在標籤紙上寫訂貨數量（自己決策），貼在分銷商發出的訂單上
8	記錄訂貨量	將第7步中的訂單數量記錄至表格中向上游發出的訂貨量

註：本期累計缺貨量＝上期累計缺貨量＋本期缺貨。

表6-8為啤酒游戲記錄表格。

表6-8　　　　　　　　　　　啤酒游戲記錄表格

組號	角色		
輪次	庫存量	累計缺貨量	向上游企業發出的訂貨量
1			

表6-8(續)

組號	角色		
2			
3			
…			

註：在啤酒游戲記錄表格中，庫存量和累計缺貨量在同一週只記一個，即有庫存量就沒有累計缺貨量，有累計缺貨量就沒有庫存量。

在游戲過程中，可能會發現，雖然自己已經很謹慎地進行訂貨決策了，但總是不可避免地會出現大量缺貨或者在庫存充足時銷量卻下降的情況，不能及時地捕捉住市場信息。這是什麼原因造成的呢？

隨著消費者消費量的增長，零售商為了保證滿足消費者的需求，會提高自己的訂貨量，即產生缺貨的恐慌，而這種恐慌又通過訂單依次傳遞給批發商、分銷商和製造商。在傳遞過程中，恐慌幾乎不可避免地被放大，需求的波動幅度自然也加劇了。同理，消費者需求的減少也會造成同樣的結果，加劇需求的變動，導致供應鏈失調。

消費者的需求變動幅度雖小，但是由於供應鏈不同階段的角色對需求的預測有著截然不同的結果，通過整個系統的加乘作用將會產生很大的危機。牛鞭效應扭曲了供應鏈的需求信息，導致供應鏈失調。

資料來源：包興，肖迪. 供應鏈管理：理論與實踐 [M]. 北京：機械工業出版社，2011：274-275.

案例思考

1. 如果由你來選擇日用品製造商的第三方物流合作夥伴，你應該如何選擇呢？
2. 請用仿真軟件或編製程序來模擬啤酒游戲的結果，並進行分析。

7 供應鏈中的庫存管理

本章引言

　　庫存幾乎存在於供應鏈中的各個環節中，無論是流通企業還是生產企業，從原材料庫存、半成品庫存到產成品庫存各個方面，都會因為管理不善而給企業造成嚴重的危機，甚至倒閉，因此科學的庫存管理是非常必要的。庫存管理不是一個拍腦袋的決策過程，而是需要進行精密的計算，掌握一些數學模型有助於改善供應鏈的庫存管理水準。除了數學模型，理解供應鏈中一些重要的庫存管理模式將更有助於供應鏈管理者深入思考適合自身的庫存管理模式。

　　供應鏈管理環境下的庫存控制問題是供應鏈管理的重要內容之一，也是企業競爭策略的重要組成部分。庫存管理是對庫存的管理與控制，其目的就是在滿足顧客服務要求的前提下通過對企業的庫存水準進行控制，盡可能降低庫存水準，提高物流系統的效率，從而增強企業的競爭力。

學習目標

- 掌握庫存的定義和分類。
- 理解庫存的兩面性。
- 瞭解供應鏈環境下庫存管理存在的主要問題。
- 掌握供應鏈庫存管理技術與方法。
- 瞭解供應鏈環境下的庫存控制策略。

7.1　供應鏈庫存管理理論

7.1.1　庫存的基本概念

　　供應鏈的各個環節都存在庫存，庫存與庫存管理越來越受到企業關注。供應鏈庫存管理就是運用供應鏈管理的理念與方法來控制庫存與降低庫存，從整個供應鏈管理的角度來優化庫存。傳統的庫存管理從單個企業的角度出發，只能是庫存的局部優化，這種思路存在著許多弊端。供應鏈環境下的庫存管理，必須從供應鏈的整體角度出發優化庫存，探索庫存管理的戰略管理模式。

7.1.1.1　庫存的定義

　　狹義的庫存僅僅指的是在倉庫中處於暫時停滯狀態的物資，是指僅存在於倉庫中

的原材料、零部件和產成品。而廣義的庫存是指用於將來目的、暫時處於閒置狀態的資源，除了包括倉庫中的原材料、零部件和產成品外，生產線上的半成品，以及運輸途中的物品均屬於庫存的概念。

本書認為庫存的定義是指企業為了滿足未來生產、銷售或使用等方面的需求而儲備的資源，包括原材料、材料、燃料、低值易耗品、在產品、半成品、產成品等物品和材料。

庫存是一項代價很高的投資，無論是對生產企業還是物流企業而言，正確認識和建立一個有效的庫存管理計劃都是很有必要的。

此外，在相關文獻中對庫存還有不同的解釋，如：

（1）庫存是指企業在生產經營過程中為了現在和將來的耗用或者銷售而儲備的資源，其中包括原材料、材料、燃料、低值易耗品、在產品、半成品、產成品等。

（2）庫存是指企業用於今後生產、銷售或使用的任何需要持有的所有物品和材料。

（3）庫存就是存貨，即暫時處於閒置狀態的用於將來目的的資源。

7.1.1.2 庫存的分類

對庫存進行科學的管理，就需要將庫存按其企業營運過程中所處狀態、來源、庫存物品所處狀態、庫存的目的、用戶對庫存的需求等不同的標準進行不同的分類。主要將其分為以下幾大類：

1. 循環庫存

循環庫存也稱經常庫存，是指企業在正常的經營環境下，為滿足日常的需要而建立的庫存。例如，企業都會為未來的銷售存有一定量的庫存，當庫存量降至一定點時，即通常所稱的「訂貨點」，企業又會通過再次儲存一定的庫存，對循環庫存的管理是一個周而復始的過程。此外，循環庫存還存在於原材料的採購和庫存管理之中。

2. 安全庫存

安全庫存是指為了防止由於不確定因素而準備的緩衝庫存。

這種不確定性包括很多方面，像臨時性的大批量訂貨、因某些特殊原因而延遲交貨等，安全庫存的存在就是為了防範這些不確定性給企業帶來不必要的損失，影響服務水準。

3. 季節性庫存

季節性庫存是指為了滿足特定季節出現的特定需要而建立的庫存。例如，夏天是啤酒銷售的旺季，但由於生產工藝的問題，啤酒生產商通常會在冬天就建立次年夏季銷售的啤酒庫存。時令的服裝庫存也是季節性庫存，經銷商通常會備有一定量的當季服裝以避免缺貨。大米、棉花、水果等農產品上市具有強烈的季節性，但消費卻通常跨了多個季節，這也就需要建立季節性庫存。

4. 投機庫存

投機庫存是指為了避免因貨物價格上漲造成損失或為了從商品價格上漲中獲利而建立的庫存。

5. 在途庫存

在途庫存是指正處於運輸以及停放在相鄰兩個工作地之間或相鄰兩個組織之間的庫存。這種庫存是一種客觀存在，而不是有意設置的。在途庫存的大小取決於運輸時間以及該期間內的平均需求。

6. 積壓庫存

積壓庫存是指因物品品質變壞不再有效用的庫存或沒有市場銷路而賣不出去的商品庫存。例如，過時的汽車零部件通常會以呆滯品存在，當季無法銷售出去的服裝通常無法再賣掉，變質的食品也無法銷售。

7.1.2 庫存的兩面性

7.1.2.1 庫存的作用

從本質來看，庫存產生的主要原因是供給和需求的不匹配。在現實的市場中，「供給等於需求」是完全的理想主義，供給和需求或多或少會在時間、空間上存在一些不匹配。庫存成為解決這種不匹配的一個「緩衝器」，在供給和需求之間起到調節平衡的作用。

庫存的積極作用主要體現在以下幾方面：

1. 縮短訂貨提前期

企業通過持有一定的庫存，可以在接到客戶訂單後，最大限度地縮短回應時間，即縮短從接受訂單到送達貨物的時間，快速對客戶的需求進行回應，從而提高對客戶的服務水準。對於計算機等電子消費產品而言，縮短訂貨提前期意味著獲得更多的市場份額。

2. 維持生產的穩定

企業是按照銷售訂單與銷售預測安排生產計劃，並制訂採購計劃、下達採購訂單的。由於採購的物品需要一定的提前期，會存在一定的風險，通過增加材料的庫存量，保證生產計劃性、平穩性，消除或避免銷售波動的影響，可以避免因原材料缺貨造成生產中斷，減少可能的損失。

3. 防止缺貨現象

企業持有一定數量的庫存，可以防止產品短缺和脫銷，也可以應付各種變化，起到應急和緩衝的作用。例如，國家為應付自然災害和戰爭，通常會委託藥品或戰略物資生產企業維持一定的戰略儲備，以備不時之需。

4. 分攤訂貨費用

如果企業每次只對需要的原材料進行採購，這種做法不會產生庫存，但是分攤到每種物料上的成本，如運輸費用、訂貨費用等相對較高。如果企業每次採購一批貨物，允許一定量庫存的存在，那麼分攤在每種物料上的成本就會降低很多，使企業達到經濟訂貨規模。

5. 對沖原材料價格波動

在金融市場動蕩的今天，石油、鐵礦石和糧食等大宗原材料價格波動日益劇烈，

這對國內外眾多企業的生產成本造成了巨大的壓力。通過庫存的累積和減少，能夠有效地平抑原材料市場價格波動對企業利潤的影響。從這個角度來看，庫存反而能夠達成企業「成本領先」的經營戰略。

7.1.2.2 庫存的危害

在很多情況下，企業在享受庫存帶來的好處的同時，也在另一些方面承受庫存的折磨。許多企業都遭受過庫存管理不善帶來的嚴重影響。許多營運管理和供應鏈管理專家的研究表明，庫存有可能在以下幾個方面對企業產生巨大的殺傷力。

1. 資金積壓

庫存是暫時閒置的資源，大量庫存的存在意味著企業的巨額資金被占用，而這可能會造成企業資金週轉率下降，甚至造成資金鏈緊張。

2. 增加產品和管理成本

庫存材料成本的增加直接增加了產品成本，此外，企業還要為維護庫存支付一定的管理費用，這些費用的增加可能會使企業利潤下降，甚至出現虧損。

3. 掩蓋企業內部管理問題

庫存的「緩衝」作用很大程度上可以降低管理者對不良運作的敏感性。例如，計劃不周、採購不力、生產不均衡、產品質量不穩定及市場銷售不力等，而這些管理不到位的問題在大量庫存存在時都會被掩蓋。試想一下：如果客戶拿著質量有問題的產品要求換貨，而此時企業有著大量的庫存允許換貨，那麼管理者可能就不會注意到是什麼原因造成了產品質量的缺陷，進而也就不會花精力去改進質量管理了。

7.1.3 庫存管理要考慮的影響因素

庫存管理對於供應鏈管理十分關鍵，有效的庫存管理對於企業和供應鏈的成功至關重要，因此不應低估庫存對供應鏈的影響。在進行庫存管理時有兩個因素需要企業管理者深思熟慮，即成本（Cost）和服務水準（Service Level）。

7.1.3.1 成本

供給和需求經常會在時間和空間上產生矛盾。

需求總是不確定的，而生產和運輸產品又需要時間，所以在供應鏈中的某些地方，不可避免地需要一定數量的庫存，來為最終的客戶提供足夠的服務。但是庫存的存在又需要企業為之付出一些「代價」，企業必須要有資金用於對這些暫時被擱置的資源的管理，包括庫存本身的價值、管理庫存的費用、保險費和倉庫租金等。

7.1.3.2 服務水準

服務水準是衡量客戶需要時庫存可獲得性的指標，最簡單的計算方式是由庫存滿足的客戶需求的數量來計算的，表示為占所有總需求數量的比例。

較差的服務水準導致的結果包括銷售機會的丟失，以及某些情況下供應鏈合作夥伴提出的財務上的懲罰。當客戶需要一個產品，而企業無法提供時，供應鏈可能會喪失這個銷售機會。

惠普公司噴墨打印機的一次銷售機會的喪失，會導致在該打印機上銷售利潤的損失、與該打印機有關的後續產品上的銷售利潤的損失（如墨盒和打印紙等），以及對惠普公司營造品牌忠誠度的影響，而這種品牌忠誠度又會影響對產品未來的需求。

對於計算機、手機等消費性電子產品而言，服務水準的降低意味著無法及時滿足客戶的訂貨需求，意味著可能被競爭對手快速超過。對於汽車銷售而言，服務水準的降低，不僅意味著失去汽車的銷售機會，更意味著失去整個生命週期內的高價值的備件銷售機會。

一般認為，企業只有持有一定庫存，才能滿足消費者需求的不確定性，實現在合適的時間、合適的地點，把合適的商品及時交給消費者，保證企業的服務水準。

7.2　供應鏈管理環境下的庫存問題

原材料、在製品、半成品、成品等形式的庫存存在於供應鏈的各個環節，由於庫存費用通常占庫存物品價值的20%~40%，因此供應鏈中的庫存控制非常重要。通過對供應鏈管理環境下的庫存控制中存在的主要問題的調查與整合，可以將其綜合成三方面的內容，分別是供應鏈管理環境下的庫存控制問題、供應鏈中的需求變異放大和供應鏈中的不確定性。

7.2.1　供應鏈中的庫存控制問題

由於供應鏈管理思想對庫存的影響，供應鏈環境下的庫存問題與傳統的企業庫存問題有許多不同之處。傳統的企業庫存管理側重於優化單一的庫存成本，從存儲成本和訂貨成本出發確定經濟訂貨量和訂貨點。從單一的庫存角度看，這種庫存管理方法有一定的適用性，但是從供應鏈整體的角度看，這一方法顯然力度不夠。

目前，供應鏈管理環境下的庫存控制中存在的主要問題可歸納為以下幾個方面：

1. 供應鏈的系統觀念不強

雖然各個供應鏈節點的績效決定了供應鏈的整體績效，但是各個節點企業都有各自獨立的目標與使命，有些節點企業的目標和供應鏈的整體目標是不相關的，甚至有可能是衝突的。因此，這種各自為政的行為造成了供應鏈整體效率的低下。

2. 對用戶需求理解不正確

通常情況下，供應鏈管理的績效好壞應該由用戶來衡量，或者以對用戶的反應能力來衡量。但是對用戶服務的理解與定義各不相同，直接導致對用戶服務的水準產生差異。

3. 交貨狀態數據不準確

當客戶下達訂單時，總是希望知道其交貨日期，但許多企業沒有及時而準確地把推遲的訂單交貨的修改數據提供給用戶，其結果當然是用戶的不滿。

4. 信息傳遞系統效率低

供應鏈節點上各個企業之間的需求預測、庫存狀態、生產計劃等都是供應鏈管理

的重要數據。這些數據分佈在不同的供應鏈節點企業之間，要快速、有效地回應客戶需求，必須及時傳遞這些數據。但是目前許多企業的信息系統並沒有很好地集成起來，當供應商需要瞭解用戶的需求信息時，常常得到的是延遲的信息和不準確的信息。由於延遲引起起誤差和影響庫存量的精確度，短期生產計劃的實施也會遇到困難。

5. 忽視庫存影響的不確定性

供應鏈營運過程中存在許多的不確定因素，如訂貨的前置時間、貨物的運輸狀況、原材料的質量、生產時間、運輸時間、需求的變化等。為減少不確定性對供應鏈的影響，首先應瞭解不確定性的來源和影響程度。很多公司並沒有認真研究和跟蹤其不確定性的來源和影響，而錯誤估計供應鏈物流中物料的流動時間，造成物品庫存增加或者物品庫存不足的現象。

6. 庫存控制策略簡單化

對於生產企業或者物流企業等來說，庫存控制的目的都是為了保證供應鏈運行的連續性和應付需求不確定性。制定相應的庫存控制策略的第一步是瞭解和跟蹤不確定性狀態因素，然後再利用跟蹤到的信息制定相應的控制策略。庫存控制策略制定的過程是一個動態的過程，而且在庫存控制策略中應該反應不確定性動態變化的特性。許多企業對所有的物資採用統一的庫存控制策略，物資的分類沒有反應供應與需求的不確定性。在傳統的庫存控制策略中，多數是面向單一企業的，採用的信息基本上來自企業內部，庫存控制策略沒有體現供應鏈管理的思想。因此，供應鏈庫存管理的重要內容之一是如何建立有效的庫存控制方法，並能體現供應鏈管理思想。

7. 缺乏合作與協調

供應鏈是一個整體，需要協調各方活動才能取得最佳的運作效果。協調的目的是使一些符合質量要求的信息可以無縫地、流暢地在供應鏈中傳遞，從而使整個供應鏈能夠根據用戶的要求保持步調一致，形成更為合理的供需關係，從而適應複雜多變的市場環境。如果企業間缺乏協調與合作，就會導致交貨期的延遲和服務水準的下降，同時，庫存水準也會因此而提高。在供應鏈庫存管理中，組織障礙是庫存增加的一個重要因素。不管是企業內部還是企業之間，相互的合作與協調是實現供應鏈無縫連結的關鍵。在供應鏈管理環境下，庫存控制不再是一種運作問題，而是企業的戰略性問題。要實現供應鏈管理的高效運行，必須加強企業間的合作，建立有效的協調機制。除此之外，隨著現代產品設計與先進製造技術的出現，使產品的生產效率大幅度提高，而且具有較高的成本效益，但是供應鏈庫存的複雜性卻常常被忽視。

7.2.2 供應鏈中的庫存控制模型

7.2.2.1 經濟訂貨批量模型：EOQ 模型

經濟訂貨批量（Economic Order Quantity，EOQ）模型是經典且使用廣泛的庫存控制模型。本節介紹簡單的經濟訂貨批量模型和非立即可補貨的經濟訂貨批量模型。

1. 簡單的經濟訂貨批量模型

EOQ 模型最早在 1915 年由哈里斯（F. W. Harris）提出，起初用於分析銀行貨幣

儲備的庫存費用。1934年威爾遜（R. H. Wilson）將其引入到庫存控制模型。一個簡單的經濟訂貨批量模型如圖7-1所示。

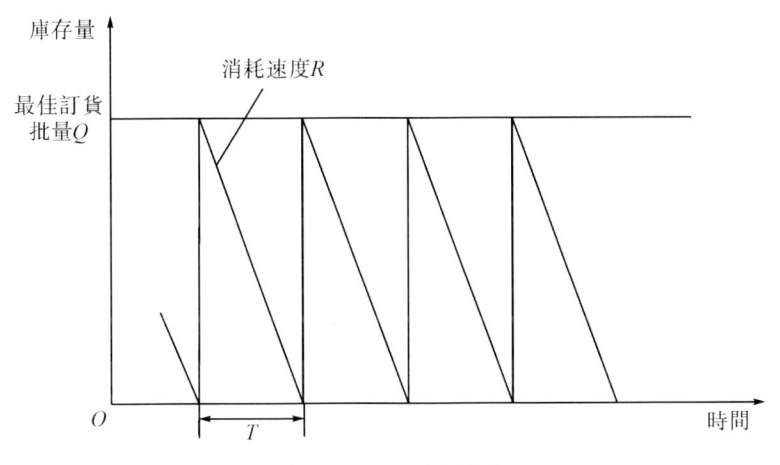

圖7-1　EOQ庫存模型

在建立EOQ模型時，為了使模型使用更簡單方便，通常做如下前提假設：
（1）庫存的消耗速度是一個常量R。
（2）訂貨或生產的提前期是0，也就是說訂單執行是立即完成的。
（3）不允許出現缺貨，也就是所有的訂單都能夠得到100%的滿足。
（4）只有一種庫存物品，或與其他庫存物品之間不存在相互影響。
（5）不考慮每次訂貨和生產需要的可變成本，即有足夠的現金支付每次訂單。

另外假設：企業每年消耗某貨物的數量為D，貨物的單價為P，每單位貨物的年庫存持有費率為h，則每年單位貨物的庫存持有成本$H=P\times h$。每次訂貨批量為Q，每年訂貨次數為D/Q。則每年的平均庫存量為$Q/2$；每次訂貨的費用為C。

那麼一年的訂貨成本為$C_1=D/Q\times C$，一年庫存的持有成本為$C_2=H\times Q/2=Ph\times Q/2$。一年的庫存總成本為$TC=C_1+C_2=DC/Q+HQ/2$。

根據微積分求最小值法，TC關於Q的二階導數非負，存在最優的$Q*$值使年庫存總成本最小，且$Q*$值為一階導數為零時的解，也即

$$Q* = \sqrt{\frac{2DC}{H}} = \sqrt{\frac{2DC}{Ph}} \qquad (7-1)$$

由此，也可以求出最優的年訂貨次數$N*$為

$$N^* = \frac{D}{Q*} = \sqrt{\frac{DH}{2C}} \qquad (7-2)$$

例7-1：某公司每年對某種產品的需求量為5,000個，每次的訂貨費用為20元，每個單位產品所產生的儲存費用為5元，試求經濟訂貨批量、年訂貨次數，年訂貨費用以及年庫存持有成本。

解：由式（7-1）可得經濟訂貨批量為：

$$Q* = \sqrt{\frac{2DC}{H}} = \sqrt{\frac{2\times 5,000\times 20}{5}} = 200 \text{ 個}$$

年訂貨次數為：

$$N* = \frac{D}{Q^*} = \frac{5,000 \text{ 個}}{200 \text{ 個}} = 25 \text{ 次}$$

相應地，可以求得年訂貨成本為 25 次×20 元/次＝500 元，年庫存維持費用為 $Q*/2\times H$＝500 元，兩者費用相等。由庫存總成本曲線可知，當庫存成本曲線和訂貨成本曲線相交時總成本最小，對應的訂貨批量即為最優的經濟訂貨批量，如圖 7-2 所示。

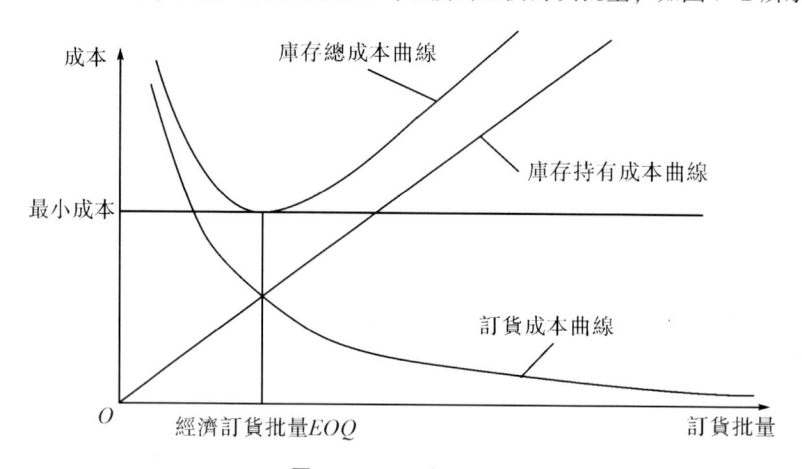

圖 7-2　EOQ 成本曲線

2. 非即刻補貨的經濟訂貨批量模型

前面所述的 EOQ 模型假設訂貨或生產是瞬間完成的，而在企業庫存管理的實際中，運輸、裝卸等均會造成貨物入庫的延遲。

圖 7-3 是一個典型的非即刻補貨 EOQ 模型，供應商單位時間補貨量為 P_1，零售商單位時間消耗庫存速度為 P_2。在該模型中，庫存不是立即到貨的，而是逐漸補充的，其他假設條件與簡單的 EOQ 模型相同。

假設，在一定時間 t 內零售商的進貨批量為 Q，C 表示儲存單位物資在此單位時間內所用的保管費，C_0 表示每次的訂貨成本。在一個訂貨週期 T 內，$P_1 t = Q = P_2 T$，即 $t = P_2 T/P_1$。

一個訂貨週期 T 的時間段內的存貨量為

$$\frac{1}{2}(p_1 - p_2)tT = \frac{(p_1 - p_2)p_2 T^2}{2P_1} \tag{7-3}$$

單位時間內的總費用為

$$TC(Q) = C\frac{(p_1 - p_2)}{2p_1}t + \frac{c_0}{T} = C\frac{(p_1 - p_2)Q}{2P_1} + \frac{c_0 p_2}{Q} \tag{7-4}$$

根據微積分求最小值法，$TC(Q)$ 對 Q 的二階導數非負，可知 $TC(Q)$ 存在最小值，且此時 $TC(Q)$ 對 Q 的一階導數為零，則

7 供應鏈中的庫存管理

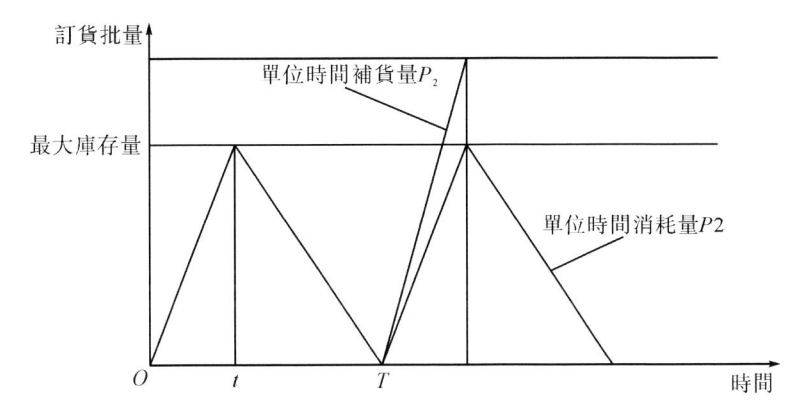

圖 7-3 非即刻補貨的 EOQ 模型

$$Q* = \sqrt{\frac{2c_0 p_1 p_2}{c(p_1 - p_2)}} \qquad (7-5)$$

例 7-2：某手機銷售商每月銷售 500 部手機，而該手機生產商的生產速度為每月 1,000 部。銷售商每次的訂貨費用為 160 元，每月每部手機所產生的儲存成本費用共 2 元，試求零售商最佳的經濟訂貨批量。

解：由題可知，每次的訂貨費用 $C_0 = 160$ 元，單位時間內補貨量為 $P_1 = 1,000$ 部/月，單位時間內的出貨量為 $P_2 = 500$ 部/月，單位時間內每部手機的儲存費用 $C = 2$ 元，根據式（7-5），則最佳的經濟訂貨批量為

$$C(Q) = h_{max}(0, Q - D) + s_{max}(0, D - Q) = 400 \text{ 部}$$

訂貨週期為

$$T = \frac{Q*}{p_2} = \frac{400 \text{ 部}}{500 \text{ 部}/\text{月}} \times 0.8 \text{ 月}$$

7.2.2.2 經典的不確定性庫存控制：報童模型

許多供應鏈庫存管理專家發現，大量不確定環境下的庫存控制都可以歸類為報童模型（Newsvendor Model），由此可見報童模型的重要性。

1. 不考慮訂貨週期的報童模型

報童模型源自賣報的孩童每天應該向報社採購多少份報紙比較合適。在採購報紙之前，報童面臨著一個問題是，他必須要在每天的客戶需求未知的情況下，判斷出他需要從供應商處採購的報紙的數量。如果報童採購了太多的報紙，那麼在一天的工作結束的時候，他就會由於未能及時售出所有的報紙而遭受損失；此外，如果他採購的報紙數量太少，他就會由於未能滿足所有客戶的需求而錯過了銷售額的增加。

假設報童決定採購報紙的數量為 Q，根據以往經驗每天客戶對報紙的需求服從概率分佈函數 $f(x)$，報紙的零售價是 a，採購價為 b，退回報社的價格為 c，顯然 $a>b>c$。售出一份報紙賺 $s=a-b$，退回一份報紙賠 $h=b-c$。如果真實的報紙需求為 D，則對於報童而言，他將面臨兩類成本，即庫存持有成本和缺貨成本，總成本函數為

$$C(Q) = h_{max}(0, Q - D) + s_{max}(0, D - Q) \tag{7-6}$$

相應的期望成本函數為

$$E[C(Q)] = h\int_0^Q (Q - x)f(x)dx + s\int_Q^\infty (x - Q)f(x)dx \tag{7-7}$$

根據凸規劃理論，可知期望成本函數 $E[C(Q)]$ 是關於 Q 的凸函數，因此存在最優 $Q*$ 使得成本最小。$Q*$ 值為一階導數為零的解，即

$$Q* = F^{-1}\left(\frac{s}{h+s}\right) \tag{7-8}$$

式（7-8）中，$F^{-1}\left(\frac{s}{h+s}\right)$ 為需求函數的反函數。

根據統計學中的顯著性水準，如果讓庫存的服務水準定義為庫存滿足需求的概率，那麼 $F(Q*) = s/(h+s)$ 就是最佳的庫存服務水準。由於自然界中很多不確定性都服從正態分佈函數，通過圖 7-4 可以看出，報童每日採購的報紙數量為報紙日平均需求加上安全庫存量。因此可以將報童每日的最優訂貨量表達為

$$Q = \mu + z_\alpha \sigma \tag{7-9}$$

式（7-9）中，μ 為均值，z_α 為服務水準 α 下的服務水準系數，一般通過查表獲得；為標準差；$z_\alpha 0$ 即為安全庫存量。

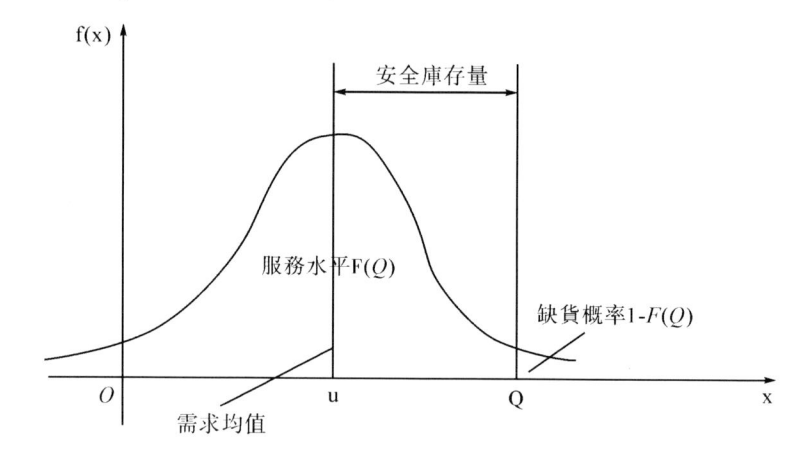

圖 7-4　正態分佈曲線與服務水準

例 7-3：假設報童每日面臨的市場需求均值為 100，標準差為 10，每份報紙的進價為 0.3 元，售價 0.7 元，退貨價為 0.1 元，則 $h = 0.3 - 0.1 = 0.2$ 元，$s = 0.7 - 0.3 = 0.4$ 元，則 $s/(s+h) = 0.667$，查標準正態分佈表可知 0.667 對應的 $z_\alpha \sigma = 0.43$，由此可得到報童最優的報紙訂購量為

$$Q = \mu + z_\alpha \sigma = 100 + 0.43 \times 10 \approx 104$$

同時也可以得出，報童在該訂貨量下可以滿足 66.7% 的客戶需求，缺貨的概率為 33.3%，安全庫存量為 4 份報紙。

2. 考慮訂貨週期的報童模型

前述報童模型的前提假設是，報童訂貨的週期為零，也就是說報社隨時可以提供報紙。但實際情況中，企業下達的採購訂單並非立即送達，通常需要經過一段時間，而這段時間通常受訂貨提前期和訂貨週期影響。

那麼式（7-9）中的安全庫存量就需要修正。

（1）假設訂貨提前期為 L，那麼安全庫存量為

$$SS = z_\alpha \sigma \sqrt{L} \quad (7-10)$$

（2）假設訂貨提前為為 L，同時訂貨週期為固定 T，那麼安全庫存量為

$$SS = z_\alpha \sigma \sqrt{L + T} \quad (7-11)$$

在實踐中，服務水準和庫存量這兩個目標經常發生衝突。在客戶服務水準較低時，增加安全庫存的效果較為顯著；當服務水準增加到一定程度，再提高服務水準就需要大幅度地增加安全庫存，成本增加較快。另外，訂貨提前期和訂貨週期的存在也會影響安全庫存水準。

7.3 供應鏈庫存管理的技術與方法

供應鏈庫存管理包括供應商、製造商、分銷商以及零售商等多個供應鏈成員的物流和信息流等的運作，無論是供應商管理庫存（VMI）還是聯合管理庫存（JMT），都涉及與庫存相關的物流業務，都需要信息技術和方法作為強有力的支持和保障。

7.3.1 供應鏈庫存管理的技術

供應鏈庫存管理系統中的信息技術支持主要包括：條形碼技術、無線射頻技術（RFID）、電子數據交換（EDI）、Internet/Intranet 技術、電子訂貨系統（EOS）、電子商務（EC）、全球定位系統（GPS）等。信息技術不僅提高了物品儲存的可靠性、準確性，而且降低了作業費用，提高了作業效率。下面主要介紹 RFID 技術在庫存管理中的應用。

RFID（Radio Frequency Identifcation）是指無線射頻識別，它是一種非接觸式的自動識別技術。RFID 系統主要由標籤、閱讀器、發射或接收天線三部分組成。標籤由耦合元件和芯片組成，每個標籤都具有唯一的編碼。閱讀器是讀取標籤信息的設備，閱讀器的頻率決定了 RFID 系統的工作頻段。發射或接收天線用來感應閱讀器所發射出來的射頻能量，並以射頻信號的方式將數據信息回傳給閱讀器。RFID 的主要特點是：讀取速度快，可批量讀取數據；穿透性強，可隔障識別；標籤體積小、容量大、壽命長、可加密。

庫存管理決策主要是平衡庫存成本與庫存收益的關係，決定庫存水準，使庫存占用的資金會比投入其他領域的收益更高。基於 RFID 的大量底層數據錄入計算機後，借助計算機網路就可以實現數據的即時處理，進一步在供應鏈範圍內共享，為管理者提

供決策支持，實現精細化庫存管理。企業內庫存決策包括是否採用 RFID 決策和訂貨決策。高成本使 RFID 的投資回報具有很大風險，其應用大多局限於高價值或高利潤商品領域。RFID 的可讀寫特性能提供即時數據流，對整個庫存管理過程跟蹤、識別和控制，即時統計各個工位車間和倉庫內物品的數量，從而實現安全庫存預警。王克冰等研究了 RFID 和數據倉庫技術相結合的倉庫管理系統（如圖 7-5 所示），認為應採用射頻識別技術來跟蹤貨物在倉庫中的信息，將這些信息提取到數據倉庫中，結合各種數據挖掘技術，組成有效的決策支持系統，能快速、及時地處理貨物信息，為管理層提供決策支持。

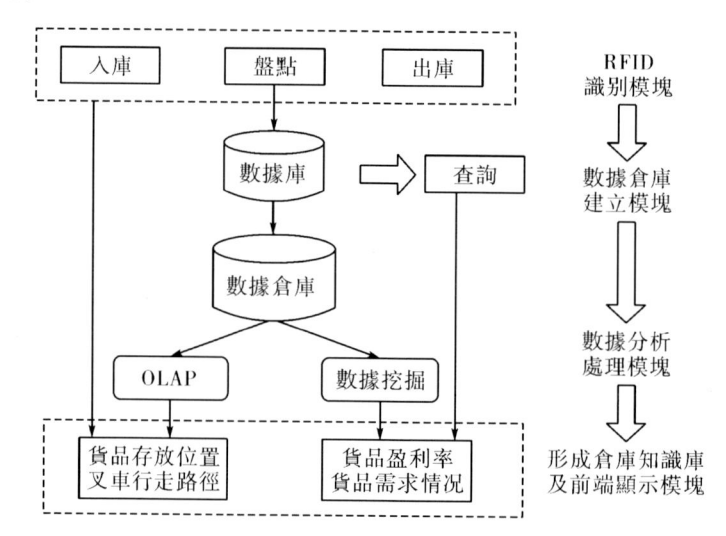

圖 7-5 改進的倉庫管理信息系統應用模式

7.3.2 供應鏈庫存管理方法

供應鏈環境下的庫存管理側重於庫存成本的優化，重點在於庫存量的控制，需要加強供應鏈上、下游企業間的合作，共同制定庫存管理方法，以提高供應鏈管理的系統性和集成性，這樣才能解決需求較大或信息傳遞不暢導致庫存增加等供應鏈上的庫存問題。目前，比較先進的供應鏈庫存管理方法主要包括三種：供應商管理庫存法（VMI）、聯合庫存管理法（OMI）和協同式庫存管理法（CPFR）。

7.3.2.1 供應商管理庫存法

1. 供應商管理庫存法的基本思想

作為一種先進的供應鏈營運模式，供應商管理庫存（Vendor Managed Inventory，VMI）是指以供應商和客戶等供應鏈上的合作夥伴獲得最低成本為目的，在一個共同協議下由供應商管理庫存，並不斷監督協議的執行情況，修正協議內容，使庫存管理得到持續改進的合作性策略。VMI 的目標是通過供需雙方的合作，試圖降低供應商的總庫存，而不是將製造商的庫存移動到供應商的倉庫裡，從而真正降低供應鏈上的總庫存成本。

VMII 思想更多地被應用於原材料緊缺、價格變動比較大的製造業中，以及以大量的供應商為主導的零售業中。它是一種戰略貿易夥伴之間的合作性策略，是一種庫存決策代理模式，允許上游組織對下游組織的庫存策略、訂貨策略進行計劃與管理，在一個共同的框架協議下，以雙方都獲得最低成本為目標。在 VMI 模式下，由供應商來擁有和管理庫存，由供應商代理分銷商或批發商行使庫存決策的權力，下游企業只需幫助供應商制訂計劃，並通過經常性地監督和修正該框架協議使庫存管理得到持續地改進，最終使得下游企業實現零庫存，使供應商的庫存大幅度下降。該方法的關鍵主要體現在以下幾個原則中：

　　（1）合作性原則。在實施該策略時，相互信任與信息透明是很重要的，供應商和用戶（零售商）都要有較好的合作精神，才能夠相互保持較好的合作。

　　（2）互惠原則。供應商管理庫存法不是關於成本如何分配或誰來支付的問題，而是關於減少成本的問題。通過該策略使雙方成本最小。

　　（3）目標一致性原則。雙方都明白各自的責任，在觀念上達到一致，如庫存放在哪裡、什麼時候支付、是否要管理費、要花費多少等問題都要回答，並且體現在框架協議中。

　　（4）總體優化原則。通過連續改進使供需雙方能共享利益和消除浪費。

　　實施 VMI 策略是建立供需雙方或多方信息共享基礎上的 VMI 系統，如圖 7-6 所示，說明了 VMI 的基本模式，主要是製造商、供應商與批發商，並考慮到零售商的作業流程的基本關係。供應商管理庫存策略的實施可以分以下幾個步驟：①建立客戶需求信息系統，掌握需求變化情況；②建立銷售網路管理系統，保證信息流、物流暢通。其內容包括條形碼的可讀性和唯一性；產品分類、編碼的標準化；商品在儲運過程中的準確識別；③建立供應商與銷售商、批發商及零傳商的合作框架協議，確定訂單業務流程、庫存控制參數、庫存信息傳遞方式。

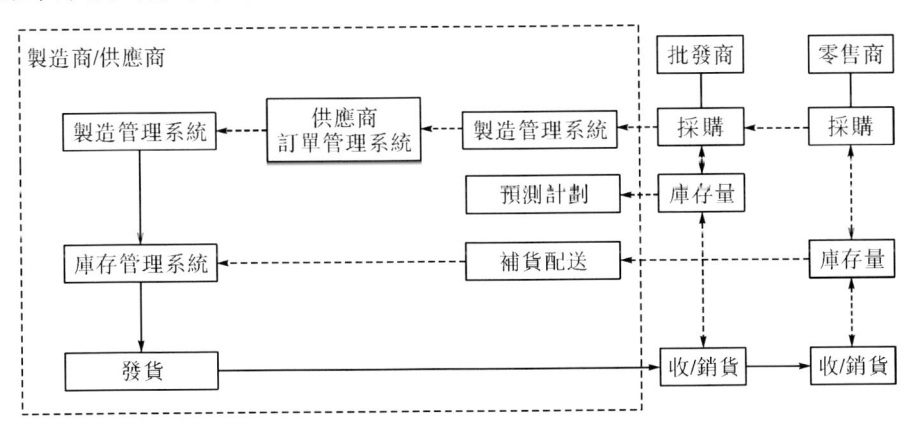

圖 7-6　供應商管理庫存基本模式示意圖

　　庫存實施 VMI 的主要意義是減少供應鏈的總庫存成本和提高服務水準。VMI 策略改變了供應商的組織模式，在訂貨部門中產生了新的職能，負責客戶的庫存控制、庫

存補給和物流服務水準。VMI策略適合以下情況：製造商、供應商實力雄厚，信息技術能力強，可以通過共享信息系統，比零售商掌握更大的市場信息量；製造商、供應商有較高的直接交貨能力和服務水準，能夠規劃運輸、配送服務；零售商或批發商沒有信息系統基礎設施來進行有效的管理。

2. 供應商管理庫存的形式

（1）「製造商—零售商」VMI模式。這種模式多出現在製造商作為供應鏈的上游企業的情形中，且製造商是一個比較大的產品製造者，製造商具有相當大的規模和實力，負責對零售商的供貨系統進行檢查和補充，完全能承擔起管理VMI的責任，如圖7-7所示。

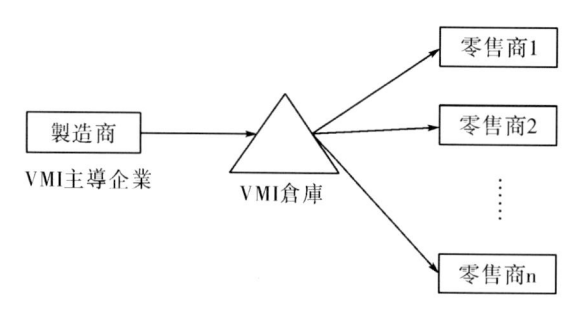

圖7-7　「製造商—零售業」VMI系統

（2）「供應商—製造商」VMI模式。不同於「製造商—零售商」VMI模式，VMI的主導者可能還是製造商，但它是VMI的接受者，而不是管理者，此時的VMI管理者是該製造商上游的眾多供應商，如圖7-8所示。

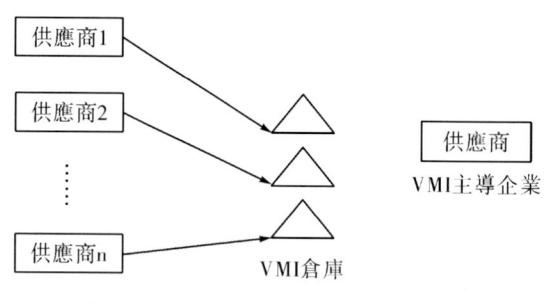

圖7-8　「供應商—製造商」VMI系統

（3）「供應商—3PL—製造商」VMI模式，這種模式實際上是引入了一個第三方物流（3PL）企業，由其負責整個的物流和信息流的管理，統一執行和管理各個供應商的零部件庫存控制指令，負責向製造商配送零部件，而供應商則根據3PL的出庫單與製造商按時結算，如圖7-9所示。

7.3.2.2　聯合庫存管理法

VMI是一種供應鏈集成化運作的決策代理模式，它把客戶的庫存決策權交由供應商代理，由供應商代理分銷商或批發商行使庫存決策的權力。聯合庫存管理則是一種

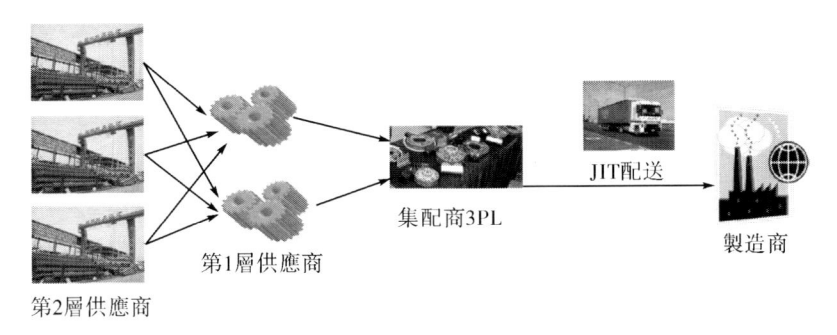

圖 7-9　基於 3PL 的 VMI 實施模式

風險分擔的庫存管理模式。

1. 聯合庫存管理的基本思想

聯合庫存管理（Jointly Managed Inventory，JMI）是一種基於協調中心的庫存管理辦法，是解決供應鏈系統中由於各節點企業的相互獨立庫存運作模式導致的需求放大現象，是提高供應鏈同步化程度的有效的庫存控制方法。其具體表現形式是，供應鏈上兩個或多個成員組織共同參與庫存計劃、控制等庫存管理過程。聯合庫存管理是通過供應鏈成員間的聯合、協調機制提高供應鏈的同步化程度，以解決因供應鏈上各個成員企業相互獨立的庫存運作模式而導致需求變異或加速放大、庫存增高等現象的一種有效方法。

在 JMI 模式中，庫存管理成為供需連接的紐帶和協調管理中心，供需雙方共享需求信息，共同制訂庫存計劃，使供應鏈過程中的每個庫存管理者（供應商、製造商和分銷商）都從相互之間的協調性考慮，使供應鏈相鄰兩個節點之間的庫存管理者對需求的預期保持一致，從而消除需求變異放大現象。聯合庫存管理模式提高了供應鏈的運作穩定性，並降低了供應鏈的成本。聯合庫存管理強調雙方的互利合作關係，屬於戰略供應商聯盟的新型企業合作。

JMI 系統把供應鏈系統管理進一步集成為上游和下游兩個協調管理中心，從而部分消除了由於供應鏈環節之間的不確定性和需求扭曲現象導致的供應鏈的庫存波動。JMI 系統通過協調管理中心，使供需雙方共享信息，因而起到了提高供應鏈運作穩定性的作用。在供應鏈環境下，實施聯合庫存管理，其實施策略如下。

（1）建立一個有效的協調管理機制。在協調管理機制中，建立供需雙方共同合作目標；建立聯合庫存的協調控制機制，由 JMI 中心對需求、訂貨、供貨等做出決策，並協調供需雙方利益；設立一種公平的利益分配和激勵機制。

（2）建立縱向信息支持系統，在 JMI 中做到信息共享。信息系統通過供應鏈節點企業 EDI 平臺或電子商務來建立，將條形碼技術、POS 系統和訂單自動處理系統集成。在信息系統中，做到信息共享以及信息獲得具有透明性和及時性。

（3）充分利用製造資源計劃系統（MRP1）和配銷需求計劃系統（DRP）。在 JMI 中應分別在製造或資源中心採用 MRP，在產銷 IM 中心採用 DRP 系統。在供應鏈系統中將這兩種資源計劃系統很好地結合起來，以提高供應鏈資源的集成度，加強各個環

節的協調、平衡與協作關係。

（4）充分發揮第三方物流系統的作用。第三方物流系統是供應鏈集成的一種技術手段。它能為客戶提供各種服務，如產品運輸、庫存水準等，在供應商和客戶之間起到了聯繫的橋樑作用。在 JMI 中，供需雙方都直接與第三方物流系統和聯合庫存管理中心相連，供應與需求雙方都取消了各自獨立的庫存，增強了供應鏈的敏捷性和協調性。

2. 聯合庫存管理的形式

聯合庫存管理的模式有很多，比較典型的有以下幾種。

（1）地區分銷中心聯合庫存管理模式。這是由大企業地區分銷中心延伸出的聯合庫存管理模式。在這個模式中，各個銷售商只需要少量的庫存，大量的庫存由地區分銷中心（物流中心、配送中心）進行儲備。地區分銷中心聯合庫存管理模式如圖 7-10 所示。

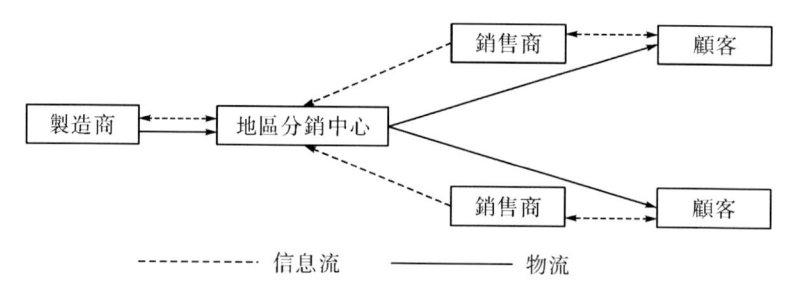

圖 7-10 地區分銷中心聯合庫存管理模式

在這種模式中，各個銷售商將其庫存的一部分交給地區分銷中心（物流中心、配送中心）負責，從而降低了安全庫存及服務水準壓力。地區分銷中心（物流中心、配送中心）在這個模式中起到了聯合庫存管理的功能，既是一個商品的聯合庫存管理中心，又是需求信息的交流中心、傳遞樞紐。由於物流中心可以發揮貨物集散中心、物流信息中心和物流控制中心等功能，因此行使聯合庫存管理的職能完全沒有問題。

（2）供需聯合庫存管理模式。這是將供應鏈上的供應商、製造商、銷售商原先各自的獨立庫存轉變為雙方或多方聯合庫存的供應鏈庫存管理模式。供需聯合庫存管理模式如圖 7-11 所示。

這種模式減少了重複庫存，降低了庫存安全性。這種模式需要參與聯合庫存管理的成員之間建立協調機制。

（3）第三方物流聯合庫存管理模式。這是利用獨立於供需雙方之外的第三方物流提供商的基礎設施、設備和管理系統進行聯合庫存管理的模式。這種模式不僅能起到減少重複庫存、降低安全庫存的作用，還能為供需雙方提供第三方物流增值服務，有利於供應鏈上的成員企業集中核心業務能力，改善競爭力。

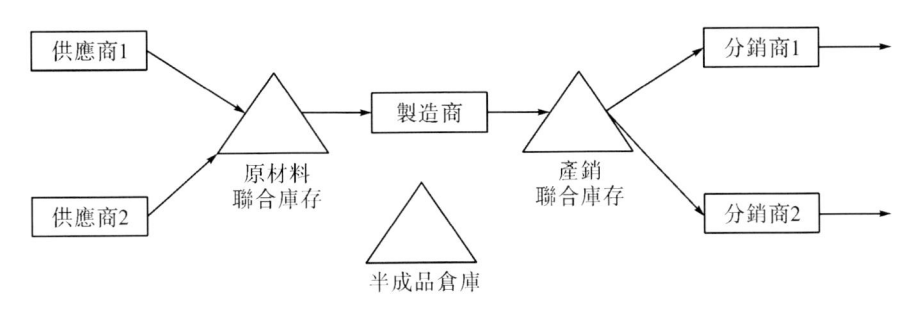

```
供應商1 ──┐
          ├──▲ ──→ 製造商 ──▲ ──→ 分銷商1
供應商2 ──┘  原材料          產銷
            聯合庫存          聯合庫存 ──→ 分銷商2

              ▲
           半成品倉庫
```

圖 7-11　供需聯合庫存管理模式

7.3.2.3　協同式庫存管理法

1. 協同式庫存管理的基本思想

協同式庫存管理法，即協同規劃、預測和補給（Collaborative Planning Forecasting and Replenishment, CPFR），是一種建立在聯合庫存管理（JMI）和供應商庫存管理（VMI）上的最佳分級實踐基礎上的協同式供應鏈庫存管理技術。CPFR 的形成始於沃爾瑪所推動的 CFAR（Collaborative Forecast and Replenishment），CFAR 是利用網路通過零售企業與生產企業的合作，共同做出商品預測，並在此基礎上實行連續補貨。後來，在沃爾瑪的不斷推動之下，基於信息共享的 CFAR 系統又開始向 CPFR 發展，CPFR 是在 CFAR 共同預測和補貨的基礎上，進一步推動共同計劃的制訂，即不僅合作企業實行共同預測和補貨，同時由供應鏈各企業共同參與原來屬於各企業內部事務的計劃工作（如生產計劃、庫存計劃、配送計劃、銷售規劃等）。

CPFR 能降低銷售商的存貨量，同時增加供應商的銷售量，其模型如圖 7-12 所示。CPFR 最大的優勢是能及時、準確地預測由各項促銷措施或異常變化帶來的銷售波動，從而使銷售商和供應商都能做好充分的準備，贏得主動。同時，CPFR 採取了一種「雙贏」的原則，始終從全局的觀點出發，制定統一的管理目標以及方案實施辦法，以庫存管理為核心，兼顧供應鏈上其他方面的管理。

CPFR 主要體現了以下思想：合作夥伴構成的框架及其運行原則主要是基於客戶的需求和整個價值鏈的增值。由於供應鏈上各企業的運作過程、競爭能力和信息來源等都不一致，在 CPFR 中就設計了若干運作方案以供合作方選擇，一個企業可選擇多個方案，但各個方案都確定了核心企業來承擔產品的主要生產任務。供應鏈上企業的生產計劃基於同一銷售預測報告。銷售商和製造商對市場有不同的認識。銷售商直接和最終客戶見面，可根據 POS 數據來推測客戶的需求。同時銷售商也和若干製造商有聯繫，可據此瞭解其市場銷售計劃；製造商和若干銷售商聯繫，瞭解銷售商的商業計劃。在沒有洩露各自商業機密的前提下，銷售商和製造商可交換他們的信息和數據，來改善他們的市場預測能力，使最終預測報告更為準確、可信。供應鏈上各企業則根據這個預測報告來制訂各自的生產計劃，從而使供應鏈的管理得到集成。

CPFR 在計劃穩定期以及處理「例外」事件時，應遵循如下原則：①通過對歷史數據的回顧和分析來判定「例外」事件；②遵循多數原則，當具備各種各樣的數據樣本

供應鏈管理

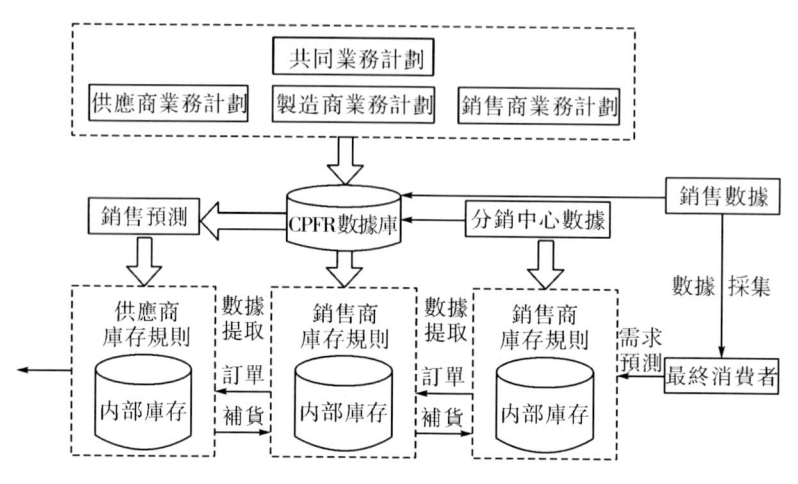

圖 7-12 協同式供應鏈庫存管理模式

時，統計結果才比較準確；③遵循簡單化原則，確定幾種主要的業務評價指標，如果評價指標過多就會失掉重點。在計劃穩定期中，計劃是不能改變的，如果沒有一定的穩定期，會導致計劃產生不確定性。

2. CPFR 運作模型及實施措施

CPFR 運作模型如圖 7-13 所示。

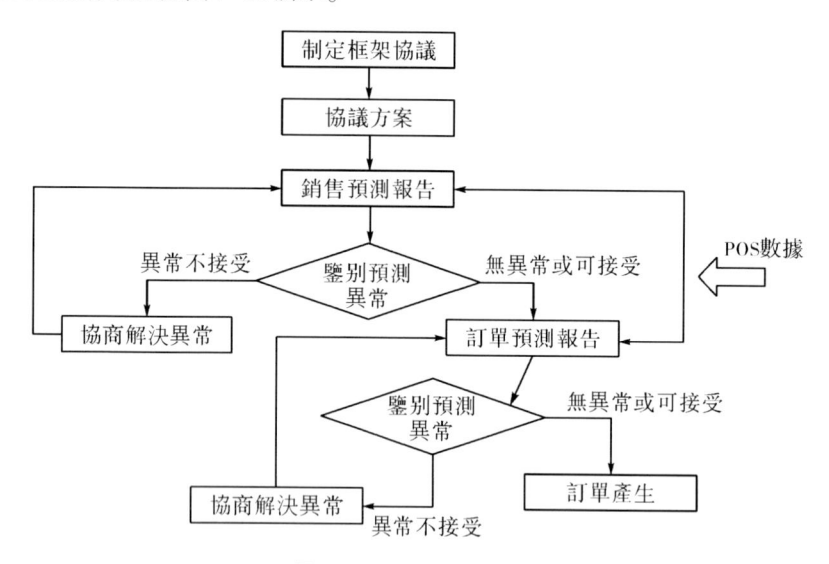

圖 7-13 CPFR 運作模型

CPFR 共分九個具體步驟來運作實施。

（1）達成前端協議。建立製造商、分銷商或配送商合作關係的指導文件和運作規則，制定符合 CPRF 標準並約定合作關係的框架協議。

（2）建立合作業務計劃。合作方交換企業策略和業務計劃信息，制訂業務計劃書，

176

明確規定策略和具體實施方法，包括每份訂單的最少產品數及倍率、交貨提前時間等。

（3）建立銷售預測。根據 POS 數據、臨時信息和計劃事件方面的信息，採集並建立銷售預測，由製造商和銷售商共同建立銷售預測報告。

（4）確定銷售計劃中的例外情況。由製造商和配送商根據協議中的例外標準，確定銷售計劃約束的例外情況。

（5）合作解決計劃外項目。通過共享數據、E-mail 電話和會議等共同解決例外項目，並調整修改銷售預測報告。

（6）創建訂單預測。將 POS 數據、庫存數據和庫存策略結合起來生成訂單預測，以支持銷售預測和合作業務計劃，訂單實際數量要隨時間而變化，反應庫存情況，並制定以時間為基礎的精細訂單預測報告和安全庫存。

（7）確定訂單預測的例外情況。由供應商和配送商共同確定訂單預測例外情況。

（8）合作解決訂單預測「例外」問題。通過共享數據、E-mail、電話、會議等共同解決例外項目問題。

（9）訂單生成。由訂單預測轉化為確定的訂單，對庫存進行補給。

在實施過程中，為了滿足客戶的需求，企業有必要成立一些交叉小組，共同研究企業的生產計劃及資源調度等問題。企業的績效評價準則和獎勵機制也要以上述變化為依據做相應調整。CPFR 的建立和運作離不開現代信息技術的支持。對 CPFR 信息設計時應盡量維持現行的信息標準不變，信息系統要具有可縮放性、開放性、安全性、易管理和易維護等特點。

7.4　供應鏈環境下的庫存控制策略

庫存控制指的是在保障供應的前提下，為使庫存物品的數量最小而進行有效管理的技術。它是對庫存據點的設置及所存物品的數量和質量進行有效管理、調整與確定所採取的技術措施。庫存控制是對製造業或服務業生產、經營全過程的各種原材料、半成品、產成品以及其他資源進行管理和控制，使其儲備保持在經濟合理的水準上。庫存控制的總目標就是以合理的庫存成本達到滿意的用戶服務水準。

7.4.1　供應鏈庫存控制目標

供應鏈管理下的庫存控制，是在動態中達到最優化的目標，在滿足客戶服務要求的前提下，力求盡可能地降低庫存，提高供應鏈的整體效益。具體而言，庫存控制的目標如下：

（1）庫存成本最低。這是企業需要通過降低庫存成本以降低成本、增加贏利和增強競爭能力所選擇的目標。

（2）庫存保證度最高。因為企業有很多的銷售機會，相比之下，壓低庫存意義不大，這就特別強調庫存對其他經營、生產活動的保證，而不強調庫存本身的效益。企業通過增加生產以擴大經營時，往往選擇這種控制目標。

（3）不出現缺貨。若企業由於技術、工藝條件等停產，則必須以不缺貨為控制目標，才能起到不停產的作用。企業某些重大合同必須以供貨為保證，否則會受到巨額賠償的懲罰，可制定不允許缺貨的控制目標。

（4）限制資金。企業必須在限定資金的前提下實現供應，這就需要以此為前提進行庫存的一系列控制。

（5）快速進出貨。快捷的目標庫存控制不依靠本身經濟性來確定目標，而依靠大的競爭環境系統要求確定目標，因此常常出現以最快速度實現以進出貨為目標來控制庫存。

為了實現最佳庫存控制目標，需要協調和整合各個部門的活動，使每個部門不僅以有效實現本部門的功能為目標，更要以實現企業的整體效益為目標。

7.4.2　供應鏈庫存控制策略

7.4.2.1　多級庫存控制策略

多級庫存控制策略是對供應鏈資源的全局性優化，是在單級庫存控制的基礎上形成和發展起來的。

多級庫存控制策略要考慮的問題是：①明確庫存優化的目標。供應鏈管理的目標體現在提高客戶回應能力和降低成本這兩個方面，庫存優化的目標也圍繞這兩個方面開展，即優化時間或成本。傳統庫存控制考慮的主要是成本，但隨著服務水準的提升，時間的優化也應作為庫存優化的目標。②明確庫存優化的邊界。要明確所優化的庫存範圍。供應鏈有全局供應鏈，包括供應商、製造商、分銷商及零售商，也有局部供應鏈，分上、下游供應鏈。傳統的多級庫存優化模型主要是指下游供應鏈，即關於生產商、分銷商、零售商的三級庫存優化。上游供應鏈主要是關於供應商的選擇。③明確庫存控制策略。多級庫存控制仍然可以用單庫存點的控制策略，但多級庫存控制大多是基於無限能力假設的單一產品的多級庫存。

下面分別從成本優化和時間優化的角度說明多級庫存控制策略。

1. 基於成本優化的多級庫存控制策略

供應鏈中的庫存成本由持有成本、交易成本和缺貨損失三部分組成。①持有成本。持有成本是為保持庫存而產生的成本。在傳統供應鏈中，各個節點的企業為降低風險、保持供應的連續性都持有一定的庫存。這些庫存產生的成本包括固定成本和變動成本兩部分。固定成本與存貨數量無關，如倉庫折舊、倉庫工作人員的工資等。變動成本與存貨數量有關，如庫存佔用資金的利息、破損和變質損失、安全費用等。②交易成本。供應鏈庫存成本中的交易成本是指供應鏈上企業之間因交易合作所產生的各種費用，如訂貨所產生的採購人員的外出差旅費、各種手續與通信費等費用，企業之間因談判協商所產生的談判者價等費用。③缺貨損失成本。缺貨損失是指供貨不能及時滿足用戶需求而產生的費用。例如，停工待料損失、失去銷售機會損失、未能履行合同的罰款等。

基於成本優化的多級庫存控制的目的是優化供應鏈的總庫存成本，使其達到最優。基於成本優化的多級庫存控制策略有兩種：一種是非中心多級庫存控制策略；另一種是

中心多級庫存控制策略。非中心多級庫存控制是把供應鏈的庫存控制分為三個成本中心，即製造商成本中心、分銷商成本中心和零售商成本中心，各成本中心根據自己的庫存成本優化做出控制策略。中心多級庫存控制是將控制中心放在核心企業上，由核心企業對供應鏈系統的庫存進行控制，協調上游與下游企業的庫存活動。

2. 基於時間優化的多級庫存控制策略

在供應鏈環境下，基於成本優化的多級庫存控制是傳統的做法，多級庫存控制還需考慮到時間優化因素。例如，庫存週轉率優化、供應提前期優化、平均上市時間優化等。基於時間優化的多級庫存控制側重於從提高供應鏈反應速度來提高供應鏈庫存控制水準。例如，隨著提前期的增加，庫存量更大而且波動也更大，縮短提前期，則不僅有利於維持低庫存，而且有利於庫存控制。

基於時間優化的多級庫存控制需要確定供應鏈上的庫存時間結構。供應鏈運行過程中的庫存總時間應該包括供應商、製造商和分銷商等每一級的搬運入庫時間、保管存放時間、分揀配貨時間、搬運出庫時間以及缺貨、退貨、補救時間等。供應商庫存主要是原材料的庫存，製造商庫存是原材料、半成品、產成品的庫存，分銷商庫存則是產成品的庫存。

7.4.2.2 集中庫存控制策略

集中庫存是面對儲存費、運輸費的制約，在一定範圍內取得優勢的辦法。如果庫存過於分散，每處的庫存能夠保證的客戶需求有限，互相難以調度、調劑，需要分別按其保證對象確定庫存量。集中儲存易於調度、調劑，其總量大大低於分散儲存之總量。但是，過分集中儲存，儲存點與用戶之間的距離拉長，儲存總量雖然降低了，但運費支出加大，在途時間長，又迫使週轉儲備增加。所以，在形成了一定的社會總規模的前提下，應當追求經濟規模，適度集中庫存。所謂適度集中庫存是利用儲存規模優勢，以適度集中儲存代替分散的小規模儲存來實現合理化。適度集中庫存除了可以在總儲存費及運輸費之間取得最優。

適度集中庫存還有一系列其他好處：①可以在降低安全庫存的基礎上，提高對單個用戶的保證能力；②有利於採用機械化、自動化操作管理方式；③有利於形成一定批量的干線運輸；④有利於使庫存據點成為支線運輸的始發站。

7.4.2.3 訂貨點法庫存控制策略

庫存常常涉及巨額的投資，一旦缺貨企業就要遭受巨大的損失。在庫存控制中，確定訂貨時間和訂貨量都很重要。為了能有效地做好庫存控制工作，企業常常使用訂貨點法來確定訂貨時間點。訂貨點也稱警戒點，是指訂貨點庫存量。

訂貨點法庫存控制策略有很多種，最常用是以下四種：

1. (r, Q) 庫存控制策略

(r, Q) 庫存控制策略又稱為固定訂貨點法。該訂貨策略預先確定一個訂貨點 r，對庫存進行連續檢查，當庫存降到 r 時，即發出訂貨請求，每次的訂貨量 Q 保持不變，Q 一般取經濟訂貨批量，在經歷 L 的補貨提前期後貨物補充到位。

(r, Q) 訂貨策略適用於需求量很大、缺貨費用較高、需求波動性很大的物料採

用。現實中，企業一般用該策略管理緊固件等需求量大、單價較低的零部件和原材料的庫存管理。

2. (s, S, T) 庫存控制策略

(s, S, T) 庫存控制策略又稱週期性盤點庫存控制策略。該策略下，需要週期性地查看庫存狀態（檢查週期為 T），如果當前庫存量高於 s，則不補貨；若當前庫存量小於 s 時，發出補貨請求，並將庫存量補充至 S。

該策略中無固定訂貨點，只有固定檢查週期和最大庫存量，適用於一些不太重要的或使用量不大的物資。

3. (s, S) 庫存控制策略

(s, S) 庫存控制策略又稱連續性盤點的固定訂貨點法。該策略需要隨時檢查庫存狀態，若當前庫存量下降到 s 時開始訂貨，訂貨後使庫存保持最大水準 S。舉例來說，若發出訂單時庫存量為 $x<s$，則訂貨量即為 $(S-x)$，否則訂貨量為 0。

(s, S) 庫存控制策略實質上監控的是未來的庫存量，一般適用於價值極高的貨物。

4. (r, S, T) 庫存控制策略

(r, S, T) 庫存控制策略有固定的庫存盤點週期 T、最大庫存量 S、固定訂貨點 r。當經過一定的盤點週期 T，若庫存低於訂貨點 r 就發出訂貨，否則就不訂貨。訂貨量的大小依最大庫存量和盤點時的庫存量之差確定。應循環反覆，實現週期性庫存補充。

(r, S, T) 庫存控制策略具有良好的性能，它既能達到經濟訂貨批量的成本最優，又可以最大限度地滿足給定的庫存服務水準，因此現實中，企業庫存管理大多採用該策略。

本章小結

供應鏈管理環境下的庫存管理是供應鏈管理的重要內容之一，與傳統的庫存管理相比，它提出了很多新的要求與挑戰。如何提高供應鏈整體的服務水準和降低成本，提出具有可操作性的庫存管理方案是本章要解決的主要問題。

瞭解庫存管理的基本原理和思想是理解供應鏈環境下庫存管理的重要條件。本章首先從庫存及庫存管理的基本原理出發，介紹庫存及庫存管理的定義、分類。其次，從庫存控制角度介紹供應鏈環境下庫存管理存在的主要問題和主要的庫存控制模型。然後，介紹了新的供應鏈庫存管理技術與方法，包括供應商庫存管理模式和聯合庫存管理模式的基本思想與實施步驟。最後介紹了供應鏈環境下的常見的庫存控制策略，包括：多級庫存控制策略和集中庫存控制策略，以及訂貨點法庫存控制策略。

思考與練習

1. 如何理解庫存的兩面性？
2. 供應鏈庫存管理方法有哪些？具有哪些特徵？

3. 如何實現供應鏈多級庫存控制策略？

4. A 公司每年需要耗用零件 10 萬個，為了用經濟、合理的方法對該物資進行採購，公司對各項成本進行了統計，現已知該物資的單價為 8 元，每次的訂貨成本為 10 元，每年物資的年保管費率為 25%，請問：(1) A 公司每次最優經濟訂貨批量是多少？(2) 年訂貨次數是多少？(3) 年訂貨成本是多少？(4) 年庫存持有成本是多少？

5. B 汽車公司每月需要消耗 10 萬個零部件，該零件供應商的供應速度為每月 20 萬個，B 公司每次訂貨費用為 10,000 元，每月每輛汽車生產的庫存成本為 2,000 元，求 B 公司最佳的經濟訂貨批量。

6. 根據小賣店的統計，蛋糕每日平均銷售量為 100 個，標準差為 10 個，每個蛋糕的售價為 5 元，採購價格為 3 元，如果賣不掉這個蛋糕就需要處理，處理價格為每個 1 元，求小賣店每日最優的蛋糕經濟訂貨批量是多少？該訂貨批量對應的庫存服務水準是多少？如果要達到 90% 的服務水準，小賣店應該增加多少安全庫存？

7. 基本數據如上所述，但小賣店的蛋糕訂單需要提前兩天下達，蛋糕的保質期為 3 天，3 天之後賣不掉則按每個 1 元處理掉，那麼請問在這些條件下，小賣店每天採購蛋糕的最優數量是多少？需要建立的安全庫存為多少？

本章案例

案例 7-1　海爾零距離、零庫存、零營運成本

海爾集團創造了中國製造業企業的一個奇跡。借助全面的信息化管理手段，整合全球供應鏈資源，快速回應市場，海爾取得了極大成功，其經驗值得借鑑。

海爾集團能取得今天的業績，與實行全面的信息化管理是分不開的。借助先進的信息技術，海爾發動了一場管理革命：以市場為紐帶，以訂單信息流為中心，帶動物流和資金流的運動。通過整合全球供應鏈資源和用戶資源，逐步向「零庫存、零營運資本和（與用戶）零距離」的終極目標邁進。

1. 以市場為紐帶重構業務流程

海爾現有 10,800 多個產品品種，平均每天開發 1.3 個新產品，每天有 5 萬臺產品出口；一年的資金運作進出達 996 億元，平均每天要做 2.76 億元結算、1,800 多筆帳；在全球有近 1,000 家供方（其中世界 500 強企業 44 個），行銷網路有 53,000 多個；擁有 15 個設計中心和 3,000 多名海外經理人。如此龐大的業務體系，依靠傳統的金字塔式管理架構或者矩陣式模式，很難維持正常運轉，業務流程重組勢在必行。

總結多年管理經驗，海爾探索出一套市場管理模式。市場鏈簡單地說就是把外部市場效益內部化。過去，企業和市場之間有條鴻溝；在企業內部，人員相互之間的關係也只是上下級或同事。如果產品被市場投訴了，或者滯銷了，最著急的是企業領導。員工可能也很著急，但是使不上勁。海爾不僅讓整個企業面對市場，而且讓企業裡的每一個員工都去面對市場，把市場機制成功地導入企業的內部管理，把員工相互之間的同事和上下級關係變為市場關係，形成內部的市場鏈機制。員工之間實施 SST，即索賠、索酬、

跳閘，如果你的產品和服務好，會給你報酬，否則會向你索賠或者「亮紅牌」。

結合市場鏈模式，海爾集團對組織機構和業務流程進行了調整，把原來各事業部的財務、採購、銷售業務全部分離出來，整合成商流、物流、資金流推進本部，實行全集團統一行銷、採購、結算；把原來的職能管理資源整合成創新訂單支持流程 3R（研發、人力資源、客戶管理）和基礎支持流程 3T（全面預算、全面設備管理、全面質量管理），3R 和 3T 流程成立獨立營運的服務公司。

整合後，海爾集團商流本部和海外推進本部負責搭建全球的行銷網路，從全球的用戶資源中獲取訂單；產品本部在 3R 流程的支持下不斷創造新的產品以滿足用戶需求；產品事業部對商流本部獲取的訂單和產品本部創造的訂單執行實施；物流本部利用全球供應鏈資源搭建全球採購配送網路，實現 JIT 訂單加速流；資金流搭建全面預算系統。這樣就形成了直接面對市場的、完整的核心流程體系和 3R、3T 等支持體系。

商流本部、海外推進本部從全球行銷網路獲得訂單形成訂單信息流，傳遞到產品本部、事業部和物流本部，物流本部按照訂單安排採購配送，產品事業部組織安全生產；生產的產品通過物流的配送系統送到用戶手中，而用戶的貨款也通過資金流依次傳遞到商流、產品本部、物流和供方手中。這樣就形成橫向網路化的同步的業務流程。

2. ERP+CRM：快速回應客戶需求

在業務流程再造的基礎上，海爾形成了「前臺一張網，後臺一條鏈」（前臺的一張網是海爾客戶關係管理網站 haiercrm.com，後臺的一條鏈是海爾的市場鏈）的閉環系統，構築了企業內部供應鏈系統、ERP 系統、物流配送系統、資金流管理結算系統和遍布全國的分銷管理系統及客戶服務回應 Call-Center 系統，並形成了以訂單信息流為核心的各子系統之間無縫連接的系統集成。

海爾 ERP 系統和 CRM 系統的目的是一致的，都是為了快速回應市場和客戶的需求。前臺的 CRM 網站作為與客戶快速溝通的橋樑，將客戶的需求快速收集、反饋，實現與客戶的零距離接觸；後臺的 ERP 系統可以將客戶需求快速發送到供應鏈系統、物流配送系統、財務結算系統、客戶服務系統等流程系統，實現對客戶需求的協同服務，大大縮短對客戶需求的回應時間。

海爾集團於 2000 年 3 月 10 日投資成立海爾電子商務有限公司，全面開展面對供應商的 B2B 業務和針對消費者個性化需求的 B2C 業務。通過電子商務採購平臺和定制平臺，與供應商的銷售終端建立緊密的互聯網關係，建立起動態企業聯盟，達到雙贏的目標，提高雙方的市場競爭力。在海爾搭建的電子商務平臺上，企業和供應商、消費者實現互動溝通，使信息增值。

面對個人消費者，海爾可實現全國範圍內的網上銷售業務。消費者可以在海爾的網站上瀏覽、選購、支付，然後就可以在家裡靜候海爾的快捷配送及安裝服務。

3. CIMS+JIT：海爾 e 製造

海爾 e 製造是根據訂單進行的大批量定制。海爾 ERP 系統每天準確自動地生成向生產線配送物料的 BOM，通過無線掃描、紅外傳輸等現代物流技術的支持，實現定時、定量、定點的三定配送；海爾獨創的過站式物流，實現了從大批量生產到大批量定制的轉化。

實現 e 製造還需要柔性製造系統。在滿足用戶個性化需求的過程中，海爾採用計

算機輔助設計與製造（CAD/CAM），建立計算機集成製造系統（CIMS）。在開發決策支持系統（DSS）的基礎上，通過人機對話實施計劃與控制，從物料資源規劃（MRP）發展到製造資源規劃（MRP II）和企業資源計劃（ERP）。集開發、生產和實物分銷於一體的適時生產（JIT），供應鏈管理中的快速回應和柔性製造（Agil Manugacturing），以及通過網路協調設計與生產的並行工程（Concurrent Engineering）這些新的生產方式把信息技術革命和管理進步融為一體。

現在，海爾在全集團範圍內已經實施CIMS，生產線可以實現不同型號產品的混流生產。為了使生產線的生產模式更加靈活，海爾有針對性地開發了EOS商務系統、ERP系統、JIT三定配送系統等六大輔助系統。正是因為採用了這種柔性製造系統，海爾不但能夠實現單臺計算機客戶定制，還能同時生產千餘種配置的計算機，而且可以實現36小時快速交貨。

4. 訂單信息流驅動：同步並行工程

海爾的企業全面信息化管理是以訂單信息流為中心，帶動物流、資金流的運動。所以，在海爾的信息化管理中，同步工程非常重要。

比如，美國海爾銷售公司在網上下達一萬臺的訂單。訂單在網上發布的同時，所有的部門都可以看到，並同時開始準備，相關工作並行推進。採購部門一看到訂單就會做出採購計劃，設計部門也會按訂單要求把圖紙設計好。不用召開會議，每個部門只要知道與訂單有關的數據，做好自己應該做的事就行了。河北華聯通過海爾網站的電子商務平臺下達了五臺商用空調的訂單，訂單號為5000541。海爾物流採購部門和生產製造部門同時接到訂單信息，在計算機系統上馬上顯示出負責生產製造的海爾商用空調事業部的缺料情況，採購部門與壓縮機供應商在網上實現招投標工作，配送部門根據網上顯示的配送清單，在4小時以內及時送料到工位。一週後，海爾商用空調已經完成定制產品生產，5臺商用空調開始配送。

海爾電子事業部的美高美彩電也是海爾實施信息化管理、採用並行工程的典型案例。信息化管理之前的開發過程是串行過程，部門之間相互隔離，工作界限分明，產品開發按階段順序進行，導致開發週期長、成本高，這個過程需要4至6個月的時間。

海爾電子事業部為保證美高美彩電在2000年國慶節前上市，根據市場的要求，原定的6個月的開發週期必須壓縮為兩個月。以兩個月時間為總目標，美高美彩電開發項目組建立開啓市場鏈，按信息化管理的思路，組建了兩個網路：一個是由各部門參與的、以產品為主線的多功能集成產品開發網路；另一個是以採購供應鏈為主線的外部協作網路。

在產品設計方面，由技術人員到市場上獲得用戶需求信息，並把信息轉化為產品開發概念。在流程設計方面，通過內部流程的再造和優化，整合外部的優勢資源網路，在最短的時間內，以最低的成本滿足了訂單需求。在設計過程中，一個零部件設計出來後，物流就可以組織採購，而且物流參與設計，提高服務水準。

最終，海爾美高美彩電從獲得訂單到產品上市只用了兩個半月的時間，創造了產品開發的一個奇跡。

5. 零距離、零庫存、零營運資本

海爾認為，企業之間的競爭已經從過去直接的市場競爭轉為客戶的競爭。海爾CRM聯網系統就是要實現端對端的零距離銷售。海爾已經實施的ERP系統和正在實施的CRM系統，都是要拆除影響信息同步溝通和準確傳遞的阻隔。ERP用於拆除企業內部各部門之間的「牆」，CRM用於拆除企業與客戶之間的「牆」，從而獲取客戶訂單，快速滿足用戶需求。

傳統管理下的企業根據生產計劃進行採購，由於不知道市場在哪裡，所以是為庫存而採購，企業裡有許許多多「水庫」。海爾現在實施信息化管理，通過三個JIT打通這些水庫，把它變成一條流動的河，不斷地流動。JIT採購就是按照計算機系統的採購計劃，需要多少，採購多少。JIT送料指各種零部件暫時存放在海爾立體庫中，然後由計算機進行配置，把配置好的零部件直接送到生產線。海爾在全國建有物流中心系統，無論在什麼地方，海爾都可以快速送貨，實現JIT配送。

庫存不僅是資金占用的問題，最主要的是會形成很多的呆帳、壞帳。現在，電子產品更新很快，一旦產品換代，原材料和產成品價格跌幅均較大，積壓產成品的出路就是降價，所以會形成現在市場上的「價格戰」。不管企業說得多麼好聽，降價的壓力都來自庫存。海爾用及時配送的時間來滿足用戶的要求，最終消滅庫存。

營運資本，國內把它叫作流動資產。流動資產減去流動負債等於零，就是零營運資本。簡單地說，就是應該做到「現款現貨」。要做到「現款現貨」就必須按訂單生產。

海爾有一個觀念，即「現金流第一，利潤第二」。「現金流第一」是說企業一定要有現金流的支持，因為利潤是從損益表看出的，但是資產負債表和損益表編製的原則都是權責發生制。產品生產以後就產生了銷售，但資金並沒有回來。雖然可以計算成銷售收入，也可以計算利潤或者稅收，但沒有現金支持。所以，國家有關部門提出，上市公司必須編製第三張表——現金流量表。

隨著世界經濟的發展，中國企業將面臨更加激烈的競爭。海爾將保持CRM精神，優化SCM效果，推廣ERP應用，構建第三方的信息應用平臺，使海爾融入全球一體化經濟的大潮。

資料來源：張慶英，岳衛宏，張瑩. 物流案例分析與實踐［M］. 2版. 北京：電子工業出版社，2013：149-155.

案例7-2 高庫存與缺貨，兩病齊發

鄭毅是一家以生產女鞋為主的鞋業公司的老總。公司一直致力於皮鞋產品的技術開發和市場開拓，產品以堅持創立品牌為目標，使公司走上了一條名牌效益型的發展之路，早在20世紀90年代初，公司就設立了自己的女鞋品牌。現在，公司的主打品牌已經成為業內和消費者心目中的知名品牌。公司在全國各重點城市分別設立了分公司、辦事處等銷售網點，已成功開設了200多間連鎖專賣店，年營業額超過4億元，每年開發近30多個新品種。

但是，隨著大規模經營而來的一個負面效應就是居高不下的庫存量和旺季時節的大量斷貨現象，讓鄭總這個當家人有苦難言。按照公司的經營模式，公司擁有的成品倉庫、

分公司的倉庫及代理商倉庫和零售店中的鞋子都是公司自己的庫存。單是總公司的成品倉庫中就有將近 50,000 雙，這還只是總庫存量的一小部分，散布在分公司和零售店的庫存總和竟然高達 1 億元，相當於大半年的銷售收入！更奇怪的是，雖然企業擁有這麼多庫存，依然滿足不了各代理商和零售店的訂貨需求，旺季時節經常出現斷貨現象。

會議上的「戰爭」

鄭總認識到這是一個嚴峻的問題，如果解決不好會嚴重影響企業的發展，於是決定召集各部門負責人開會，一起討論一下這個事情，但是會還沒有開始，大家就已經在會議室吵起來了……

只見銷售部經理氣衝衝地走進會議室，衝著採購部經理和物流部經理說：「近期接到很多大區經理的電話，跟我抱怨最多的就是各門店的訂單滿足率越來越低了；而且根據我們部門對訂單數據和發貨數據的統計分析，發現各門店的商品到貨率確實存在下降的趨勢，這將直接影響我們的銷售額。完不成銷售任務，誰來負責？我認為你們物流部和採購部的同事應該為我們各門店的銷售考慮一下，我心裡著急啊！難道物流部這段時間就不能稍稍加加班，爭取早一點發貨？採購部訂貨能不能及時一點，每次就不能多訂一點？」

採購部經理一聽銷售經理要把責任推到自己頭上，馬上急了：「怎麼沒有為你們考慮？我們不是在加大訂貨量嗎？但是供應商一直在抱怨倉庫不收貨。倉庫不收貨怎麼會有貨給你們送啊？再說了，我們採購部的主要職責是根據計劃部發過來的採購指令，尋找合適的供應商，然後根據採購指令上的商品和數量完成採購任務，我們又不能決定採購量的大小！」

物流經理一臉苦相：「唉，我也知道要滿足門店的要貨，但是倉庫裡沒有你要的商品，怎麼給你？我又沒有權力訂貨！說我不收貨，那真是冤枉好人。你去倉庫看看，那裡還有地方收嗎？我都申請好幾次增加倉庫了，沒有人理我們，那麼小的倉庫能裝多少貨？再說了，供應商卸貨那叫一個慢，沒辦法，只能讓他們慢慢排隊等。總之，我是盡量想辦法收貨，實在收不進來。我也沒辦法。銷售經理怪我們沒有及時發貨也是沒有道理的。難道我們願意把貨留在倉庫裡，關鍵是我們發多少貨，發在哪個地方都是計劃部下的指令，我們只負責發貨而已。」

「門店的訂單滿足率下降，也有可能是分公司的發貨不及時造成的，憑什麼一定說是我們這邊的問題？再說，也不是所有的商品都是我們採購來的，還有一半以上的商品是我們自己的工廠生產的，如果硬是要怪罪下來，那生產部門也要承擔一定的責任……」採購部經理補充道。

生產部經理看到有人將責任推到自己身上，也耐不住性子了：「我也不是沒有根據安排進行生產，我們所有的生產都是根據計劃部下達的計劃進行的。再說，我們要的原材料，你們採購部遲遲不能採購進來，我們拿什麼進行生產？俗話說：巧婦難為無米之炊！很多時候就因為某一原材料沒有進來，我們的一大批貨物都要在生產線上擱置，導致其他安排計劃不能進行生產。」

計劃部經理慢條斯理地說：「大家也知道我們計劃部是按照三種依據進行計劃的，根據每年四次的訂貨會確定各季度的生產，再根據分公司的日報表和月報表調整生產

計劃。這種計算方法大家以前都參與討論過了。」

「如果我們不按照訂貨會的訂貨安排生產，分公司提不到貨時，他們又要抱怨。但是每次開訂貨會的時候，各分公司的人不是根據自己的實際需求情況下單，而是看別人對某種樣式的產品下單，大家一窩蜂地去下單。這一方面導致我們的計劃預測不準確，另一方面導致現在很多分公司的倉庫裡還存放著三年前沒有賣出去的產品。而且分公司對日報表和月報表的反饋不及時又不準確，再加上我們靠手工做計劃，計劃當然不可能很細化和準確。」

這下矛頭指向了分公司經理，華南地區分公司經理沉聲道：「信息反饋的速度慢和不準確，這是手工管理造成的必然後果。現在都是靠人工盤點，數據靠人工輸入。而且再訂貨的方式是通過傳真、打電話等方式，確實很難控制。」

....

會議室裡的火藥味越來越濃，真是「公說公有理，婆說婆有理」！這下鄭總糊塗了：倉庫裡的貨越來越多，而門店的訂貨滿足率卻越來越低，到底是誰說得有道理呢？現在公司的庫存這麼高，積壓了幾千萬元的資金，每月還要向供應商付款，現金流壓力大，門店在叫沒貨賣，那我們庫裡、店裡堆的都是什麼呢？

近年來，由於各種原因，企業決策層發現產品渠道正在受著各種各樣的衝擊，經銷商的銷售熱情也不令人滿意，忠誠度越來越低。如果鞋業生產企業的服務不到位，特別是在很難按時到貨的情況下，那些好一點的經銷商肯定會轉向其他品牌的鞋業企業，到時候產品的銷售就更難做了。

到倉庫一探究竟

鄭總決定帶領大家去倉庫看看。

「為什麼我們的貨賣不出去？」望著倉庫裡的一大堆貨品，大家也是一頭霧水。

「其實這個倉庫裡有1/4的鞋都是前年生產的。您知道鞋的樣式變化多，每年流行的款式都不相同，像這些前年流行的款式現在根本就不會有代理商或門店下單。」物流經理指著倉庫左邊的好幾「垛」鞋，很無奈地說。

「為什麼前年的鞋還剩這麼多？」

「每一次的生產和採購計劃都是根據各分公司報上來的計劃加上總部的少量預測制定的，一部分因預測生產的鞋會被分公司重新下單訂走，但是還有一部分也只能存放在倉庫裡。」

「既然倉庫裡這麼多貨，為什麼你們總不能按時發貨呢？要知道你們這邊晚發貨一天，我們的門店就少賣好幾千雙鞋呢！」銷售經理的氣還沒消。

「我們的倉庫是按『垛』來進行管理的，當我們接到發貨單後就會到指定的『垛』去尋找發貨單上對應的款式。很多時候我們為了把『垛』底下的產品找出來，不得不再找人來倒垛，特別是在旺季時，浪費了我們很多時間和精力。甚至有的時候會出現找不著貨品的現象，所以不能及時把產品發運出去。」

......

資料來源：馬士華，林勇. 供應鏈管理 [M]. 5版. 北京：機械工業出版社，2017：100-102.

案例思考

　　畫出海爾集團的供應鏈業務流程，並分析其是如何實現零庫存的。2. 鞋業公司案例中，面對堆積如山的貨物，鄭總隱隱地感覺到這已經不是哪個部門的問題了，那問題的癥結究竟是什麼呢？嘗試提出有針對性的解決方案或措施。

8 供應鏈中的採購管理

本章引言

採購是企業為了實現它的銷售目標，在充分瞭解市場的情況下，運用一定的採購策略和方法，獲得行銷所需商品的經營活動。在生產企業中，原材料及零部件的採購成本在生產成本中的比例較高，一般在30%左右，高的可達60%~70%。採購成本直接影響企業的利潤和資產回報率，過高的採購成本將會直接影響企業資金流動的速度。在過去的傳統採購模式中，採購被理解為簡單的買賣活動，只是為了補充消耗掉的材料庫存，即為庫存而採購。在供應鏈管理的環境下，採購將由庫存採購方式向訂單驅動方式進行轉變，採購方法、採購時間、採購數量等都與傳統採購的要求不同。

學習目標

- 瞭解供應鏈中採購的概念和過程。
- 理解供應鏈中採購管理與傳統採購管理的差異。
- 掌握供應鏈中採購管理的基本要求。
- 掌握供應商管理的基本方法。

8.1 採購概述

採購是指企業為實現它的銷售目標，在充分瞭解市場要求的情況下，根據企業的經營能力，用恰當的採購策略和方法獲得行銷對路商品的經營活動過程。採購成本直接影響到企業的利潤和資產回報率，在有的企業中，原材料及零部件的採購成本在生產成本中占的比例較高，一般在30%左右，有的為60%~70%。過高的採購成本將影響企業流動資金的速度，因此，在企業的管理活動中，採購一直是管理者關注的重點。在過去的傳統採購模式中，採購被理解為單純的買賣活動，只是為了補充消耗掉的庫存，即為庫存而採購。在供應鏈管理的環境下，採購由庫存採購向以訂單驅動方式進行轉變，以適應新的市場。

8.1.1 採購的概念

有效的貨物或服務的採購，對企業的競爭具有很大的影響。採購過程把供應鏈成員連接起來，保證供應鏈的工藝質量。採購是流入物流的前端活動，採購管理做得好與不好，直接關係到供應鏈的整體績效。此外，在許多行業中，原材料投入成本占總

成本的比例很大，投入原材料的質量影響成本的質量，並由此影響顧客的滿意度和企業的收益。因為採購對收入和供應鏈的關係起著決定性的作用，所以就不難理解為什麼採購管理越來越受到重視。

採購是一個複雜的過程，目前還很難對它進行統一的定義，根據環境的不同，它可以有不同的定義。狹義地說，採購是企業購買貨物和服務的行為。廣義地說，採購是一個企業取得貨物和服務的過程。然而，採購的過程並不僅僅是各種活動的機械疊加，它是對一系列跨越組織邊界活動的成功實施。因此，對採購定義可以是：用戶為取得與自身需求相吻合的貨物和服務而必須進行的所有活動。

著名管理學家邁克爾·波特在他的價值鏈理論中發現了採購的戰略重要性。採購管理包括了對新的供應商的資質認定、各種不同投入物的採購和對供應商表現的監管。因而採購在供應鏈管理中起著重要的作用。

8.1.2 採購的過程

不管採購的定義如何，我們可以給出一般的採購過程所包括的基本活動。這些活動對貨與服務的採購都是適用的。這些活動通常跨越企業內部的功能邊界，如果在交易中不是所有職能部門的投入，就不能有效地完成採購過程。成功地實施這些活動對買賣雙方來說，都能獲得盡量大的價值，因此它有助於供應鏈的價值最大化。

8.1.2.1 確認用戶的需求和需求標準

採購一般是對新用戶和老用戶的需求做出反應。用戶可以是企業外部的客戶，也可以是企業內部的其他部門；既可以是集體用戶（如企業或其他組織），也可以是個體用戶（最終消費者）。採購活動是為了滿足用戶需求而進行的。用戶的需求可以來源於訂單，也可以來源於企業對市場需求的預測。在任何情況下，一旦需求被確認，採購過程就可以開始了。需求可以由企業的不同部門（如製造部和銷售部），甚至企業以外的人員來確定（用戶）。

在確認用戶有需求意願之後，需要進一步明確需求的標準，包括需求的對象、需求的數量、需求的質量、需求的地點等。標準必須明確、清晰，只有這樣才能有助於準確把握需求，有助於採購活動的進行。

8.1.2.2 自營/自制與外購決策

在需求由外部供應之前，採購方應決定是由自己來製造產品或提供服務，還是通過購買來滿足用戶的需求。即使做出了自己製造或提供服務的決定，採購方也必須從外部供應商處購買某種類型的零部件或者服務。目前，這一部分已變得越來越重要，因為越來越多的企業做出外包的決策，以便集中精力於自己的核心業務。

8.1.2.3 進行市場分析

供應商可以處於一個完全競爭的供應市場（有許多供應商），或者在一個寡頭市場（有個別大的供應商），或者壟斷市場（一個供應商）的情況。瞭解市場類型，有助於採購專業人員認清市場供應商的數量、權力與依賴關係的平衡，確定哪種採購的方式

最有效，如談判、競爭投標等。有關市場類型的信息並不總是明顯的，因此必須研究有關歷史資料、行業最新發展動態及行業協會信息，準確把握市場。

8.1.2.4 確定備選供應商

找出所有能滿足用戶需求的供應商，通過初步評估，選擇出可以滿足用戶需求的少數幾家有實力的、優秀的供應商，以備進一步評估。在某些情況下，初步評估可能非常簡單。例如，複印用紙，供應商可以定期檢查手頭是否有貨；對計算機配件，可能還需要內部技術人員進行一系列的測試。在全球化的環境下，找出所有的供應商具有挑戰性，需要進行一定的研究。

8.1.2.5 選擇供應商

對於已經選擇的少數優秀供應商，經過評估，就有可能確定哪家供應商最能滿足用戶的要求或期望。如果採購項目既簡單又標準，並有足夠數量的潛在供應商，這些活動就可以通過競爭招標來實現。如果這些條件不存在，那就必須進行更加詳細的評估，使用工程測試或模擬最終的使用情況，例如，對汽車座位安全帶進行測試。

實際選擇過程中，將依據最初確定的採購標準來進行，如質量、可靠性、服務水準、報價等。

8.1.2.6 採購的執行與評價

供應商確定後，供應商開始提供相應的產品供應或服務，同期應對供應商的工作進行評價，以確定其是否真正滿足本企業及用戶的利益，這也是對採購進行管理與控制的活動。如果供應商的工作不能滿足用戶的需求，必須確定發生這些偏差的原因，並進行適當的糾正。

以上這些活動在實施過程中都會受到採購專業人員控制範圍以外的因素的影響，這些因素決定每一個活動的執行效率。它包括企業之間、企業內部的因素及政府影響等外部因素。例如，潛在供應商的財務問題會導致其他問題產生，並且有可能需要重新進行供應商選擇。

8.1.3 採購活動的作用

如圖 8-1 所示，採購活動在供應鏈中起到聯結製造商與供應商的紐帶作用。製造商根據自己客戶的訂單制訂出生產計劃，然後根據生產計劃制訂物料需求計劃，再根據物料需求計劃制訂採購計劃。採購部門根據這些計劃，開始準備報價單、選擇供應商、進貨、接收等一系列活動。這些活動將供應商的行為與製造商的需求緊密聯繫起來。

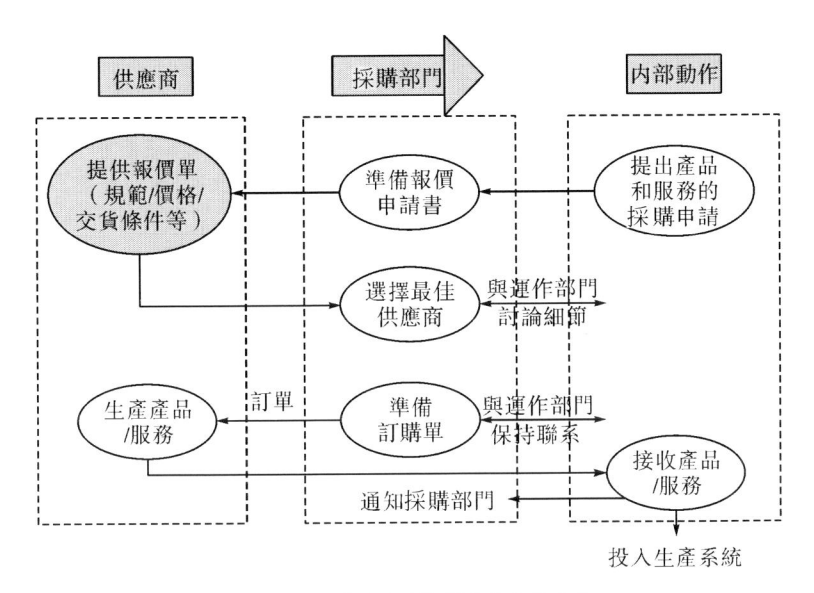

圖 8-1 採購活動連接製造商和供應商

8.2 傳統採購模式及其存在的問題

8.2.1 傳統採購模式

8.2.1.1 傳統採購模式原理

傳統的採購活動和基於供應鏈環境的採購模式存在很大的差別。圖 8-2 為傳統的採購業務原理示意圖。

傳統採購的重點放在如何與供應商進行商業貿易的活動上，其特點是比較重視交易過程中供應商的價格比較。通過供應商的多頭競爭，從中選擇價格最低的作為供應方。雖然質量、交貨期也是採購過程中的重要考慮因素，但在傳統的採購方式下，質量、交貨期等都是通過事後把關的辦法進行控制，如到貨驗收等。而採購過程的重點，尤其是確定供應商的時候，放在價格談判上。因此在供應商與採購部門之間經常要進行報價、詢價、還價等來回談判，並且多頭進行。最後從多個供應商中，選擇一個價格最低的供應商簽訂合同，訂單才定下來。

8.2.1.2 傳統採購模式存在的問題

傳統的採購模式存在的問題主要表現在如下幾個方面：

1. 傳統採購過程是非信息對稱博弈過程

在採購過程中，採購一方為了能夠從多個競爭性的供應商中選擇一個最佳的供應商，往往會保留私有信息。因為如果給供應商提供的信息越多，供應商的競爭籌碼就

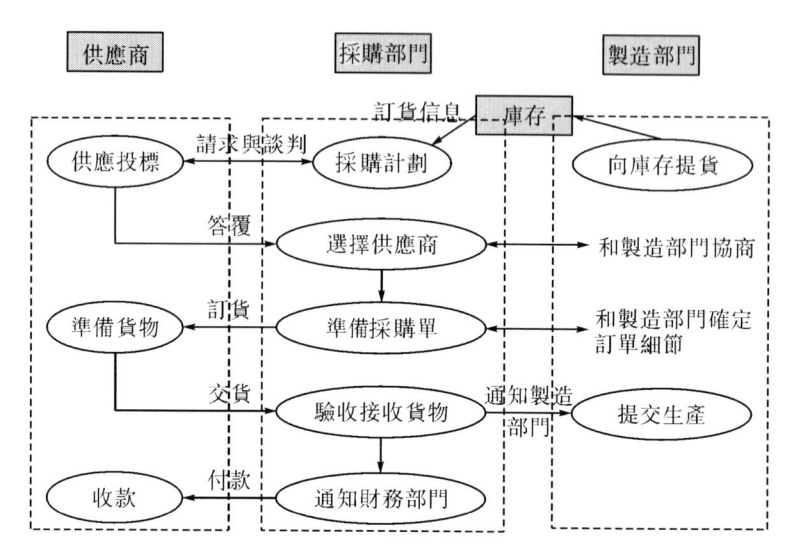

图 8-2 傳統的採購業務原理

越大,這樣,對採購一方不利,所以採購一方盡量保留私有信息。而供應商也會在和其他供應商的競爭中隱瞞自己的信息。這樣,採購、供應雙方都沒有進行有效的信息溝通,這就是信息不對稱的博弈過程。

2. 驗收檢查是採購部門中的一項重要的事後把關工作,質量控制難度大

質量與交貨期是採購一方要考慮的兩個重要因素,但在傳統的採購模式下,要有效控制質量和交貨期,只能通過事後把關的辦法。因為採購一方很難參與供應商的生產組織過程和有關的質量控制活動,相互的工作是不透明的。在質量控制上,主要依靠對到貨的檢查驗收,即所謂事後把關。這種缺乏合作的質量控制導致了採購部門對採購物品質量控制的難度增加,一旦出現不合格產品,即使能夠檢驗出來,也可能會影響整個後續工作流程。

3. 供需關係是臨時或短期的交易關係,競爭多於合作

在傳統的採購模式中,企業通常將供應商看成競爭對手,是一種「零和競爭」模式,因此供應與需求之間的關係是臨時性的,或者短時期的合作,而且競爭多於合作。由於缺乏合作與協調,採購過程中各種抱怨的事情比較多,很多時間消耗在解決日常問題上,沒有更多的時間用來做長期性的計劃工作。供需之間存在的這種缺乏合作的氣氛,加劇了運作中的不確定性。

4. 回應用戶需求能力弱

由於供應與採購雙方在信息的溝通方面缺乏及時的信息反饋,在市場需求發生變化的情況下,採購一方也不能改變供應一方已有的訂貨合同。因此採購一方在需求減少時,庫存增加;需求增加時,出現供不應求。重新訂貨需要增加談判時間,因此供需之間對用戶需求的回應沒有同步進行,缺乏應對需求變化的能力。

8.2.2 基於供應鏈的採購管理

8.2.2.1 基於供應鏈的採購管理模型

採購管理是供應鏈管理中的重要一環，是實施供應鏈管理的基礎。圖 8-3 為基於供應鏈的採購管理模型。

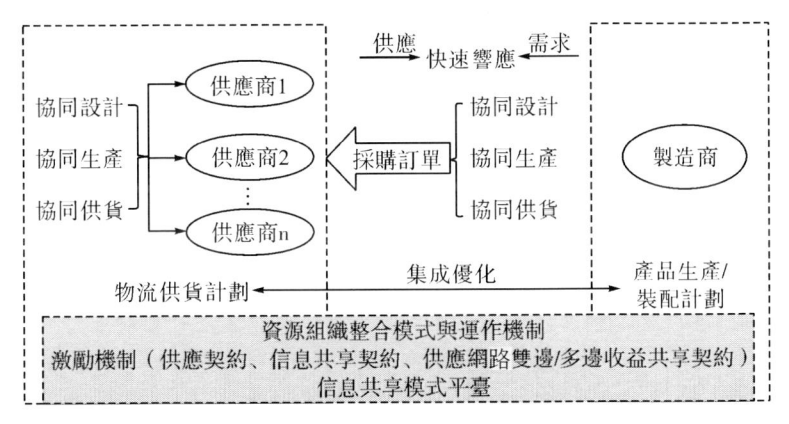

圖 8-3　基於供應鏈的採購管理模型

在該模型中，整個採購過程的組織、控制、協調都是站在供應鏈集成優化的角度進行的。企業與供應商首要建立起戰略性的合作夥伴關係，與供應商在產品開發、生產和供貨方面形成協同運作的機制。生產和技術部門要通過企業內部的管理信息系統，根據訂單編製生產計劃和物料需求計劃。供應商通過信息共享平臺和協同採購機制，可以隨時獲得用戶的採購信息，根據用戶企業的信息預測企業需求以便備貨，當訂單到達時可以迅速組織生產和發貨，質量由供應商自己控制，這個模型的要點是以協同運作和信息共享來降低供應鏈的不確定性，從而降低不必要的庫存，提高採購工作的質量。

實現此模型的關鍵是暢通無阻的信息交流和企業與供應商建立長期的合作契約。

8.2.2.2 供應鏈環境下的採購模式

高效的採購管理對供應鏈績效會產生巨大的推動作用，但是不同行業的供應鏈採購模式卻存在許多不同之處。本節介紹幾種常見的採購模式以及對應的案例，並分析其中存在的問題。

1. 準時制採購模式

準時制採購（Just in Time Procurement，JIT 採購），源自 20 世紀 70 年代末日本豐田汽車的 JIT 管理思想，其核心理念是將採購管理中的一切浪費減少到最低直至為零。

JIT 採購模式是一種完全以滿足需求為依據的採購方法。需求方根據自己的需要，對供應商下達看板指令，要求供應商在指定的時間，將指定的品種、指定的數量的產品送到指定的地點。

JIT 採購在汽車工業和家電製造業中得到了廣泛的應用。JIT 採購具有單源採購、

採購質量高、小批量和多頻次採購、信息共享程度好等特點。

JIT 採購是一種理想化的採購模式，實際上並不能保證「零庫存」的採購理想。如果企業僅僅利用 JIT 採購將庫存風險轉嫁給供應商，而沒有從整條供應鏈的角度來配合運作，那麼 JIT 採購將無功而返。近幾年來，國內一些大型製造企業的 JIT 採購實踐表明，供應鏈上的庫存並沒有減少，反而增多了，那麼原因可能就是核心企業將庫存壓力轉移給了供應商。

2. 供應商管理庫存採購模式

近二十多年來，供應商管理庫存（Vendor Managed Inventory，VMI）採購模式在大型連鎖超市、賣場和通用零部件採購中被廣泛使用。

VMI 採購模式中，採購不再由需求方操作而是由供應商操作，需求方只需要把自己的需求信息向供應商連續和及時傳遞，供應商根據需求信息預測未來的需求量，並根據這個預測需求量制訂自己的生產計劃和送貨計劃，主動小批量多頻次地向需求方補充貨物庫存。

VMI 採購模式中最引人注目的是，庫存的管理權下放給了供應商，核心企業不再管理繁瑣的庫存運作。自從寶潔公司和沃爾瑪公司在「幫寶適」嬰兒紙尿褲的庫存管理採用 VMI 模式以來，越來越多的零售行業供應鏈採用了 VMI 的採購模式。總體看來，VMI 採購模式給供應鏈績效帶來了兩個方面的改善：第一，減少了需求方的採購管理工作。第二，改善了供應商的生產營運計劃。

儘管 VMI 能夠讓供需雙方獲得諸多好處，但 VMI 所許諾的回報似乎並沒有得以實現。在供應商眼裡，優化了的供應鏈只是像家樂福、麥德龍那樣強大的零售商獲利，而供應商卻承擔了更大的壓力。眾多企業的實踐表明，利益分配、企業間的信任都是妨礙 VMI 採購模式運行成功的陷阱，管理者必須提高警惕。

3. 協同規劃、預測和補貨的採購模式

協同規劃、預測和補貨（Collaborative Planning Forecasting and Replenishment，CPFR）採購模式，能同時銷售商的庫存量，增加供應商的銷售量。CPFR 採購模式的最大優勢是能及時、準確地預測由各項異常情況帶來的銷售高峰和波動，從而使銷售商和供應商都能做好充分的準備，贏得主動性。

作為德國最大的零售商麥德龍（Metro AG）公司和寶潔公司的 CPFR 採購模式合作始於 2001 年。雙方經過 1 年的 CPFR 採購模式實施，證明了 CPFR 採購模式在改善庫存、提高客戶滿意度方面是有效的。

4. 寄售制庫存採購模式

寄售制庫存（Consignment Managed Inventory，CMI）採購模式與 VMI 採購模式類似：需求方將廠房或倉庫的部分場地以租金或免費方式租借給供應商作為倉庫，該倉庫裡的庫存可由需求方或供應商管理（通常是由需求方管理），需求方可根據生產需要到倉庫裡取貨，領取貨物後將單據交給供應方，並定期結算貨款。所謂寄售制是指供應商將物品「寄存」在需求方的倉庫中，並最終將物品「出售」給需求方。

20 世紀 90 年代，日本新力公司開始採用寄售制庫存的管理模式。這種模式又被稱為「自來水」式的採購模式，需求方通過「使用後才結算」的方式在財務上實現了零

庫存。

5. 電子採購模式

互聯網的發展開始讓電子商務被運用到許多企業的採購管理工作中。越來越多的大型企業（如通用、海爾）開始採用電子採購這一模式來節省採購成本，如出差費用、人員費用、通信費用等。

採用電子採購的企業通常會通過電子商務交易平臺發布採購信息，或主動在網上尋找供應商和產品，然後通過網上洽談、比價、競拍、訂貨、付款，最後通過物流進行貨物的配送，完成整個交易過程。

8.2.3 基於供應鏈的採購與傳統採購的差異

在供應鏈管理的環境下，企業的採購和傳統的採購有所不同，這些差異主要體現在如下幾個方面。

1. 從為庫存而採購到為訂單而採購的轉變

在傳統的採購模式中，採購的目的很簡單，就是為了補充庫存，即為庫存而採購。採購部門並不關心企業的生產過程，不瞭解生產的進度和產品需求的變化。因此採購過程缺乏主動性，採購部門制訂的採購計劃很難適應製造需求的變化。在供應鏈管理模式下，採購活動是以訂單驅動方式進行的，製造訂單的產生是在用戶需求訂單的驅動下產生的，然後製造訂單驅動採購訂單，採購訂單再驅動供應商，如圖8-4所示。這種準時化的訂單驅動模式，使供應鏈系統能準時回應用戶的需求，從而降低庫存成本，提高了物流的速度和庫存週轉率。

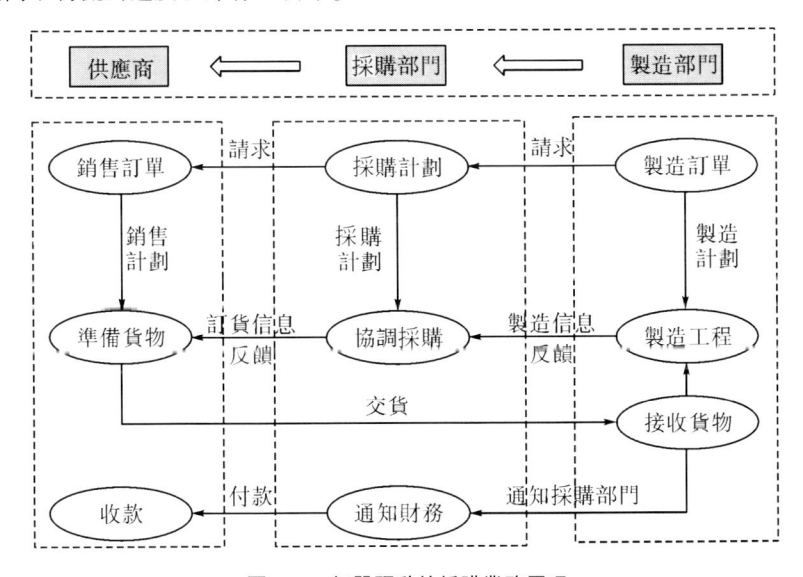

圖8-4 訂單驅動的採購業務原理

2. 從一般的交易管理向外部資源整合管理轉變

傳統的採購管理可以被簡單地認為就是買賣管理，這是一種交易式的活動，雙方都缺乏一種戰略性合作的意識。供應鏈管理視角下的採購不僅僅是買賣活動，對企業來說是一種外部資源整合管理。

那麼為什麼要進行外部資源整合管理呢？

正如前面所指出的，傳統採購管理的不足之處就是企業與供應商之間缺乏合作，缺乏柔性和對需求快速回應的能力。隨著市場競爭的加劇，出現了個性化和準時化滿足客戶訂單的需求，這無疑對企業的採購物流提出了嚴峻的挑戰。

為應對挑戰，需要企業改變單純為庫存而採購的傳統管理模式，需要加強和供應商的信息聯繫與相互之間的合作，建立新的供需合作模式，從而提高企業在採購活動上的柔性和對市場的回應能力。一方面，在傳統的採購模式中，由於信息無法共享，供應商對採購部門的要求不能得到即時的回應；另一方面，對所採購的物料質量控制也只能事後把關，不能即時地控制。這些問題使供應鏈上的企業無法實現同步化運作。為此，供應鏈管理環境下的採購模式就是將簡單的買賣行為上升到對外部資源（如供應商資源）整合的戰略性管理上來。換句話說，外部資源整合管理就是與供應商資源建立戰略合作夥伴關係的管理。

實施外部資源整合管理也是實施精益生產，是「零庫存」生產方式的要求。供應鏈管理中一個重要思想是在生產控制中採用基於訂單流的準時制生產模式，是供應鏈企業的業務流程朝著精益管理方向努力，即實現生產過程中的幾個「零」化管理：零缺陷、零庫存、零交貨期、零故障、零（無）紙文書、零廢料、零事故、零人力資源浪費。

供應鏈管理的思想就是系統性、協調性、集成性、同步性，外部資源整合管理是實現供應鏈管理上述思想的一個重要步驟——企業集成。從供應鏈企業集成的過程看，它是供應鏈企業從內部集成走向外部集成的重要一步。

3. 從一般買賣關係向戰略合作夥伴關係轉變

供應鏈管理模式下採購管理的第三個特點，是供應與需求的關係從簡單的買賣關係向雙方建立戰略合作夥伴關係轉變。在傳統的採購模式中，供應商與需求企業之間是一種簡單的買賣關係，因此無法解決一些涉及全局性、戰略性的供應鏈問題。而基於戰略夥伴的採購方式為解決這些問題創造了條件，這些問題是：

（1）庫存問題。在傳統的採購模式下，供應鏈的各級企業都無法共享庫存信息。因此，各級節點企業都獨立地採用訂貨點技術進行庫存決策，不可避免地產生需求信息的扭曲現象。因此供應鏈的整體效率得不到充分的提高。但在供應鏈管理模式下，通過雙方的合作夥伴關係，供應與需求雙方可以共享庫存數據，因此採購的決策過程變得透明多了，減少了需求信息的失真現象。

（2）風險問題。供需雙方通過戰略性雙贏關係，可以降低由不可預測的需求變化帶來的風險，例如運輸過程的風險、信用的風險、產品質量的風險等。

（3）合作問題。通過建立合作夥伴關係，可以為雙方共同解決問題提供便利的條件。合作雙方可以為制定戰略性的採購供應計劃而共同協商，不必為日常瑣事消耗時

間與精力。

（4）採購成本問題。通過合作夥伴關係，供需雙方都為降低交易成本而獲得好處。共享信息避免了信息不對稱、決策失誤可能造成的成本損失。

（5）組織障礙問題。戰略性的合作夥伴關係，消除了供應過程的組織障礙，為實現準時化採購創造了條件。

8.3 外購戰略決策

8.3.1 企業核心競爭力

8.3.1.1 企業核心競爭力概述

我們正處在一個社會高度分工的世界之中，企業不需要也沒有必要對每一個細節都事必躬親。在過去的30多年裡，惠普、戴爾等老牌企業利用供應鏈外購戰略實現了運作理念的轉變，而一些新興企業也通過審慎的外購戰略獲得了快速的成長。

正如任何事物都有它的兩面性一樣，企業在享受供應鏈外購帶來的多重便利的同時，也可能在企業發展戰略和經營過程中遇到諸多風險，諸如IBM、迪士尼等世界知名企業都曾經在外購決策上犯過重大的失誤。

那麼，企業在進行外購戰略決策之前，應該首先認清自己的優勢與不足，其中最能代表企業優勢的就是企業的核心競爭力。

當前企業界和學術界對企業核心競爭力定義的一個共識是：企業能夠開發獨特產品、獨特技術和發明獨特行銷手段的能力，其實質是比競爭對手以更低的成本、更快的速度去發展企業自身具有強大競爭力的核心能力。

不難看出，核心競爭力是企業可持續競爭優勢與新業務發展的源泉，它們應該成為公司的戰略焦點，企業只有具備核心競爭力、核心產品和市場導向這三個層次結構時，才能在市場競爭中取得持久的領先地位。

一般地，企業的核心競爭力是以核心技術為基礎，通過企業戰略決策、生產製造、市場行銷、內部組織協調管理的交互作用而獲得使企業保持持續競爭優勢的能力。體現企業核心競爭力的兩個關鍵點是核心技術和知識與資產的互補體系。

核心技術是指具有顯著的唯一性的資源，它是企業的「硬實力」，有關核心技術的業務和活動應由內部完成。而知識與資產的互補體系是企業的「軟實力」，它是企業通過一系列管理創新實現企業資產與知識的融合。

8.3.1.2 企業核心競爭力的特徵

與其他類型的競爭力相比，企業核心競爭力有以下四個主要特徵：

1. 價值性

從企業角度看，核心競爭力應該具有極大的戰略價值，這種價值能夠在企業經營管理的多個方面發揮作用。例如，企業經營管理效率的提高，有利於企業創造價值和

降低成本等。從顧客角度看，企業核心競爭力能為顧客帶來價值創新，並使價值增加，只有使顧客產生心理認同的相對長期的關鍵性利益，才能使企業形成競爭優勢，才能形成核心競爭能力。

2. 可延展性

企業的核心競爭力不僅能為企業提供當前的某種特殊的產品或服務，而且還可以有助於企業下一步開發新產品或進入新的領域。企業要進入新的領域開發新產品，都應該是其核心競爭力的延伸或發揮。若不考慮自己的核心競爭力而盲目地進入新的領域是十分危險的。

3. 難以模仿性

從市場競爭的角度來看，專有的技術（如特殊工藝、算法程序）和特定的經營管理流程是企業核心競爭力的重要組成部分。這些都是在企業長期經營過程中形成的，其他企業難以模仿。如果企業的「核心競爭力」很容易被對手所模仿、抄襲或經過努力很快就可以建立，它就很難給企業帶來持久的競爭優勢。

4. 稀缺性

一般來說，企業核心競爭力只為少數幾家企業擁有，大部分同行沒有這種競爭力。因為核心競爭力具有難以模仿的特點，而且不可能在短期內形成，而是經過長期的知識、技術和人才的累積逐漸形成的。一些非關鍵技術在市場上可以買到，但是企業的核心競爭力是用錢買不到的。

8.3.2 外購戰略

8.3.2.1 外購戰略概述

外購（有些文獻中稱為外包）正在成為世界商業的發展趨勢，外購戰略也成為企業發展的一個重要戰略手段，並且逐漸成為「智慧企業」的營運方式。

外購的英文單詞「Outsourcing」是由 out 和 sourcing 組成，意為「從外部尋找資源」。

自20世紀90年代初柯達與IBM簽訂長達10年、總價值2.5億美元的IT外購合同開始，外購逐漸在全球範圍內蔓延和盛行。據美國《財富》雜誌報導，目前全世界年營收在5,000萬美元以上的公司都開展了外購業務。

企業考慮外購業務時可能出於多種動機，這些動機包括控制或降低成本、聚焦核心功能、降低風險、利用世界一流的能力和品牌、應付市場需求過快增長造成的臨時性產能不足和其他一些原因。但歸根究柢在於企業希望獲得多方面利益的同時，達到供應鏈的「輕資產運作」。表8-1總結了供應鏈在實施外購戰略之後獲得的收益情況。

表8-1　　　　　　　　供應鏈在實施外購戰略之後獲得的收益

降低成本	總供應鏈管理成本（占收入的百分比）降低超過10%
提高生產績效	績優企業資產營運業績提高 15%~20%
	中型企業的增值生產率提高超過10%

表8-1(續)

降低成本	總供應鏈管理成本（占收入的百分比）降低超過10%	
縮短時間	中型企業的準時交貨率提高15%	
	訂單滿足提前期縮短25%~35%	
	降低庫存	中型企業的庫存降低3%，績優企業的庫存降低15%
	增加資金週轉率	績優企業在現金流週轉週期上比一般企業保持40~65天的優勢

商務部培訓中心對外購有一個貼切的描述：外購是指企業將一些其認為是非核心的、次要的或輔助性的功能或業務交給企業外部可以高度信任的專業服務機構，利用它們的優勢來提高企業整體的效率和競爭力，而企業自身專注於那些核心的、主要的功能或業務。

可見，外購作為一種供應鏈管理模式，它能整合利用其外部最優秀的專業化資源，從而達到降低成本、提高效率、充分發揮自身核心競爭力和增強企業對環境迅速應變能力的目的。

8.3.2.2　採用供應鏈外購戰略的益處

採用供應鏈外購戰略，可以為企業帶來以下四個方面的益處：

1. 大幅改善財務狀況並提升應對風險的能力

控制和降低成本有可能是企業採取外購戰略時最經常考慮的因素。很多時候，企業考慮產品外購的直接動機就是想改善諸如資產回報率一類的財務指標。通過產品外購，企業能夠減少固定資產投資，變固定成本為可變成本，降低生產和人力等成本，改善企業的財務狀況。

外購的另一大優點就是可以成為企業風險管理非常有效的工具。產品或業務外購使企業避免了大量的初始投資和追加投資，減少庫存過時的壓力，縮短了流通時間，並使某些不確定性很強的開支固定化。

2. 縮減企業管理邊界的同時實現規模經濟

任何企業在發展過程中都經歷著管理邊界的擴展，如產能的快速膨脹、市場銷售範圍的擴張、內部機構設置越來越多、內部行政事務越來越繁雜……這些都是企業管理邊界擴張的表現，然而企業管理邊界在內部擴張並非總是好事，當企業規模過大時反而會造成組織失靈、管理成本上升等一系列問題，會出現規模不經濟的現象。

通過組織業務外購，企業可在更大範圍內實行專業化協作，在專業化過程中，「經驗效應」更為顯著，從而有助於降低生產成本。通過業務外購，企業資產專用性進一步加強，原先許多內部的管理可以通過外購合同外部化，在保持規模經濟效應不變的情況下可以大幅減少管理成本的支出。

3. 增加市場反應的靈活性和敏捷性

市場反應的靈活性和企業經營追求規模經濟在很多方面是衝突的。從滿足客戶需求的角度來看，企業產品的更新速度越快越好；但是從產品的製造成本角度來看，品種越少、批量越大，則越好。外購給企業帶來一種「搭積木式」的產品更新理念，外

購使供應鏈獲得了重新組合的能力，通過與不同企業的合作，產品更新的速度大大增加的同時並沒有使企業帶來的營運成本大幅上升。這種供應鏈「輕資產運作」可以輕鬆化解產品更新帶來的障礙，增強了企業對客戶需求的靈活回應。

同時，隨著產品生命週期的縮短和市場需求變化的加快，企業僅僅依靠自身的規模經濟很難構築其市場競爭優勢，因此也需要企業對部分業務進行外購，提高企業在突變的競爭環境中的敏捷性，使其迅速占領市場或保持市場地位。

4. 更好地聚焦企業核心競爭力

許多企業希望把主要資源集中在核心競爭力的建設上，而把其他非價值增值的環節交給代工企業。企業可以將稀缺的資源（資金、人員、時間）從繁瑣的日常業務中解脫出來，用於發展和培育本企業的核心競爭力。

戴爾計算機公司的核心能力在於理解委託製造企業的需要、物流、零部件整合，及其他有獨特價值的領域。戴爾僅在這些領域大量投資，而將幾乎100%的生產活動都交給外部代工企業。戴爾向代工企業開放自己的技術需求和生產計劃，用最短的時間獲得了最流行的產品。

8.3.3 外購戰略決策

IBM公司是研究外購決策的一個重要案例。IBM公司曾因外購而快速擊敗了競爭對手，但也因為外購給自己埋下了深深地禍根，導致IBM公司經歷了長達十多年的漫長戰略轉型。

「外購」並不必然會給企業帶來永恆的競爭力，在採取業務外購時，需要從多個維度去思考並決策：第一，外購是否有助於企業的長期發展戰略；第二，外購是否會帶來財務績效的提升。下面具體討論如何進行外購戰略決策。

8.3.3.1 從戰略角度評估是否應該外購

對於任何一個想做「百年老店」的企業而言，誰都不想犯類似於IBM這樣的失誤，但外購帶給企業「輕資產」運作的誘惑卻是實實在在的。

外購不僅僅是短期的業務操作，更應該從企業長期的發展角度來評估外購。因此，在進行外購之前需要仔細思考以下四個問題：

1. 外購業務是否為企業的核心競爭力

對於這個問題，需要重點評估外購業務在質量、技術含量等方面所擁有的市場競爭力。例如，企業將不太擅長的業務交給另外擅長這項業務的供應商，這樣，產品的質量就會提高，市場競爭力也會相應增加。相反，如果某項業務是企業的核心競爭力之一，而外購供應商在這這項業務方面可能還達不到企業的水準，那麼外購的意義就不大。

沃爾瑪可以將運輸環節交給其他運輸公司，但它決不會將配送中心的管理權交給其他公司。豐田、通用等汽車企業可以外購玻璃、車燈、輪胎等零部件，但絕不會外購汽車的整車製造，因為前者是這些企業的附加業務，而後者卻是其核心競爭力。

2. 外購是否能夠讓資源集中於企業的核心競爭力

對於這個問題，需要回答進行業務外購之後是否釋放了資源（人力、物力和財

力），釋放的資源對於核心競爭力的發揮或發展起到了什麼作用。

如果因為業務外購促使核心競爭力發展，那麼核心競爭力的提升幅度即為業務外購的績效，如果釋放的資源沒有用於增強核心競爭力，就不得不重新審視企業的外購決策。

作為全球最大的運動鞋生產商耐克，卻沒有完整地生產過一雙鞋。耐克把鞋的生產都交給勞動力成本低的中國、越南、馬來西亞等國家，而將所有的人力、物力和財力投入到產品設計和市場行銷這兩大部門中去，全力培植企業強大的產品設計和市場行銷能力。從這個角度來看，生產外包釋放了耐克寶貴的資源，而這些資源被實實在在地用於核心能力的培養上。

3. 外購是否獲取了關鍵技術或規避了技術退化

對於前半個問題，很多企業未必具有關鍵的額技術，如 IBM 並沒有計算機操作系統和芯片製造的關鍵技術，但為快速將產品推向市場可以通過外購來實現。因此需要評估，通過業務外購從供應商處獲得了多少有助於增強企業核心競爭力的關鍵技術資源。獲取關鍵技術的程度越大，外購的績效就越好，這也可以通過計算關鍵性技術的數量來進行評估。

對於後半個問題，主要考慮到企業自有技術在當前市場中的領先地位是否會因為外購而弱化，主要評估業務外購後企業因技術落後可能遭受的風險和損失程度。然而在實際情況下，對這後半個問題的評估較為複雜和困難。一方面，快速進行技術變革經常會使現有技術退化，企業可以將業務外購；另一方面，企業現有技術仍然具有強大的市場競爭力，外購並非明智。因此，通常需要決策者對技術發展趨勢有敏銳且前瞻性的捕捉能力，或者可以通過外部聘用專家進行評估。

4. 外購是否能夠形成戰略夥伴

對於這個問題的評估，實質上是評估企業現有的管理能力是否具備優秀的「軟實力」，而這種軟實力的體現實質上又是通過長期聯盟合作的方式（如長期業務往來、管理思想和管理模式的磨合）達成供應鏈整體競爭力。但前提條件是，業務外購方應該是供應鏈中的核心企業（通常具有強大的資源控制能力和市場整合能力，如汽車生產商），而作為供應鏈中的非核心企業（如汽車玻璃生產商）通常應該考慮的是承接外購業務是否會增加資產套牢的風險。

富士施樂株式會社就是一個成功的例子。富士公司和施樂集團通過戰略聯盟組成合資企業富士施樂株式會社。在 40 多年的戰略合作中，富士施樂不斷創新，穩定發展，取得了優秀的成績，富士與施樂之間形成最持久、最成功的戰略聯盟。

8.3.3.2 從財務角度去評估是否應該外購

當外購決策在戰略層面上得以通過之後，接下來應該分析的是外購決策是否會提高企業的財務績效（如資產回報率和利潤水準）。對於企業而言，提高利潤水準和資產回報率是外購決策最直接的目標。從財務角度評估外購主要回答以下兩個問題：

1. 業務成本是否降低

這應該是企業進行業務外購最主要的動機。評估外購帶來的業務執行成本降低，

包括兩個方面：第一，供應商資源引入帶來的直接成本降低，包括生產成本、固定資產折舊等。第二，企業管理成本的降低，通常是管理層級的減少帶來組織運作效率的提高或管理費用的直接降低等。

2. 資源使用效率是否提高

這主要涉及外購帶來的資源使用效率的提高，而這通常是供應商帶來額外的知識、技術以及信息等資源的共享和互補。資源使用效率可以通過企業的最終產出與企業實際付出的資源比例來衡量。

從財務角度評估外購業務的方法已經非常成熟。但需要注意的是，企業真實的決策實踐並非是簡單的收益大小的比較，而是一個動態、面向未來的評估方式。因為企業與供應商之間往往存在信息不對稱、目標衝突、企業文化和管理方式差異等問題，財務評價必須考慮這些不確定因素的影響。

8.3.4 外購的風險與控制

8.3.4.1 識別外購的風險

在外購服務市場中，降低成本、集中核心能力、縮短進入市場的時間、減少內部的專業技術人員以及降低投資風險等是構成外購交易的主要動機。然而，無計劃的外購或過度的外購會給企業帶來很多麻煩，如固有的財務、營運和決策方面的風險因素可能增加隱含的成本，從而削弱外購的優勢，最終使外購企業不能實現預期的收益。外購的風險主要有如下幾種：

1. 供應鏈斷裂

企業選擇外購的原因是為了利用外部更加專業化、高效率的優勢。但是必須以雙方之間能良好協作為前提，否則外購就不可能成功。會產生諸如外購合同的重新簽訂、中間產品質量不合格、外購雙方合同的突然中斷等外購失敗的現象，在很大程度上都可以歸因於缺乏有效的溝通。例如，1997年，當加拿大航空公司將其物流信息系統設計交給IBM之後，由於雙方缺乏有效的溝通造成加航物流系統崩潰，甚至使加航物流系統中斷3個多月。

2. 供應鏈權力轉移

企業將業務交給供應商，失去了對部分資產的控制權，導致企業技術應用和更新能力喪失，信息和數據的安全受到威脅。除此之外，經過幾次合作，供應商對外購企業的經營狀況和需求的瞭解進一步深入，為加深彼此的合作關係，供應商往往會推出「量身定做」的服務，而這種服務通常會增強外購企業對其的信任感和依賴感。長此以往，供應商將取代企業內部的部分職能，一旦供應商提供的服務具有極強的外延性，則會嚴重影響企業未來的市場競爭力，因為供應商同樣會接受其他競爭者的外購要求，如微軟公司向康柏公司提供操作系統而影響IBM計算機的市場份額就是其中的一個例子。

3. 服務水準下降

過度的外購使企業和顧客缺乏直接接觸的機會，企業很難獲知顧客真實的需求信息。顧客需求信息缺乏以及來自外界的欺騙性信息的影響，使企業做出了錯誤的服務

決策，甚至忽略了顧客服務。例如，中國許多家電生產企業將產品銷售交給了國美、蘇寧等大型家電賣場，逐漸喪失了企業對市場的敏感性。

4. 競爭隱患

外購模式可以充分調動合作夥伴的資源和力量，新產品的開發效率和投入市場的速度將會被大大提升。然而，這種外購模式會使合作夥伴（或有實力的供應商）有機可乘，導致新的競爭者出現。

5. 技術外溢

企業的機密信息諸如未來的研發戰略、技術路徑等可能被洩露出去，這是管理者在進行外購時必須考慮的一個重要風險。技術具有稀缺性和不可模仿性，是企業的寶貴財富，但是過度進行外購的企業，就會把自己的技術毫無保留地轉移出去，相當於給外界開了一扇能接近其核心競爭力的方便之門，給自己的優勢帶來巨大的隱患。

8.3.4.2　外購風險的控制

當外購決策發生之後，供應商分擔了企業內部的一部分管理職能，企業和供應商之間的關係從業務角度來看，變成了採購合同管理，企業的財務負擔和管理費用也因此大為減少。但將業務外購之後，企業也喪失了部分的控制權，由此帶來很大的風險。因此，企業管理者必須時刻關注企業內部和外部環境的變化，時刻關注風險，防範風險。

1. 理念層面的外購風險控制

（1）利益共享和風險共擔的合作理念。企業將業務外購後分散了自身資本「套牢」的風險，獲得財務和市場競爭力的雙重利益。但作為供應鏈中的強勢企業，不能一味強調獲得外購的利益而忽視了供應商對利益和風險的訴求。一系列因供應鏈權力不對等產生的問題會不利於供應鏈的健康運行。

例如，延遲付款也許會降低外購企業的財務壓力，但卻會造成供應商財務風險的加大，供應商資金鏈一旦斷裂反而會影響外購業務和外購企業；不斷降低採購成本會提升外購企業產品在市場中的競爭力，但會造成供應商利潤的下降，供應商為保持一定的利潤水準可能會犧牲零部件（或服務）質量，反而又會造成企業產品市場競爭力的下降。

利益共享和風險共擔的合作理念應該是企業進行業務外購後首要考慮的問題，一個有效的利益和風險分成合約機制能夠促進外購方和供應商的「激勵相容」，在保證雙方獲得最大利益的同時將風險約束至最低水準。

（2）開放的交流機制。從本質上看，企業進行業務外購的本質是提高資源的使用效率，通過外購達成的企業間合作不僅僅是為了獲得供應商的專業優勢，同時也是為了獲得對方的管理優勢。信任是雙方合作的基礎，也是合作成功的關鍵。缺乏信任的外購會造成雙方交易成本的上升（如頻繁的談判、頻繁的質量檢驗等），同時也會增加外購的風險（如法律訴訟等）。

因此，在外購合約達成之後，不僅要求合作雙方保持相互信任的態度，更要建立一種開放的交流機制，將合作中出現的矛盾能夠以最小的成本加以消除。而這種交流

機制需要在認同雙方企業文化和經營理念的基礎上，彼此約束各自的行為，全力配合彼此在業務上的銜接。

（3）建立長期戰略合作關係。頻繁更換供應商會加大企業的交易成本，降低企業的市場反應速度，同時也會造成供應商「資源套牢」的現象，不利於發揮規模優勢，雙方的市場風險和法律風險都會上升。因此，在度過必要的觀察期和磨合期之後，應建立長期的戰略合作關係，形成供應鏈上相互協調、相互依存和共贏協作關係。

2. 操作層面的外購風險控制

（1）用法律手段保證外購安全。雖然從決策層面上，高級管理層已經決定零部件採購和部分產品生產實施外購模式。但在運作層面，考慮到知識產權、商業信息等外購安全風險的問題，在發出與企業產品相關的信息給供應商前，必須簽訂經過律師審核的標準保密協議，同時簽訂詳細的正式外購合同以防範企業可能面臨的外購安全風險。

（2）加強對供應商的績效考慮。企業即便與供應商簽訂了協議，也應當監控供應商的績效。企業不能認為業務外購，一切工作和責任就由對方承擔，完全是供應商單方面工作。外購企業應當和供應商一起制訂採購作業流程、確定信息渠道、編製操作指引，使雙方相關人員在作業過程中步調一致，外購企業可以檢驗供應商的採購管理業務是否符合企業要求的標準。定期對供應商進行績效考核是確保業務外購質量的重要內容。

（3）加強對供應商的團隊支持。人員支持是確保外購質量和風險控制的重要內容。為控制外購業務的質量，世界上許多跨國公司（如豐田汽車）對供應商提供技術支持、金融服務以及培訓專業團隊等，確保供應商運作流程能夠符合外購企業的需求。此外，雙方互換駐廠團隊也能夠快速發現外購業務中存在的風險。

8.4　供應商選擇與管理

8.4.1　供應商選擇

在選擇供應商之前，企業必須確定的是採用單一供應源還是多方供應源。單一供應源保證的供應商有足夠的訂單，同時供應商也必須對特定的採購方式進行大量投資，這些為特定採購方所做的投資，體現為生產特定零件的設備和工廠或者需要開發的專門技術。例如，在汽車零部件的採購中，經常用到單一供應源。當然這只是指某一個特定的零部件。在為整個生產採購時，還是要用到多方供應源。擁有多方供應源確保了一定程度的競爭，同時降低了風險。因為當一個供應源不能供貨時還有備選供應源。

要判斷企業的供應商數目是否合適，只需看增加或減少一個供應商所產生的影響即可。除非每個供應商所扮演的角色都不同，否則供應商的基數就有可能過大。相反，除非增加一個獨一無二、有價值的供應商會明顯增加總成本，否則供應商的基數就可能過小。

供應商的選擇機制有多種，包括招標和談判。無論用哪種方法，都要以選擇供應商的總成本，而不是單一的價格作為評判標準。通常來說，招標最好用在可量化的採購成本是總成本的主要組成部分時。當所有權成本和所有權後續成本很大時，選擇供應商時採用招標的方式並不合適。在這種情況下，談判可能會帶來最好的結果。

8.4.1 供應商招標

在很多供應鏈的設置中，企業往往把生產和運輸等供應鏈功能外包出去。首先篩選出一些可能的供應商，然後讓它們競價。篩選過程相當重要，因為這裡有企業所關注的供應鏈績效的多種屬性。當基於單價進行招標時，企業除了價格外，明確所有指標的期望績效是非常必要的。考慮多種屬性其實很困難，因為不是所有屬性都可以精確量化。因此資格篩選過程被用來確定滿足非價格屬性的期望績效的供應商。如果重要的非價格屬性的指標數量很多，最好直接談判，而不是採用招標的方式。

從企業的角度看，招標的目的是讓競標者透露他們隱藏的成本結構，企業從中選擇成本最低的供應商。為了達到這個結果，經常使用的方法是第二價格招標（維克里式拍賣），即每一個供應商給出一個價格，價格最低者獲得合同，但以倒數第二低的投標者的價格簽訂。通常來講，從企業的利益出發，在招標前最好透露所有可用的信息。如果投標者感覺信息缺乏，他們會提高報價以進行彌補。

設計投標時應考慮的一個重要因素是投標者之間勾結的可能性。第二價格拍賣最有可能受投標者勾結的影響。如果存在勾結，除了最低成本投標者，其他所有投標者都提高報價，合同會以高價被最低成本投標者獲得。企業必須確保在使用投標時不出現勾結現象。

8.4.1.2 供應商談判

企業進行談判，一是選擇供應商，二是與現有的供應商設定合同條款。如果所有權總成本除了採購成本，還有多個組成部分，相比招標，通過談判通常可以帶來更好的結果。只有當企業將該供應鏈功能外包給某供應商的價值至少與供應商執行該功能的價值相等時，談判才會有積極的結果。供應商實施該功能的價值不僅受其成本的影響，還受現有設施所能提供的其他產品的影響。類似的，企業所認為的價值受自營/自制成本相替代供應商價格的影響，企業和供應商之間的價值差別就是所謂的議價利潤（Bargaining Surplus）。談判的目標是理想地創造一種增加利潤的情形，因此增加想分享的利益。

在談判時要注意如下問題：

第一，不僅要對自己的價值有一個明確的想法，而且要盡可能準確地估計第三方的價值，對議價利潤較好的估計會提高談判成功的概率。豐田公司的供應商經常提到：豐田比我們更加瞭解我們的成本，這個帶來了較好的談判結果。

第二，根據平等、公平的原則分配議價利潤，或按照需要分配以獲得公正的結果。這裡的公平是指按每一方所做的貢獻分配利潤。

然而，談判成功的關鍵是取得增加利潤的雙贏。如果雙方只在一個方面進行談判，如價格，那是不可能取得雙贏的。在這種情況下，一方的贏是以另一方的輸為基礎的。

為了取得雙贏，雙方必須在多個方面進行談判。如果談判雙方有不同的偏好，找到多個方面使他們有機會把蛋糕做大。特別是當雙方都關注所有權總成本時，在供應鏈中，這樣做就較容易。關注所有權總成本的企業不僅關心實施供應鏈功能的價格，而且關注實施的回應水準與質量。如果供應商發現很難再降低價格而更容易縮短回應時間，就有機會取得雙贏。因為供應商可以在價格不變的情況下更好地回應。

8.4.2 供應商管理

從供應商與客戶關係的特徵來看，傳統企業之間的競爭多於合作，是非合作性競爭。供應鏈環境下的客戶關係是一種戰略性雙贏關係，提倡一種雙贏機制。從傳統的非合作性競爭走向合作性競爭，合作與競爭並存，是當今企業關係發展的一個趨勢。

8.4.2.1 兩種供應關係模式

在供應商與採購商關係中，存在兩種典型的關係模式：傳統的競爭關係與合作性關係。兩種關係模式的採購特徵有所不同。

競爭關係模式是價格驅動的。這種關係的採購策略表現為買方（採購商）同時向若干供應商購貨，通過供應商之間的競爭獲得好處，同時也保證供應的連續性。買方通過在供應商之間分配採購數量對供應商加以控制。買方與供應商是一種短期的合同關係。

雙贏關係模式，也叫合作關係模式，這種供需關係最先在日本企業中採用，它強調在合作的供應商和採購商之間共同分享信息，通過合作和協商協調相互的行為。這些協調的行為包括：採購商對供應商提供協助，幫助供應商降低成本、改進質量、加快產品開發速度；通過建立相互信任的關係提高效率，減少交易、管理成本；通過長期的信任合作取代短期的合作；進行較多的信息交流。

供應商與採購商的雙贏關係對於供應鏈採購的實施是非常重要的，只有建立良好的供需雙贏關係，供應鏈採購策略才能得到徹底的貫徹落實，並取得預期的效果。圖8-5顯示了供應鏈採購中供需雙贏關係的作用與意義。

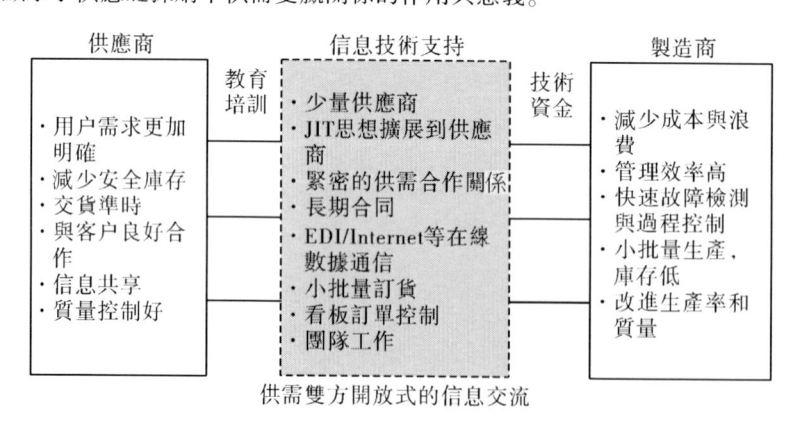

圖 8-5　供應鏈採購環節下的供需合作關係

8.4.2.2 雙贏關係的管理

雙贏關係，已經成為供應鏈企業之間的典範。因此要在採購管理中體現供應鏈思想，對供應商的管理就應該集中在如何與供應商建立以及維護、保持雙贏的關係上。

1. 建立互惠互利的合同

建立互惠互利的合同是鞏固和發展供需雙贏關係的根本保證。互惠互利包括了雙方的承諾、信任、持久性。信守諾言是商業活動成功的一個重要原則，缺乏信任的供應商，或缺乏信任的採購客戶都不可能產生長期的雙贏關係，即使建立起雙贏關係也是暫時性的。持久性是雙贏關係的保證。沒有長期的合作，雙方就沒有誠意做出更多的改進和付出。機會主義和短期行為將對供需雙贏關係產生極大的破壞作用。

基於供應鏈的採購管理的過程控制是基於長期契約來進行的。這種長期契約與傳統合同所起的那種約束功能不同，它是維持供應鏈的一條紐帶，是企業與供應商合作的基礎，它提供一個行為規範，這個規範不但要求供應商遵守，企業自己也必須遵守。一般包含以下內容：

（1）損害雙方合作行為的判定標準以及此行為應受到的懲罰。
（2）激勵條款。
（3）與質量控制相關的條款。
（4）對信息交流的規定。

還應強調的是，契約應是合作雙方共同制定的，雙方在制定契約時應處於相互平等的地位。契約在實行一段時間後應考慮進行修改，因為實際環境會不斷變化，而且契約在制定初期也會有不合適的地方，一定的修改和增減是有必要的。

2. 風險共擔與收益共享

當企業變得更強大時，傾向於將更多的風險推給供應鏈合作夥伴，而將更多的利潤留給自己。在供應鏈中缺乏風險分擔時，會導致供應鏈利潤降低，影響局部最優決策。

為了提高供應鏈利潤並分擔風險，要求供應商分擔採購企業的一些需求不確定性。有三種分擔風險的方法可以提高供應鏈利潤，它們分別是回購或退貨、收入分享、數量柔性。此時，需要關心三個方面問題：風險分擔如何影響採購企業的利潤和供應鏈的總利潤；風險分擔會不會帶來信息扭曲；風險分擔怎樣影響供應鏈關鍵績效指標。

在許多情況下，採購企業希望供應商改進績效，但是供應商沒有改進的積極性。如果改進的工作必須由供應商完成，但是改進帶來的大部分收益歸於採購企業，供應商可能不願投資來促進改進。一般而言，當供應商被要求提高某一指標的績效，而採購企業獲取了大部分的改進好處時，節約分享合同能夠有效地協調供應商和採購企業的關係。強勢企業還可同時使用節約分享和懲罰來進一步激勵供應商改進績效。共享改進收益會提高企業和供應商雙方的利潤，並為供應鏈帶來有益的影響。

3. 信息交流與共享機制

信息交流有助於減少投機行為，有助於促進重要生產信息的自由流動。為加強供應商與採購商之間的信息交流，可以從以下幾個方面著手：

（1）在供應商與採購商之間經常進行有關最終市場需求、生產成本、作業計劃、質量控制信息的交流與溝通，保持信息的一致性和準確性。

（2）實施並行工程。採購商在產品設計階段讓供應商參與進來，這樣，供應商可以在原材料和零部件的性能和功能要求上提供有關信息，為實施質量功能配置的產品開發方法創造條件，把用戶的價值需求及時轉化為供應商的原材料和零部件的質量與功能要求。

（3）建立合作任務小組，解決共同關心的問題。在製造商與採購商之間應建立一種基於團隊的工作小組，由雙方的有關人員共同組成，解決供應過程以及製造過程中遇到的各種問題。

（4）供應商與採購商之間互訪。供應商與採購商的採購部門應該經常互訪，及時發現和解決各自在合作過程中存在的困難和出現的問題，打造良好的合作氣氛。

（5）使用電子數據交換和互聯網技術，進行快速的數據傳輸。

4. 供應商的激勵機制

要保持長期的雙贏關係，對供應商的激勵是非常重要的。沒有有效的激勵機制，就不可能維持良好的供應關係。在激勵機制的設計上要體現公平、一致的原則。例如，給予供應商價格折扣、柔性合同以及股份股權等，使供應商和採購商能夠分享成功，同時也使供應商體會到合作機制的好處。

5. 合理的供應商評價方法和手段

要應用合理的供應商評價方法和手段，定期對供應商的業績進行評價，使供應商不斷改進。沒有合理的評價方法，就不可能對供應商的合作效果進行評價，這將大大挫傷供應商的合作積極性和合作的穩定性。對於供應商的評價，要抓住主要指標和問題，例如，交貨質量是否改善，提前期是否縮短，交貨的準時率是否提高等。通過評價，把結果反饋給供應商，和供應商共同探討問題產生的根源，並採取相應的措施予以改進。

本章小結

採購是一個企業的源頭，有效的採購是企業績效的關鍵制約因素，越來越多的企業開始重視自己的採購管理。在供應鏈管理環境下，採購模式與傳統的採購模式有很大差別。在供應鏈管理的環境下，採購模式重視向外部資源管理的轉變，強調從一般買賣關係向戰略合作夥伴關係轉變。在供應鏈管理環境中，強調企業之間對市場需求快速回應，準時化採購可以保證供應鏈運作的柔性和敏捷性，體現了供應鏈管理的協調性、同步性和集成性，供應鏈管理需要通過準時化採購來保證供應鏈的整體同步化運作。同時，在供應鏈管理環境下，需要加強供應商的管理，與所選擇的供應商實現共贏。另外，在日益全球化的今天，全球採購也是採購管理的一個重要趨勢。

思考與練習

1. 如何界定採購的定義？舉例描述採購的過程。
2. 基於供應鏈的採購管理模式與傳統的採購管理模式之間存在哪些不同？
3. 準時化採購的意義和特點是什麼？準時化採購應該遵循什麼原則？
4. 討論供應商管理中的競爭關係模式和雙贏關係模式之間的異同。
5. 如何進行代售尖商雙贏關係的管理？

本章案例：

旭電公司：從製造商到全球供應鏈整合者

多數人認為我們是製造公司，我們確實擅長製造，但我們實際上是服務公司。

——旭電公司 CEO Koichi Nishimura

2001 年中期，旭電公司面臨著成立 24 年以來最大的問題。這個公司是世界上傑出的供應鏈整合者，上年的收入是 187 億美元。自該公司的股票於 1989 年上市以來，股票市值在 2000 年 10 月達到了頂峰，升值幅度達到了 280 倍。

2001 年的經濟下滑在很大程度上影響了公司業績。2001 年 1 月的收入比去年同期增長了一倍，但是 2001 年各季度的收入卻是遞減的，第三季度比第二季度的收入下降了 27%，公司的庫存大量增加，應收帳款大幅攀升（見表 8-2、表 8-3）。

表 8-2　　　　　　　　　　財務數據節選

	2001 年	2000 年	1999 年	1998 年	1997 年
收入（百萬美元）	18,692	14,138	9,669	6,102	3,694
銷售成本（百萬美元）	17,206	12,862	8,733	5,436	3,266
毛利潤（百萬美元）	1,486	1,275	936	667	428
營業費用（百萬美元）	-1,585	-571	-420	-298	-192
營業收入（百萬美元）	-98	704	516	369	236
利息、稅收和其他（百萬美元）	26	-217	-166	-118	-78
淨利潤（百萬美元）	-124	497	350	251	158
總資產（百萬美元）	12,930	10,376	5,421	2,411	1,876
庫存（件）	3,209	3,787	1,197	789	495
應收帳款（淨值）(百萬美元)	2,444	2,146	1,283	670	419
年底員工數量（人）	60,800	57,000	33,000	22,000	17,000
年末工廠面積（百萬平方英尺）（1 平方英尺≈0.09 平方米）	11	10	7	5.5	3

表 8-2　　　　　　　　　　　　財務數據節選

	2001 年 第 4 季度	2001 年 第 3 季度	2001 年 第 2 季度	2001 年 第 1 季度	2000 年 第 4 季度
收入（百萬美元）	3,595	3,983	5,419	5,696	4,736
銷售成本（百萬美元）	3,387	3,678	4,930	5,211	4,323
毛利潤（百萬美元）	208	308	488	485	413
營業費用（百萬美元）	-314	-277	-295	-209	-170
重組費用（百萬美元）	-207	-285	--	--	--
營業收入（百萬美元）	-313	-254	193	276	243
利息、稅收和其他（百萬美元）	63	68	-71	-85	-72
淨利	-250	-186	122	191	171
年底未交貨訂單（百萬美元）	2,200	2,500	4,400	5,800	4,900
新訂單（百萬美元）	3,300	2,100	4,000	6,500	6,500
總資產（百萬美元）	12,930	13,293	14,605	14,027	10,376
庫存（件）	3,209	4,201	4,882	4,584	3,787
庫存週轉率（%）	3.7	3.2	4.2	5	5.5
應收帳款（淨值）(百萬美元)	2,444	2,391	3,188	2,688	2,146
應收帳款週轉天數（天）	61	63	49	42	38
季末員工人數（人）	60,800	65,800	79,800	71,900	65,000

註：(1) 該數據為 2000 年 9 月至 2001 年 8 月的財年數據。2001 年「9/11」恐怖襲擊使股價再次下跌。

財務季度：2001 年第四季度結束於 2001 年 8 月 31 日；2001 年第三季度結束於 2001 年 6 月 1 日；2001 年第二季度結束於 2001 年 3 月 2 日；2001 年第一季度結束於 2000 年 12 月 1 日；2000 年第四季度結束於 2000 年 8 月 25 日。

(2) 1998—2000 年的數據考慮了 2000 年收購產生的影響，而 1997 年的數據則沒有考慮該影響。1998 年，該收購產生的影響是 8.13 億美元的收入和 5,200 萬美元的淨利潤。

(3) 2001 年，營業費用中包括收購、重組成本 5.47 億美元，其中第四季度為 2.07 億美元，第三季度為 2.85 億美元，第二季度為 5,500 萬美元。

到 9 月，股票已經從頂峰的 52 美元/股下跌到了 10 美元/股，市場資本總值占總收入的 40%。公司已經解雇了 80,000 名人工中的 20,000 人，並關閉了部分工廠。現在應該怎麼辦？

電子製造服務行業

電子製造服務行業是從很多小的工廠發展來的。它們的客戶——原始設備製造商（OEM），通常利用這些小公司來補充自身的生產能力，或者將自己沒有競爭優勢的生產活動外包給這類公司，比如電纜和電路板的生產。20 世紀 70 年代和 80 年代初，生產的數量還是很少。

隨著個人計算機的發展，很多生產商迅速擴張，個人計算機的使用同樣促進了相關行業的發展，比如打印機和存儲器行業。20世紀90年代，互聯網的發展導致了對網路設備的大量需求產生，比如服務器等。同時，移動電話和其他無線設備需求的爆炸性增加，使得人們對製造能力的需求在這個時期急遽增大。20世紀八九十年代，旭電公司發展迅速，並在20世紀90年代中期成為這個行業的主導公司。

2000年，電子製造服務行業的產值達1,030億美元，占OEM公司銷售總成本的13%，有人預計在2005年，該行業將增長22%，達到2,310億美元。這個行業有些大的上市公司，最大的是旭電公司，還包括新美亞/SCI系統（Sanmina/SCI Systems）、偉創力、品士、捷普科技、天弘等，還有幾百家較小的公司，它們大多是非上市公司。

旭電公司簡介

旭電公司在1977年成立，最初製造太陽能設備。公司成立之初，財務上有很多困難，它最初為其他電子公司組裝產品，比如電路板。由於旭電公司的地理位置離硅谷很近，所以可以比較容易地接觸到大的潛在客戶。從20世紀80年代初開始，該公司致力於接單生產，提供高質量的電子製造服務。

公司戰略的重要環節是重視質量，並把這個理念貫徹到公司所有的業務之中。旭電公司在1995年和1997年兩次獲得著名的鮑德里奇國家質量獎。到2001年，公司獲得了超過250個質量和服務獎。這歸功於從1989年開始，公司就強調質量和顧客的滿意度。

20世紀90年代初，公司開始了戰略兼併過程，從它的客戶手裡兼併工廠，並且從客戶手中得到了長期的訂單。利用這些工廠，旭電公司還可以為其他客戶提供服務，從而增加了工廠生產能力的利用率。兼併加速了旭電公司的增長，到1994年，年收入超過了10億美元。1998年，它成為電子製造服務行業第一家進入標準普爾500（S&P 500）的企業。

旭電公司生產的產品覆蓋了很廣的範圍：

● 網路設備（占2000年收入的27%）——調制解調器、網路集線器、遠程接口、開關等。

● 電信設備（29%）——接口設備、基站、IP電話設備、移動電話、尋呼機、開關設備、轉換設備、可視會議設備。

● 計算機（25%，其中，個人計算機16%，工作站和服務器9%）——互聯網接口、筆記本電腦、個人計算機、服務器、超級計算機等。

● 計算機外圍設備（7%）——磁盤、激光/噴墨打印機、投影儀等。

● 其他（12%）——航空電子、消費電子、醫療電子設備、GPS、半導體設備等。

旭電公司非常依賴於大型客戶，2000年72%的收入來自前10大客戶，其中愛立信占13%，思科占12%，其他的客戶包括康柏、惠普、IBM。

隨著旭電公司的成長，它擴展了自己的服務領域。1996年，它兼併了Fine Pitch科技公司。20世紀90年代末，它已經有了三大戰略部門：技術解決方案部門——主要提供技術組成部分的服務，縮短了客戶從市場上尋找新產品的時間；全球製造部門——提供設計、新產品的推出和製造，以及分銷服務；全球服務部門——主要提供維修、升級、物流、倉儲和售後支持。全球的物料服務部門為這三大部門提供採購和其他物流管理資源。

文化和質量

旭電公司文化的一個重要方面是重視質量，這也是它成功的重要因素。這個公司的核心價值觀和理念已經根植於日常管理和戰略計劃過程中。

早期文化發展

1978年，IBM的執行官陳博士加入了旭電公司，並任該公司總裁，旭電公司開始進行文化的構建。當時，電子公司將電路板印刷工作外包給製造商，電子公司主要根據價格和時間來選擇供應商，沒有期望得到高質量的服務。陳博士對這種做法不讚同，他堅持說，只有達到了高的質量標準才能獲得低的成本。

根據他在IBM的經驗，陳博士使用了兩個基本理念來管理公司：卓越的客戶服務和對個體的尊重。為充分實現這些原則，他建立了可以快速反饋信息的系統，並給予了員工可以實現這些目標的自由。比如，他建立了衡量顧客滿意度的過程，每週請顧客提供評估結果，顧客主要根據質量、反應速度、交流、服務和技術支持來進行評估。管理層每週回顧評估的結果，並將結果張貼在生產線上。陳博士說：「我們不告訴人們，你做得不錯，你做得不好。而是說，顧客是這麼說的。這是一個強有力的管理工具。」

公司也為每條生產線建立了每週利潤和虧損的財務報表，並將這些材料分發給生產線經理。陳博士說：「如果你真的尊重個體，你應該讓他們知道他們做得怎麼樣──並且讓他們盡早知道，從而可以做點什麼。最終，最重要的是顧客的滿意度，以及利潤和虧損。」1984年，當陳博士成為CEO時，他的目標是「讓美國的製造業恢復競爭力，成為世界上最好的製造型企業」。

旭電公司雇用了背景各異的員工，很多是新移民。接單製造行業，包括旭電公司，通常支付較低的工資。除非人們具有同一目標，並為這個目標所激勵，否則難以實現公司的文化和宗旨。旭電公司的文化實現了這一目標。

1988年，陳博士說服了他的IBM同事──西村博士，加入旭電公司，並擔任首席營運官。當時，旭電公司的收入已經達到9,300萬美元，並且具有穩定的利潤。西村博士的方法是永不滿足，持續地對目前的做法進行改進。這種理念應用於公司管理的各個方面。

鮑德里奇國家質量獎和致力於質量

來到旭電公司不久，西村博士聽說了鮑德里奇獎──這是國會在1987年發起的用於表彰製造行業和服務行業最優秀公司的獎項。他發現該獎的評選流程和旭電公司的原則非常吻合，並且通過評選鮑德里奇獎，可以達到持續改進的目的。於是旭電公司在1989年申請了鮑德里奇獎，可是沒有獲得實地考察的資格──這是獲得最終評選資格的一個必要的程序。可是，旭電公司得到了專家的指導，在很多方面提高了公司的營運水準。

西村博士非常高興獲得了「免費的諮詢」，並且按照所提出的意見改進了公司的營運。下一年，旭電公司仍然沒有獲得實地考察的資格，但是西村博士說：「我們並不是僅僅為了獲得這個獎項而工作，我們是為了建立一個高質量的一流公司。這個獎項只是一個模板。」

1991年，旭電公司獲得了實地考察的資格，並獲得了大量寶貴的建議——最終獲得了鮑德里奇獎。這是鮑德里奇獎第一次頒發給接單生產行業的企業。

根據規則，鮑德里奇獎獲得者在以後5年中沒有參選的資格，但是，旭電公司覺得評選過程是十分重要的，所以每18個月就會按照鮑德里奇獎的標準進行內部評估。西村博士說：「這使得我們不斷進步，這也是唯一能使我們做得最好的道路。」1997年，在具有參選資格的第一年，旭電公司再次獲得了鮑德里奇獎，這也是歷史上第一個蟬聯該獎的公司。

日常實踐

旭電公司的文化有幾個組成部分，每一個都和其他部分緊密相關，並且大多數都和公司使命有直接關係。

不斷改進的重點是制度化管理，比如，每週二、三、四早晨7：30召開例會。這從公司剛成立時就成為制度。大約30~50名員工會參加例會，包括工程師、項目經理、現場經理等。每次會議首先對前兩天的質量情況進行回顧。周二針對顧客滿意度進行回顧，或者進行管理培訓——由公司高級經理或者從外面請來的專家提供培訓。

周三的會議議題集中於質量，是一個流程改進和知識分享的平臺。重點是通過自身管理和公司質量提高程序來預防缺陷而不是改正（質量提高團隊是跨部門的，工作是處理具體問題或者發現可以提高質量的機會。他們根據公司的客戶滿意度、質量、柔性等目標來建立計劃），自我管理團隊成員在早晨7：30做相關報告。會議也用來表彰優秀團隊和員工，當一個團隊從顧客那裡得到了好評時，公司總裁會簽發支票，團隊成員平分獎金，並且獲得大家的認可。

周四的晨會重點是顧客的滿意度和過程管理。旭電公司讓顧客每週對它在質量、配送、交流和服務各個方面的表現進行評估。在周四的會議上，人們會回顧這些數據，討論相關的問題，並提出改進措施。一般會採納多數人的意見，這是為了加強團隊精神，而團隊精神是旭電公司高層一再強調的價值觀。

旭電公司也通過一些象徵性的標誌來使得員工統一化。比如，所有的員工，從CEO到新進員工都會穿著相同的工作服，工作服上印有公司的標示（參觀者會發放藍色的工作服，所以他們可以被辨認出來），這是為了使得員工意識到他們是公司的一員。公司的宗旨和「5S」在旭電公司工廠的顯著位置上標示出來。

文化和兼併

20世紀90年代，旭電公司增長的策略包括從客戶手中兼併製造部門。到2000年年底，員工數量超過了8,000人，大多數員工來自被兼併的企業。使員工成為一個整體是兼併成功的重要部分。灌輸公司的文化是該整合過程的一個重要任務。

公司成立了整合小組來完成兼併中的整合問題。該小組由4至8名員工組成，這些員工來自主要職能部門（比如財務、人力資源、營運、物流和IT）。該小組很早參與兼併過程，甚至在兼併決定做出之前，就開始了早期的工作。整合過程使用一個詳細的模板（見表8-3），當整合決定做出之後，詳細的整合工作計劃會被制定，這個工作計劃需要兼併部門的參與。整合小組將和被兼併公司一起工作直到兼併過程結束後的3至6個月，目的是訓練新的員工，使他們成為公司的資源。

表 8-3　　　　　　　　　　　　業務整合模板

命令	AM	帳戶管理	H=1 天內解決 M=10 天內解決 L=可以等到 1,000 天後解決	解決方案					圖例說明： R = Red（和預期相差懸殊；可能需要全力解決） Y = Yellow（和目標相比稍差；需要更多關注） G = Green（和計劃相當） X = 完成 / = N/A
	COM	公司交流		辨別	確認	記錄	簽字	執行	
	FAC	設備/EH&S							
	FIN	財務							
	HR	人力資源							
	IT	ITSS							
	MAT	物料							
	NPI	NPI/技術							
	OPS	營運							
	PM	項目管理							
	QA	質量							
	LOG NO	過程	優先級 L/M/H	SLR LEAD	XXX LEAD	最後期限		評價	實際完成時間

註：1. 帳戶管理任務 AM：1-帳戶清單檢查和比較、2-部門和客戶的交流、3-給所有的客戶郵寄 SLR、4-設計帳戶結構、5-檢查報價、6-檢查合同、7-檢查預測方法、8-準備培訓材料、9-CSI 培訓、10-帳戶管理培訓。

2. 工廠任務 FAC：1-建立設備維修服務制度（清潔和維修）、2-根據需要建立服務合同（安全、郵寄、咖啡等服務）、3-建築物租賃以外的租賃合同、4-旭電公司地址、5-道路和建築物標示、6-使用本地語言和圖像來表現旭電理念、7-轉讓或設立公用事業合同（電、煤氣等）、8-確保根據需要投保、9-徽章及設施入口、10-轉讓或實行建築物租賃。

3. 財務任務 FIN：1-應付帳款、2-應收帳款、3-租賃的分配。

從接單生產到全球供應鏈整合者

隨著旭電公司規模和提供的服務範圍的擴大，它逐漸由接單生產企業向全球供應鏈整合者的方向發展。與此同時，OEM 也在改變著利用外包生產的觀點。到 2001 年，它們的外包活動是前幾年無法想像的。

旭電公司的一位高級經理通過類比鋼制橋和木制橋來描述這種改變：

起初，人們複製了木制橋的設計，只是替換了部分材料，當人們學習了更多的技術時，他們開始利用鋼鐵的特性來重新設計橋樑。橋樑看上去和傳統的橋樑一樣，但是卻無法使用木材建築。最終，設計師創造了全新的方法來設計橋樑，這在以前是無法想像的。製造和信息技術的發展允許我們在為客戶提供服務方面進行根本性的行為變革。

當旭電公司最初提供接單製造時，它僅僅提供的是客戶原來就有的能力。客戶考慮外包時的兩個主要因素是：現金流和資源的分配。如果外包可以降低成本，或者需要額外的生產能力來滿足大量增加的需求，會考慮外包。客戶一般會留有一定的內部生產能力，只有當需求超過了這個能力時，才生產外包。

由於客戶一般會留有一定的內部生產能力，並且只是外包一部分的生產，所以一般情況下，客戶是強勢的。不過，旭電公司通過自己的高質量的產品和服務區別於其

他的接單生產公司。

隨著旭電公司訂單數量的增多，它的生產總量會增加，這樣，它就可以和它的供應商進行談判，並取得主動地位，從而為客戶提供其無法實現的優勢：由於大量集中採購和生產帶來的低成本，對於旭電公司的客戶來說，外包給旭電公司帶來了一種戰術上的優勢。客戶說明什麼是它們所需要的，然後旭電公司購買材料，製造產品，並將產品運送給客戶。

技術的發展

表面貼裝技術的發展給旭電公司提供了非常重要的機遇，20世紀七八十年代，電路板的組裝只是將零部件插到板上的空隙中，這不是一項昂貴的技術，但是在一塊板上只能放置有限數量的零部件。1983年，旭電公司開始生產新型電路板，將零部件直接貼在電路板上，這項技術可以使用更小的零部件，並且可以在板的兩側安裝部件，這大大提高了電路板的零部件密度。

表面貼裝技術的優勢並不是免費的午餐，它通常伴隨成本的增加。這項技術所需要的設備投資大，並且在當時，很少的電子公司需要高密度電路板。20世紀80年代，移動電話還沒有開始生產，個人計算機也沒有開始大規模的製造。大多數的OEM公司對這麼高的價格並不買帳，雖然它們可以從表面貼裝技術中受益。

然而，旭電公司憑借巨大的客戶群，可以分攤這項技術的費用。到1992年，大多數新的電路板的設計都是使用表面貼裝技術，很多公司非常依賴於旭電公司和其他幾個公司。

新的業務模式

1992年，旭電公司開始了新的業務模式，在那一年，它併購了IBM的生產工廠，同時得到了長期的訂單。這使得OEM公司可以集中力量來發展它們的核心競爭力，比如產品定義、工程、銷售，而將生產外包給旭電公同，而這恰好是旭電公司的核心能力。

IBM的法國工廠就是一個很好的成功案例。1992年，這個工廠被旭電公司收購。這個占地27,000平方米的工廠當時難以為繼，員工減少到1,000人，而只有500人從事生產。到2001年，在旭電公司接手該工廠幾年後，這個工廠雇用了4,200人，為愛立信製造移動電話交換齒輪，為思科製造網路設備、條形碼閱讀器、醫療設備等。IBM的產品僅僅是這個工廠所生產產品中的一小部分。IBM的工廠經理評價說：「這就像是一個完全不同的工廠，難以想像，它太繁榮了。」

這種模式得到了多次複製，旭電公司得以快速擴張。它從客戶手中取得了工廠，然後使用這家工廠來滿足長期的訂單，并為其他的客戶提供產品。這就產生了風險共擔的效用，因為波動的需求匯集在一起，波動就可以減少，安全庫存的水準也可以降低。

在接下來的幾年，旭電公司從不同的公司獲得了超過20家這樣的工廠，包括惠普、德州儀器、NCR、索尼、愛立信、思科、飛利浦和三菱。

當旭電公司為行業的幾家大的公司提供產品時，規模經濟效應非常明顯，因為這些公司往往使用相同或者類似的產品零部件。同時，旭電公司可以將這些公司預測的

需求匯集起來，這就使得旭電公司預測需求的結果更為精確。當然，單個 OEM 公司的預測結果往往是有偏差的，難以正確反應最終客戶的需求。

合併和再選址。除了從 OEM 公司獲得它們的工廠，電子製造行業從 20 世紀 90 年代開始掀起了合併的潮流。這個潮流是被 OEM 和供應商之間的越來越緊密的關係所驅動的。OEM 公司希望和與它們關係最為緊密的幾個大的供應商建立戰略夥伴關係，以便滿足 OEM 公司全球的需要。2001 年 7 月，新美亞，當時排名第五的電子製造商和排名第四的 SCI 合併。旭電公司合併了兩個前十名的公司，分別在 2001 年 8 月合併了 C-Mac，在 2001 年 8 月合併了 NatSteel 電子。

當時很多製造公司將生產轉移到低成本地區，比如亞洲（日本除外）、墨西哥和歐洲中部地區。到 2001 年中期，旭電公司大約有 30% 的生產放在了這類地區，公司的目標是 70%。這樣做有兩個好處：第一是可以減少成本；第二是將生產能力放在將來可能增長迅速的地區。

通過戰略上的合併，旭電公司已經在全球範圍內布置了自己的網路，使得自己的工廠接近於客戶，或者潛力市場。這可以使旭電公司推廣新的產品，並迅速地組織大規模的生產。生產能力在整個網路中也取得了平衡。針對同一個產品，可以在不同的地點生產，從而最大限度地提高盈利能力。

信息系統。互聯網和其他交流工具的產生使得旭電公司可以利用這些技術來管理自己的營運，同時使得客戶優化供應鏈。旭電公司在信息系統上投入了大量的資金，以管理自己的全球系統和供應商，公司的信息系統包括 ERP 系統和其他輔助系統，比如產品數據管理、車間控制、倉庫管理、物料數據庫、快速的「what if」工具，財務分析和報告以及人力資源等。公司還建立了內部網，使得供應商和客戶可以分享數據，從而整合了整條供應鏈。信息的可視化減少了「牛鞭效應」（見圖 8-6）。

供應鏈管理。旭電公司負責點對點的供應鏈管理，而它的客戶則致力於研發新的產品，同時旭電公司在產品設計上也起到了重要作用。旭電公司負責採購原材料、生產、安裝、調試，並將產品運往客戶指定的地點，也負責技術支持和服務，以及廢舊產品的回收再循環。簡言之，它參與了產品整個生命週期的過程。客戶主要負責產品的定義、研發、市場和銷售。

從 OEM 的角度看，主要的動力不是製造或者購買一條生產線，而是從哪裡以盡可能少的成本獲得產品，而問題的關鍵是得到產品並可以隨時運送給顧客。隨著全球物流越來越重要，採購和製造僅是問題的一部分。如果從地球一端採購產品，而將產品運給地球另一端的客戶，那麼運輸費用、稅費、關稅等成本可能遠遠高於產品的製造費用。

以前行業的進入壁壘來自類似於表面貼裝技術設備這樣的高投入，而目前很多公司擁有這樣的設備。旭電公司現在的競爭力源自可以迅速有效地跨國境運輸產品，這依賴於它的全球化網路。現在這種能力比製造能力更為重要。目前，往往更多的時間和金錢花費在物流上而不是製造上。

公司在羅馬尼亞的營運說明了這種情況。旭電公司在羅馬尼亞的營運開始於 2000 年，公司的客戶主要集中在歐洲中部地區，這個地區被認為其需求增長非常迅速。這

圖 8-6　全球企業資源系統

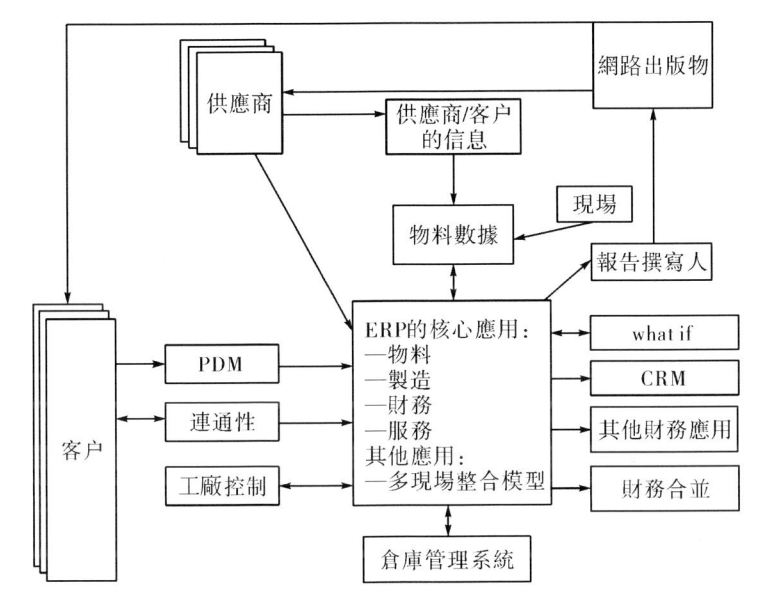

CRM：客戶關系管理
ERP：企業資源計劃
PDM：生產數據管理

裡的人力資本很便宜，每小時 0.5 美元，並且羅馬尼亞的工人有良好的職業道德。但是，將原材料從西歐運到公司需要整整一天的時間，還需要兩天的時間將產品運輸出境。所以，這就需要在物流成本和人工成本中找到平衡點。

全球供應鏈整合的組織結構

為便於全球供應鏈的管理，旭電公司的組織結構可以分成三個主要部門：技術解決方案部門、全球製造部門、全球服務部門。

技術解決方案部門。這個部門提供模塊化和嵌入系統的設計，提供各類存儲器和輸入/輸出接口產品，這個部門是在旭電公司最大的全資子公司 Force Computer 和 SMART Modular Computer 的基礎上成立的。2000 年，這個部門的收入達 15 億美元，占公司總收入的 11%。

全球製造部門。全球製造部門為旭電公司的客戶提供製造服務。這是公司最大的部門，2000 年收入達 124 億美元，占總收入的 88%。除了提供傳統的接單製造服務，還提供新產品介紹和前期製造服務，比如製造設計、同步工程（同步工程是產品開始生產後的持續開發工程）和原型生產等。

旭電公司也和一些創業公司進行合作。1996 年，旭電公司收購了 Fine Pitch Technologies，就是為了和小型創業公司進行合作，這些小型公司需要生產能力強、水準高的技術工程支持。Fine Pitch 為這些小公司提供了其他大型電子製造服務企業難以提供的服務。但是，必須謹慎地挑選可以合作的小企業，因為有太多的這類企業要和旭電公司合作。這種合作關係就類似於戰略投資，只有這些小企業日後發展得好，才會產

生利潤。旭電公司仔細評估這類企業是否適合自己，選擇在戰略上最合適的，並且具有成長潛力的公司，就像風險投資所做的那樣。博科通信（Brocade Communication）和Juniper網路是典型的這類公司的例子。

全球服務部門。全球服務部門提供產品的維修、升級等服務。同時，它也提供倉儲、物流、工程管理等服務。2001年，這是個比較小的部門，2000年的收入為2.33億美元，不到公司總收入的2%，但是該部門增長迅速，認為是很有潛力的部門。2000年的收入大約是1999年的3倍。

此外，還有全球物料服務部門。這個部門為其他部門提供支持，主要負責和供應商協調、採購、最優化庫存、市場預測，並提供全球物料支持。

2001年秋季的形勢

20世紀90年代，電信和網路興起，使得公司業務大增，旭電公司從中獲益頗豐。2000年秋季，旭電公司意識到供應能力難以滿足客戶的要求，但是將自己的生產能力和競爭對手的生產能力加總在一起，遠遠超過了即使是在最樂觀的條件下市場需求的數量。旭電公司希望OEM不要給出過量的訂單，但是OEM卻堅持說它們的生產要求必須滿足，並且同意將多餘的產品回購。旭電公司的「做最好的公司」和不斷改進的文化以及顧客第一的原則使得它很難做出減少生產量的決定。

經濟形勢在2000年年底開始下滑，2001年年初明顯下滑，尤其是在旭電公司重要客戶集中的行業，比如電信行業。業務量萎縮就像是一晚上發生似的——原先生產很難跟上需求的數量，而現在到處都是供應過量。新訂單數量，從2000年第四季度的65億美元急遽下降到2001年第二季度的21億美元。而收入則從57億美元下降到36億美元。股價大幅下挫。

市場環境的變化導致了庫存的大量增加，旭電公司很難撤銷其已向4,000多家供應商發出的訂單。至2001年3月2日，在6個月內，庫存增加了10億美元。

旭電公司宣布裁員，並關閉了部分工廠。公司成立了跨部門的高層小組來實現改組的目標，並監督改組的過程。該小組評估了新的成本結構，對組織結構進行了有效的重新設計，並想辦法改進和客戶的關係。到2001年10月，員工數量從最多時的80,000人下降到不足60,000人。生產線也從1,100個減少到700個，車間面積也由原來的1,400萬平方米下降到不足1,100萬平方米。2001年，第三季度的重組費用為2.85億美元，第四季度為2.07億美元，部分工廠關閉，生產被轉移到其他工廠進行。

雖然目前的狀況很糟糕，但是旭電公司對長期的發展還是很樂觀的。OEM公司仍然將外包作為它們重要的戰略。旭電公司相信將來的經濟趨勢適合於大型OEM供應商的發展。與此同時，亞洲經濟的快速發展（據推測，那裡對電子設備的需求可能會占到世界總需求的1/3-1/2），以及東歐和中歐人們可支配收入的增加使得旭電公司對將來抱有很大的信心。

但是，旭電公司必須面對現實：如何才能躲過這場暴風雨，並且保證將來的商業定位正確可行？

案例思考

1. 對客戶來說，旭電公司給客戶提供的價值是如何演變的？
2. 旭電公司全球的擴張是如何使得該公司由一個接單生產企業轉變成供應鏈整合企業？
3. 旭電公司如何成功使得被兼併的部門成為它整體的一部分？
4. 企業文化對一個企業的成功能夠起到什麼作用？這種文化對 2001 年業務下滑以及公司業務下滑的應對能力又有什麼作用？
5. 旭電公司將來應該為顧客提供什麼種類的其他產品和服務？
6. 短期和長期內，旭電公司分別應該怎麼辦？

附錄 8-1　旭電公司的願景、使命、信念和「5S」

願景

成為最優秀的不斷改進的公司。

使命

我們的使命是為客戶提供全球的回應，為客戶提供最高質量、最低成本、定制化、集成化設計、供應鏈和製造解決方案。我們以誠實、道德為基礎建立長期夥伴關係。

信念

客戶第一：通過創新和追求卓越為顧客提供最高價值的產品和服務，以強化同客戶的夥伴關係。

尊重個性：強調個人尊嚴、平等和成長。

追求質量：卓越的執行力，推動六西格瑪在所有關鍵過程中的應用，超越客戶的期望。

供應商關係：強調溝通、培訓、檢測和認可。

商業道德：開展業務必須堅持正直、誠實。

股東價值：通過不斷改進來優化經營收益。

社會責任：成為對社會有價值的公司。

「5S」

當公司技術副總裁賽義德·佐霍里（Saeed Zohouri）博士在 1988 年到日本標杆企業考察時，發現在雅馬哈工廠內實行了「5S」。該做法被西村博士認可，他認為這對實現把日本技術和美國創新相結合很有幫助。

Seiri（組織）

- 區別有用和沒有用的東西。
- 僅在工作區域保留有用的物料。
- 立即丟掉不需要的項目。

Seiton（秩序）

- 將物品按照正確的順序擺放在正確的位置上。
- 在任何時候將所有的物料和記錄擺放整齊。

整潔。

隨時能夠使用。

按照使用頻率擺放。

●物有其位、位有其物。

Seiso（整潔）

●當所有的物品整理整齊時，問題很容易暴露出來。

●整理物品時可以發現細小的問題。

Seiketsu（標準化清理）

●工具、設備和工位在使用後需要立即清理。

●乾淨的工具使用起來效果更好。

Shitsuke（紀律）

●按照標準程序操作。

●遵守公司章程。

●在任何時候遵守安全規則。

附錄 8-2　外包戰略

外包決策對於 OEM 公司來說是一個重大的戰略決策，需要認真審議該戰略的優點和缺點，以確定外包能否改善 OEM 公司的績效並最大化其價值。雖然外包可能產生戰略性的優勢，但是該戰略是有成本的。對於傳統上自己生產產品的 OEM 公司來說，該變化是有風險的，可能導致業務受損並且難以恢復。外包戰略影響著成千上萬的工人，並可能將公司的關鍵業務暴露給供應鏈上的夥伴，可能遭到干擾。

因此，公司在制定外包戰略時，必須瞭解內部生產的成本和從外部獲得物料的成本，並進行比較。這可能包括三個方面的分析：

●戰略。擁有或者對生產設備具有優先使用權是否具有戰略意義？該公司的生產戰略如何滿足其整體業務的戰略？比如，擁有設計和生產設備的所有權使得英特爾公司可以快速地生產產品並保護公司的知識產權。

●營運。公司的業績目標以及製造部門和供應鏈的需求分別是什麼（例如提前期和單位成本）？比如，戴爾配置其供應鏈以滿足其總體經營戰略——訂單下達後不久就可以提供定制化的計算機產品。

●組織。業務是如何取得成效的？對於已經成立的公司來說，改變其供應鏈模式是很困難的。

旭電公司認為可以從外包中得到三個好處，分別是：有利於快速使產品上市，強化經濟性，獲取技術。

快速使產品上市

20 世紀 90 年代，公司可以將產品推向市場的速度成為一個越來越重要的問題。早期的市場進入者可以得到主導的市場份額，並取得相應的收益。通過與有利於使產品快速上市的電子製造服務商（EMS）公司進行合作，OEM 公司可以節省產品上市所需的時間。

經濟性

相比 OEM 公司，EMS 公司能夠獲得更大的資產利用率，因為它們可以用同樣的資產為很多公司加工產品，這樣就可以為 OEM 公司節約大量成本。另外，產品變化的風險、產品生命週期的縮短以及其他資源的低效率也由於 EMS 公司可以在不同客戶間進行平衡而避免。

技術

製造過程在 20 世紀 90 年代變得越來越複雜，並且越來越昂貴。表面貼裝的影響前面已經提到，隨著產品和製造技術的不斷發展，這個問題持續出現。對於 OEM 公司來說，鑒於成本和技術的複雜程度，不太可能使自己的生產技術達到最先進。但是 EMS 公司可能提供最新的技術，以滿足許多客戶的需求，並培養必要的技能，以有效地利用最新的工藝過程。所以外包可以為 OEM 公司提供利用最新設備和技術的可能性，同時又避免了高昂的投資（包括設備和培訓）和生產成本。

資料來源：大衛‧辛奇利維. 供應鏈設計與管理：概念、戰略與案例研究［M］. 3 版. 季建華，邵曉峰，譯. 北京：中國人民大學出版社，2010：278-291.

供應鏈管理

9 供應鏈中的生產計劃

本章引言

　　供應鏈管理對企業最直接、最深刻的影響是企業家決策思維的轉變：從傳統、封閉的縱向思維方式向開放的橫向思維方式轉變。生產計劃是企業管理的重要內容之一，供應鏈管理無疑會對此帶來很大的影響。與傳統的企業生產計劃方法相比，在信息來源、信息的集成方法、計劃的決策模式、計劃的運行環境、生產控制的手段等方面，供應鏈管理模式下的生產計劃方法都有顯著的不同。

學習目標

- 瞭解供應鏈生產計劃的概念和特點。
- 熟悉供應鏈生產理念。
- 掌握供應鏈生產計劃方法。

9.1　供應鏈生產計劃概述

　　如果製造、運輸、倉儲，甚至信息都是免費的、無限的，並且提前期為零，產品能夠瞬間製成並交付，那麼此時就不需要對客戶需求進行預測，並據此擬訂計劃。因為無論何時，客戶的需求都能立刻得到滿足。在現實中，這種情況是不可能存在的：產能需要成本，提升產能和生產產品的提前期往往很長。在這種情況下，企業在完全瞭解客戶需求之前，必須很好地制定關於產能水準、生產水準、採購和促銷的計劃和決策。企業必須在需求產生之前預測需求，並決定如何滿足需求，例如是否應該投資建設一個有巨大產能的工廠，使它即使在需求旺季也能生產出足夠的產品來滿足客戶需求；或者是否應當建設一個規模較小的工廠，通過在淡季時建立庫存，並支付庫存成本，以應對隨後幾個月的需求。這些情況就需要通過生產計劃進行解決。

9.1.1　供應鏈生產計劃的概念

　　生產計劃是這樣一個過程，企業通過它決定在特定時間範圍內的產能、產量轉包、庫存水準、缺貨，甚至是定價等問題，目標是滿足需求，並使利潤最大化。生產計劃是關於全局綜合性的決策，而不是對於庫存單位級別的決策。它是 3 至 18 個月內決策的有效工具。在這個時間段內，確定庫存單位級別的生產水準為時尚早，但是對於安排增加產能的計劃來說又太晚。所以它主要解決的是企業如何利用好現有設施設備的

問題。

生產計劃需要考慮供應鏈各個環節的信息使其更加有效。它的決策結果會對供應鏈的績效產生重大影響。生產計劃的主要輸入是供應鏈多個企業的協作預測，它的約束因素都來自企業外部的供應鏈夥伴。沒有這些來自供應鏈上下游企業的輸入信息，生產計劃就不能發揮它的最大潛力來創造價值。它的輸出對供應鏈上下游合作夥伴同樣具有價值，決定了企業對供應商的需求，也決定了企業對客戶的供給約束。

生產計劃決策人員的主要目標是確定如下一些特定時間範圍內的運作參數：

(1) 生產效率：單位時間，單位時間可取每月、每週或每天。
(2) 勞動力：員工數或者需要的勞動量。
(3) 加班時間：計劃加班的時間。
(4) 設備產能水準：為完成生產而所需設備的產能。
(5) 轉包：在計劃期內需要轉包的產能。
(6) 延期交貨需求：當期沒有滿足而轉移至未來期交付的需求。
(7) 現有庫存：計劃期內，各個時期的計劃庫存持有水準。

生產計劃為生產營運提供了藍圖，為短期生產和銷售決策的制定提供了必要的參數，使供應鏈可以有效地改變資源配置和修訂供應合同。整條供應鏈都必須介入計劃的過程。例如，一家製造商計劃在一段給定時間內增加產量，那麼供應商、運輸商、倉儲商都必須瞭解這個計劃，並對自己的計劃做出相應的調整。理想情況下，供應鏈各環節的參與者應合作擬定一個能使供應鏈績效最優的生產計劃。如果供應鏈各方參與者獨立制訂自己的計劃，將很容易造成計劃之間的相互衝突、缺乏協調，從而造成供應鏈供給短缺或者過剩。因此，在供應鏈中盡可能大的範圍內，使參與各方共同擬定生產計劃是十分重要的。

9.1.2 生產計劃的傳統模式與供應鏈模式的差別

當前，企業的經營活動是客戶需求驅動的，以生產計劃活動為中心展開的，只有通過建立面向供應鏈管理的生產計劃系統，企業才能真正從傳統的管理模式轉為供應鏈管理模式。

傳統的企業生產計劃的基本特徵是以某個企業的物料需求為中心展開的，缺乏和供應商及分銷商、零售商的協調，企業的計劃制定沒有考慮供應商及下游企業的實際情況，不確定性對庫存和服務水準影響較大，庫存控制策略也難以發揮作用。實踐證明，任何企業的生產和庫存決策都會影響供應鏈其他企業的運作管理行為。因此，一個企業的生產計劃與庫存優化控制不但要考慮該企業內部的業務流程，更要從供應鏈的整體出發，進行全面的優化控制，跳出以該企業物料需求為中心的生產管理界限，充分瞭解客戶需求，並與供應商在營運上協調一致，實現信息的共享與集成，以定制化的需求驅動定制化的生產計劃，培養靈活、敏捷的市場回應能力。

生產計劃的傳統模式和供應鏈模式的差別主要表現在如下幾個方面：

(1) 決策信息來源的差別。生產計劃的制定要依據一定的決策信息及基礎數據。在傳統的生產計劃決策模式中，它的信息來自兩個方面，一是需求信息，二是資源信

息。需求信息包括來自客戶的訂單和來自企業的需求預測,通過客戶訂單和企業需求預測得到制訂生產計劃所需的需求信息。資源信息則是指生產計劃決策的約束條件。信息多元化是供應鏈管理環境下的主要特徵。另外,在供應鏈環境下,資源信息不僅僅來自企業內部,還來自供應商、分銷商和客戶。約束條件放寬了,資源的擴展使生產計劃的優化空間擴大了。

(2) 決策模式的差別。傳統的生產計劃決策模式是一種集中式決策,而供應鏈管理環境下的生產計劃的決策模式是分佈式的群體決策過程。基於多代理的供應鏈系統是立體的網路,各個節點企業具有相同的地位,有本地數據庫和領域知識庫。在形成供應鏈時,各節點企業擁有暫時性的監視權和決策權,每個節點企業的生產計劃決策都受到其他企業生產計劃決策的影響,需要一種協調機制和衝突解決機制,當一個企業的生產計劃發生改變時,其他企業的計劃也需要做出相應的改變。這種供應鏈才能獲得同步化的回應。

(3) 信息反饋機制的差別。企業的計劃能否得到很好的貫徹執行,需要有效的監督控制機制作為保證。要進行有效的監督控制,必須建立一種信息反饋機制。傳統的企業生產計劃的信息反饋機制是一種鏈式的反饋機制,也就是說信息反饋是在企業內部從一個部門到另一個部門的直線傳遞,一般是從底層向高層的信息處理中心,或者說是權力中心的反饋。供應鏈管理環境下的企業信息的傳遞模式是以團隊工作為特徵的多代理組織模式,是網路化管理。生產計劃信息的傳遞是沿著供應鏈不同節點方向(網路結構)傳遞。為了做到供應鏈的同步化運作,供應鏈企業之間信息的交互頻率也比傳統的企業信息交互頻率高得多,一般採用並行化信息傳遞模式。

(4) 計劃運行環境的差別。傳統的製造資源計劃(MRPII)比較缺乏柔性。它以固定的環境約束變量應對不確定的市場環境。供應鏈管理的目的是使企業能夠適應激烈多變的市場環境,需要企業置身於這樣一個複雜多變的環境中,增加了影響企業生產計劃運行的外部環境的不確定性和動態性。供應鏈管理環境要求生產計劃具有更高的柔性和敏捷性,比如提前期的柔性、生產批量的柔性等。供應鏈管理環境下的生產計劃多是訂單化生產,這種生產模式動態性更強,需要考慮不確定性和動態性因素,使得它具有更高的柔性和敏捷性,使得企業能夠對市場變化做出快速反應。

9.1.3 供應鏈生產計劃的特點

在供應鏈管理下,企業的生產計劃編製過程有了較大的變動,在原有生產計劃制定過程的基礎上增添了新的特點。

9.1.3.1 具有縱向和橫向的信息集成過程

這裡的縱向是指供應鏈由下游向上游的信息集成,而橫向是指生產相同或類似產品的企業之間的信息共享。

上游企業的生產能力信息在生產計劃的能力分析中獨立發揮作用。在主生產計劃和投入產出計劃中分別進行細粗、能力平衡。上游企業承接訂單的能力和意願都反應到了下游企業的生產計劃中。同時,上游企業的生產進度信息也和下游企業的生產進

度信息一起作為滾動編製計劃的依據，其目的在於保持上下游企業間生產活動的同步。

外購決策和外購生產進度分析是集中體現供應鏈橫向集成的環節。在外購中所涉及的企業都能夠生產相同或類似的產品，或者說在供應鏈網路中屬於同一產品級別的企業。企業在編製主生產計劃時所面臨的訂單在兩種情況下可能轉向外購：一是企業本身和其上游企業的生產能力無法承受需求波動所帶來的負荷；二是所承接的訂單通過外購所獲得利潤大於企業自行生產的利潤。無論在何種情況下，都需要承接外購企業的基本數據來支持企業的獲利分析，以確定是否外購。同時，由於企業對該訂單的客戶負直接責任，因此也需要承接外購的企業的生產進度信息來確保對客戶的供應。

9.1.3.2　擴展了能力平衡在計劃中的作用

在通常的概念中，能力平衡只是一種分析生產任務與生產能力之間差距的手段，再根據能力平衡的結果，對計劃進行修正。在供應鏈管理下的生產計劃過程中，能力平衡發揮了以下作用：

（1）為主生產計劃和投入產出計劃進行修正提供依據，這也是能力平衡的傳統作用。

（2）能力平衡是進行外購決策和零部件或者原材料急件外購的決策依據。

（3）在主生產計劃和投入產出計劃中所使用的上游企業能力數據，反應了其在合作中所願意承擔的生產負荷，可以為供應鏈管理的高效運作提供保證。

（4）在信息技術的支持下，對本企業和上游企業的狀態進行動態更新，使生產計劃具有較高的可行性。

9.1.3.3　計劃的循環過程突破了企業的限制

在企業獨立運行各自的生產計劃系統時，一般有三個信息流的閉環，而且都在企業內部：

（1）主生產計劃——粗能力平衡——主生產計劃。

（2）投入產出計劃——能力需求分析（細能力平衡）——投入產出計劃。

（3）投入產出計劃——車間作業計劃——生產進度狀態——投入產出計劃。

在供應鏈管理下，生產計劃的信息流跨越了企業，從而增添了新的內容：

（1）主生產計劃　供應鏈企業粗能力平衡——主生產計劃。

（2）主生產計劃——外購計劃——外購工程進度——主生產計劃。

（3）外購計劃——主生產計劃——供應鏈企業生產能力平衡——外購計劃。

（4）投入產出計劃——供應鏈企業能力需求分析（細能力平衡）——投入產出計劃。

（5）投入產出計劃——上游企業生產進度分析——投入產出計劃。

（6）投入產出計劃——車間作業計劃——生產進度狀態——投入產出計劃。

需要說明的是，以上各個循環中的信息流都只是各自循環所必需的信息流的一部分，但可對計劃的某個方面起決定性作用。

9.2 供應鏈中斷的生產理念

9.2.1 生產系統集成

在生產計劃與控制的集成研究中,有學者提出了三級集成計劃系統模型,即把主生產計劃、物料需求計劃和作業計劃三級計劃與訂單控制、生產控制和作業控制三級控制系統集成一體。該模型的核心在於提出了製造資源網路和能力狀態集的概念,並對如何建立製造資源網路和生產計劃提前期的設置,提出了相應的模型和算法,在 ERP 軟件開發中運用了這一模型。在集成化供應鏈的概念沒有出現之前,這一理論模型是完善的。隨著集成供應鏈管理的出現,該模型對於資源、能力這兩個概念的界定都沒有體現出供應鏈管理,沒有體現擴展企業模型的特點。理論的發展和實踐都要求提出新的、體現集成化供應鏈管理的生產計劃與控制的理論模型,以適應全球化製造環境下全球供應鏈企業生產管理模式的要求。

9.2.1.1 概念的拓展

(1) 供應鏈管理對「資源」概念內涵的拓展。傳統的製造資源計劃 MRP11 對企業資源這一概念的界定局限於企業內部,並統稱為物料,因此 MRP11 的核心是物料需求計劃。在供應鏈管理環境下,資源優化的空間由企業內部拓展到外部,即從供應鏈整體系統的角度進行資源的優化。

(2) 供應鏈管理對「能力」概念內涵的擴展。生產能力是企業資源的一種,在一般的 MRP11 系統中,常把資源問題歸結為能力需求問題,或能力平衡問題。但正如對資源概念一樣,MRP11 對能力的利用也局限於企業內部。供應鏈管理把資源的範圍擴展到供應鏈系統,其能力的利用範圍也因此擴展到了供應鏈系統全過程。

(3) 供應鏈管理對「提前期」概念內涵的擴展。提前期是生產計劃中一個重要的變量,在 MRP11 系統中這也是一個重要的設置參數。但 MRP11 系統中,一般把它作為一個靜態的固定值來對待,為了反應不確定性,後來人們又提出了動態提前期的概念。在供應鏈管理環境下,並不強調提前期的固定與否,重要的是交貨期,準時交貨。供應鏈管理強調準時:準時化採購、準時制生產、準時配送。

9.2.1.2 生產管理組織模式

在供應鏈管理環境下,生產管理組織模式和現行生產管理組織模式的一個顯著不同就是供應鏈管理環境下,生產管理是開放性的,是以團隊工作為組織單元的多代理制的,圖 9-1 顯示了這種代理制的供應鏈生產管理組織模式。在供應鏈聯盟中,企業之間以合作生產的方式進行,企業生產決策信息通過電子數據交換和互聯網即時地在供應鏈聯盟中由企業代理通過協商確定。企業在互聯網上建立一個合作公告欄,即時地與合作企業進行信息交流。在供應鏈聯盟中,要實現委託-代理機制,應對企業應建立一些行為規則:自勉規則、鼓勵規則、激勵規則、信託規則、最佳夥伴規則。

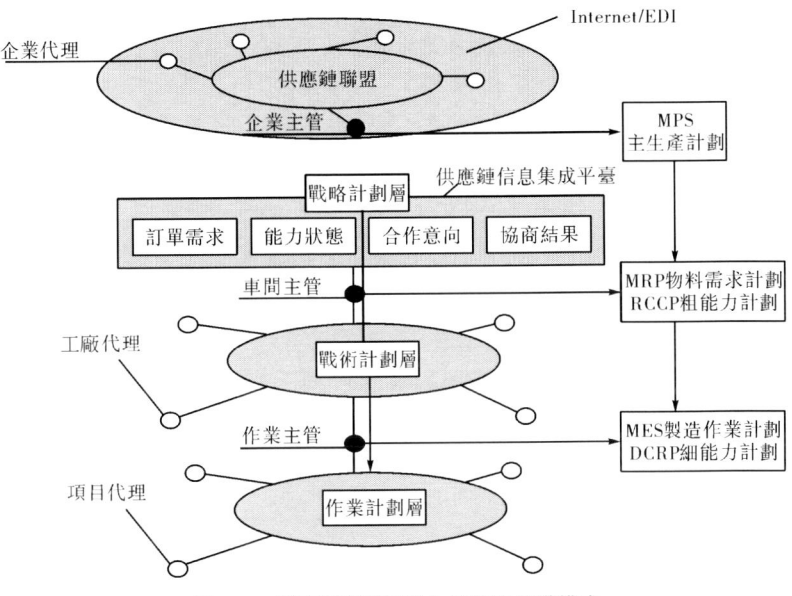

圖 9-1　供應鏈環境下的生產管理組織模式

9.2.1.3　生產計劃的信息組織與決策特徵

供應鏈管理環境下的生產系統集成的信息組織與決策過程具有以下幾個方面的特徵：

（1）開放性。經濟全球化使企業進入全球開放市場，不管是基於虛擬企業的供應鏈還是基於供應鏈的虛擬企業，開放性是當今企業組織發展的趨勢。供應鏈是一種網路化組織，供應鏈管理環境下的企業生產計劃信息已跨越了組織的界限，形成開放性的信息系統，決策的信息資源來自企業的內部與外部，並與其他組織進行共享。

（2）動態性。供應鏈環境下的生產計劃信息具有動態的特性，是市場經濟發展的必然。為了適應不斷變化的客戶需求，使企業具有柔性和敏捷性，生產計劃的信息隨市場需求的更新而變化。模糊的提前期和模糊的需求量要求生產計劃更具有柔性和敏感性。

（3）群體性。供應鏈環境下的生產計劃決策過程具有群體特徵。供應鏈企業的生產計劃決策過程是一種群體協商過程，企業在制訂生產計劃時，不但要考慮企業本身的能力和利益，同時還要考慮合作企業的需求與利益，是全體協商決策的過程。

（4）分佈性。供應鏈企業的信息來源在地理上是分佈式的。信息資源跨越部門和企業，是全球化的。通過互聯網和電子數據交換等信息通信和交流工具，企業能夠把分佈在不同區域和不同組織上的信息進行有機的集成，使供應鏈活動同步進行。

9.2.2　生產系統協調

要實現供應鏈的同步化運作，需要建立一種供應鏈的協調機制，目的在於使信息能無縫、順暢地在供應鏈中傳遞，減少因信息失真而導致生產過量、庫存過量現象的發生，使整個供應鏈能與顧客的需求步調一致。這樣能使供應鏈同步化回應市場需求

的變化。

協調機制有兩種劃分方法。根據協調的職能可以劃分為兩類：一類是不同職能活動之間的協調，如生產供應協調、生產銷售協調、庫存銷售協調等；另一類是根據同一職能不同層次活動的協調，如多個工廠之間的生產協調。

以下分析生產系統協調中的信息協調模式和信息跟蹤機制。

9.2.2.1 協調信息模式

協調控制模式分為中心化協調、非中心化協調和混合式協調三種。中心化協調控制模式把供應鏈作為一個整體納入系統，採用集中方式決策，因此忽視了代理的自主性，容易導致「組合約束爆炸」，不確定性的反應比較遲緩，很難適應市場需求的變化。非中心化協調控制，過分強調代理模塊的獨立性，與資源共享的程度低，缺乏交流，很難做到供應鏈的同步化。比較好的協調控制模式是分散與集中相結合的混合模式，各代理一方面保持各自的獨立運作，另一方面參與整個供應鏈的同步化運作，保持了獨立性與協調性的統一，圖9-2和圖9-3就充分體現了這種控制的特點。

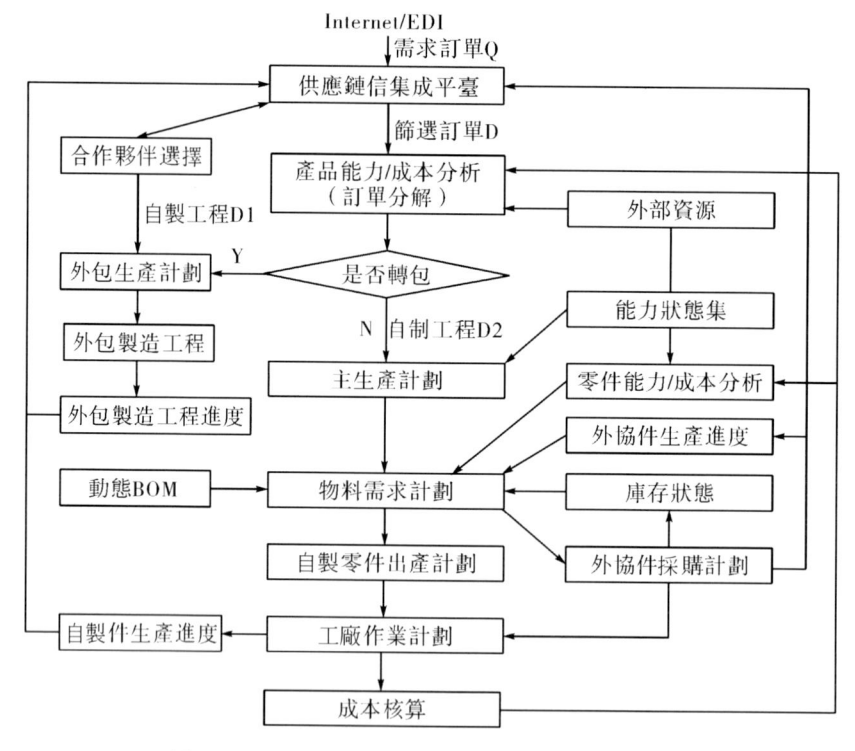

圖9-2　供應鏈環境下的生產計劃集成與協調控制模型

9.2.2.2 信息跟蹤機制

供應鏈各個代理之間的關係是服務與被服務的關係，服務信息的跟蹤和反饋機制可使企業生產與供應關係同步進行，消除不確定性對於供應鏈的影響。因此應該在供

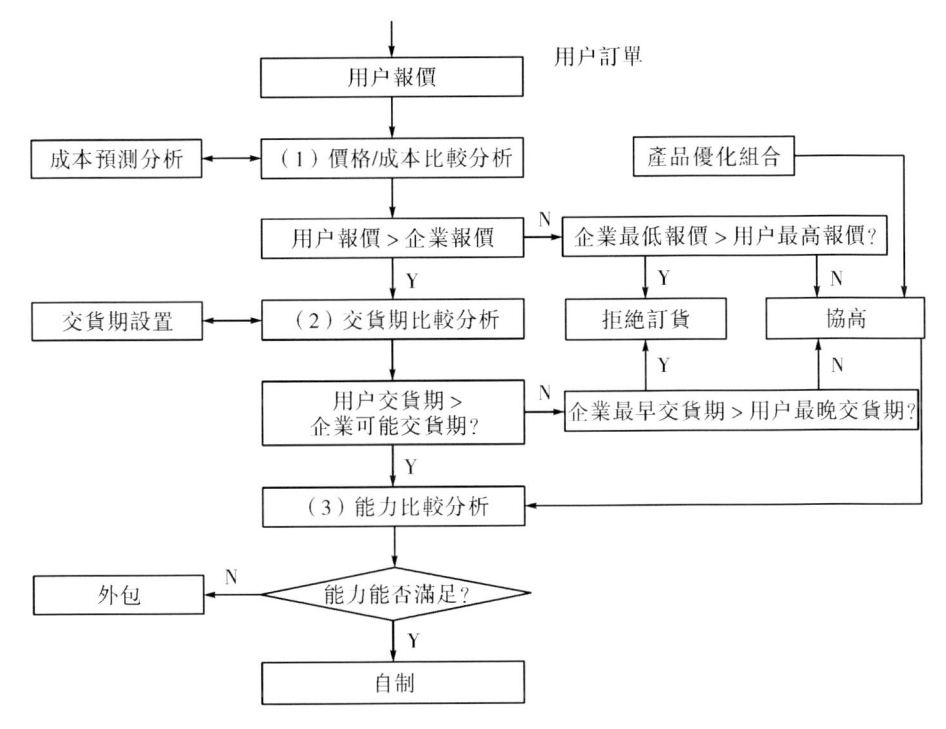

图 9-3 订货决策与订单分解流程图

应链系统中建立服务跟踪机制，以降低不确定性对供应链同步化的影响。

供应链的服务跟踪机制为供应链提供两方面的协调，即信息协调和非信息协调。非信息协调主要指完善供应链运作的实物供需条件、采用准时制生产与采购、运输调度等；信息协调主要通过企业之间生产进度的跟踪与反馈，来协调各个企业的生产进度，保证按时完成客户的订单，及时交货。

供应链企业在生产系统中使用跟踪机制的根本目的是保证对下游企业的服务质量。在企业集成化管理的条件下，跟踪机制才能够发挥其最大的作用。跟踪机制在企业内部表现为客户的相关信息在企业生产系统中的渗透。其中，客户的需求信息（订单）成为贯穿企业生产系统的一条主线，成为生产计划、生产控制、物资供应相互衔接和协调的手段。

图 9-4 是信息跟踪机制的示意图。

9.2.2.3 合作计划、预测和补货的协调模式

在传统的供应链实际运行中，由于制造商与零售商的活动是分离的，因此经常出现因信息共享缺位而产生的问题，例如，零售商出于提高销售量的目的，经常会开展一些促销活动。显而易见，在促销期间，往往会增加商品的销量；在促销过后的一段时间内，市场上该类产品的销售量往往会低于正常情况下的数量。结果人为地造成了需求的剧烈波动，如图 9-5 所示。但是如果生产厂家不知道零售商的促销活动的话，就会出现生产的盲目性，造成库存过多或过低，给生产厂家和商家都带来不必要的损失。

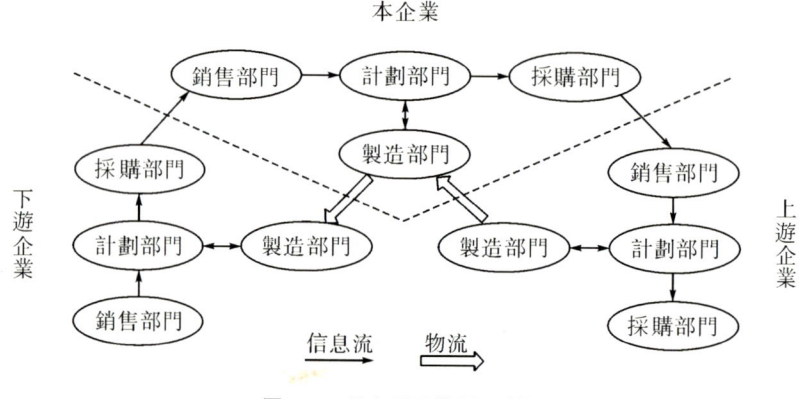

圖 9-4　信息跟蹤機制示意圖

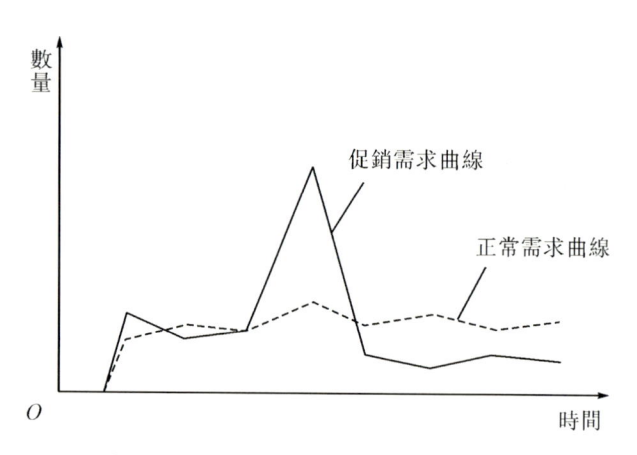

圖 9-5　正常需求與促銷活動下的需求特徵

　　人們認識到了這類活動之後，就開始艱苦地探索解決之道，其中貢獻最大的當屬合作計劃、預測和補貨（Collaborative Planning, Forecasting and Replenishment，CPFR）模式的產生。本書第7章已經介紹了CPFR在庫存管理中應用的基本思想和運作模型等，總體上來看，CPFR模式是一種典型的生產系統與外部系統的協調模式。

　　合作計劃、預測和補貨是一種供應鏈計劃與運作管理的新方式，它應用一系列技術模型，提供覆蓋整個供應鏈的合作過程，通過共同管理業務過程和共享信息來改善零售商和供應商（生產商）的夥伴關係，提高預測的準確度，最終達到提高供應鏈效率、減少庫存和提高消費者滿意度的目的。

　　美國商務部資料表明，1997年，美國零售商品供應鏈中的庫存約為1萬億美元。CPFR理事會估計通過全面實施CPFR，可以減少這些庫存中的15%～25%，即1,500～2,500億美元。由於巨大的潛在效益和市場前景，一些著名的企業軟件商，諸如SAP、Maugistics、Logility、PeoplSoft、I2 Technologies和Synara等公司都在開發CPFR軟件系統和從事相關的服務。

9.2.3 大規模定制

9.2.3.1 大規模定制的概念

從作坊式的單件生產模式到大規模生產模式，是生產模式演變過程中的第一次飛躍。而泰勒和福特是推動這種生產模式根本性變革的兩個代表性人物。泰勒在對刀具的生產過程進行研究後，提出了工序標準化、勞動分工和計件工資等科學的管理思想。福特則在汽車工業的實踐中將泰勒的思想推進了一大步，他在1913年發明了汽車裝配流水線，大大提高了汽車的生產效率。大規模生產模式以標準化、規模經濟、高效率、低成本為特徵，使製造業以前所未有的速度發展，並且從1913年直至此後的半個多世紀成為世界製造業的主導模式。

在工業界傳統的觀念裡，「個性化定制」和「大規模製造」兩種生產方式在成本上存在著不可調和的矛盾。個性化定制是為了滿足細分市場客戶的個性化需求。過度細分的市場通常要求企業提供豐富的產品種類，每一類產品生產的數量都不會太多，而這進一步要求企業投入更多的製造成本、耗費更多的管理精力……顯然，這些又違背了「大規模製造」本身所追求的規模經濟。

1970年，美國未來學家阿爾文·托夫勒（Alvin Toffler）在《未來衝擊波》一書中提出一種全新生產方式的設想：「以類似於標準化和大規模生產的成本和時間，向客戶提供特定需求的產品和服務」。1987年，美國另一位未來學家斯坦·戴維斯（Stan Davis）在《完美未來》中首次將這種生產方式稱為大規模定制（Mass Customization）。1993年，美國賓州大學B. 約瑟夫·派恩二世（B. Joseph Pine II）正式對大規模定制進行了定義：大規模定制的核心是產品品種多樣化和定制化急遽增加，而不相應增加成本；個性化定制產品的大規模生產，其最大優點是提供戰略優勢和經濟價值。

事實上，自20世紀80年代以來，一些最前沿的科技被廣泛應用到傳統製造業改造之後，「個性化定制」和「大規模製造」的矛盾才在一定程度上被緩和。例如，工業機器人和計算機集成製造技術將生產線調整的時間由幾個月縮短至幾分鐘；條碼技術讓企業能夠追蹤每一個零部件和產成品；數據庫的完善和互聯網的普及，讓企業能夠深入瞭解每一個客戶的特殊需求，並盡可能最大化貼近客戶需求。

通過分析發現，大規模生產和大規模定制在焦點和市場目標上存在很大的不同，如圖9-6所示。

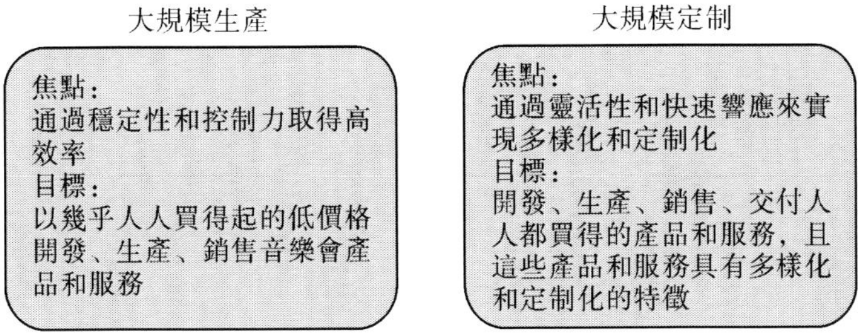

大規模生產	大規模定制
焦點： 通過穩定性和控制力取得高效率 目標： 以幾乎人人買得起的低價格開發、生產、銷售音樂會產品和服務	焦點： 通過靈活性和快速響應來實現多樣化和定制化 目標： 開發、生產、銷售、交付人人都買得的產品和服務，且這些產品和服務具有多樣化和定制化的特徵

圖9-6 兩種生產方式的不同點

對於關注焦點，大規模生產希望生產過程具有強穩定性，拒絕客戶進入生產以獲得對每一個製造環節的完全控制力，從而獲得生產的高效率；而大規模定制關注如何讓客戶參與產品的生產過程，以此來提高客戶的滿意度和忠誠度，生產流程強調靈活性，市場決策追求快速回應。

對於市場目標，大規模生產方式追求「人人都買得起」的產品，而大規模定制則追求製造「客戶自己需要」的產品。

9.2.3.2 大規模定制的實現方法

1. 模塊化生產

1851年，伊萊·惠特尼（Eli Whitney）用步槍標準的可互換零件開啓了大規模製造的時代以後，經過亨利·福特（Henry Ford）的改進，標準零件的使用促進了流水線生產方式的出現和發展，並一直影響著工業界直至今日。不過當時的「福特年代」並沒有提及模塊化。直至20世紀90年代，哈佛商學院的兩位學者Dadlwin和Clark在哈佛商業評論上發表《模塊化時代的管理》一文之後，模塊和模塊化理論才開始被重新認識。進入2000年以後，工業界開始快速進入模塊化生產的時代，類似於物種大爆炸的寒武紀，全球開始進入一個產品豐富度前所未有的時代。

2. 大規模定制的前提

「大規模製造」追求生產的規模效應，以降低單位生產成本。「定制」追求滿足消費者的個性需求。在傳統的生產理念之中，這兩者之間存在著不可調和的矛盾，即若要實現大規模製造，則產品的多樣性將會受到限制；而要實現定制化產品生產，則無法實現大規模製造的經濟性。模塊化為平衡上述矛盾提供了一個折中的途徑，即在產品架構允許的基礎上，通過共享「通用模塊」生產標準化的產品，將「功能模塊」轉接到其他產品結構中來，快速實現定制化產品的生產。

基於模塊化的大規模定制模式，不僅能夠通過靈活性和快速回應來實現多樣化和定制化，還可以通過大規模生產，製造出低成本、高質量、高定制化的產品，從而為滿足多樣化市場需求及細分市場提供了可能。此外，模塊化的大規模定制，同樣適用於軟件研發、服務產品菜單設計等服務領域。因此，「模塊化」生產和設計是大規模定制這種新生產方式得以進行的前提和條件。

對於工業界而言，模塊應該具有集成性的功能，也就是構成模塊的零部件數量應該合適。過少的零部件會導致模塊數量急遽膨脹，不利於不同產品的設計、製造和裝配。過多的零部件的集成，也會使模塊原本的出發點喪失。因此，對於模塊而言，需要瞭解模塊化的原則；使性能不同而具有一定功能或用途的同類部件的聯繫尺寸標準化，而部件具有很強的互換性，便於組裝。現在許多的消費電子產品，如計算機、手機以及數碼相機等，均遵循著上述模塊化的原則。此外，大型企業複雜的計算機軟件設計也遵循了上述原則。

模塊化的理念還可推廣到經濟管理的各個方面。

B·約瑟夫·派恩二世提出了六種不同的模塊化方法，如表9-1所示。

表 9-1　　　　　　　　　　六種模塊化的產品設計方式

模塊化方法	主要內容	典型應用
共享構件模塊化	同一構件被用於多個產品以實現範圍經濟	寶潔洗髮水
互換構件模塊化	不同的構件與相同的基本產品進行組合，形成與互換構件一樣多的產品	多功能電動鑽頭
「量體裁衣」式模塊化	一個或多個構件在預制或實際限制中不斷變化	杜邦漆
混合模塊化	將上述任何一種類型模塊進行混合	蓋澆飯
總線模塊化	採用附加的大量不同種類構件的標準結構	電腦主板
可組合模塊化	允許任何數量的不同構件類型按任何方式進行配置（接口必須標準化）	汽車

3. 延遲生產

模塊類似於積木，它給企業提供了產品生產的種種零部件和要素。延遲生產，類似於搭積木，「什麼時候生產什麼、生產多少？」是實現大規模定制中規模經濟的另一個重要環節，正是因為延遲生產，大規模生產和定制生產才得以有機結合，消費者才能夠以較低的成本享受到個性化的產品或服務。

1950 年，奧爾德森（Alderson）針對行銷管理最先提出了「延遲」概念。他認為，產品可以在接近客戶購買點時實現差異，即實現差異化延遲。奧爾德森還認為，要降低風險成本和不確定性成本，最好的辦法就是延緩產品產生差異化的時間，或推遲產品在結構上的改變。他將延遲定義為一種行銷戰略，即將形式和特徵的變化盡可能向後推遲。

1965 年，巴克林（Bucklin）從市場風險的角度，對延遲概念進行了拓展。他認為，生產和流通環節中存在著大量的風險，但延遲可以緩解甚至消除這些風險。例如，產品以零部件形式存在的風險要遠低於產成品，因為很有可能出現市場風格的轉變，將會造成產品滯銷，而零部件卻仍然可以用於其他型號的產品組裝。但之後很多年，延遲的概念並沒有得到太多人的關注。直到 20 世紀 90 年代，企業大量的成功實踐才讓延遲受到重視，並形成理論體系。

延遲和模塊化的差別在於模塊化，主要基於產品設計，而延遲則注重整體上的改進，包括產品延遲和過程延遲。延遲差異的基本想法是：在工廠製造通用形式的產品，然後運送到靠近終點的物流中心，最後根據市場需求完成特定產品的組裝，如圖 9-7 所示。

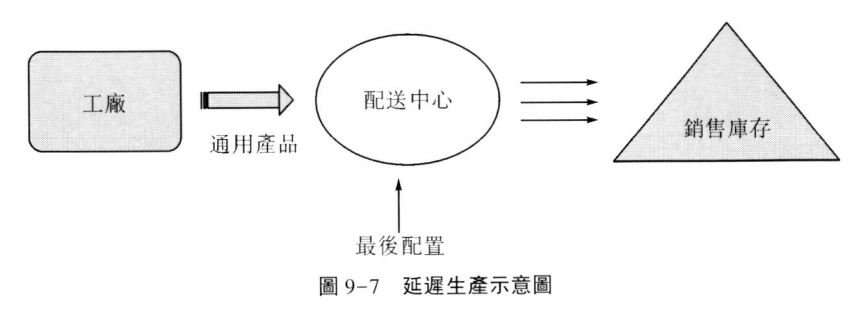

圖 9-7　延遲生產示意圖

這種延遲製造技術，極大地拓寬了企業營運的效率邊界，因為它提升了生產和運輸兩方面的規模經濟效益，同時也增強了企業應對需求變化的靈活性。

例如國際知名的服裝製造商貝納通（Benetton）公司原先的羊毛衫生產模式為先將毛線染成不同的顏色，然後把染好的毛線編織成衣服；成品衣服被包裝起來運送給不同的零售商，顏色各異的服裝存貨的估計失誤導致產生代價昂貴的季末大減價。後來，貝納通將編製和染色操作的順序進行了調換，如圖9-8所示。這種順序的改變，有效延遲了羊毛衫顏色這個差異點，更好地滿足了客戶的需求，並最終減少了庫存。

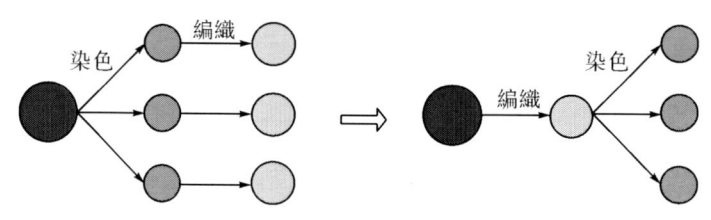

圖9-8 貝納通羊毛衫生產流程的對調

4. 延遲的分類

延遲策略實施的關鍵是客戶需求切入點的定位，而這個切入點也被稱為客戶訂單分離點（Customer Order Postponement Decoupling Point，CODP）。例如在生產過程中，在客戶訂單分離點之後，採用不同的生產工藝，添加不同的零部件或者原材料，分化出若干種滿足不同客戶定製需要的產品。因此客戶訂單分離點也是產品個性和共性的轉折。在客戶訂單分離點之前，可以大規模地面向庫存生產（Make to Stock，MTS，又稱備貨生產），而在客戶訂單分離點之後，可以根據客戶需求進行定制化製造。

大規模定制的延遲可以根據客戶訂單分離點在產品流程中所處位置的不同分為銷售延遲、裝配延遲、製造延遲和設計延遲四大類，如圖9-9所示。

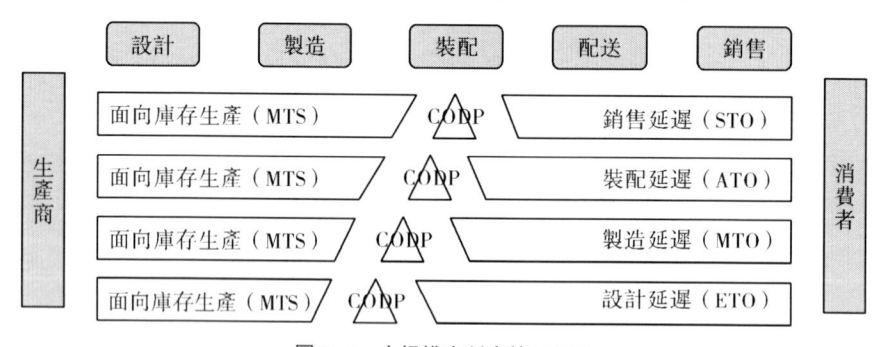

圖9-9 大規模定制中的CODP

9.3 供應鏈中經典的生產計劃

9.3.1 物料需求計劃

9.3.1.1 物料需求計劃的機制

1. 物料需求計劃的產生

在物料需求計劃出現之前，人們使用訂貨點法來處理製造過程中的物料需求。訂貨點法假設顧客的需求（也即物料需求）是穩定的。但隨著市場需求波動和產品複雜性的增加，這種方法暴露出明顯的缺陷。為了應對需求預測偏差所導致的缺貨現象，企業不得不保持一個較大數量的安全庫存來應對需求，使其占用的流動資金、庫存空間以及由此引起的其他的費用支出增多。

為了解決上述問題，美國 IBM 公司的奧列基博士（Dr. Joseph A. Orlicky）於 20 世紀 60 年代中期提出了「物料獨立需求和相關需求」的學說，在此基礎上，人們形成了「在需要的時候提供需求的數量」的認識，由此發展並形成了物料需求計劃（Material Requirements Planning，MRP）理論，它可以計算出物料需求量和需求時間，徹底改變了企業的生產計劃體系。

2. MRP 的基本思想

MRP 的基本思想是圍繞物料轉化來製造資源，實現按具體需要準時生產。這裡的「物料」泛指在企業生產中涉及的所有原材料、在製品、半成品、產成品和外購品等。對於製造企業，若確定了產品的出產數量和時間，就可以按產品結構確定所有部件和零件的需求數量，並可按各種部件和零件的生產週期，反推出它們的出產時間和投入時間。物料在轉化過程中需要不同的製造資源（機器、設備、場地、工具、工藝裝備、人力和資金）。瞭解了各種物料的投入、產出時間和數量，就可以確定製造資源所需要的時間和物料的數量，這樣就可以圍繞物料的轉化過程製訂生產計劃。

MRP 思想的提出解決了物料轉化過程中的幾個關鍵問題：何時需要？需要什麼？需要多少？它不僅在數量上解決了缺料的問題，更關鍵的是從時間上解決了缺料的問題，實現了製造業銷售、生產和採購三個核心業務的信息集成與協同運作。MRP 不僅能夠指導企業內部的生產，其計算結果對供應鏈上游的供應商的生產也意義重大，供應商可據此制訂其生產計劃。

3. MRP 的運行原理

MRP 的運行原理就是由產品的交貨日期反推出零部件的生產進度日期與原材料、外購件的需求數量和需求日期，即將主生產計劃轉換成物料需求計劃。然後將物料需求計劃結合物料清單與庫存信息制訂出生產計劃和採購計劃。MRP 的運行原理如圖 9-10 所示。

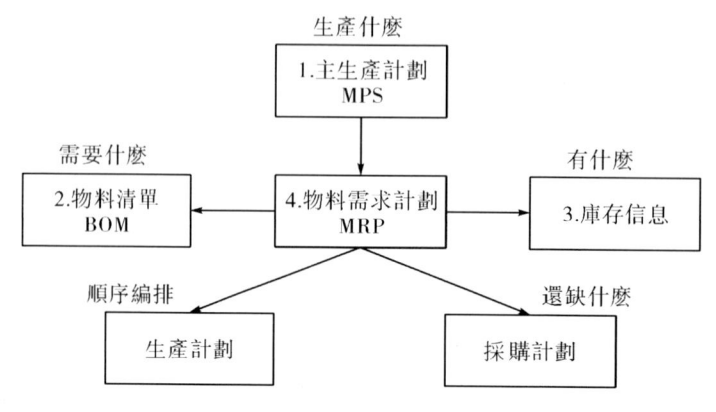

圖 9-10 MRP 的運行原理

9.3.1.2 MRP 的擴展

物料需求計劃雖然在一定程度上解決了訂貨點的問題，能夠較為精確地給出物料生產的時間和數量，但依然存在一些軟肋。例如，MRP 輸出的生產計劃沒有考慮生產線及供應商的能力，因此做出的計劃往往不具可行性。此外，MRP 所產生的數據只能被製造部門使用，企業的其他部門都無法共享。因此，人們開始對 MRP 的功能進行擴展，先後出現了閉環 MRP、MRPII 及 ERP。

1. 閉環 MRP

最初的 MRP 是將產品的生產計劃轉化為零部件自行生產計劃和相關物料採購計劃，但若不考慮企業自身的生產能力，這些計劃也會落空，因此 MRP 僅僅是生產管理的一部分，不足以滿足企業生產的需要，因此在 MRP 的基礎上，人們提出了閉環 MRP。

「閉環」有著如下雙重含義：

（1）它不僅考慮物料的需求，同時還考慮企業自身的生產能力等，將自制件生產計劃、外購件採購計劃、企業生產能力計劃納入 MRP，形成一個封閉系統。

（2）在計劃的執行過程中，利用來自車間、供應商、執行人員所提供的信息調整原計劃，使之達到合理平衡，形成「計劃制訂—實施—意見反饋—修改—再計劃」的閉環系統，從而使得整個生產過程協調統一。

能力需求計劃是 MRP 中重要的計劃工具，對生產過程中所需要的能力進行核算，以確定企業是否有足夠的能力滿足生產需求。

2. 製造資源計劃

閉環 MRP 能準確計算出零部件需求數量和時間，也能精確地計算和記錄所有的庫存量。但生產製造領域除了要確定零部件數量以外，還需要消耗其他的資源。這些資源包括工時、成本、資金等，每種資源可以像零部件數量一樣轉化成 MRP 的數據形式。當 MRP 系統中增加這些功能和模塊時，MRP 就逐漸發展成為製造資源計劃（Manufacturing Resource Planning，MRPII）。

MRPII 於 20 世紀 70 年代末、80 年代初被提出，是指以物料需求計劃為核心的閉環生產系統與控制系統，它將 MRP 的信息共享程度擴大，使生產、銷售、財務、採購、工程緊密結合在一起，共享有關數據組成了一個全面生產管理的集成優化系統。MRPII 通過物流與資金流的信息集成，將生產系統和財務系統聯繫在一起，形成一個集成行銷、生產、採購和財務等職能為一體的生產經營管理信息系統。

MRPII 以生產計劃為主線，可以有效地配置各種製造資源，使企業的物流、信息流和資金流暢通，以達到減少資金占用、縮短生產週期的目標。

但是，隨著全球化進程的加快和競爭加劇，市場形勢更加複雜多變，產品更新換代加快，顧客對企業回應能力的要求大大提高，MRPII 的需求不斷變化，需要設置較高的庫存水準才能應對需求的波動。為了應對 MRPII 的不足，很多企業進行了有益的嘗試，有些企業將 MRPII 與 JIT 相融合，有些企業則將 MRPII 的集成範圍繼續擴大，試圖實現整條供應鏈的優化，以更好地回應顧客需求。

3. 企業資源計劃 ERP

MRPII 的管理範圍依然局限在企業內部，而隨著商業競爭的加劇，企業與企業的競爭逐漸演變為供應鏈之間的競爭，這就要求企業不能局限於內部管理，而是要對整條供應鏈進行管理。因此，美國著名的 IT 諮詢公司 Gartner Group 在 20 世紀 90 年代初提出了企業資源計劃（Enterprise Resource Planning，ERP）的概念，認為其內涵是「打破企業四壁，把信息集成的範圍擴大到企業的上下游，管理整個供需鏈，實現供需鏈製造」。

與 MRPII 相比，ERP 吸收了供應鏈管理的思想和敏捷製造技術，面向全球市場，功能更為強大，所管理的企業資源更多，支持混合式生產方式，管理覆蓋面更寬，是企業物流、信息流、資金流的集成，從企業全局角度進行經營與生產計劃，是製造企業的綜合集成經營系統。

MRP、MRPII 和 ERP 的主要特點如表 9-2 所示。

表 9-2　　　　　　　　MRP、MRPII 及 ERP 的主要特點比較

項目	MRP	MRPII	ERP
起源年代	1965 年	1980 年	1990 年
環境	市場競爭加劇、計算機技術發展		經濟全球化、互聯網的普及
信息集成	物料信息集成	物流/資金流集成	供應鏈合作夥伴集成
解決問題	產供銷協同運作	財務/業務信息同步	合作競爭、協同商務
核心思想	獨立/相關需求、優先級計劃、供需平衡原則	財務管理、模擬決策	供應鏈管理、敏捷製造、精細生產、約束理論、價值鏈、業務流程重組

MRPII 所生成的物料需求信息依然立足於企業內部資源的管理，無法提升供應鏈的運作效率，而 ERP 在決策過程中考慮到了包括客戶以及供應商在內的整個供應鏈，其計劃範圍擴展到了單個企業之外，可以面向整條供應鏈進行生產計劃優化。

9.3.1.3 高級計劃排程

雖然 ERP 已經具備一定的供應鏈優化功能，但對供應鏈整體生產計劃優化依然存在不足，高級計劃排程應運而生。高級計劃排程（Advanced Planning Schedule，APS）是一種基於供應鏈管理和約束理論的先進計劃和排產工具，它是整個供應鏈的綜合計劃，從供應商、製造商、分銷商直到客戶，可以將企業內外的資源與能力約束都考慮在內，運用基因算法、啓發式算法等智能算法對供應鏈成員的生產計劃進行優化。

APS 在制訂計劃時考慮了幾乎所有的約束因素，如物料、設備、人員、場所、時間和技術等，使其做出的計劃更加準確可行。APS 可以決定生產地點、分銷中心和其他設施的最優組合和定位，能夠在考慮隨機因素的情況下預測產品需求，根據物料、能力、運輸和客戶服務的約束對供應鏈進行建模，並根據產品需要日期向後排產或考慮物料和能力約束，從當前日期向前排產來生成最優生產計劃。因此，APS 能夠幫助供應鏈成員提高客戶回應速度，減少在製品和成品庫存，甚至可以自動識別潛在瓶頸，提高資源利用率。

需要指出的是，APS 雖然具有強大的供應鏈整體優化功能，但它只是 ERP 的補充，不能替代 ERP。APS 計算所需的信息需要從 ERP 中獲取。因此，企業若要實施 APS，首先要具有良好的信息化基礎，尤其要有較為成功的 ERP 系統。

9.3.2 準時制生產計劃

9.3.2.1 準時制生產的機制

用傳統的汽車生產方式進行少品種、大批量的生產是十分有效的，然而到了 20 世紀後期，顧客對產品的需求逐漸多樣化，需求的波動越來越大，原來的生產方式明顯不適用了，因為這會產生設備、人員、庫存費用等一系列的浪費。在傳統的生產方式下，存在一個處在核心位置的生產管理中心，該中心在經過大量的計算和分析後，向所有工序同時提出生產計劃以滿足需求。由於生產管理中心要處理大量的信息，因此這種生產方式很難對某個工序發生的故障和需求的變化做出及時、有效的反應。為了應對故障的發生和需求的變化，企業必須為各工序準備庫存，這會造成庫存的浪費。更嚴重的是，各工序庫存量也常常會不平衡，經常會發生持有過剩庫存的情況，設備和勞動力也可能過剩。

在這種背景下，豐田汽車公司的大野耐一設計了一種在多品種小批量混合生產條件下高質量、低消耗的生產方式，這就是準時制生產（Just in Time，JIT）。準時制的目標是消除生產中的一切浪費，這些浪費包括庫存、無用的動作、過長的準備時間、多餘的人力等。為此，準時制生產提出，「只在需要的時候，按需要的量，生產所需的產品」。

準時制通過拉動式驅動生產，即產品的生產指令是由最終客戶拉動的。從理論上講，在 JIT 系統中，一個產品的出售會產生補充一個產品的信號，這個信號會沿著生產線逆向傳遞，拉動整個系統生產一個補充產品。產品生產信號首先會傳給總裝線，然後總裝線向其前道工序組裝線領料並拉動組裝線的生產，組裝線又向其前道工序生產

線領料並拉動生產線的生產，以此類推，直到拉動零部件供應商的生產。

由於在整個系統中，總是由後道工序從前道工序領取部件，一環扣一環地「拉動」生產，因此被稱為「拉動式生產」。在 JIT 生產系統中，無須同時向所有工序下達生產計劃和工序變更指令，如果在生產汽車的過程中有必要變更生產計劃，只需將變更傳送至總裝線即可。

9.3.2.2 看板工作原理

JIT 系統通過看板向上游企業或生產環節傳遞拉動信號。看板通常是一張裝入長方形塑料袋裡的卡片，卡片上記載著關於生產或搬運零件的信息，是整個 JIT 系統的神經系統，控制著 JIT 系統幾乎所有的物料及產品的生產和運輸。

看板大致可以分為兩類：一類是傳送看板，記載著後道工序應該從前道工序領取的產品種類和數量；另一類是生產看板，記載著前道工序必須生產的產品品種和數量。

傳送看板和生產看板拉動生產的基本步驟如下：

（1）當後道工序的傳送看板箱中的看板累計到一定數量或規定的時間（如每隔 30 分鐘）後，搬運工將傳送看板和容器送到前道工序的零部件存放場。

（2）搬運工將盛滿零件的容器上的生產看板拿下，並將其放入看板接收箱，並換上傳送看板，還要將空容器放到前道工序的指定地方，最後將零件和傳送看板一起送到後道工序。

（3）後道工序一旦開始作業就要把傳送看板放入傳送看板箱。

（4）前道工序生產一定時間或一定數量的零件後，必須將接收箱中的生產看板收集起來放入生產看板箱（當工序的終點和起點距離較長時才需設置兩個看板箱），並按照放入生產看板箱的看板順序生產零件。

（5）加工零件時，零件和生產看板要一起移動，並在加工完成後，將零件和生產看板一起放到存放場，以便後道工序的搬運工隨時領取。

（6）這樣兩種看板周而復始地連續運作就能夠使各工序在必需的時候，僅按必需的數量，領取或生產必需的物品，全部工序（包括供應商）就實現了準時制生產。

9.3.2.3 生產計劃信息的共享

為了減少供應鏈中的牛鞭效應，提升供應商的生產效率，企業的部分生產計劃信息需要與上游供應商共享。企業每個月都需要向零部件供應商提供未來三個月的生產預訂量，其中最近一個月的預訂量確切地寫著每天的供貨數量，其餘兩個月則有變化的可能。企業每天還會向供貨廠家發送一次各種零部件的生產順序計劃，規定供貨廠家的裝配線上應該依次組裝的零部件的規格。

當然，上述信息主要是對供應商的生產起指示作用，實際的供貨依然是由傳送看板拉動的。企業裝配線旁放著許多裝著零部件和傳送看板的容器，隨著零部件在裝配線上的消耗，容器逐漸空了，這些空容器和傳送看板就會被定時用貨車送到各供應商處，並從各供應商的產品存放處將裝滿零件的容器領回來。

9.3.3 基於約束的生產計劃

世界上數以千計的先進企業正在成功運用基於約束理論（Theory of Constraint, TOC）的生產計劃，小至不足五十人的小工廠大至跨國企業，如通用汽車、AT&T、3M、National Semiconductor、Intel 等，並視 TOC 為令企業保持恆久活力，擊敗競爭對手的一大利器。

9.3.3.1 TOC 的工作機制

TOC 認為，在企業的整個經營業務流程中，任何一個環節只要阻礙了企業更大程度地增加產銷率，或減少庫存和運行費，它就是一個約束。約束可以來自企業內部，也可以來自企業外部。

約束有三種類型，包括資源約束、市場約束和方針約束。

TOC 認為任何系統都至少存在一個約束，制約著它的產出，是系統最弱的環節。任何系統都可以想像成由一連串的環構成，環環相扣，這個系統的強度取決於其最弱的一環，而不是最強的一環。

TOC 是能使瓶頸產能最大化，從而使系統產銷率最大化的生產管理與控制方法，同時也是辨識系統的核心問題，是持續提升系統能力的管理哲學。TOC 原理認為，一個企業的計劃與控制的目標是尋求顧客需求和企業產能的最佳配合，一旦一個被控制的工序（瓶頸）建立了一個動態的平衡，企業的其他工序應相繼地與這一被控制的工序同步。

簡單地說，TOC 就是關於改進和如何最好地實施這些改進的一套管理理念和管理原則，可以幫助企業識別在實現目標的過程中存在著哪些制約因素。TOC 被稱為「約束」，並進一步指出如何實施必要的改進來一一消除這些約束，從而更有效地實現企業目標。

9.3.3.2 TOC 的五大核心步驟

TOC 的五大核心步驟為企業解決生產過程中的約束提供了必要的幫助。大多數引進 TOC 並實踐的企業，在沒有增加經費和投資的情況下平均提高了 30% 的生產效率，減少了庫存。以下是 TOC 的五大核心步驟：

第一步，找出系統中存在哪些約束。
第二步，尋找突破這些約束的辦法。
第三步，使企業的所有其他活動服從於第二步中提出的各種措施。
第四步，實施第二步中突破約束的辦法，使第一步中找出的約束不再是企業的約束。
第五步，謹防人的惰性成為系統的約束。

當企業突破一個約束以後，一定要重新回到第一步，開始新的循環。就像一根鏈條一樣，改進了其中最薄弱的一環，但又會有一環成為最薄弱的。如此周而復始，最終使整個企業的生產系統不斷地優化。

一般來說，當市場需求超過企業生產能力時，排隊最長的機器或環節就是「約

束」。如果知道一定時間內生產的產品及其組合，就可以按物料清單計算出需要生產的零部件。然後，按零部件的加工路線、工時、定額，計算出各類機器的任務工時，將任務工時與能力工時比較，負荷最高、最不能滿足需求的機器就是約束。找出約束之後，可以把企業裡所有的加工設備（加工環節）劃分為關鍵資源（關鍵環節）和非關鍵資源（非關鍵環節）。

找出約束之後，為了突破約束和實現產銷率的增加，可以採取以下行動：

（1）設置時間緩衝。即在瓶頸設備前面工序的完工時間與瓶頸設備的開工時間之間設置一段緩衝時間，以保證瓶頸設備的開工時間不受前面工序生產率波動和發生故障的影響。

（2）設置在製品數量緩衝。

（3）在瓶頸設備前設置質檢環節。

（4）統計瓶頸設備產出的廢品率，找出產出廢品的原因並根除它。

（5）對涉及瓶頸設備的返修或返工的方法進行研究改進。

9.3.3.3　TOC的生產計劃：DBR系統

TOC的計劃與控制是通過鼓-緩衝器-繩（Drum-Buffer-Rope，DBR）系統實現的。

1. 鼓（Drum）

所謂「鼓」就是約束工序排程決定系統的生產節奏。「鼓」是一個企業運行TOC的開端，即識別一個企業的約束所在。約束控制著企業同步生產的節奏——「鼓點」。

要維持企業內部生產的同步、企業生產和市場需求的同步，存在著一系列問題。其中一個主要問題就是企業的生產如何能滿足市場或顧客的需求而又不產生過多的庫存。因此，安排作業計劃時，除了要對市場需求進行正確的預測外，還必須按交貨期賦予顧客一定的優先權數，在瓶頸上根據這些優先權數的大小安排生產，並據此對上下游的工序排序，最終確定交付時間。TOC的處理邏輯就是使交付時間和交貨期限相符。

為了使交付時間與交貨期限相符，必須權衡在約束上的批量規模。因為，在約束上只有加工時間和調整準備時間，增加瓶頸的加工批量，可以減少調整準備時間，使瓶頸的有效能力增加，但會降低系統的柔性，增加庫存，延長提前期。

從計劃和控制的角度來看，「鼓」反應了系統對資源的利用。對約束資源應編製詳細的生產作業計劃，以保證對約束資源充分、合理的利用。

2. 緩衝（Buffer）

所謂「緩衝」就是為了保證約束的生產計劃能被實現並防止其停工待料而在約束前設置的緩衝，以消除各種不確定性約束對交貨期限產生的影響。

一般來說，「緩衝」分為「時間緩衝」和「庫存緩衝」。「時間緩衝」是將所需的物料提前一段時間提交。「庫存緩衝」就是額外設置一定數量的物料或零配件，以保證生產正常進行。

在設置「緩衝」時，一般要考慮以下幾個問題：

（1）要保證約束上產出率相對較高的工件在加工過程中不會因為在製品少而停工。

（2）應考慮加工過程中出現的波動。在設置「時間緩衝」時一般要設置一定的安全庫存。

（3）根據 TOC 的原理，約束上的加工批量是最大的，而約束的上游工序則是小批量、多批次的，因此需要協調好工序之間的加工批量和加工時間。

（4）要考慮在製品庫存費用、成品庫存費用、加工費用和各種人工費用。要在持續加工的情況下，使得整個加工過程的總費用最小。

3. 繩子（Rope）

所謂「繩子」就是約束對其上游機器發出生產指令的媒介。如果說「鼓」的目標是使產銷率最大，那麼「繩子」的作用則是使庫存最小。約束決定著生產線的產出節奏，其上游的工序實行拉動式生產，等於用一根看不見的「繩子」把瓶頸與這些工序串聯起來，有效地使物料依照產品出產計劃快速地通過非約束作業，以保證約束的需要。所以，「繩子」起的是傳遞作用，以驅動系統的所有部分按「鼓」的節奏進行生產。在 DBR 系統的實施中，「繩子」是由一個涉及原材料投料到各車間的詳細的作業計劃來實現的。

「繩子」控制著企業物料的進入（包括約束的上游工序和非約束的裝配）。通過「繩子」系統的控制，使得約束前的非約束設備均衡生產，加工批量和運輸批量減少，可以減少提前期以及在製品庫存，而同時又不使約束停工待料。所以，「繩子」是約束對其上游機器發出生產指令的媒介，沒有它，生產就會造成混亂，要麼造成庫存過大，要麼會使瓶頸停工待料。

本章小結

供應鏈管理環境下的生產管理，從內涵到外延都發生了巨大變化。它跳出了經典生產管理理論與方法針對單個企業的範疇，向前擴展到了各層供應商，向後延伸到了批發商、零售商乃至最終用戶。這種擴展影響了現有生產運作管理理論的發展。生產系統集成、生產系統協調和大規模定制是目前供應鏈中新的生產理念。在生產計劃實施方面，物料需求計劃、JIT 生產計劃、TOC 生產計劃等是經典的供應鏈生產計劃。將供應鏈的先進生產理念和生產計劃結合起來，能夠滿足大量客戶的個性化需求。

思考與練習

1. 供應鏈管理環境下的同步生產組織特點是什麼？如何建立同步生產組織的協調機制？
2. 供應鏈管理下企業間的信息集成主要從哪幾個部門之間展開？
3. 大規模定制的運行機制是什麼？怎麼樣才能通過供應鏈管理實現大規模定制？
4. 什麼是延遲製造？它對供應鏈企業的生產組織有哪些啟發？
5. 嘗試比較 JIT 生產計劃與 TOC 生產計劃的異同。

本章案例：豐田公司卓越的作業流程

我們最重視的是確實執行與採取行動。我們尚未瞭解的事情還很多，因此，我們總是要求員工：何不採取行動，嘗試不同的方法呢？當你誠實面對自己的失敗時，才會瞭解自己所知甚少，你可以矯正那些失敗，再做一次，在第二次的嘗試中，你會發現另一個錯誤或自己不滿意的事，然後，你可以再嘗試。於是，借助不斷改善，或者應該說是靠不斷嘗試的行動以獲得改善，就會使自己的能力與知識得以提升。

——張富士夫

豐田公司最早引起世界矚目是在20世紀80年代，當時的情況明顯顯示，日本企業及其產品的質量和效率確有獨到之處，日本製造的汽車比美國車耐用，需要的維護更少。到了20世紀90年代，更明顯的跡象顯示，相較於其他國內同行，豐田公司顯然更特別、更突出，這並非指其汽車設計或性能令人讚嘆（儘管這是事實），而是豐田公司的工程與製造模式達成令人難以置信的流程與產品一致性。豐田汽車的研發更快速，可靠性更高，同時，即使在日本汽車業薪資水準相對較高的情況下，豐田仍然得以維持極具競爭力的製造成本。令人印象深刻的另一點是，每當豐田出現明顯弱點，似乎馬上就要被市場拋棄之際，它總能奇蹟般地解決問題，並會以更強的姿態捲土重來。

汽車業界的每個人以及許多消費者，都熟知豐田的顯著事業成就及其世界一流的質量：

● 豐田公司在2003年3月底的財務年度，獲利81.3億美元，比通用、克萊斯勒、福特三家公司的利潤總和還要多，同時也是過去十年所有汽車製造商中年度獲利最高者。該年度，豐田的淨利潤率比汽車業平均水準高8.3倍。

● 2003年，美國三大汽車廠商的股價下挫，豐田公司的股價卻比2002年上漲了24%。截至2003年年底，豐田的市值為1,050億美元，比福特、通用、克萊斯勒三家汽車公司的市值總和還要高，這是非常驚人的數字。豐田公司的資產報酬率比行業平均報酬率高出8倍，在過去25年，該公司年年盈利，手中總是維持兩三百億美元的營運資金。

● 豐田長達數十年維持日本汽車製造商排名第一，但在北美地區卻遠遠落後於美國的三大龍頭，排名第四。不過，自2003年8月，豐田在北美地區的汽車銷售量首度進入前三名，把克萊斯勒擠出前三名寶座。由此顯示，豐田似乎最終還是能夠成為稱霸美國汽車市場的常勝將軍（2002年，豐田「雷克薩斯」在美國總計賣出180萬輛，其中120萬輛是在北美地區製造的；在美國汽車製造商尋找機會關閉工廠、降低在美國的產能，紛紛把生產基地移往海外的同時，豐田反而在美國快速擴張建立新產能）。

● 2003年，豐田汽車品牌在美國的銷售量超越過去100年在美國市場銷售量獨占鰲頭的兩大知名品牌——福特與雪佛蘭，其中，「凱美瑞」在2003年美國小客車銷售量中排名第一，在前面幾年也曾經五度奪冠，「卡羅拉」的銷量則在全球小型車市場名列前茅。

● 不久前，豐田以製造小型、傳統的交通工具聞名，但在10年間躍居豪華車市場龍頭之列，該公司於1989年推出「雷克薩斯」，到了2002年，在美國市場的銷售已經

連續三年超越寶馬、凱迪拉克、奔馳。

● 豐田發明了「精益生產」(Lean Production，又名「豐田生產模式」，TPS)，在過去 10 年帶動全球幾乎所有產業轉型，推行豐田的製造與供應鏈管理理念與方法。豐田生產方式是許多探討精益主題書籍的藍本，包括兩本暢銷書：《改變世界的機器》(The Machine That Changed the World: The Story of Lean Production)、《精益思想》(Lean Thinking)。全球各地幾乎每個產業的公司都希望延攬豐田的員工，以利用他們的專長。

● 豐田的產業研發流程是全世界最快的，新客車與卡車的設計週期不到 12 個月，而其競爭者通常得花上兩三年。

● 豐田是其全球各地合作夥伴與競爭者視為高質量、高生產力、製造速度與靈活彈性的標杆，多年來，豐田製造的汽車一向被專業汽車研究機構鮑爾公司 (J. D. Powers and Associates) 及《消費者報告》(Consumer Reports) 雜誌等評選為最優質量之列。

豐田的成功主要源自其卓越的質量聲譽，消費者知道他們可以信賴豐田汽車，不論新購還是使用了一段時間，其性能都很可靠，不像大多數美國或歐洲汽車，剛開始的時候性能大概還不錯，但是開了一年左右，就開始出現大小毛病，得進廠修理了。以 2003 年為例，豐田汽車在美國市場的召回率比福特汽車低 79%，比克萊斯勒低 92%。汽車購買者最常閱讀的雜誌之一《消費者報告》於 2003 年進行了一項研究，從過去七年所有汽車製造商生產的車款中，評選出最值得信賴的 38 款車，其中，豐田/雷克薩斯就囊括了 15 款車型（為區別其豪華車級，「雷克薩斯」為豐田創造的獨立品牌），沒有一家汽車製造商可與之匹敵，通用汽車、奔馳、寶馬等，沒有一款車躋身這 38 名之列。在同一份研究報告中，豐田沒有一款車被列入「應該避免購買」的名單中，福特有不少車款被列入此黑名單，通用汽車公司出產的車款中有將近 50% 入選，克萊斯勒被歸屬此類的甚至超過了 50%。

以下是《消費者報告》2003 年年度汽車研究報告的一些統計數字：

● 在小型車類別（豐田「卡羅拉」、福特「福克斯」、福特「護航者」、通用「騎士」、克萊斯勒「彩虹」），不論是近三年的整體可信賴度、前三年的整體可信賴度，還是 2003 年車款的預期可信賴度等評選項目中，豐田都拔得頭籌。

● 在家庭房車類別中，豐田「凱美瑞」擊敗福特「金牛」、通用「邁銳寶」、道奇「無畏」等車款，最近幾年連續在車款整體可信賴度等三個項目中奪魁。

● 在二手車類別中，豐田車款有超過一半被列入「推薦購買」名單，而福特二手車只有不到 10% 的車款入選，通用汽車入選車款也只有 5%，至於克萊斯勒，則沒有任何一款能夠入選。

● 在鮑爾公司每年的「初始質量」與「長期耐用性」排名中，雷克薩斯是常勝將軍，根據鮑爾公司 2003 年的質量調查，雷克薩斯排名第一，第二名至第四名分別為保時捷、寶馬、本田。

一、成功的秘訣：豐田 DNA 的雙螺旋

到底豐田的成功秘訣是什麼呢？豐田能夠持續締造如此輝煌的成就，是其卓越的作業流程所創造的直接成果，豐田已經把作業流程的卓越性變成其戰略武器。這種卓

越性，其部分基礎在於豐田聞名製造業界的工具及質量改善方法，包括準時生產（Just-in-time）、改善（Kaizen）、單件流（One-piece Flow）、自動化（Jidoka）、均衡化（Heijunka）等，這些生產技巧孕育了「精益製造」革命。但是，工具與技巧並不是使企業轉型的秘密武器，豐田之所以能持續成功地實行這些工具，必須歸功於該公司以瞭解與激勵員工為基礎的企業經營理念。換句話說，豐田的成功根源在於，它能培養領導力、團隊與文化，而且它能夠有效地制定戰略，建立堅實的供應商關係，以及建立並維持一個學習型組織。

根據我對豐田公司的20多年研究心得，在本書中歸納出14項原則，建構出「豐田模式」，這14項原則也是豐田在其全球各地工廠實施的豐田生產方式的基礎。為使讀者易於瞭解，我把這14項原則區分為四大類，全部以P這個字母開頭——理念（Philosophy）、流程（Process）、員工/合作夥伴（People/Partners）、解決問題（Problem Solving），如圖9-11所示。

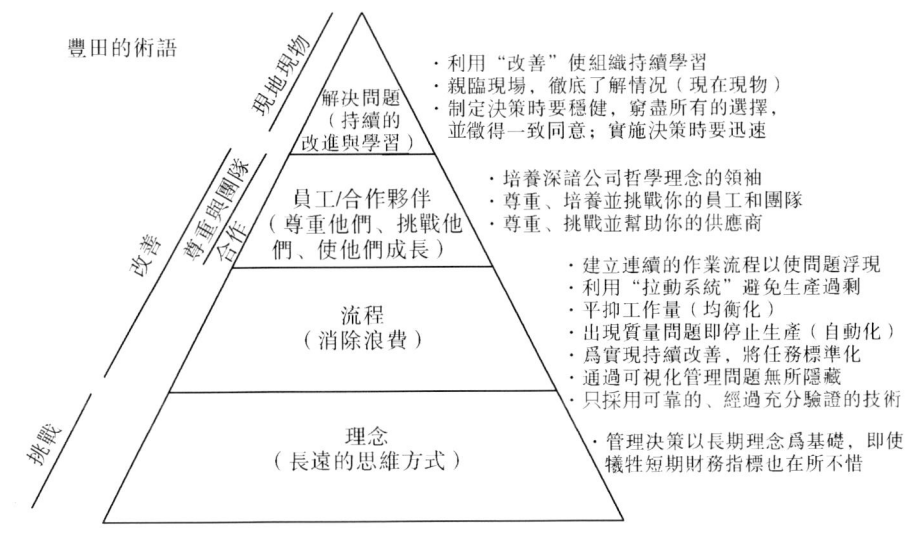

豐田的術語

金字塔由上至下分為四層：

解決問題（持續的改進與學習） — 現地現物
- 利用"改善"使組織持續學習
- 親臨現場，徹底了解情況（現在現物）
- 制定決策時要穩健，窮盡所有的選擇，並徵得一致同意；實施決策時要迅速

員工/合作夥伴（尊重他們、挑戰他們、使他們成長） — 尊重與團隊合作
- 培養深諳公司哲學理念的領袖
- 尊重、培養並挑戰你的員工和團隊
- 尊重、挑戰並幫助你的供應商

流程（消除浪費） — 改善
- 建立連續的作業流程以使問題浮現
- 利用"拉動系統"避免生產過剩
- 平抑工作量（均衡化）
- 出現質量問題即停止生產（自動化）
- 為實現持續改善，將任務標準化
- 通過可視化管理問題無所隱藏
- 只採用可靠的、經過充分驗證的技術

理念（長遠的思維方式） — 挑戰
- 管理決策以長期理念為基礎，即使犧牲短期財務指標也在所不惜

圖9-11　豐田經營之道：「4P模式」

大約就在我開始撰寫此書的同時，豐田公司本身也提出其內部版本的豐田模式，以作為其員工培訓的教材。這份文件對我構思14項原則有著極大影響，最終，我也採納此文件中所提出的四項高級原則——現地現物（Genchi Genbutsu）、改善、尊重與團隊合作、挑戰，並把它們和我的四個分類相結合。

豐田模式和豐田生產方式（豐田的製造方法）為豐田公司DNA的雙螺旋，它們共同定義了豐田的管理作風，以及該公司的流程特色。我希望通過此書闡釋說明，豐田的成功模式可以如何應用於其他組織，以改善從銷售到產品研發、行銷、物流操作與管理等業務流程。為幫助讀者理解，我在書中列出許多例子，說明豐田公司如何維持如此優異的成就，也會探討其他行業的公司怎樣才能有效應用豐田原則。

二、豐田生產方式與精益生產

豐田生產方式是豐田公司獨特的製造方法，它是精益生產的主要基礎，而精益生產和六西格瑪是過去十幾年製造業流程的主流方法。雖然精益生產的影響力極大，我希望在此書中說明的是，大多數企業在應用實施此方法時的做法相當膚淺，因為它們過度注重工具（例如準時生產裡的5S），不瞭解完整的精益生產制度必須滲透至組織文化中。大多數實施精益生產的公司，其資深管理層並未參與日常營運作業與持續改善行動，這些都是精益生產制度中極為重要的部分，豐田公司本身實施此制度的做法截然不同於一般企業。精益的企業到底是怎樣的面貌呢？我們或許可以說，精益的企業是把豐田生產方式應用於業務所有層面所獲得的結果。詹姆斯·沃麥克和丹尼爾·瓊斯在他們精闢的合著《精益思想》中把精益製造定義為包含五個步驟的流程：定義顧客的價值（Customer Value）、定義價值流程（Value Stream）、建立連續的作業流程（Flow）、拉動式（Pulling）生產方式、努力追求卓越。欲成為一個精益的製造業者，思維模式必須著重使產品的生產變成連續的附加價值流程（亦即單件流）；採取根據下游顧客需求而決定上游環節產量的拉動式生產方式，亦即上游環節只生產補充後續環節在短期內要領取的物料或零部件；同時，建立一種人人努力追求持續改善的公司文化。

豐田生產方式的奠基人大野耐一的說明更簡潔：

我們所做的，其實就是注意從接到顧客訂單到向顧客收帳這段作業時間，通過消除不能創造價值的浪費，以縮短作業時間。

通過分析發現，在戰後開始推行豐田生產方式時，豐田公司正面臨比福特公司與通用公司更艱難的經營環境，福特和通用採取批量生產與規模經濟，使用大型設備以盡可能生產更多、更便宜的零部件；可是，豐田面臨的戰後日本市場規模很小，同時，它必須要以相同的組裝線生產出各種車輛，以滿足不同階層顧客的需要。因此，豐田需要的作業流程關鍵是靈活、彈性，而這使豐田獲得了一個重要的發現：當你把前置期（Lead Time）縮短，並注重維持生產線的彈性時，實際上就能提升質量，對顧客需求做出更大回應，提高生產力，改善設備及空間的利用率。

若從每部機器製造的每個產品單位成本來看，福特公司採取的批量生產方法極具成效，但顧客需要的是更多選擇，傳統的製造方法並不能以符合成本效益的方式做到這點。

在20世紀四五十年代，豐田的努力方向是，消除從原材料到最終產品的生產流程中每個步驟中時間與物料的浪費，其生產流程的設計，針對的是現今絕大多數公司共同追求的境界：更快捷、更具彈性的作業流程，以最高質量及可承受的成本，在顧客需要之時提供他們需要的產品。

在邁入21世紀後，豐田公司在全球市場的成功基礎依然是注重實現連續的作業流程。還有不少公司，也以縮短前置期、提高存貨週轉率、快速收帳等特色實現快速成長而聞名，戴爾公司就是一個例子。但是，就連戴爾公司也還只是剛踏入精益之路，而豐田卻已經在這條路上學習與努力了幾十年。

遺憾的是，多數公司迄今仍然使用亨利·福特於20世紀20年代提出的批量生產方

式。在那個年代,是否為顧客提供更多選擇並不重要,批量生產關注的是個別流程的效率,此概念遠溯至20世紀初弗雷德里克・泰勒(Frederick Taylor)及其科學管理。和豐田生產方式的發明者一樣,泰勒也試圖去除生產流程中的浪費,他仔細觀察工人工作時的情形,設法去掉每一個缺乏效率的動作。

倡導批量生產方式的人認為,機器的停止運轉是另一種未能創造價值的明顯浪費——機器因為維修而停工時,就不能從事生產,也就無法賺錢。豐田生產方式對於未能創造價值之浪費相悖於一般直覺的看法如下:

● 許多情況下,最佳做法是讓機器停下來,暫停生產,因為這麼做可避免生產過剩。在豐田生產模式中,這種情形是最根本的浪費。

● 通常,最好建立最終產品的某一存貨水準,以維持較為均衡的生產進度,而不是根據實際顧客訂單的需求波動進行生產。維持較為均衡的生產進度(均衡化)是連續流與拉動式生產方式的基礎,並有助於使供應鏈的存貨降至最低水準(均衡化生產是指維持平穩均勻的生產項目數量與組合,使每天的生產不致有明顯波動與變異)。

● 通常,最好選擇性地增加間接成本,並以之取代直接勞動成本。當你把未能創造價值的浪費情形除去時,你必須要為員工提供有效的支持,就像在重大手術中為外科醫生提供支持一樣。

● 讓員工忙碌於盡可能快速地生產物料或零部件,這並不一定是最佳做法。你應該根據顧客(包括外部顧客於內部顧客)的需求量來生產物料或零部件,若只是為了榨盡員工的價值而快速生產,只會造成另一種形式的生產過剩,且會導致雇用更多勞工。

● 最好能選擇性地使用信息技術,而且在許多時候,縱使可以採取自動化,以降低勞工人數與成本,最好還是使用人工流程。人是最具彈性的資產,如果你未能瞭解人工流程並使之變得更有效率,就無法知道流程的哪些部分需要自動化作為支援。

換言之,豐田對某些問題的解決方法,往往看似是在增加浪費,而非杜絕,這些看似矛盾的解決方法得自大野耐一親自觀察工廠作業後,對於「未能創造價值的浪費」所獲得的特殊見解:它和充分運用勞工與機器設備沒有太大關聯,主要的影響因素是把原材料轉化成可銷售商品的流程。

大野耐一親自觀察工廠作業的目標,是為了辨識出可以為原物料增加附加價值的活動,不能創造附加價值的活動則予以摒除。通過這次觀察學習之旅,他學會繪製價值流——從原物料轉化成顧客願意付錢購買的最終產品。這是一種完全不同於批量生產的方法,批量生產的思維只是從現有的生產流程中辨識、列舉並排除浪費的時間與工作。

借鏡豐田:審視你的組織流程

如果你能夠來一次「大野耐一之旅」,審視組織的流程,就可以觀察到原材料、發票開立、服務支援、研發部門推出的原型組件等如何被轉化成顧客需要的東西,也就能繪製出你的業務流程。但是,如果再深入檢視,你可能會發現,它們往往被轉送且堆放於某處相當長的一段時間後,才會被用於下一個流程或被轉化。

沒有人喜歡在旅程中被迫改變計劃,也不願意在排隊等候上花太多的時間,大野耐一認為,物料也一樣缺乏這種耐性。怎麼說呢?若大批物料生產出來後被堆放一邊等候下一個環節,若輔助人員在一旁等候,若研發部門收到原型組件,卻沒有時間進

行測試,那麼,這種等候進入下一個作業流程的時間與空間就是浪費,會使你的(內部與外部)顧客失去耐性。因此,豐田生產方式始於顧客,要學會思考:「從顧客角度而言,我們能為他們創造哪些價值?」

在任何流程,不論是在製造、行銷,還是在產品研發中,唯有把產品、服務或活動的實物或信息轉化為顧客需要的東西,才能創造價值。

三、精益的誤區

一開始接觸與研究豐田生產方式時,我就傾心於單件流作業的效能,隨後,越深入瞭解根據後續環節需要而生產與遞送物料或組件的連續作業流程與拉動式生產的優勢(不會像傳統的推動式那樣形成大批存貨),我就越想親身體驗一下從批量生產到精益生產的轉變。我瞭解到,精益生產所需要的所有工具,如快速的設備切換、職務工作的標準化、拉動式生產方式、防錯技術等,全都是創造連續流所不可或缺的。

但是,在我的學習與研究過程中,豐田公司經驗豐富的領導者一再告訴我,這些工具與方法並不是豐田生產方式的關鍵,豐田生產方式背後真正的力量是該公司管理層能夠持續投資於「人」,並倡導持續改善的公司文化。當他們提及這些時,我不斷點頭,自以為已經瞭解他們所言之真義,我還是繼續研究如何計算看板(Kanban)數量,即如何設立單件流。直到研究豐田公司將近20年,並看到許多公司在應用精益生產時遭遇到的挫折後,我才終於瞭解到那些豐田「導師」告訴我的話。本書要闡釋的就是這些道理:豐田模式包含的不只是「準時生產」之類的精益生產工具而已。

舉例來說,你買了一本討論如何創造單件流作業的書籍,或是參加訓練課程,或甚至聘請了精益生產的專業顧問,你挑選了公司裡的某個流程,實施精益改善方案,檢視此流程的結果,發現其中有許多「Muda」(日語,浪費的意思),即豐田公司所謂的「任何佔用時間,但不能為顧客創造價值的環節」。你公司裡的這個流程毫無章法,工作現場也亂糟糟,於是,你把它整頓一番,清理出一個流程,所有作業開始加快,流程的控制變得更好,質量也開始提高,這真是令人興奮的現象,於是,你開始照章整頓其他作業流程。這樣的做法中,到底有何行不通之處?

我拜訪過數百個自稱為精益生產實踐者的組織,它們都會非常驕傲地炫耀其心愛的精益方案。它們也確實做得很好,不過,研究豐田公司20年後,在我看來,和豐田相比較之下,這些組織最多只能算是「業餘者」。豐田花了幾十年發展出精益文化,終於達到了今天的境界,但是,他們迄今仍然認為自己才剛開始瞭解精益的內涵。豐田以為的其他公司及其關係密切的供應商中,有多少能在精益生產方法上獲得 A 或 B+的評分呢?我無法明確地給出答案,不過,我相信絕對不超過1%。

問題在於多數公司誤把一套特定的精益生產工具當成深層的精益思維,其實,豐田模式中的精益思維涉及更深入、更滲透的文化轉型,大多數公司根本未設想到這一點。企業應該從推動一兩個方案,以激勵全體員工的熱忱為切入點,本書的目的就是要解釋豐田的文化及其根本原則。以下是我在美國境內的精益行動中發現的一個令人困惑不安的例子。豐田在美國設立豐田供應商支援中心(Toyota Supplier Support Center, TSSC)以向美國企業傳授豐田生產方式,該中心領導人大庭一(豐田生產方式創始人大野耐一的信徒)仿照日本的豐田諮詢顧問組織來設計與塑造TSSC。TSSC和

美國不同產業的許多公司合作,幫助每個公司實施精益計劃,使用豐田生產方式、工具與方法,通過6~9個月的時間,使此公司的某條生產線轉型。最初原本是由美國的企業自行向TSSC申請此服務,不過,TSSC於1996年採取不尋常之舉,主動接觸一家工業感應器製造公司,我姑且稱此公司為X精益公司。豐田主動對此公司提供協助,這是件令人費解的事,因為X精益公司已經被廣泛認為是實施精益生產的最佳典範。在美國,許多希望能瞭解世界一流製造方法的企業經常造訪X精益公司,該公司甚至還贏得「製造業新鄉獎」。在X精益公司同意和TSSC合作的時候,該公司工廠已經採取的世界一流製造方法包括:

● 成熟確立的生產單位。
● 解決問題的員工團隊。
● 公司制定特定的員工解決問題的時間與獎勵誘因。
● 為員工設立學習資源中心。

在當時,新鄉獎的評審標準主要是看廠商在生產力與質量的重要指標上是否有顯著改善。TSSC之所以想和X精益公司合作,主要是為了互相學習,因為X精益公司被認為是美國企業界中精益生產實務的最佳典範。TSSC在這家公司堪稱「世界一流」的廠房裡選擇了一條生產線,應用豐田的生產方式以使之轉型。結果,在9個月計劃期結束時,這條生產線和先前其「世界一流」的情況不同,其「精益」的程度,連X精益公司本身都無法想像。這條生產線在所有重要績效考核指標上的表現顯著超越工廠中的其他生產線,包括:

● 生產產品的前置期縮短93%(從12天縮短至6.5小時)。
● 在製品存貨期(Work-in-process Inventory)縮短83%(從9小時縮短至1.5小時)。
● 最終成品存貨類減少91%(從30,500單位減少至2,890單位)。
● 加班時間減少50%(從平均每人每週10小時減少為5小時)。
● 生產效率提高83%(從平均每人每單位生產2.4件增加到4.5件)。

四、永遠存在改善的空間

我在對企業界傳授豐田模式時,經常會談起上面這個例子,並問學員:「這個例子告訴我們什麼?」結果,所獲得的答案幾乎都一樣:「永遠存在繼續改善的空間。」我問:「這些改善是小的、增量式的、持續的改進嗎?」「當然不是,這些都是非常顯著的改善。」比較這條生產線在9個月前的表現——生產一個感應器需要12天的前置期、9小時的在製品存活期、平均每人每週10小時的加班時間,實在稱不上「世界一流」。這個例子(甚至我在2003年也看到過類似的例子)的含義是明確且令人困惑不安的:

● 所謂的「精益工廠」,儘管在美國被視為楷模,但以豐田公司的標準來看,連「精益」的邊兒都挨不著。
● 在和TSSC合作之前,X精益公司實行的變革僅僅是一些皮毛而已。
● 來參觀此工廠的人相信,他們看到的是「世界一流」的製造流程與方法,明顯他們根本不知道世界一流的製造是什麼模樣。
● 那些評選並頒贈新鄉獎給此工廠的評審並不比那些到該工廠觀摩的參觀者更瞭

解什麼是真正的豐田生產方式（不過迄今，新鄉獎的評審已經有顯著改善）。

● 絕大多數企業對豐田生產方式與精益生產的瞭解程度，遠遠不及豐田公司。

我造訪過數百家公司，接觸過上千家公司的員工，多次為其進行豐田模式的培訓。我也造訪過許多家曾經有幸接受 TSSC 輔導協助的美國工廠（TSSC 持續不斷地幫助許多公司達成像 X 精益公司那種程度的改善），不幸的是，我看到的是一個一直存在的現象——這些公司並未能實施豐田生產方式與精益生產。歷經時日，TSSC 幫助它們建立的精益生產線非但未能出現改進，水準反倒開始下滑，豐田教給它們的東西最終並未擴大、普及至其他欠缺效率的生產線與部門。在這些公司，這裡有一個精益生產單位，那裡有一個拉動式生產方式，雖然從壓模至產生一個新產品所需要的轉換時間縮短了，但是，它們和豐田精益模型相仿之處也就僅止於此了，為何會這樣呢？

美國接觸豐田生產方式已經超過 20 年，基本概念與工具都已經不是新東西（豐田生產方式已經在豐田公司實施 40 多年），我認為，問題在於美國的企業採用了精益生產的工具，但並不瞭解該如何使其作為一個整體更好地發揮作用。絕大多數企業的管理層採用這些工具中的一部分，以創造一個技術性系統，但是，他們並不瞭解豐田生產方式背後真正的力量：必須有追求持續改善的文化以支持豐田模式的原則。在我先前提到的「4P 模式」中，大多數公司只涉及了一個層級——「流程」層級（見圖 9-12），若不採行其他三個「P」，則只是淺嘗豐田生產方式而已，因為它們所達成的改善將缺乏支撐的決心與智慧，無法推及整個組織。在這種情況下，它們的績效將繼續落後於那些真正具有持續改善文化的公司。

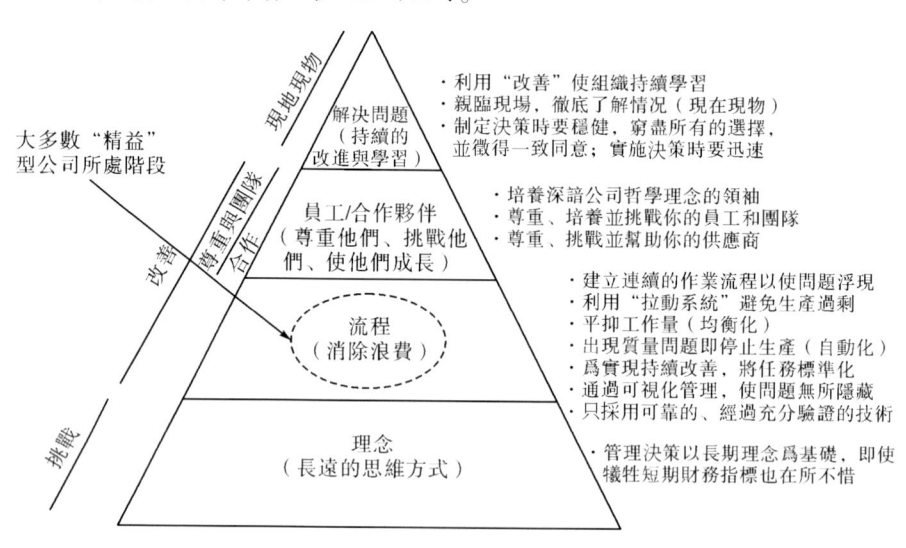

圖 9-12　大多數公司所處階段

本案例一開始引述豐田公司總裁張富士夫所說的話，並不是浮華的辭令，上至高層主管，下至工廠實際執行創造價值工作的基層員工，豐田公司鼓勵全體人員以其進取精神和創造精神主動嘗試與學習。

值得注意的是，長久以來，勞工組織與人道主義者批評組裝線工作是枯燥乏味、

卑微且壓抑人的，剝奪了勞動者的思考能力，可是，豐田公司在建立組裝線時，只挑選最優秀、最聰明的員工，並鼓勵他們通過不斷解決問題，在自己的領域實現成長。同樣，豐田的銷售、工程、採購、財務、人力資源等所有部門的員工都是經過精挑細選的，公司要求他們設法改善自己的作業流程，找出滿足顧客的創新方法。

豐田是一個真正的學習型組織，它已經學習與進化了將近一個世紀，豐田對員工的投入應該使那些採取批量生產方式、只注重生產、一味強調短期收益、每隔幾年就更換領導者與組織架構的公司感到汗顏與害怕。

五、豐田模式：長期成功之道

評論家經常把豐田公司形容為「單調」的公司，但這正是我喜歡的「單調」：從年頭到年尾都維持高質量，銷售業績穩定成長，穩定的獲利力、龐大的庫存現金。當然，只有優良的作業流程效率是不夠的，並且是危險的，想想瑞士的機械表製造行業，效率何其之高，但如今已不復存在。除了作業流程效率外，企業還需要持續不斷地改善與創新，方能在競爭中保持領先，不被淘汰。以長期以來的績效記錄來看，豐田公司在這方面的表現相當卓著。

不過，儘管豐田公司堪稱全球最佳製造業者，迄今依然鮮有商業書籍向普通讀者解釋，究竟是怎樣獨特的企業原則與理念使豐田/雷克薩斯品牌和優良質量與可信賴畫上等號。

本書是日本以外的第一本介紹這些思維的專著，它說明在任何環境下，不論是藍領、白領，還是製造業或服務業的經理人，都可以通過以下方法顯著改善其作業流程：

● 杜絕時間與資源的浪費。
● 在工作場所的體制中建立質檢體系。
● 尋找低成本但可靠的方法以替代昂貴的新技術。
● 力求作業流程的盡善盡美。
● 建立追求持續改善的學習文化。

許多人認為在日本以外的地區應用豐田公司的思維模式是非常困難的，但事實上，豐田公司本身已經在這麼做了，它在全世界許多國家建立學習型組織，以傳授豐田模式。我撰寫本書時，大部分研究工作是在美國進行的，豐田公司正在美國建立一個獨立於總公司之外、由美國人領導與經營的獨立分公司。

豐田公司提供的特殊工具與方法可以幫助你的公司蛻變為所述產業中在成本、質量與服務等方面表現最傑出者。豐田模式對任何希望走向成功的組織而言，都是一種啟示、願景與鼓舞。

資料來源：萊克. 豐田模式：精益製造的14項管理原則 [M]. 李芳齡，譯. 北京：機械工業出版社，2016：1-15.

案例思考

1. 如何理解豐田公司的 DNA 雙螺旋？
2. 豐田生產方式與批量生產的差距主要在哪些方面？
3. 根據本案例思考，生產製造企業如何獲得持續的成長？

10　供應鏈中的物流管理

本章引言

　　隨著電子商務和網路購物的快速發展，物流業也處於高速發展的時期，面臨著新的發展機遇。考慮物流管理的實際情況，供應鏈管理是物流企業應對新形勢，進行轉型升級的有效手段。為此，物流行業應積極應用供應鏈管理理論，將物流管理放入供應鏈環境之中，積極打造供應鏈的上下游環節，不斷拓展物流服務範圍和內容，以達到提高物流效率和質量、降低物流成本的目的。

學習目標

- 瞭解物流管理的概念。
- 掌握物流管理與供應鏈管理的關係。
- 理解供應鏈物流管理的方法。

10.1　物流管理概述

　　物流的發展歷史悠久，隨著全球經濟和信息技術的發展，物流活動愈加複雜和重要，並且其概念和內涵也逐漸由傳統物流發展為現代物流、供應鏈物流，成為提升企業競爭力的新方向和新手段。供應鏈由物流與信息流、資金流三大要素構成，它不僅僅是一條連接供應商和最終用戶的鏈條，更是一條增值鏈。物流連接著供應鏈的各個企業，是企業間相互合作的紐帶，供應鏈物流在此增值鏈條中起著實現增值的作用。

10.1.1　物流及物流管理概念

10.1.1.1　物流的概念

　　現代物流的概念起源於美國，物流最初的概念是商品的流動，即主要是指商品從製造商流動到消費者的過程。對於物流的概念，主要有以下幾種定義：

　　美國物流管理協會（Council of Logistics Management，CLM）開始提出物流的概念為實物分銷（Physical Distribution），是以企業為中心；隨著經濟的發展，物流的概念由實物分銷（Physical Distribution）更改為物流（Logistics），將其定義為：「為了滿足客戶的需求，對商品、服務和相關信息從產出點到消費點的合理、有效的流動和儲存，進行計劃、實施與控制的過程。」1998年，美國物流管理協會重新定義物流：物流是供

應鏈流程的一部分，是為了滿足客戶需求而對商品、服務及相關信息，從原產地到消費地的高效率、高效益的正向和反向流動及儲存進行的計劃、實施與控制過程。美國物流管理協會對物流定義的變化說明了隨著供應鏈管理思想的出現，物流界對物流的認識更加深入，並且強調「物流是供應鏈的一部分」。

1994 年，歐洲物流協會對物流的定義是：物流是在一個系統內對人員和商品的運輸、安排及與此相關的支持活動的計劃、執行和控制，以達到特定的目的。

2002 年，日本標準學會對物流做出了兩個明確定義，一個定義對應於美國的 Physical Distribution，另一個定義對應於美國的 Logistics。該定義為：「將物流活動的目標定位於充分滿足最終需要同時解決保護環境等方面的社會問題，在此前提下追求高水準的、綜合的完成包裝、輸送、保管、裝卸搬運、流通加工以及相關情報等各項工作，以謀求將供應、生產、銷售、回收等各個領域實現一體化、一元化的經營活動。」

中國物流的概念引進於日本，根據國家標準《物流術語》GB/T 18354-2006，物流（Logistics）是指：物品從供應地向接收地的實體流動過程。根據實際需要，將運輸、儲存、裝卸、搬運、包裝、流通加工、配送、回收、信息處理等基本功能實施有機結合。

從物流的定義上看，只要是從「供應地」到「接受地」這個特定範圍內的實體流動都屬於物流的範疇，物流概念的後半部分指出了物流所包含的要素。

10.1.1.2 物流管理

物流管理（Logistics Management）是從西方的行銷學理論中產生的，最初，物流是指產品的配送。物流管理是通過改進產品的配送過程，以最低的成本將產品運送到顧客手中，提高顧客滿意度。隨後物流管理的範圍擴大至採購和生產階段，重點從配送變為應用庫存控制技術，以達到既能保證生產順利運作，又能提高企業資金的週轉速度。

從美國物流管理協會的定義來看，物流管理只是供應鏈管理的一部分，實施物流管理是為了以合適的物流達到用戶滿意的服務水準，對正向及逆向的物流活動過程及相關信息進行的計劃、組織、協調與控制。物流管理的目標就是要在盡可能最低的總成本的條件下實現既定的客戶服務水準，即尋求服務優勢和成本優勢的一種動態平衡，並由此創造企業在競爭中的戰略優勢。

物流管理是指在社會再生產過程中，根據物質資料實體流動的規律，應用管理的基本原理和科學方法，對物流活動進行計劃、組織、指揮、協調、控制和監督，使各項物流活動實現最佳的協調與配合，以降低物流成本，提高物流效率和經濟效益。

現代物流管理是建立在系統論、信息論和控制論等學科基礎上的，有狹義和廣義兩個方面的含義：狹義的物流管理是指物資的採購、運輸、配送、儲備等活動，是企業之間的一種物資流通活動；廣義的物流管理包括了生產過程中的物料轉化過程，即現在人們通常所說的供應鏈管理。

物流管理的對象並不是貨物本身，而是貨物有目的的流動過程。

10.1.2 物流管理的發展

10.1.2.1 第三方物流（3PL）

物流管理的發展，除了前面介紹的概念上演變，在實際社會經濟發展中也在不斷實踐與創新。從傳統的物流管理服務開始，逐漸出現了專業的第三方物流（3PL）服務，以及整合第三方物流和相關資源的第四方物流（4PL）服務。近期，隨著環境保護和節約型社會建設的要求，提供逆向物流服務的企業也越來越多。

根據中華人民共和國國家標準物流術語，第三方物流是指「供方和需方以外的物流企業提供物流服務的業務模式」。接受客戶委託為其提供專項或全面的物流系統設計以及系統營運的物流服務模式。

第三方物流本質上可以定義為執行某一企業全部或部分物流職能的外部供應商。第三方物流與企業的有效合併，能夠極大程度地提高物流活動的管理效率，讓企業可以更加專注發展自身主體業務。

現在提的較多的一個概念是合同物流（Contract Logistics），合同物流屬於第三方物流，是其一個業務分支，兩者關係如圖 10-1 所示。合同物流的本意是第三方物流企業與被服務企業簽訂一定期限物流服務合同的方式。合同物流中的第三方企業認為物流的關鍵不在於基礎設施的投資和建設，而在於網路的建設和信息的溝通，因此他們可以和各種加工企業簽訂合同來保證為委託方提供物流服務。

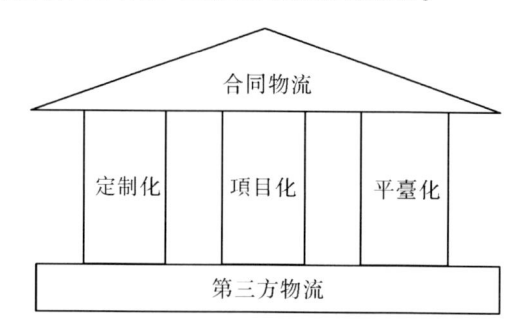

圖 10-1　合同物流與第三方物流的關係

合同物流一般應具備以下三個特徵：

（1）定制化。合同物流有別於傳統第三方物流，它的顯著特點是完全根據客戶需求提供定制化服務。

（2）項目化。合同物流的業務是跟隨客戶的項目來進行，主要體現為開發階段的項目化以及實施過程的項目化。

（3）平臺化。合同物流服務商依據管理體系和信息系統，可以整合其他自身不具有的資源為客戶提供所需要的服務以及增值服務。

合同物流的發展趨勢是只要客戶需求，合同服務商就能整合相關的業務、資源，放大到整個供應鏈服務領域，為客戶提供更具有性價比的服務。

10.1.2.2 第四方物流

1999年，安達信諮詢公司首先提出第四方物流（Fourth-Party-Logistics，4PL）的概念，並且註冊了商標。安達信公司將第四方物流定義為「一個供應鏈集成商，結合第三方物流供應商和科技公司的能力，整合客戶的資源、能力與科技」。

第四方物流集成了管理諮詢和第三方物流服務商的能力，將生產、運輸、倉儲、裝卸、加工、整理、配送、信息等方面有機結合，形成完整的供應鏈，為客戶提供綜合、多功能的服務，通過對整條供應鏈的有效管理來創造價值。第四方物流提供的是一整套完善的供應鏈解決方案，這個方案關注供應鏈管理的各個方面，既能提供持續更新和優化的技術方案，同時又能滿足客戶的獨特需求。物流外包行業發展歷程如圖10-2所示。

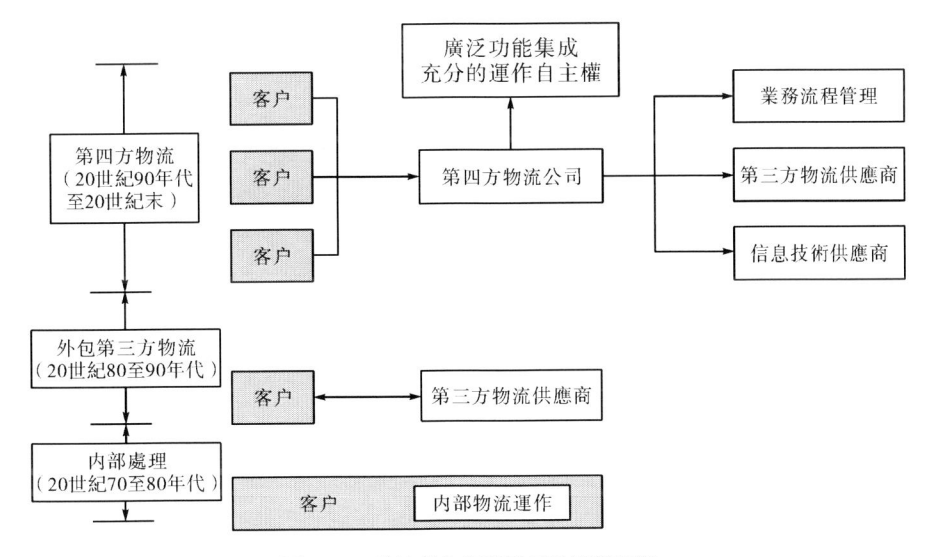

圖10-2 物流外包行業發展的演變歷程

10.1.2.3 逆向物流管理

現代社會越來越注重環境保護，提倡節約型社會，推動社會可持續發展，逆向物流成為了研究熱點。另外，從供應鏈管理的角度來看，逆向物流構成了供應鏈管理的閉環運作。

物品從供應鏈下游向上游運動所引發的物流活動被稱為逆向物流。逆向物流與回收物流不同，範圍更廣，回收物流是退貨、返修物品和週轉使用的包裝容器等從需方返回供方或專門處理企業所引發的物流活動。而逆向物流就是從客戶手中回收用過的或者損壞的產品和包裝開始，直至最終處理環節的過程。

研究說明，逆向物流管理不僅能夠削弱供應鏈中的「牛鞭效應」，而且這種削弱作用會隨著產品回收率的提高而增強，盡可能地降低供應鏈整體對社會環境的負面影響。

逆向物流的價值：

(1) 有利於提高潛在事故的透明度；
(2) 有利於提高顧客價值；
(3) 可以降低物料成本；
(4) 長期看，可以改善環境，塑造企業形象。

10.2 供應鏈中物流管理的原理、價值、地位

供應鏈管理是一種集成的管理思想和方法，其能夠將供應鏈上的各個企業連接起來，使得物流過程中的採購、生產、銷售等環節能夠協調發展，並逐漸發展為一個有機整體。在供應鏈環境下，物流的本質是關注超越傳統職能領域的過程，傳統的物流與供應鏈中的物流對比如表 10-1 所示。

表 10-1　　　　　傳統的物流與供應鏈中的物流對比

	傳統的物流	供應鏈中的物流
管理模式	企業物流系統一體化的構建	偏向於顧客滿意度和需求，且希望可以同時兼顧成本與顧客滿意度
發展目標	沒有清晰定位	目標定位於可持續發展的層面上
依據工具	主要勞動力為人力	以各類信息化技術為主

10.2.1　供應鏈物流管理的原理

供應鏈物流管理的實質也是一種物流管理，兩者並沒有太大區別，都是運用系統的觀點和系統工程的方法，完成運輸、儲存、包裝、加工和信息處理等工作。在供應鏈環境下，物流管理要充分考慮供應鏈的特點，綜合採用各種物流手段，實現物資實體的有效移動，既保障供應鏈正常運行所需的物資需要，又保障整個供應鏈的總物流費用最省、整體效益最高。

供應鏈物流管理最大的特點，就是協調配合，例如庫存點設置、運輸批量、運輸環節、供需關係等都要統籌考慮集約化、協同化，既保障供應鏈企業的運行，又要降低供應鏈企業之間的總物流費用，並提高供應鏈整體的運行效益。

10.2.2　物流管理在供應鏈中的價值

10.2.2.1　經濟效用

物流管理在空間效用、時間效用、數量效用、生產效用、佔有效用這五個方面增加了供應鏈產品和服務的經濟效用價值（見圖 10-3）。

空間效用：物流通過將商品從生產地點移動到需求地點而提供空間效用。物流突破了市場的有形界限，從而增加了商品的經濟價值。

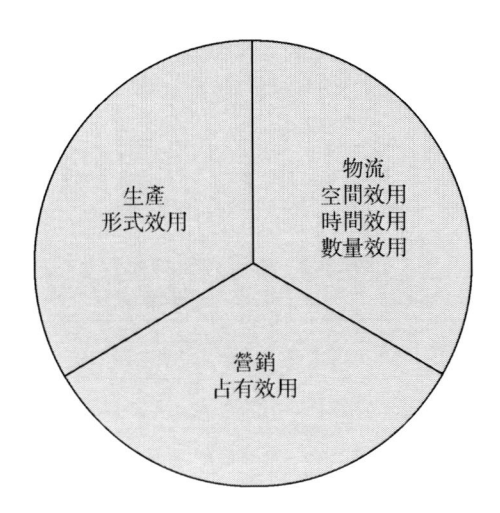

图 10-3　經濟效用價值

　　時間效用：物流通過適當的存貨維護與產品和服務的戰略設定產生了時間效用。例如，物流通過使廣告中的產品在廣告所承諾的時間內在零售店出售而產生時間價值。

　　數量效用：時間和空間的效用要結合數量效用。將正確數量的產品送達要求的地點就產生了數量效用。物流通過生產預測、生產調度和庫存控制來創造數量效用。

　　形式效用：形式效用主要體現在生產方面，物流管理水準的提高，同時也提高了生產的效率，降低了生產成本。

　　佔有效用：整體供應鏈服務水準的提高，提高了企業知名度，降低了企業的行銷費用，提高了產品和服務的市場競爭力，進而佔有了更大的市場空間和比例。

10.2.2.2　增值效用

　　供應鏈是原材料供應商、零部件供應商、生產商、分銷商、運輸商等一系列企業組成的價值增值鏈。價值鏈管理的觀點是企業應該從總成本角度考察經營效果，而不是片面追求諸如採購、生產和分銷等功能的優化。價值鏈管理的目的是：通過對價值鏈各個環節加以協調，實現最佳業務績效。高效的價值鏈設計、信息共享、庫存的可見性和生產的良好協調，會使庫存水準降低、物流作業更加有效，可以提高整個鏈條的效率。

　　圖 10-4 描述了物理價值鏈通過價值創造矩陣向虛擬價值鏈的轉化，矩陣中任何一個交點都可以成為企業的價值創造點。物流管理貫穿整個鏈條，除了提供基礎的物流服務外，還可以縱向延伸，建設第三方供應鏈管理平臺，為製造企業提供供應鏈計劃、供應鏈金融以及信息追溯等集成服務，實現價值增值。

10.2.3　物流管理在供應鏈管理中的地位

　　供應鏈是一個有機的網路化組織，它的目的是在統一的戰略指導下提高效率和增強整體競爭力，如圖 10-5 所示。

　　（1）物流管理將供應鏈管理下的物流進行科學的組織計劃，科學的物流組織計劃

圖 10-4　價值創造矩陣

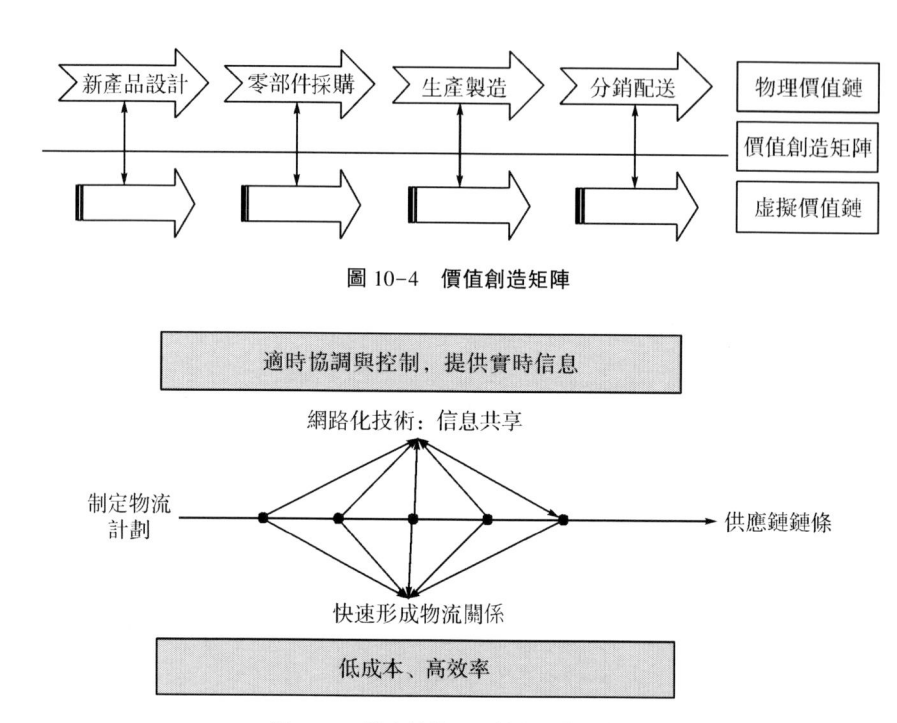

圖 10-5　供應鏈管理下的物流管理步驟

是物流成功的第一步，也是關鍵的一步；
(2) 使物流活動在供應鏈各環節之間快速形成物流關係，確定物流方向；
(3) 通過網路技術將物流關係的相關信息同時傳遞給供應鏈各個環節；
(4) 物流實施過程中，對其進行適時協調與控制，為供應鏈各環節提供即時信息。
(5) 實現物流運作的低成本、高效率的增值過程管理。

10.3　供應鏈管理與物流管理的關係

供應鏈管理在發展期初，主要強調物流管理過程中，在減少企業內部庫存的同時，也應考慮減少企業之間的庫存。隨著供應鏈管理思想越來越受到重視，其視角早已拓寬，不再僅著眼於降低庫存，其管理觸腳伸展到了企業內外的各個角落。供應鏈管理的範疇在不斷更新，包含了從源供應商提供產品、服務和信息以增加客戶價值到終端客戶的所有流程的集成。供應鏈管理涵蓋了物流中沒有包含的典型要素，如信息系統集成、計劃與控制活動的協調。

供應鏈管理的研究對象是由多個相互合作的企業所構成的整體，這些企業通過合作實現戰略定位，提高運作效率。與供應鏈管理相比，物流管理則強調庫存在供應鏈中移動和存放定位等工作。因此，物流管理是供應鏈的一個組成部分，它必須在供應鏈管理這個大框架下進行。物流管理通過正確選擇庫存的時間和存放地點實現了增值，它是包

括企業訂單管理、庫存管理、運輸管理、倉儲管理、物料處理和包裝等過程的有機整體。

供應鏈管理強調系統觀。系統是由一系列相互關聯、相互作用的要素、變量、組成部分或目標組成的統一整體。系統觀一方面是成本觀念，不僅關注單個變量，而且關注它們作為一個整體是如何相互作用的。另一方面是最優化等級層次，如圖10-6所示。優化等級I是企業層次，優化等級II是供應鏈層次，優化等級III是環境層次。

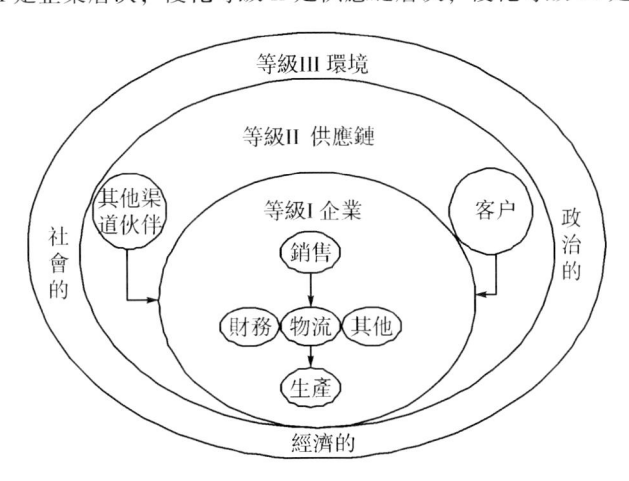

圖 10-6 最優化等級層次

優化等級II包含了供應鏈中的其他成員企業，這些供應鏈成員包括供應商（原材料、零部件、承運商）和客戶（其他製造商、批發商和零售商）。同時，企業會面對其他供應鏈成員所施加的約束條件。

10.3.1 物流管理與供應鏈管理的區別

物流管理對運輸、倉儲、配送、流通加工及相關信息等功能進行協調與管理，供應鏈管理聚焦於關鍵流程的戰略管理，這些關鍵流程跨越供應鏈上所有成員企業及其內部的傳統業務功能，供應鏈管理聚焦戰略層次的高度設計、整合與重構關鍵業務流程，並做出各種戰略決策，包括戰略夥伴關係、信息共享、合作與協調等決策。物流管理與供應鏈管理具體區別見表10-2。

表 10-2　　　　　　　　物流管理與供應鏈管理的區別

區別項目	物流管理	供應鏈管理
存在基礎	物的流動	供應鏈導向
管理模式	職能化管理	流程化管理
目標	低成本的優質物流服務	整體競爭優勢
管理層次	運作層次	戰略層次
管理手段	注重過程，偏向技術	注重結果，偏向管理
管理內容	物流活動	物流、信息流、資金流

10.3.2 物流管理與供應鏈管理的聯繫

10.3.2.1 物流管理是供應鏈管理的一個子集或子系統

物流和資金流、信息流的有機組合共同構成了供應鏈，所以供應鏈管理的範疇較廣，包含著物流管理。物流管理承擔了為滿足客戶需求而對貨物、服務從生產地到消費地的流動和儲存進行計劃與控制的過程。它包含了內向、外向和內部、外部流動，物料回收以及原材料、產成品的流動等物流活動的管理。而供應鏈管理的對象涵蓋了產品從產地到消費地傳遞過程中的所有活動，它連接了所有的供應鏈節點企業。從這個意義上講，物流管理是供應鏈管理的一種執行職能，即對供應鏈上物品實體流動的計劃、組織、協調與控制。

10.3.2.2 物流管理是供應鏈管理的核心內容

物流貫穿整個供應鏈，是供應鏈的載體、具體形態或表現形式，它銜接供應鏈的各個企業，是企業間相互合作的紐帶。沒有物流，供應鏈中生產的產品的使用價值就無法得以實現，供應鏈也就失去了存在的價值。因此，物流管理很自然地成為供應鏈管理體系的重要組成部分。所以，物流管理是供應鏈管理的核心，有效地管理好物流活動，對於提高供應鏈的價值增值水準有舉足輕重的作用。

綜上所述，物流管理與供應鏈管理在多個方面都存在較大的差別，但從管理範疇與內容上來說，物流管理是供應鏈管理的一個子集或子系統，同時也是供應鏈管理的核心內容。供應鏈管理是較物流管理更寬泛的一個概念，包括物流、採購、生產、銷售、設計研發等在內的所有業務流程的管理，其目的在於追求整個供應鏈系統的成本最低化、服務最優化及客戶價值最大化。而物流管理是集中於貨物、服務及相關信息有效率、有效益的貯存與流動的計劃、實施與控制，是供應鏈管理的一部分，其目的是通過物流這一子系統的最優化為供應鏈整體做出貢獻。

10.4 供應鏈物流管理方法

10.4.1 供應商管理庫存（Vendor Manage Inventory，VMI）

供應商管理庫存，是供應鏈管理理論出現以後提出來的一種新的庫存管理方式，是供應商掌握核心企業庫存的一種庫存管理模式。一個典型的 VMI 是供應商自動補充客戶的零部件和物料，是對傳統的由核心企業自己從供應商購進物資、自己管理、自己消耗、自負盈虧的模式的一種革命性改變。

從表面上看，VMI 把庫存放到供應商處，只是把庫存轉移了，並不是真正降低成本。但 VMI 的做法可能帶來真正降低成本的機會在於：它把庫存挪到了對用量變化需求做出快速反應的地方，從而減少了為應對反應不及時而做的庫存儲備。VMI 是一種跨公司共享模式。如果客戶僅僅分享信息，計劃準確性沒有提高，或者並不為其「準

確性」承擔責任，這種情況對於供應商而言就是客戶庫存風險的轉嫁。

10.4.2 聯合庫存管理（Joint Managed Inventory，JMI）

JMI 是在 VMI 的基礎上發展起來的，上游企業和下游企業權利責任平衡且風險共擔的庫存管理模式，是供應鏈物流管理一個最重要的方面。要建立起整個供應鏈以核心企業為核心的庫存系統，具體來說，一是要建立起一個合理分佈的庫存點體系，二是要建立起一個聯合庫存控制系統。

JMI 強調在供應鏈上要以核心企業為核心，這是因為在供應鏈中很容易形成多中心。如果搞多中心，必然分散精力，分散資源，還可能互相干擾，進而可能影響供應鏈的正常運行效率。所以一個供應鏈系統應該只有一個中心，所有其他的企業都必須服從這個中心，自覺為這個中心服務。

10.4.3 供應鏈運輸管理（Supply Chain Transport Management，SCM）

除庫存管理之外，供應鏈物流管理的另一個重要方面就是運輸管理。但是運輸管理相對來說，沒有像庫存管理那樣要求嚴格、關係重大。因為現在運力資源豐富，市場很大。只要規劃好了運輸任務，很容易找到運輸承包商來完成它。因此運輸管理的任務有三個重點，一是設計規劃運輸任務的目標與要求，二是找到合適的運輸服務商，三是運輸組織與控制。

10.4.4 連續庫存補充計劃（Continuous Replenishment Program，CRP）

連續庫存補充計劃，是指利用及時、準確的銷售商品數量的即時信息，並結合庫存信息，運用預先規定的庫存補充程序，更加科學、準時地確定發貨補充數量和配送時間的計劃方法。它基本上是與生產節拍相適應的運輸藍圖模式，主要包括配送和準時化供貨方式。配送供貨一般用汽車將供應商生產的產品按核心企業所需要的批量（日需要量或者半天需要量）按時進行批量送貨（一天一次，或者一天二次）。準時化供貨，一般用汽車、叉車或傳輸線進行更短距離、更高頻次的小批量多頻次供貨（按生產線的節拍，一個小時一次或二次），或者用傳輸線進行連續同步供應。

由於著眼於改進供應鏈中的物流合理性，將管理向後擴展到終端客戶的同時，向前延伸到供應商，使得整個系統的庫存管理水準大大提高，成為完成有效客戶回應的一個行之有效的庫存管理模式。供應鏈各個階段的庫存大量減少，庫存週轉速度加快，極大地提高了效率，節省了資金。

10.4.5 分銷資源計劃（Distribution Resource Planning，DRP）

分銷資源計劃是管理企業的分銷網路的系統，目的是使企業具有對訂單和供貨具有快速反應和持續補充庫存的能力，是物料需求計劃原理（Material Requirements Planning，MRP）和技術在流通領域中的應用。該技術主要解決分銷物資的供應和調度問題。其基本目標是合理進行分銷物資和資源配置，以達到既有效地滿足市場需要又使得配置費用最低的目的。

10.4.6 快速回應系統（Quick Response, QR）

快速回應系統是20世紀80年代由美國塞爾蒙（Kurt Salmon）公司提出的一種供應鏈管理系統，主要的思想就是通過零售商和生產廠家建立良好的夥伴關係，依靠供應鏈系統，而不是只依靠企業自身來提高市場回應速度和效率。一個有效率的供應鏈系統通過加強企業間的溝通和信息共享、供應商管理庫存、連續補充貨物等多種手段進行運作，能夠達到更高的效率，能夠靈敏地回應市場需求的變動。

10.4.7 協同式供應鏈庫存管理（Collaborative Planning Forecasting and Replenishment, CPFR）

協同式供應鏈庫存管理（Collaborative Planning Forecasting and Replenishment, CPFR）的合作、計劃、預測與補貨模型是近年來供應鏈研究與實踐的熱點。它的形成始於沃爾瑪所推動的合作預測和補貨項目（Collaborative Forecast And Replenishment, CFAR），CFAR是通過零售企業與生產企業的合作，共同做出商品需求預測，並在此基礎上實行連續補貨的系統。後來在沃爾瑪的不斷推動之下，基於信息共享的CFAR系統又向CPFR發展。1998年，美國成立了CPFR協會，並與產業協同商務標準（Voluntary Inter industry Commerce Standards, VICS）協會一起致力於CPFR的研究、標準的制定、軟件的開發和推廣應用工作。

本章小結

供應鏈管理是物流發展的重要支撐手段和戰略思想，同時也是推動物流行業發展的重要因素。為此，應對供應鏈環境下的物流管理有全面、正確的認識，並認識物流管理與供應鏈管理的關係、供應鏈管理對物流的重要作用和意義，提高供應鏈管理的時效性，推動物流發展。

思考與練習

1. 簡述物流管理與供應鏈管理的關係。
2. 分析供應鏈中的物流管理特點。

本章案例：盒馬鮮生

生鮮市場潛力巨大，超市渠道尚有較大發展空間。隨著經濟的發展和生鮮冷鏈物流的逐漸完善，人們購買生鮮的頻率也越來越高，近幾年，無論是阿里、京東、美團、每日優鮮等電商企業，還是永輝超市、家家悅等傳統的零售企業都在推動生鮮業務的發展。

2017年，中國生鮮市場交易規模達1.79萬億，同比增速為6.55%，自2012年以來始終保持6%以上的發展增速。但是從渠道端看，73%的消費者通過農貿市場購買生

鮮產品，超市和電商渠道僅占22%、3%。而在歐美國家，超市渠道占比可達70%～80%。盒馬鮮生營運三年的業績遠超傳統超市。2018年9月17日，在阿里巴巴2018投資者大會上，阿里巴巴集團副總裁、盒馬CEO侯毅在會上表示，截至2018年7月31日，盒馬已在全國擁有64家門店，分佈在全國14個城市，服務超過1,000萬消費者，營業1.5年以上的門店單店日均銷售額超過80萬元，坪效超過5萬元，其中線上銷售占比超過60%。

作為一個僅誕生3年的品牌，盒馬到底是憑藉什麼獲得遠超於傳統超市的業績，未來盒馬的發展趨勢如何？本書從供應鏈角度入手，解讀盒馬的新零售供應和物流模式。

一、去中心化新零售供應鏈模式

盒馬的供應鏈模式可以劃分為四個部分，即供應端、DC（加工檢查中心）、門店和物流。

供應端：堅持直採模式。

海外方面，盒馬主要採購全球優質水產、肉製品、果蔬、乳製品等商品。國內直採分為原產地直採和本地直採。如贛南橙、阿克蘇蘋果等在國內有成熟基地的商品，盒馬會直接到基地做品控、採購、整批加工、檢測。如蔬菜、肉類等商品基於與本地企業的合作，早上採摘，下午送到門店售賣。

DC（加工檢查中心）：商品的加工或儲存除常溫、低溫倉庫外，盒馬的DC具備商品質量檢驗、包裝、標準化功能。此外，從國外購置的海鮮活物也會在DC中轉或暫養。

門店：店倉一體化，兼具銷售和倉儲功能的盒馬門店又被稱為店倉，既是銷售、餐飲的一體化互動式體驗門店，也是線上銷售的倉儲和物流中心，人員和場地都可以重複使用，這是盒馬高坪效的秘訣之一。

物流：30分鐘近場景極速送達。

盒馬承諾在門店3千米範圍內30分鐘送貨到家。

二、實行買手制，構建自有品牌體系

（一）盒馬力推買手制，改變傳統供應模式

傳統供應模式以供應商為主導，供應商作為仲介，掌握更多的話語權，商品供應以供應商利益為導向，供應商給什麼，零售門店就賣什麼，消費者需求在整個供應環節中的重要性較低。買手模式多以消費者需求為主導。買手制模式下，買手團隊往往會負責商場從生產到銷售的全部過程，買手往往還需要承擔商品滯銷的風險。在這種模式下，買手與零售門店的目的往往是高度統一的，即以銷售為導向，最大限度滿足消費者需求。

買手供應模式伴隨盒馬而生。自盒馬誕生之日起，買手制度就被採用，並被認為是新零供關係的探路先鋒。目前，盒馬已經建立了一支強大的全球買手團隊，擁有國際、國內買手各幾十名，團隊平均年齡約35歲，大部分買手擁有7～10年採購工作經驗。

（二）買手制是對整個供應體系的徹底顛覆

買手制的核心思路是「買進來，賣出去」。買手制模式下，零售商不再只坐在辦公室等供應商上門，而是主動走出去，瞭解消費者，瞭解市場，選購暢銷且有足夠獲利空間的商品。買手制模式下，信息流從終端方向反向傳導到供應端，供應端再根據信息將商品流通到終端，將消費者需求放在了最重要的位置。買手制將生產到銷售整個零售環節串聯在一起。傳統模式下，商品的生產、經銷、零售往往由生產者、經銷商、零售商各自負責。

買手制模式下，買手不僅僅是買入、賣出商品，還要在深入瞭解終端消費需求的基礎上，整合研發、生產、倉儲、運輸、行銷、銷售、服務等各供應鏈條，保障商品在流通過程中獲得最大的利潤，避免經營風險。

（三）盒馬以買手制為抓手重塑商品供應體系

與供應商重塑「零供」關係。「新零供」關係就是讓盒馬、供應商各司其職：盒馬負責渠道建設、商品銷售、用戶體驗，如果有商品滯銷，盒馬自行負責，供應商不再承擔責任。供應商專注商品生產研發，提供最具性價比的商品，不再繳納任何進場費、促銷費、新品費等渠道費用，也不需要管理陳列或派駐商品促銷員。

堅持產地直採，構建生鮮溯源體系。盒馬與天貓超市、喵鮮生、易果生鮮等阿里平臺實現聯合採購與供應鏈協同，堅持源頭直採，減少了中間環節，降低損耗和成本，保障商品鮮度。同時，在原產地體系的基礎上建立食品安全追溯體系，確保生鮮產品質量和安全。

截至 2018 年 8 月，消費者可通過 APP 掃碼查看盒馬 1,700 個生鮮商品生產流通全鏈路。盒馬將逐步完成全國乃至全球範圍內的農產品基地建設，建立以廠家直供為核心的供應模式，開發盒馬品牌定制商品，三年內自有商品的銷售額將達到 50%。建立零供信息一體化系統。目前，盒馬正在開發專屬供應鏈系統，實現盒馬與供應商之間的數據共享、信息互通。讓供應商瞭解消費者偏好和商品的銷售信息，以消費者需求引導供應商的生產決策。同時，盒馬也即時瞭解供應商生產信息，有利於調整門店的庫存結構和商品結構。

三、物流是盒馬新零售線上的業務基石

（一）半小時即時物流是盒馬的標示性符號

2017 年 4 月，曾有記者詢問侯毅：「如果將盒馬已有的所有資產和優勢全部去掉，只允許保留一項，盒馬也還是盒馬，你會選擇保留哪個？」侯毅的回復是：30 分鐘即時配送。我們認為，盒馬對傳統零售的顛覆，很大程度上是對物流效率的顛覆。

物流加強了門店功能，擴展了流量入口。對於傳統商超企業而言，固定的物理位置和有限的門店面積決定了門店存在最遠消費者觸及點和最大客流量。物流的拓展將門店的劣勢變成優勢，門店銷售商品的同時加載了前置倉儲和物流的功能，可以以最快的時間觸及消費者的終端，使即時配送成為可能，給消費者帶來購物體驗。物流效率與門店運行效率緊密聯繫。零售門店做物流有四個難點：人力成本的增加、倉儲空間的增加、庫存週轉效率降低以及配送效率低。

任何一項成本的增加或效率的降低都有可能讓傳統的零售企業虧損。盒馬創造性

地將門店的銷售和倉儲屬性相結合，憑藉阿里強大的技術體系和管理能力，既保障了門店效率的提升，又提高了物流配送效率。

物流實力直接關係線上業務的強弱，影響門店坪效。線下業務的增長空間受限於門店面積，而線上業務的增長受限於門店周邊3千米範圍內消費者的消費需求。物流實力越強，線上業務收入越多，坪效當然就越高。在阿里巴巴2018投資者大會上，侯毅表示，盒馬坪效超過5萬元/平方米。根據上市公司年報，2017年全國超市龍頭永輝超市的坪效僅1.29萬元/平方米，坪效較高的三江購物僅1.51萬元/平方米，不及盒馬坪效的1/3。

我們認為，強大的物流實力和強勁的線上業務是盒馬坪效高於傳統超市門店的根本原因。

(二) 物流效率取決於自動化水準和管理系統

從門店效率角度看，盒馬擁有先進的管理系統和自動化設備。

首先，盒馬的智能倉店系統可以根據門店的銷售情況均衡店員數量，可以根據線上線下訂單的狀況，智能地安排店員的工作內容。

其次，盒馬的訂單庫存分配系統根據盒馬和阿里零售終端的數據預測門店的商品品類，預判消費者線上購買的趨勢。

最後，盒馬在門店內擁有懸掛鏈、傳送帶等自動化運送、分挑設備，不僅大大節約人力成本，還充分利用了門店空間，提高了人效和坪效。

從配送效率角度看，盒馬擁有先進的算法和調度系統。

一方面，盒馬的智能履約集單系統可以將大量的線上訂單統一集合，根據商品的生鮮程度、冷熱情況和訂單的遠近，合理安排配送路徑和時間，實現訂單綜合成本最低。

另一方面，盒馬將根據訂單、批次和包裹大小合理調度配送員和配送次數，實現配送效率的最大化。

案例思考

1. 什麼是新零售供應鏈？
2. 盒馬鮮生成功的最主要因素是什麼？

11　供應鏈績效評價

本章引言

近年來，供應鏈管理的重要性已得到廣泛認可。諸多卓越企業，如蘋果、聯想、沃爾瑪等通過實施供應鏈戰略打造其核心競爭力，它們所在供應鏈上下游的企業都從中獲益，使產品更具有競爭力，合作關係更穩定，能實現更有效的信息共享等。英國經濟學家克里斯多夫說：「今後世界不存在一個企業與另一個企業的競爭，而是一個供應鏈與另一個供應鏈的競爭。」供應鏈與供應鏈之間的競爭時代已經來臨，因此，在這種情況下，強化供應鏈管理績效評價，對供應鏈運作和管理尤為重要。

學習目標

- 瞭解供應鏈績效評價的概念。
- 掌握供應鏈績效評價體系的方法。

11.1　供應鏈績效評價概述

中國經濟高速發展，現在正面臨產業結構調整、經濟增長方式轉型，企業迫切需要加快戰略變革，增強持續創新能力，提升管理水準。供應鏈已經成為優秀企業的核心競爭力，超過80%的世界500強企業把供應鏈戰略作為發展的主要戰略。下文將探討如何評價供應鏈績效，從哪些方面去建立切實有效的供應鏈績效體系，讓企業發展並預見未來可能出現的問題，從而持續不斷地改善。

11.1.1　供應鏈績效

電子製造服務提供商弗萊克斯特羅尼克斯國際公司十多年前面臨著一個既充滿機遇又充滿挑戰的市場環境。惠普、3COM、諾基亞等高科技原始設備製造商出現外包趨勢，來自電子製造服務業的訂單不斷減少，同時，弗萊克斯特羅尼克斯受到來自製造成本和直接材料成本的壓力。供應鏈績效控制變得日益重要起來。

弗萊克斯特羅尼克斯開始實施供應鏈績效管理。其首要的業務規則是改善交易流程和數據存儲。通過安裝交易性應用軟件，企業能快速減少數據冗餘和錯誤。比如，產品和品質數據能夠通過訂單獲得，並且和庫存狀況及消費者帳單信息保持一致。第二個規則是將諸如採購、車間控制、倉庫管理和物流等操作流程規範化、流程化。這主要是通過供應鏈實施軟件諸如倉庫管理系統等實現的，分銷中心能使用這些軟件接受、選取和運送訂單貨物。

弗萊克斯特羅尼克斯實施供應鏈績效管理帶給業界很多啟示：供應鏈績效管理有許多基本的原則，可以避免傳統管理的缺陷；交叉性功能平衡指標是必要的，但不是充分的。供應鏈績效管理應該是一個週期，它包括確定問題，明確根本原因，以正確的行動對問題做出反應，連續確認處於風險中的數據、流程和行動。弗萊克斯特羅尼克斯公司認為，定義關鍵績效指標、異常條件，以及當環境發生變化時更新這些定義的能力是任何供應鏈績效管理系統是非常關鍵的。弗萊克斯特羅尼克斯公司明確了供應鏈績效管理作為供應鏈管理基礎的重要性。

供應鏈績效的概念目前還沒有統一的定義，許多學者認為可以從企業績效或價值角度來定義供應鏈績效。從企業績效角度來看，他們認為供應鏈績效是指供應鏈的整體運作效率。從價值角度出發，供應鏈績效的定義為：供應鏈各成員通過信息協調和共享，在供應鏈基礎設施、人力資源和技術開發等內外資源的支持下，通過物流管理、生產操作、市場行銷、顧客服務、信息開發等活動增加和創造的價值總和。

目前，供應鏈績效思維很多時候停留在「局部」最優，目標之間相互衝突，放棄了整體利益。如圖11-1所示的典型供應鏈，從供應商到製造商到消費者，強調局部優化，各目標之間相互衝突。

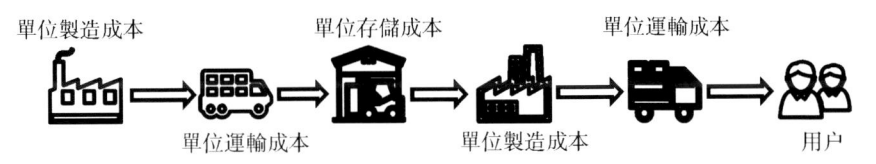

圖 11-1　供應鏈局部優化

為了改善這種局部最優的思維，現代供應鏈績效強調集成化、一體化，從整體上對供應鏈績效進行評價。圖11-2表示集成的供應鏈績效：整個供應鏈績效最優，滿足必需的供應鏈服務需求，降低成本，提高效率。

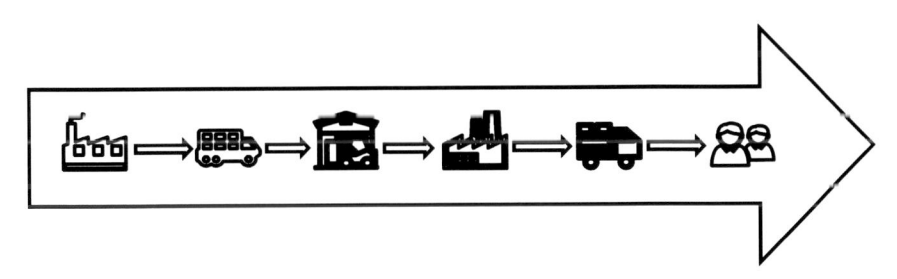

圖 11-2　集成供應鏈績效

11.1.2　供應鏈績效評價定義

11.1.2.1　供應鏈績效評價的定義

供應鏈績效評價是供應鏈管理的重要內容，對確定供應鏈目標的實現程度和提高決策支持具有重要意義。目前，學術界關於供應鏈管理績效評價的研究主要集中於績

效評價的概念、供應鏈管理績效評價指標體系、供應鏈管理績效評價方法、供應鏈管理績效評價對象、供應鏈管理激勵機制。供應鏈績效評價有別於現行企業績效評價，區別如表 11-1 所示。

表 11-1　　　　　　　　供應鏈績效評價和企業績效評價的區別

	現行企業績效評價	供應鏈績效評價
評價結果	主要考察財務結果	需反應供應鏈動態營運情況
評價對象	主要評價企業職能部門工作完成情況	要求對企業業務流程進行評價
評價時段	側重於事後分析，時間上比較滯後	需要對供應鏈的業務流程進行即時評價和分析

供應鏈績效評價，又稱供應鏈績效管理、供應鏈績效評估。目前，不同學者對其有不同的定義。供應鏈管理的績效評價是實現供應鏈優化和有效激勵的基礎，也是供應鏈管理的重要組成部分。供應鏈績效管理是對供應鏈業務流程的動態評價。

李書娟（2005）認為供應鏈管理的績效評價與一般單個企業績效評價的最大不同之處在於：評價供應鏈運行績效的指標時，不僅要評價該節點企業（或供應商）的營運績效；而且要考慮該節點企業（或供應商）的營運績效對其上層節點企業或整個供應鏈的影響等。

姚芳等（2011）提出供應鏈管理績效評價是通過定量和定性的分析，構造適合供應鏈目標的供應鏈管理績效評價指標體系，選擇合適的統計及運籌學方法，對供應鏈在一定時期內實施的成績及效益進行評議和考核。

李長坤（2012）指出供應鏈績效評價是指圍繞供應鏈的目標，基於供應鏈的業務流程，對供應鏈整體、各實體營運狀況以及各實體之間的協調關係等進行事前、事中、事後的分析評價。

綜上，本書採取的觀點為：供應鏈績效評價是指圍繞供應鏈的目標，對供應鏈整體、各環節（尤其是核心企業營運狀況以及各環節之間的營運關係等）進行的事前、事中和事後分析評價。評價供應鏈的績效，是對整個供應鏈的整體運行績效、供應鏈節點企業、供應鏈節點企業之間的合作關係所做出的評價。

供應鏈績效評價強調對業務流程、實施效果的即時評價，因此能夠使企業發現現有的潛在的問題，並積極加以改進，提高競爭能力。

11.1.2.2　供應鏈績效評價的作用、特徵、基本要求和主要內容

1. 供應鏈績效評價的作用

第一，用於對整個供應鏈的運行效果做出評價。主要考慮供應鏈與供應鏈之間的競爭，為供應鏈在市場中的生存、組建、運行和撤銷的決策提供依據。目的是加強對整個供應鏈的運行狀況的瞭解，找出供應鏈運作方面的不足，並及時採取措施予以糾正。

第二，用於對供應鏈上各個成員企業做出評價。主要考慮供應鏈對其成員企業的激勵，吸引企業加盟，剔除不良企業。

第三，用於對供應鏈內企業與企業之間的合作關係做出評價。確保供應鏈上游企業對下游企業提供的產品和服務的質量，並從用戶滿意的角度評價上、下游企業之間的合作夥伴關係的好壞。

第四，除對供應鏈企業運作績效的評價外，這些指標還可起到對企業的激勵作用。包括核心企業對非核心企業的激勵，以及供應商、製造商和銷售商之間的相互激勵。

2. 供應鏈績效評價的特徵

與傳統的企業績效評價相比，供應鏈績效評價具有如下特徵：

第一，供應鏈績效評價指標更為集成化；

第二，供應鏈績效注重組織的未來發展性，加強績效管理的前瞻性；

第三，供應鏈績效評價除了對企業內部運作做基本評價之外，更多地把注意力放在了對外部鏈的測控上，以保證內外在績效上保持一致；

第四，非財務指標和財務指標並重，關注供應鏈的長期發展和短期利潤的有機組合。

3. 供應鏈績效評價的基本要求

為了建立有效評價供應鏈的指標體系，反應供應鏈績效評價指標自身的特點，應遵循以下基本要求：

第一，應突出重點，對關鍵指標進行重點分析，評價指標要能反應整個供應鏈的運行狀況。

第二，供應鏈績效評價要與供應鏈戰略相一致，同時要和各公司的戰略相融。指標的選擇應和組織的戰略目標保持一致，績效評價方法要與戰略目標相符。

第三，強調供應鏈運作的跨功能、跨企業的特性，反應供應鏈運作的集成性和協調性。

第四，為供應鏈夥伴進行實際的操作提供依據，實現各節點企業間近期利益和遠期利益的統一。

第五，更為重視供應鏈業務流程的重組、改進和發展，體現供應鏈發展的下一步趨勢。

4. 供應鏈績效評價的主要內容

在實際進行績效評價時，可以企業為分界點，將評價內容分為三部分，分別是內部績效評價、外部績效評價和供應鏈整體績效評價。

內部績效評價是對供應鏈上的各個企業內部績效進行評價，既有一般的企業績效評價的共性，又有其獨有的特性。主要評價內容包括成本、顧客服務、生產率、資產、質量、學習與創新等。

外部績效評價主要是對供應鏈上的企業之間運行狀況的評價。主要評價內容包括用戶滿意程度、最佳實施基準。

供應鏈整體績效評價則主要評價成本、顧客服務、時間、資產等。

11.2 供應鏈績效評價分類

供應鏈績效評價應該能恰當地反應供應鏈整體營運狀況以及上下節點企業之間的營運關係。評價供應鏈運行績效的指標，要綜合考慮節點企業的營運績效及其上層節點企業和整個供應鏈的影響。從構建供應鏈績效評價體系這一目標出發，分別從供應鏈整體、供應商及銷售商這3個方面研究他們的績效評價體系。本書通過對現有供應鏈績效評價理論、決策方法等進行研究。

11.2.1 供應鏈整體績效

要評價一個供應鏈的績效，首要的評價標準應該是其整體績效，需要從整個系統的角度進行評估，平衡局部利益和整體利益，同時建立績效考核准則。供應鏈管理不僅針對企業內部的績效，還要落實到鏈上的各個環節。供應鏈整體績效評價指標的作用是從總體上度量整個供應鏈的運作績效和效率。

現行的企業績效評價主要是基於各職能部門或各功能的評價，示意圖如圖 11-3 所示，不適用於供應鏈營運績效的評價。而供應鏈整體績效評價是基於業務流程的績效評價，如圖 11-4 所示。

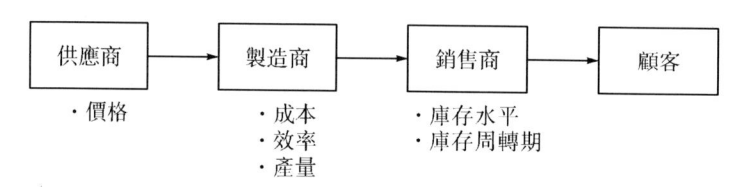

圖 11-3 基於功能/部門的績效評價

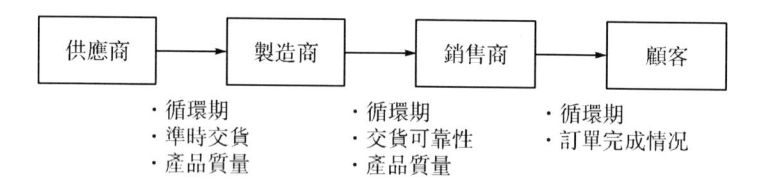

圖 11-4 基於業務流程的績效評價

過去對供應鏈整體績效的評價是從顧客價值和供應鏈價值這兩個方面入手，進入 20 世紀 90 年代以後，隨著科學技術的進步和生產力的發展，信息時代已經到來，整個世界的經濟活動呈現出全球經濟一體化的特徵，嚴峻的市場形勢對供應鏈企業參與競爭的能力提出了更高的要求，因此必須考慮供應鏈的發展能力和潛力，整體績效評價見圖 11-5。

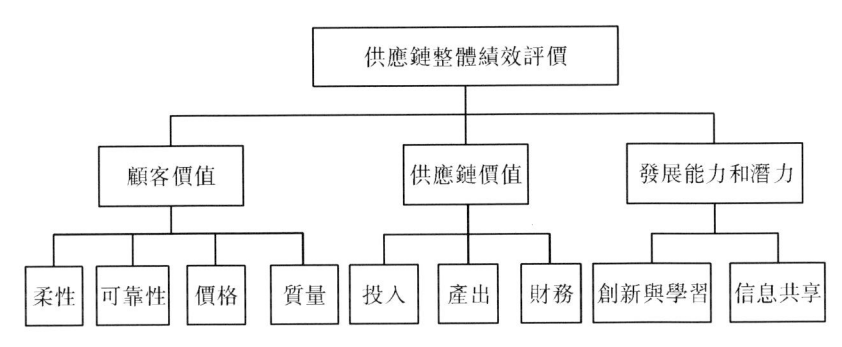

```
                          供應鏈整體績效評價
                    ┌──────────────┼──────────────┐
                  顧客價值        供應鏈價值      發展能力和潛力
              ┌──┬──┬──┐       ┌──┬──┬──┐       ┌────┬────┐
             柔性 可靠性 價格 質量  投入 產出 財務   創新與學習 信息共享
```

圖 11-5　整體績效評價

11.2.2　供應商績效評價

供應商管理是供應鏈管理的核心，而供應商績效評價是評價供應鏈績效的有效途徑。供應商績效評價，又稱為營運績效評價，是指組織對供應商的質量穩定性、售後服務水準和供貨及時性、供貨量的保證能力、開發能力等方面業績進行綜合評價的過程，根據評價結果對供應商進行動態管理、風險管理、擇優劣汰。供應商績效評價可以從以下幾方面開展：

1. 質量指標

供應商質量指標是供應商考評的最基本指標，包括來料批次合格率、來料抽檢缺陷率、來料在線報廢率，其中尤以來料批次合格率最為常用。此外，也有一些公司將供應商質量體系納入考核。例如，如果供應商通過了 ISO9000 質量體系認證或供應商的質量體系審核，達到某一水準，則為其加分，否則不加分。還有一些公司要求供應商在提供產品的同時也要提供相應的質量文件，如過程質量檢驗報告、出貨質量檢驗報告、產品成分性能測試報告等，並按照供應商提供信息的完整性、及時性給與考評。

2. 供應指標

供應指標是同供應商的交貨表現以及供應商企業管理水準相關的考核因素，其中最主要的是準時交貨率、交貨週期、訂單變化接受率等。對於交貨的要求是完美訂單履行，要求交貨的數量、時間、地點、相關文件資料都是正確的。

（1）準時交貨率

準時交貨率＝（完美訂單交貨的實際批次/訂單確認的交貨總批次）×100%

（2）交貨週期

交貨週期是指自訂單開出之日到收貨之時的時間長度，一般以天為單位來計算。

（3）訂單變化接受率

訂單變化接受率是衡量供應商對訂單變化反應敏感度的一個指標，是指在雙方確認交貨週期中可接受的訂單增加或減少的比率。

訂單變化率＝（訂單增加或減少的交貨數量/訂單原定的交貨數量）×100%

值得注意的是，供應商接受訂單增加率與訂單減少接受率往往並不相同。其原因在於供應商生產能力的彈性、生產計劃安排與反應快慢、庫存大小與狀態（原材料，

半成品或成品）等，而後者則主要取決於供應商的反應、庫存（包括原材料與在製品）大小以及因減少訂單帶來的對損失的承受力。

3. 經濟指標

供應商考核的經濟指標總是與採購價格、成本相聯繫，包含價格水準、報價行為、降低成本的態度和行動、分享降價成果、付款等指標。

4. 其他指標

除了上述 3 項主要指標，還應該考核供應商在支持、配合與服務方面的表現，相關的指標有反應與溝通、表現合作態度、參與本公司的改進與開發項目、售後服務等。

供應商績效評價應該持續進行，定期檢查目標達成的程度。當供應商知道會定期地被評估時，自然就會致力於提升自身績效，從而提高供應質量。要從供應商和企業各自的整體運作方面來進行評估，確定整體的目標。另外，供應商的績效總會受到各種外來因素的影響，因此對供應商的績效進行評估時，要考慮到外在因素帶來的影響，不能僅僅衡量績效。

11.2.3　銷售商績效評估

銷售商在供應鏈的地位與製造企業和供應商不同，它直接面對客戶，不但承擔著面對最終客戶、體現供應鏈績效的任務，還需要把客戶對產品的需求及時反饋給供應鏈上游企業和供應商。銷售商的地位及特點如圖 11-6 所示。

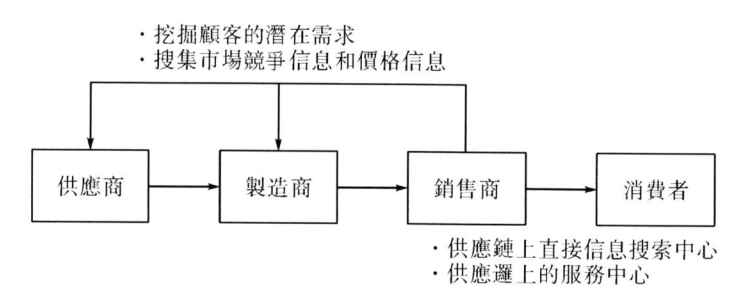

圖 11-6　銷售商的地位及特點

在供應鏈上，銷售商直接與顧客交易，逐漸掌握顧客的興趣、愛好、消費習慣和滿意程度，是供應鏈的市場觸角、市場「預警器」和「跟蹤器」，供應鏈上的其他成員企業只能依靠銷售商建立的預警系統降低需求的不確定性。銷售商還是供應鏈上的服務中心，它是最終顧客服務的直接提供者，是影響顧客滿意度的核心因素。銷售商與顧客面對面進行交易，挖掘顧客的潛在需求，搜集市場競爭信息和價格信息等，這些信息經銷售商的初步處理後傳遞給上游企業，後者匯總分析後形成供應鏈共享的完整信息。

銷售商的地位和特點決定了其績效評價的內容，完整的銷售商績效評價體系應有兩部分組成：服務績效和內部績效。評價指標如圖 11-7 所示。

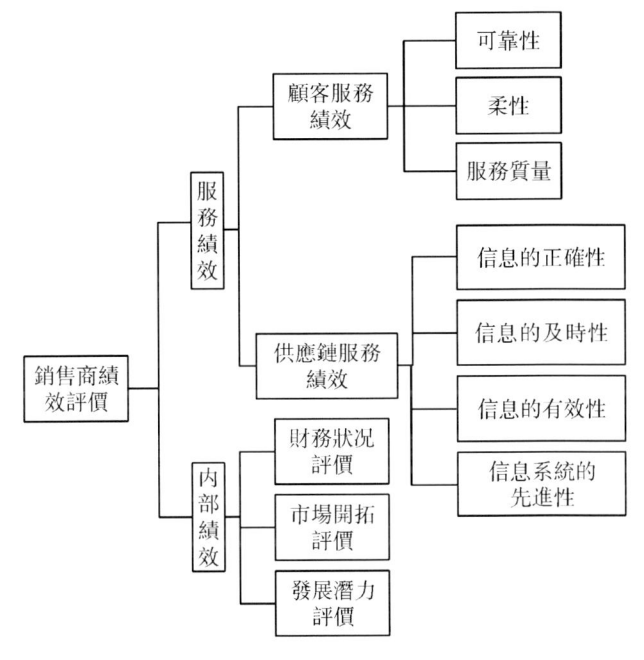

圖 11-7　銷售商績效評價

11.3　供應鏈績效評價的原則及可視化

11.3.1　供應鏈績效評價的原則

　　供應鏈績效評價原則是供應鏈績效評價的指導思想和規範，應從宏觀著眼、微觀著手來制定。供應鏈績效評價體系與現行的企業績效評價體系有很大區別，他的評價範圍更加廣泛，除了考慮傳統的財務方面的績效，還要考慮供應鏈整體效益以及節點企業之間的相互影響。同時，供應鏈管理中存在著大量的數據，進行績效評價時應該選取哪些數據，又該如何加工組織這些數據，這些問題的解決都需要遵循一定的原則，在構建供應鏈績效評價體系時需要遵循以下原則：

　　1. 分析、選取關鍵指標（KPI）

　　供應鏈管理紛繁複雜，涉及很多方面，既要簡單，又要確保評價有效，就必須抓住重要的方面，選取關鍵績效指標，用最簡單的指標體系反應最真實的狀況。

　　2. 採用反應供應鏈業務流程的績效指標

　　業務流程在供應鏈中的應用廣泛，初始應用主要是以單個企業為目標的內部業務流程的建模。後來由於供應鏈本身理論的發展，業務流程建模逐漸擴展到整體供應鏈層面上。業務流程建模既可以應用於各個層級的局部供應鏈的建模，又可以應用於供應鏈整體建模之中。傳統的績效評價許多是基於職能進行的，而基於過程和活動的評

價可以體現流程的績效，對流程進行改善才能從根本上解決供應鏈績效問題。

3. 評價指標要集成化

在衡量供應鏈績效時，指標要能反應整條供應鏈的營運情況，而不僅僅是反應單個節點企業的營運情況。

4. 及時分析與評價

反應供應鏈即時營運的信息要比事後分析有價值得多。

5. 把評價對象擴大到供應鏈上的相關企業

採用能反應供應商、製造商及用戶之間關係的績效評價指標。

6. 動態性

供應鏈管理因企業戰略和適應市場變化的需要，供應鏈上的節點企業及整個流程都需要動態地更新，所以供應鏈績效評價指標體系也需要動態更新，包括關鍵指標的變化、評價目標、權重的修改等。

11.3.2 供應鏈績效評價的可視化

供應鏈績效可視化是把供應鏈管理的過程指標、業績指標，通過易於接受和理解的方式呈現給管理者，供其洞察管理，輔助決策。隨著信息技術的發展，供應鏈績效可視化發展得如火如荼。

供應鏈績效指標的設置，要蘊含供應鏈管理思想，然後通過可視化工具去展現，所以供應鏈績效可視化的「鐵三角」（見圖11-8）包含供應鏈管理思想、供應鏈績效指標、可視化工具的使用，缺一不可。

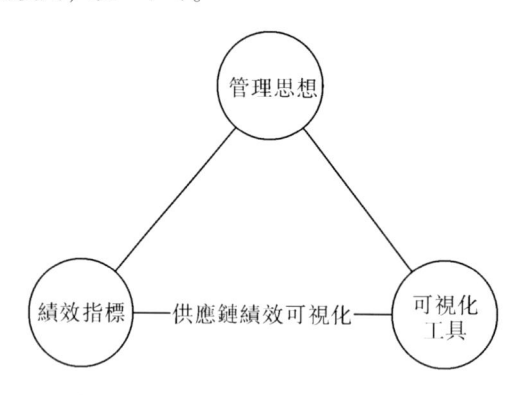

圖11-8 供應鏈績效可視化「鐵三角」

11.3.2.1 供應鏈管理思想

供應鏈績效體系的可視化設計要遵從供應鏈的管理思想。站在企業內部供應鏈上，供應鏈管理的思想是：致力於解決企業的供需平衡，致力於提高企業的交貨及時率與存貨週轉率，同時降低庫存的呆滯積壓。站在企業外部供應鏈的角度來說就是：致力於實現整個供應鏈網路上的平衡，與上下游夥伴「風險共擔，利益共享」。

供應鏈管理思想是為供應鏈管理的全部業務過程服務的。而供應鏈績效評價是對

供應鏈業務管理效果的評估，因此在績效指標設置及考核中，需要遵循供應鏈管理思想。

11.3.2.2 供應鏈績效指標

供應鏈績效可視化，在很大程度上是把蘊含供應鏈管理思想的指標可視化，所以，供應鏈指標在可視化中扮演著不可或缺的角色。供應鏈績效指標設置時，要體現出「供需平衡」的思想，如在平衡記分卡中，不僅要考慮財務績效，還要考慮到客戶、內部營運、學習與成長的績效。

11.3.2.3 可視化工具的使用

供應鏈績效可視化的工具，管理者們就一直在探索。但是，以前的可視化工具相對落後，大家不把它們叫作可視化工具，比如：表格、圖形。隨著商業智能（BI）技術的發展，現在的可視化工具具有數據挖掘、聯機在線分析（OLAP）等迅速分析數據的能力。可視化工具是在數據倉庫的基礎上設計業務分析模型，然後在多維圖形和多維表格上按照管理分析的需要任意進行鑽取、切片；把這些結果，通過餅圖、柱狀圖、折線圖、散點圖等適合的圖形隨機展現出來。

在企業中，無論是技術的發展，還是管理的進步，都是為了提升企業績效，供應鏈績效可視化同樣如此。但是，供應鏈績效可視化，又不是單純的技術發展或管理進步，它是二者共同作用的結果。所以，隨著企業重視內部管理的提升，相信在不久的將來，供應鏈績效可視化的應用，將在各類企業中大放異彩！

11.4　供應鏈績效評價體系及參考模型

為了對供應鏈管理實施效果進行評價，必須建立系統、全面的供應鏈績效評價體系。供應鏈績效評價需要科學地、客觀地反應供應鏈的業務流程營運情況，對其進行即時評價和分析。如今很多企業已經意識到績效評價是管理業務、達到預期目標的重要手段。費力普·卡特的研究表明，一個完善的評價體系能讓企業清晰地設定採購和戰略供應的優先權，衡量完成的狀況，並且有效地反應採購和戰略供應對企業整體目標的貢獻。

儘管每個供應鏈績效評價體系對應的指標很多且不盡相同，但是存在共同之處。即選取的指標多維化和跨企業化，財務指標與非財務指標結合，定性指標與定量指標結合，選取的指標反應整個供應鏈的流程。一般來說，可以用兩類特性指標來衡量供應鏈績效：一是從質量、成本、服務、訂貨提前期等方面來評價產品或服務的性能；二是這個過程如何對需求變化和對沒有預見的供應鏈終端事件做出反應。供應鏈在不同的時期和不同的環境下有不同的戰略目標，供應鏈績效評價的指標必須與供應鏈戰略目標一致或正相關。

11.4.1 供應鏈運作參考模型體系

供應鏈運作參考模型（Supply Chain Operation Reference model，SCOR）是由美國供應鏈協會（Supply Chain Council，SCC）推出的全球標準的、領先的供應鏈框架，經過眾多世界 500 強公司供應鏈專家 20 多年不斷實踐、完善和發展，可以有效地幫助企業實現科學績效對標，改善供應鏈流程，提升供應鏈績效，借鑑行業最佳實踐經驗等。最近十幾年，全球經濟一體化發展趨勢明顯，「流程」的概念越來越重要，很多企業進行了流程再造或優化，績效評價體系也應該與時俱進，SCOR 模型是其中一個較好的成果。

為了實現基於流程管理的轉變，1996 年，兩家美國的諮詢公司 Pittiglio Rabin Todd & McGrath（PRTM）和 AMR Research（AMR）聯合牽頭成立了美國供應鏈協會（SCC），並於當年年底發布了供應鏈運作參考模型（SCOR）。SCOR 模型是一個標準的供應鏈診斷工具，涵蓋了大多數行業。它通常包含一整套流程定義、測量指標和比較基準，能夠使企業準確地交流供應鏈問題，客觀地評測其性能，確定改進目標，開發改進策略。SCOR 模型可評價供應鏈，支持供應鏈的不斷改進與戰略規劃，如圖 11-9 所示。

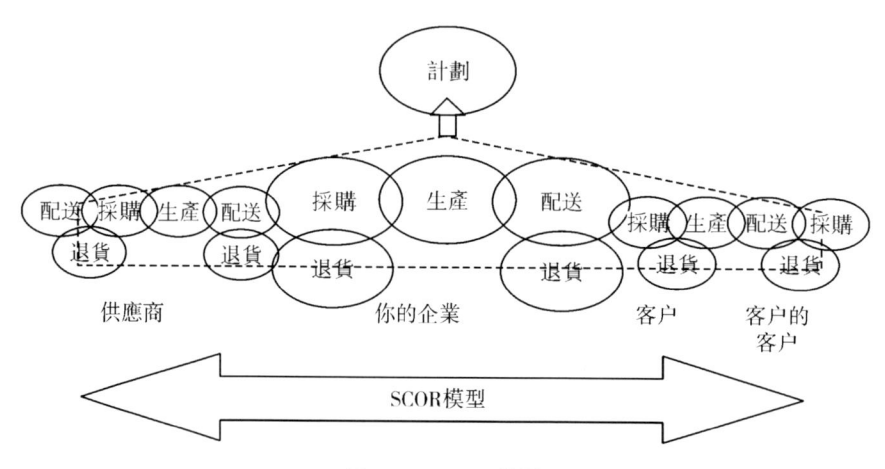

圖 11-9 SCOR 模型

該模型基於流程導向，業務流程重組、標杆設定及業務流程的管理集成為多功能一體化的模型結構。它包含五大流程，即計劃（Plan）、採購（Source）、生產（Make）、配送（Deliver）、退貨（Return），通過描述各個流程的定義以及流程的績效評價指標、水準指標等，提供了供應鏈「最佳實施」和人力資源方案，如表 11-2 所示。

表 11-2　　　供應鏈績效評價指標與 SCOR 水準-1 指標

績效評價指標	績效評級指標的定義	水準-1 指標
供應鏈供應可靠性	在準確的時間、正確的包裝及環境下，附帶正確的文檔，將正確數量的貨物發給正確的客戶	交貨績效
		可供貨率
		完美訂單完成率
供應鏈的反應速度	供應鏈將產品提供給客戶的速度	完美訂單的提前期
供應鏈的柔性	供應鏈為獲得或保持競爭性優勢而對市場變化回應的靈敏度	供應鏈的反應時間
		生產線的柔性
供應鏈成本	與供應鏈運作相關的成本	銷售成本
		供應鏈管理的總成本
		附加價值的勞動生產率
		保修/退貨的處理成本
供應鏈資產管理效率	企業在滿足需求方面的資產管理有效性。包括對所有資產的管理：固定資產及營運資產（流動資產）。	現金-至-現金的週期時間
		所需庫存的天數
		資金週轉率

　　SCOR 考核體系體現了「以流程為核心」的全新思路和「橫向一體化」的更加開闊的視野。流程的效率被認為是企業效率的關鍵，只有為整體業務流程帶來價值增值才能滿足企業發展戰略的需要。供應鏈管理是橫向一體化思想的代表，鏈條上的節點企業必須同步、協調運轉，才能使整條鏈上的所有企業都從中受益，與之相呼應，績效評價也需要跳出企業內部的局限，對供應鏈全局有所把握才能滿足企業的戰略需求。

11.4.2　基於平衡記分卡的績效評價體系

　　平衡記分卡（The Balanced Scorecard Card，BSC）評價體系由哈佛商學院教授羅伯特・卡普蘭和著名諮詢專家大衛・諾頓提出，是一種全新的績效衡量方法，同時也是一種戰略管理工具。平衡記分卡就是根據企業組織的戰略要求而精心設計的，將企業戰略目標逐層分解轉化為各種具體的相互平衡的績效考核指標體系。

　　平衡記分卡相比較傳統的績效評估方法有了明顯的改進。它強調從四個不同角度來全面地審視企業業績，如圖 11-10、表 11-3 所示，分別從財務角度、顧客角度、內部流程角度、創新與學習角度建立評價體系，並把組織的使命和戰略轉化為有形的目標，將平衡記分卡引入供應鏈績效評價中，有利於提高供應鏈績效。平衡記分卡是一種工具，為了對供應鏈績效進行客觀、公正的評價，需要對其進行擴充，比如可以分為節點企業供應鏈績效評價平衡記分卡和供應鏈整體績效平衡記分卡。

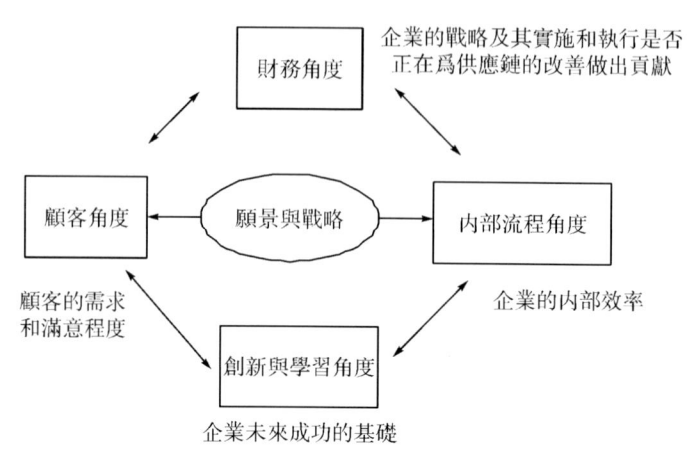

```
                    ┌──────────┐  企業的戰略及其實施和執行是否
                    │ 財務角度 │  正在爲供應鏈的改善做出貢獻
                    └──────────┘
                         ↕
    ┌──────────┐    ╭──────────╮    ┌────────────┐
    │ 顧客角度 │ ←─ │願景與戰略│ ─→ │內部流程角度│
    └──────────┘    ╰──────────╯    └────────────┘
                         ↕
   顧客的需求      ┌────────────┐      企業的內部效率
   和滿意程度      │創新與學習角度│
                    └────────────┘
                    企業未來成功的基礎
```

圖 11-10　平衡記分卡框架

表 11-3　　　　　　節點企業和整體供應鏈績效評價平衡記分卡

	節點企業		整體供應鏈	
	平衡記分卡	指標體系	平衡記分卡	指標體系
顧客角度	顧客需求和滿意	產品質量、柔性等	最終客戶滿意	客戶服務水準、產品質量
內部流程角度	分析企業內部流程	營運成本、效率	將企業內部和企業之間進行集成、共享和協調	內部節點企業之間業務的協同運作能力、供應鏈整體營運成本、節點企業之間信息共享程度
財務角度	最終目標	資本效益	最終目標	整體資本效益
創新與學習角度	強調未來和發展	職工的滿意度、穩定性、創新性	供應鏈整體發展	信息系統覆蓋程度
社會角度	社會化的大環境	資源利用率、環境污染指標	社會化的大環境	整體資源利用率、整體環境污染指標
供應商角度	設計、生產符合顧客需求的產品	準時交貨率、交貨週期		
供應鏈穩定與發展角度			節點企業穩定、存在的持久性	穩定性指標、創新與發展指標

　　BSC 不僅是一種評價體系而且是一種管理思想的體現，其最大的特點是集評價、管理、溝通於一體，即通過將短期目標和長期目標、結果性指標和動因性指標、財務指標和非財務指標、滯後型指標和超前型指標、內部績效和外部績效結合起來，使管理者的注意力從短期的目標實現轉移到兼顧戰略目標的實現。

11.4.3　中國企業供應鏈管理績效水準參考模型 SCPR

中國企業供應鏈管理績效水準參考模型 SCPR（Supply Chain Performance Metrics Reforence Model）是在 2003 年 10 月，由中國電子商務協會供應鏈管理委員會推出，是中國第一個正式由全國行業組織制定並推薦使用的定量評價供應鏈管理績效水準和科學實施供應鏈管理工程的指導性工具。

該模型包括訂單反應能力、客戶滿意度、業務標準協同、節點網路效應與系統適應性 5 個一級指標、18 個二級指標、45 個三級指標，並明確規定各個級別指標的權重，使得 SCPR 的評價標準統一。具體指標如表 11-4 所示。

表 11-4　　　　　　　　　　　　　SCPR 指標

一級指標	二級指標	三級指標
訂單反應能力	反應速度	訂單信息處理方式
		訂單完成總平均週期
		訂單延遲率
		訂單貨件延遲率
	反應可靠性	訂單處理準確率
		訂單滿足率
		訂單協同程度
	反應適應性	銷量預測準確率
		按照訂單生產比率
		訂單風險管理能力
客戶滿意度	產品質量	質量合格率
	產品價格	同比價格比較優勢
		平均單品促銷頻率
	客戶服務水準	客戶抱怨處理率
		異常事件處理能力
		客戶查詢回復時間
		對帳處理
		換退貨處理
	產品可靠性	準時交貨率
		客戶抱怨率

表11-4(續)

一級指標	二級指標	三級指標
業務標準協同	業務標準相關性	與系統功能的耦合性
		與現有業務能力的聯合性
	業務標準協同管理能力	業務活動協同
		管理活動協同
		財務和資金協同
	業務標準靈活性	持續優化機制
		內外標準協同
	業務標準執行能力	業務標準是否盡知
		執行控制力
節點網路效應	系統覆蓋率	協同使用供應鏈管理系統
		外部節點覆蓋程度
		最低單一節點覆蓋面
	節點互動性	是否支持移動應用
		能否信息跟蹤和信息提醒
	系統依賴性	業務對系統依賴程度
		業務人員對系統依賴程度
		管理人員對系統依賴程度
系統適用性	系統擁有成本	一次性投入成本
		使用成本
		升級成本
	系統實現方式	系統建設成本
		系統接入成本
	系統擴展性	系統改進能力
		新增用戶能力
	系統建設風險	服務提供商能力

　　一個良好的衡量體系需要衡量現有的和潛在的供應鏈績效。評價供應鏈運行績效的指標，不僅要評價該節點企業的營運指標，而且還要考慮該節點企業的營運績效對其上層節點企業或整個供應鏈的影響。

本章小結

供應鏈績效評價是供應鏈管理的重要內容，評價指標應該能夠反應供應鏈整體鏈條營運情況以及上下節點企業之間的營運關係，同時要考慮節點企業的績效對上層節點企業和整個供應鏈條的影響。供應鏈績效評價對於體現戰略思想、衡量供應鏈目標的實現程度及提供經營決策支持都具有十分重要的意義。

思考與練習

1. 供應鏈績效評價的概念是什麼？它與傳統企業績效評價的區別是什麼？
2. 簡述供應鏈績效評價包括哪些內容。
3. 在供應鏈管理環境下，對企業進行績效評價應注意哪些原則？
4. 簡述建立供應鏈平衡記分卡的步驟和績效評價體系。

本章案例：京東攜手 APICS 打造全球卓越供應鏈績效對標平臺

京東近期提出的第四次零售革命理論在行業引起了不少反響，其核心是零售基礎設施的變革，以及京東將對行業提供的開放賦能。京東日前宣布與 APICS（美國營運管理協會）合作，打造全球卓越供應鏈績效對標平臺，也正是對零售行業核心的供應鏈領域對外賦能的重要標誌。京東 Y 事業部將攜手 APICS 計劃建立一套面向各行業的卓越供應鏈績效標準，幫助不同行業的合作夥伴考核自己的供應鏈績效水準，診斷問題，挖掘供應鏈效率提升和成本改善機會。未來，京東的所有合作夥伴都可以登錄卓越供應鏈平臺，對標自己在供應鏈管理各個維度的績效水準。

近日，京東在美國芝加哥與 APICS（國際供應鏈及營運管理協會）簽署戰略合作協議，啟動了供應鏈創新應用的打造，雙方將利用各自領域的技術基礎與專業知識開展一系列深度合作，發布燈塔級別的全球卓越供應鏈績效對標應用試點平臺。作為供應鏈創新中心（Supply Chain Innovation Center，SCIC）戰略的第一步，建成後平臺將成為「無界零售」基礎設施的重要組成部分（見圖 11-1），在推動京東卓越供應鏈能力進一步提升的同時，實現中國企業與全球企業對標，助力中國企業與全球企業的供應鏈管理經驗交流和標準統一，提升京東供應商和合作夥伴的供應鏈管理能力和績效水準，並通過技術開放持續賦能零售商家，推動中國零售行業供應鏈的發展。

京東 Y 事業部創立的 SCIC 致力於以智慧供應鏈最佳實踐為基礎，攜手國際供應鏈研究與諮詢機構、海內外著名供應鏈管理院校、戰略合作品牌商和零售商，共同探索供應鏈管理領域的創新，驅動零售和供應鏈管理的變革和創新。

APICS 是世界首屈一指的供應鏈管理專業協會，在全球供應鏈領域享有極高的知名度和專業性。

此次京東與 APICS 戰略合作升級的達成，是 SCIC 建成後邁出的堅實一步，也是京東將自身技術研發優勢、供應鏈管理能力與 APICS 的供應鏈知識管理體系的有力結合，

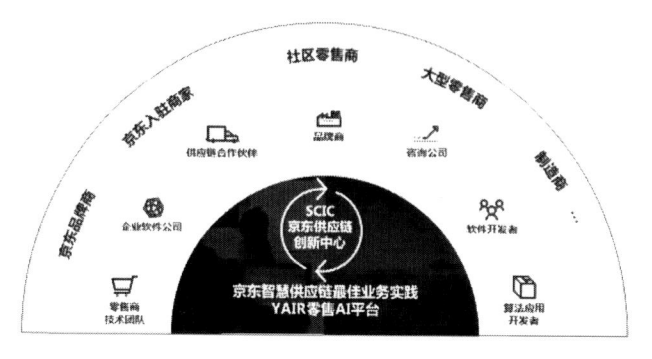

圖 11-11　京東 Y 事業部 SCIC 供應鏈創新中心

在推動京東卓越供應鏈能力進一步提升的同時，也將助力中國企業與國際跨國企業的供應鏈管理經驗交流和標準統一，從而驅動整個零售系統的資金、商品和信息流動不斷優化，在供應端提高效率、降低成本，在需求端實現「比你懂你」「隨處隨想」「所見即得」的消費體驗升級。

APICS 首席執行官 Abe 表示，基於京東在零售行業的影響力和智慧供應鏈在國際上的領先水準和地位，APICS 非常高興能與京東這樣處於國際領先水準和地位的零售企業達成合作，基於雙方各自的影響力和優勢，通過持續深入的合作，希望可以推動全球供應鏈行業的持續創新，提升行業供應鏈能力。

京東集團副總裁、京東 Y 事業部總裁於永利表示，技術賦能商業的時代已然到來，京東 Y 事業部肩負的使命是「用技術創新讓供應鏈邁向卓越」，致力於運用人工智能技術解決零售管理和供應鏈管理中的實際應用問題，並將經京東驗證的零售供應鏈技術全面對外開放，在以 YAIR 為核心的京東智慧供應鏈和 SCIC 京東供應鏈創新中心的雙輪戰略驅動下（見圖 11-12），京東 Y 事業部將成為無界零售的核心基礎設施提供方之一，在接下來的第四次零售革命浪潮中創造無限可能。

圖 11-12　京東 Y 事業部雙輪驅動戰略創造無限可能

案例思考

1. 分析無界零售對供應鏈的影響。
2. 供應鏈績效對標平臺主要解決什麼問題？創造什麼價值？

12 供應鏈風險管理

本章引言

近幾年來,供應鏈中的風險已經吸引到人們的注意力。例如,供應基礎合理化、供應夥伴關係、精益與敏捷供應鏈的發展等因素,已經提高了買方組織對其供應網路的依存度。供應的中斷或變化可能會對組織所依賴的供應鏈造成嚴重的後果。所以,現代企業越來越需要對供應鏈風險和脆弱性進行管理,它也成為一門重要的學科。

本章從風險的含義、風險的識別與分析、風險應急回應及建立風險管理機制等方面介紹供應鏈管理的基礎理論和方法,以協助企業更好地應對供應鏈風險,並獲得持續性發展。

學習目標

- 掌握供應鏈風險管理的定義。
- 瞭解供應鏈風險的類型。
- 理解供應鏈風險識別與評估的主要方法。
- 掌握供應鏈風險管理的對策與防範措施。
- 瞭解供應鏈風險登記簿。

12.1 供應鏈風險管理概述

近些年來,隨著供應鏈的複雜程度越來越高,供應鏈的脆弱性正在逐漸增加,各種供應鏈風險事件讓很多企業損失慘重。具體如下:

(1) 2000 年,美國新墨西哥州飛利浦公司的第 22 號芯片廠發生火災,愛立信公司因此損失了 4 億美元的銷售額,市場佔有率也從原來的 12%下降為 9%,最後竟然被迫退出了全球手機市場。

(2) 2002 年 9 月,美國西海岸發生工人罷工。因為美國西海岸是中國中遠集團進入美國的主要門戶,致使中遠集團在兩週內損失超過 2,400 萬美元。

(3) 2008 年 2 月 18 日,巴西礦石生產商淡水河谷公司公布了 2008 年鐵礦石基準價,巴西圖巴朗粉礦、南部粉礦上漲 65%,高品位的卡拉加斯粉礦則漲了 71%。此事件造成中國鋼鐵生產企業和汽車製造等企業成本大幅增加。

(4) 2011 年日本大地震,影響了許多企業,導致生產中斷並引發供應鏈癱瘓。

供應鏈風險事件,有的是由自然災害所導致的,有的是由人為因素而引發的。不

管何種因素導致供應鏈出現風險問題，其最後的損失都是難以估計的，有些企業甚至從此破產倒閉。

在面對各種風險事件或突發事件的衝擊時，供應鏈如何保持穩健運行，並能盡快從各種危機和衝擊中恢復過來，盡量減少損失，已經成為 21 世紀供應鏈管理的重要內容。

12.1.1 供應鏈風險管理的概念

12.1.1.1 風險

風險管理從 1930 年開始萌芽，1938 年以後，美國企業對風險管理開始採用科學的方法，並逐步累積了豐富的經驗。1950 年，風險管理發展成為一門學科。1970 年，風險管理在全球受到關注。1983 年在美國召開的風險和保險管理協會年會上，世界各國專家學者雲集紐約，共同討論並通過了《101 條風險管理準則》，它標誌著風險管理的發展已進入了一個新的階段。

一般人對於風險的觀念及定義到現在仍然相當模糊，因為它表達的其實是一個抽象而籠統的概念。風險的特性是強調未來的可能性，以及未發生事件的不確定性。如果一個事件或活動沒有不確定性，風險也就不會存在。

許多學者都嘗試去定義風險，目前較公認的風險的定義主要是 Metchell（1995）的觀點，他認為風險是組織或個人發生損失的概率以及損失嚴重性兩者的組合；任一事件的風險為事件的可能發生概率以及事件發生的後果的組合乘積。

英國皇家採購與供應學會（CIPS）將風險定義為不希望的結果所發生的概率。

風險管理國際標準（ISO 31000：2009）將風險定義為：不確定性對目標造成的影響。

風險事件可能有不同的種類、不同的嚴重程度，由此，產生出許多不同的專有名詞，如打擊、危機、災難等。

風險的結果可能是正面的，也可能是負面的。風險事件的負面結果包括直接損失和間接損失。例如工廠大火會引起設備、房屋、中斷生產等的直接損失，而中斷生產造成的聲譽和商譽損失則是間接損失。間接損失造成的最嚴重影響是信譽損失。塞德格洛夫指出，大量的風險事件會最終導致財務上的損失。

12.1.1.2 供應鏈風險

同樣，供應鏈所面臨的市場競爭環境也存在著大量的不確定性。只要存在不確定性，就存在一定的風險。在供應鏈企業之間的合作過程中，存在著各種產生內在不確定性和外在不確定性的因素，因此需要進行風險管理。

供應鏈系統是一個複雜的系統，其風險是很難界定的，不同學者和機構有不同的定義。

根據德勤諮詢公司 2004 年發布的一份供應鏈研究報告，供應鏈風險是指對一個或多個供應鏈成員產生不利影響或破壞供應鏈運行環境，而使得供應鏈管理達不到預期目標，甚至導致失敗的不確定性因素或意外事件產生。

英國克蘭菲爾德（Cranfield）大學管理學院（2002）把供應鏈風險定義為供應鏈的脆弱性，供應鏈風險因素的發生通常導致供應鏈運行效率降低、成本增加，甚至導致供應鏈的破裂和失敗。有效的供應鏈風險管理將有利於供應鏈安全運行，降低運行成本，提高供應鏈的運行績效。

中華人民共和國國家標準《供應鏈風險管理指南》（GB/T 244020-2009）也對供應鏈風險進行了定義，供應鏈風險是指有關供應鏈的不確定性對目標實現的影響。

總體來看，供應鏈風險包括所有影響和破壞供應鏈安全運行，使之不能達到供應鏈管理的預期目標，造成供應鏈效率下降、成本增加，導致供應鏈合作失敗或解體的各種不確定因素和意外事件，既包括自然災害帶來的風險事件，也包括人為因素產生的風險事件。

供應鏈風險發生的必然性主要在於以下幾個方面：

第一，供應鏈本身結構的複雜性導致了風險客觀存在。

第二，供應鏈所處內、外部環境的不確定性導致了風險的客觀存在。

第三，供應鏈全球化趨勢增加了風險。

供應鏈風險的發生，其範圍、程度、頻率、形式、時間等都可能表現各異，但它總會以獨特的方式表現自己的存在，是一種必然會出現的事件。人們對供應鏈風險的認識越高，供應鏈風險的規律性就越容易被發現。

為了降低由於各種不確定性因素引發供應鏈中斷或其他危機而導致的損失，需要加強對供應鏈風險的管理，提高供應鏈彈性（Supply Chain Resilience）或供應鏈柔韌性，使得供應鏈始終能夠穩健地運行。

供應鏈風險管理是指「供應鏈內部風險和外部風險的識別與管理，即通過一種供應鏈成員間合作的方法來降低供應鏈整體脆弱性」。

供應鏈風險管理是一個積極主動的過程，經理人必須長期持續評估供應鏈圖析和市場模型，主要包括以下三個目標：

（1）經常監控供應鏈，看其是否出現預示問題的信號。

（2）問題發生時，確保做出及時、準確的決策。

（3）對所發生的事情進行模擬，並對負面結果制訂應急計劃。

供應鏈風險減輕措施一般包括如下幾種：

（1）供應商評估與選擇。謹慎的供應商評估、資格預審和選擇（在技術能力、生產能力、兼容性等方面）；比率分析以及對供應商的財務監督（以確保財務穩定性）。

（2）供應鏈管理。多個或替代性的供應源；供應商監督、績效管理（對照規定的KPI）和合同管理；供應鏈信息流動、風險可視性和合作需求管理；供應商故障應急計劃；應用例外報告的技術（關於進度計劃、成本和質量差異）；開發敏捷的（具有回應性）和彈性的供應鏈等。

（3）需求和庫存管理。例如，利用具有合理水準的緩衝或安全庫存來彌補供應上的延遲或中斷。

（4）物流管理。例如運輸風險評估，保險和應急，後備計劃，合理的包裝、存儲、運輸模式規劃和其他保證運輸中商品安全和完整性的措施。

（5）合同擬定與管理。利用合同條款，向供應商轉移或者與供應商分擔風險和義務；利用不可抗力條款減輕雙方均無法控制的事件的責任；使用知識產權法對條款進行保密；監督與管理合同執行情況等。

（6）保險。對一系列風險進行投保。

12.1.2 供應鏈風險的類型

供應鏈風險的類型，可以根據風險的來源、風險後果的嚴重程度、風險相對於供應鏈的屬性等進行劃分。此外，英國皇家採購與供應學會也對供應鏈風險進行了分類。

12.1.2.1 按風險來源分類

Jüttner 等人（2003）根據對製造、零售和物流行業的多個公司的調研結果，將供應鏈風險的來源分成三類（見圖 12-1）：環境風險（Environment Risk）、網路風險（Network Risk）、組織風險（Organizational Risk）。其中，網路風險又包括三種不同的來源，即所有權不明、供應鏈複雜性引起的上下游協調問題（如長鞭效應等）和因為惰性導致的回應速度太慢。

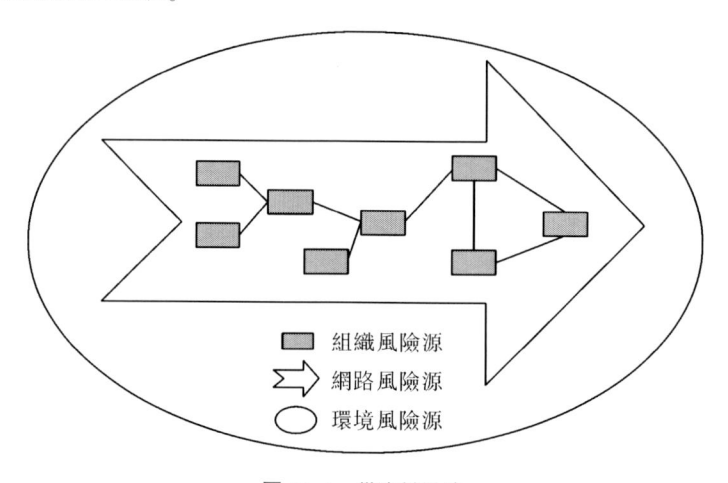

圖 12-1　供應鏈風險

Mason 和 Towill（1998）把供應鏈風險來源分成五個相互交錯的類型：環境風險（Environmental Risk）、需求風險（Demand Risk）、供應風險（Supply Risk）、流程風險源（Process Risk）和控制風險（Control Risk）。

1. 環境風險

環境風險主要是指由外在不確定的因素造成的風險，大致可以分為以下四類。

①政治。例如，海灣戰爭引起的石油危機，「9/11」恐怖襲擊等。

②疾病與自然災害。例如發生口蹄疫、甲型禽流感（H1N1）、火災、地震等。

③社會。例如，2008 年爆發的金融風暴、迪拜債務危機等。

④經濟。諸如匯率波動、國家經濟政策變化等。

2. 需求風險

任何物流中的波動都有可能會發生的風險，包括季節性變化、流行趨勢所引起的需求變化、新產品上市等，這些基本都屬於需求風險的範疇。需求風險源主要來自供應鏈企業的客戶，其增加或減少訂單都會引發供應鏈的需求風險。

3. 供應風險

供應風險是一個多層面的概念，供應風險大致分為兩大類（見表 12-1）。第一類來自供應商自身，包括供應商無法掌握需求的變動、供應商的品質問題、供應商進步遲緩，等等。第二類源自供應市場特徵，主要包括單一供應源以及市場產生的限制等。

表 12-1　　　　　　　　　　　　　　供應風險

供應商	供應市場特徵
新產品開發 配送過程中的突發狀況 與上游供應商的關係 供應商對客戶應盡的義務 供貨質量出現問題 價格/成本上升 供貨不足 科技落後 供貨突然發生中斷	單一/有限貨源 市場短期 商品價格上漲 供應商位於同一區域 供應商是否擁有專利

4. 流程風險

流程風險指的是在供應鏈中各夥伴間合作關係的執行以及連接方式，隨著產品的不同特性而採用不同的供應鏈策略，特性供應鏈上的合作關係以及執行方式也會隨之改變。如果能根據不同的產品及市場特徵，採用適合的供應鏈合作的流程，就可以大大降低風險。

5. 控制風險

控制風險指的是在供應鏈中決策的機制、政策，或是規定，包括訂購量、批量以及安全庫存。

嚴格意義上，流程風險和控制風險並不能算是真正的風險，但是二者卻能夠主導風險事件的發生後果持續擴大或是得以減緩。比如，當客戶需求突然發生變動，如果關於訂購量的政策不具有彈性，那麼這個需求變動所帶來的後果將被放大。流程風險和控制風險其實像是供應鏈中各企業作業的內部結構，二者的完善與彈性將決定環境、供應以及需求風險源對供應鏈所造成的影響程度的大小。

12.1.2.2　按風險的性質分類

1. 重大突發非常規風險事件

重大突發非常規風險事件，是指由於社會突發事件（如恐怖洗衣和突發戰爭）或者是自然災害（如 50 年甚至百年一遇的冰雪、地震等）所引發的供應鏈風險。這類風險的特點是一擊致命，一旦發生將使得整個供應鏈癱瘓。這類風險往往是不可預測或很難預測，但是，就其發生的概率而言則是相當低的。這類風險的管理重點是如何建

立危機應急回應機制，一旦真的發生了風險災害事件，就要迅速地採取事後補救措施，最大限度地減少損害。

2. 常規風險事件

與重大突發非常規風險事件不同的是，供應鏈企業在日常運作中還受到另一類風險的影響。這類風險事件發生的頻率很高，每次發生對供應鏈的危害並非一擊致命，有時甚至微小到不能引起人們的注意。例如，在供應鏈企業的日常營運中經常出現的諸如訂單延遲、生產過程中斷、庫存過高、質量不過關、服務水準下降這些問題。但是，由於人們的忽視而使得這類風險可以在企業中不斷地累計（包括時間上的累積和範圍上的累積），經歷一個從量變到質變的過程，一旦爆發就會給供應鏈企業帶來巨大的打擊。比如2008年的三鹿奶粉事件，就是因為奶製品企業忽視頻發性的質量風險而導致的。

12.1.2.3 按風險的類型分類

在各文獻中，對供應鏈風險及其來源描述得比較全面的是Chopra和Sodhi對各種供應鏈風險進行的總結，把風險的類型歸結為中斷、延期、信息、預測、知識產權、購買、應收帳款、存貨、產能（見表12-2）。此外，還有一些諸如知識產權風險，其來源包括供應鏈的垂直整合以及外包等。

表12-2　　　　　　　　　供應鏈風險及其引發因素

風險類型	風險因素
中斷風險 （Disruption Risk）	●自然災害 ●勞動糾紛 ●供應商破產 ●戰爭與恐怖事件 ●依賴唯一供應商，同時後備供應商的生產能力和敏捷性差
延誤風險 （Delay Risk）	●供應商的生產利用率高 ●供應商敏捷性差 ●產品質量差或供應失敗 ●過境或中轉時處理環節過多
系統風險 （System Risk）	●信息基礎設施崩潰 ●系統整合或系統網路過於龐雜 ●電子商務
預測風險 （Forecast Risk）	●前置時間長、季節性因素、產品多樣性、生命週期短、客戶基礎薄弱等造成預測不準確 ●促銷、激勵、供應鏈缺乏可見性、產品短缺，使需求信息誇大、信息失真，導致「長鞭效應」
知識產權風險 （Intellectual Property Risk）	●供應鏈垂直整合 ●全球外包和全球市場
採購風險 （Procurement Risk）	●匯率波動 ●依賴單一供應源的主要部件以及原材料百分比 ●行業的生產利用率 ●長期合同與短期合同

表12-2(續)

風險類型	風險因素
應收帳款風險 (Receivable Risk)	● 客戶的數量 ● 客戶的財務實力
庫存風險 (Inventory Risk)	● 產品報廢率（Rate of Product Obsolescence） ● 產品庫存持有成本 ● 產品價值 ● 需求與供應的不確定性
生產能力風險 (Capacity Risk)	● 生產力成本 ● 生產力彈性

12.1.2.4 英國皇家採購與供應學會的風險分類

根據英國皇家採購與供應學會（CIPS）分析，風險評估和管理一般包括如下幾類。

戰略風險產生於組織的願景和方向，以及組織在某一行業、市場和/或地理區域的定位。戰略風險包括市場、競爭者、技術、經濟、消費者需求、公司級的法律問題、合併或兼併風險。關鍵的戰略風險如表12-3所示。

表12-3　　　　　　　　　　　一些關鍵的戰略風險

戰略風險領域	危險（例如）	風險減輕
經濟風險	供應商故障、供應鏈欠佳、供應或客戶市場條件變化	環境監測 產品或市場規劃 採購研究 供應商管理
財務風險	缺乏流動性，財務成本增加，投資風險，匯率損失，信用管理不到位，詐欺	財務管理 投資評估 內部控制 公司治理
方向性風險或競爭風險	競爭者的舉措或反擊，不適當戰略引起的失敗，核心能力的喪失，品牌的損失	系統性的戰略分析、選擇、評審 應用風險循環 競爭者研究與監測 競爭情報收集與分析
發展風險	兼併或收購：財務風險、文化和系統不兼容 戰略外包：成本、不兼容、信譽損失、員工抵觸	戰略分析、選擇 廣泛的夥伴選擇標準 利益相關者管理 過渡計劃 推出戰略
國際化風險	匯率損失，文化和法律差異，市場不熟悉，市場和網路准入受限，運輸風險加大	貨幣管理 合資企業或機構 研究和風險分析保險 國際商會國際貿易交易術語解釋通則（Incoterms）

營運風險產生於組織追求戰略時所依靠的職能的、營運的和行政的程序，它們主要與組織在交付生產或服務中的營運有關。這類風險包括質量問題、健康和安全風險、

技術脆弱性、運輸和物流、天氣事件、詐欺、供應商和供應安全。一些營運風險的例子如表 12-4 所示。

表 12-4　　　　　　　　　　　　一些營運風險的例子

一般營運風險的例子	風險減輕措施的例子
成本結構不合理，無法降低成本基數	成本分析和重組 分包或外包
產品和服務需求不足（或過量）	提高需求預測和管理水準 改善客戶關係 調整市場行銷組合
供應商或外包提供者破產	加強供應商的選擇、評估、監督、績效管理
供應中斷	多供應源或後備供應源 靈活的和適應性強的供應鏈管理
生產中斷（例如工人罷工、設備故障引起）	預防性的和應急的規劃 保險
健康、安全和福利問題	健康和安全政策、慣例、設備、培訓、保險
無效的系統、流程和管理	過程審計、基準計劃、企業流程再造（BPR）或持續改進

　　財務風險。從內部來說，財務風險產生於企業財務結構；從外部來說，財務風險產生於與其他組織的財務交易。財務風險影響著組織為了獲利進行經營（或者滿足公共服務目標）的能力，如匯率和利率風險、流動性和現金流、利潤率和生存能力、成本和信用。

　　合規性風險產生於確保遵守法律、法規和政策框架的需要，以及組織或其供應鏈的不合規或不合法活動曝光引起的可能性損失，包括信譽的、營運的和財務的處罰，如公司法、稅收要求、勞動法、環境法規、道德和內部控制。

　　此外，還有其他幾種分類方法，但可以進一步歸結為以上類型，如：

　　市場風險屬於戰略風險，產生於外部供應市場中的因素或變化，如商品漲價、資源稀缺性、技術變革或者強大的或增長的供應商勢力（供應商稀少，或者供應市場合併）。由於需求下降、產品老化或競爭者獲得主動權（導致喪失競爭優勢），也可能引發產品市場風險。

　　技術風險是指由於技術活力降低和技術陳舊、系統或設備故障、數據訛誤或偷竊、新技術「初期困難」、系統的不兼容性（例如，當買方與供應商需要整合的時候）等引起的戰略風險和營運風險。

　　供應風險既是戰略風險，又是營運風險，產生的原因包括供應市場不穩定性和資源稀缺性、供應商故障（例如，有可能是財務不穩定性、過度「精益」的供應鏈或者現金流問題造成的結果）、供應鏈破壞（例如，由於行業罷工行為、天氣、運輸問題或運輸中由於供應品的損害而造成的結果）、供應鏈和物流的長度和複雜性（較長的前置期、運輸風險）等。

信譽風險分為財務風險和合規性風險兩大類，產生的原因包括組織或其供應鏈所做出的不道德的、沒有社會責任感的或破壞環境的活動，可能損害了組織在其客戶、投資者、員工和供應市場等組織或個人眼中的品牌形象和可靠性。

12.2 供應鏈風險識別與評估

供應鏈風險管理的核心在於識別、分析以及對危機發生後的回應。過去，人們習慣於將風險理解為自然界的不確定性事件，如地震、颶風、冰雪災害等這些突發性的非常規性事件。而供應鏈管理中的風險因素，除了上述這些非常規性事件外，更多的是常規性的、但沒有引起管理者充分注意的風險事件。

識別供應鏈風險因素，必須同時注意自然災害產生的風險，以及人為因素產生的風險，並能夠清楚地識別不同的供應鏈風險。

12.2.1 供應鏈風險識別

供應鏈風險識別是供應鏈風險管理的首要步驟，是指對供應鏈所面臨的和潛在的風險加以判斷、歸類和鑒定性質的過程。對風險的識別過程，首選是對供應鏈上各節點的構成與分佈的全貌分析與歸類；其次是對各節點所面臨的潛在的風險，以及發生風險損害的可能性的識別與判斷；最後是對風險可能造成的後果與損失狀態的歸類和分析。

供應鏈風險識別除了要找出面臨的和潛在的各種風險，還要鑒定可能發生風險的性質，即可能發生的風險是屬於動態風險還是靜態風險，是可控制風險還是不可控制風險，等等。只有這樣，才能針對不同的風險採取有效的應對措施。

12.2.1.1 供應鏈風險識別的程序

Walter（2007）指出，供應鏈風險識別有五個主要步驟：

第一步，定義整體供應鏈的流程。
第二步，將整體流程細化為一系列彼此獨立又相關的運作活動。
第三步，系統地審視每一項運作活動的細節。
第四步，識別存在於每一項運作活動中的風險及其特點。
第五步，描述出最具影響的風險。

識別風險絕非易事，尤其是在第四個步驟中。其中有些工具和方法具有普遍的使用意義，可以用來識別任何一種風險，比如歷史數據分析法、頭腦風暴、因果分析、事故樹、流程圖、可能衝擊矩陣、情景規劃等。另外，一些方法則是專門用來識別供應鏈風險的，例如供應鏈視圖法、關鍵路徑識別、上游供應商與客戶的相關性識別等。

以上這些識別風險的工具，有的需要通過分析過往事件，有的需要集思廣益，有的則需要直接分析運作活動。

12.2.1.2 供應鏈風險識別的方法

1. 因果圖法（Cause and Effect Diagram）

因果圖還被稱為魚骨圖（Fishbone Diagram）或石川圖（Ishikawa Diagram），是由日本質量控制兼統計專家石川馨教授發明的一種圖解法，用以辨識和處置事故或問題的原因（見圖 12-2）。因果圖以圖形的形式指出風險事件與發生的各級原因組之間的聯繫。

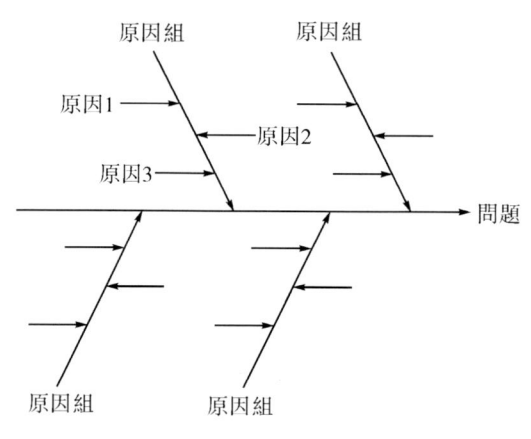

圖 12-2 魚骨圖

2. 帕累托分析法（Pareto Analyses）

根據帕累托規則，20%的原因往往導致80%的問題。如果由於條件限制，不能100%解決問題，主要專注全部原因的20%的部分，就能夠解決80%的問題。因此在風險識別的過程中，帕累托分析法常被用來找出問題的主要原因，是一種有效的、被廣泛應用的方法。

3. 風險項目檢查列表（Checklists）

企業在不同的運作活動中會出現各種各樣的風險，因此可以形成也能夠形成一個「列表」，這個列表為企業的管理人員提供了另一個識別風險的思路，就是檢查在列表中已經有哪些風險。風險項目檢查列表可以是來自同一組織的不同供應鏈，也可以是來自其他企業，或者是行業範圍的論壇、研究機構、諮詢機構研究討論出來的標準項目。

4. 專家諮詢法

（1）訪談（Interviews）。如果有關過往風險事件的分析還是無法對未來風險的發生、防範提供更多的信息，那麼管理人員就要開始著手收集新的信息。那麼最為直接的方法就是與相關知識背景、經驗豐富的人員進行訪談。他們對於風險的發生狀況最為熟悉和瞭解，從他們那裡收集風險的詳細信息，不僅組織起來簡單、方便，並且迅速。但是，由於個人觀點取決於個人的知識累積，因此訪談方法的缺點在於還要考慮到他們的個人偏見、技能的缺乏，總體而言，缺乏預測力。

（2）專家會議法（Panel Consensus）。如果個人的觀點不具有可信度，那麼取而代

之的是組織專家小組，讓他們研究、討論企業的各項運作活動，並最終形成一份重要風險的列表。這種專家小組的形式多種多樣，可以是嚴謹正式的，也可以是非正式和非結構化的。

正式的專家小組討論，首先是個人的陳述，接下來是圍繞陳述的要點展開討論，並最終得出結論。這種正式的討論形式並不適合那些在會議中不善言辭以及在正式的組織中容易感到局促、緊張的人，同時，正式小組的討論結果往往趨向於保守而無創意。Bowman 和 Ash 的研究發現，相比個人的訪談，小組討論所得到的結果往往更冒進，更具風險性。

避免正式討論所帶來的負面作用的方法就是要減少正式的程序，比如可以展開更為寬鬆、接受度更高的頭腦風暴的形式。頭腦風暴通過會議形式，採用自由暢談、禁止批評的規則，鼓勵所有參與者在自由、愉快、暢所欲言的氣氛中，通過相互之間的信息交流，毫無顧忌地提出自己的各種想法。沒有了拘束的規則，參加成員沒有心理壓力，有助於在短時間內得到更多創造性的成果。

（3）德爾菲法（Delphi Method）。任何一個專家會議都難免受到權威人士意見的影響，有些專家礙於情面，不願意發表與其他人不同的意見，或者發言時間過長導致偏題。要解決這樣的問題，可以通過問卷調查的方法來收集信息。

組織 15 名供應鏈方面的專家成立專家小組，一般不要超過 20 人。向所有專家發出問卷，收集他們對於供應鏈風險的看法。將各位專家第一次的問卷意見匯總、分析、整理，再分發給各位專家，讓專家比較自己同他人的不同意見，修改自己的意見和判斷。所有的回覆，均採用匿名或背靠背的方式，使得每一位專家都能獨立自主地做出自己的判斷。

將所有專家的修改意見收集起來，並匯總，再次分發給各位專家，以便做第二次修改。逐輪收集意見，並向專家反饋信息是德爾菲法的主要環節。這一過程一般要經過三四輪，直到每一個專家不再改變自己的意見或者專家的意見逐漸趨同。

5. 流程圖分析法

（1）流程分析圖（Process Charts）。流程分析圖法指企業風險管理部門將整條供應鏈的生產過程的所有環節系統化、順序化，制成流程圖，從而便於發現企業面臨的風險。這種方法強調根據不同的流程，對每一階段和環節，逐個進行調查分析，找出風險存在的原因，從中發現潛在風險的威脅，分析風險發生後可能造成的損失和對全部生產過程造成的影響。

目前，有一種改進的流程分析法，被稱為供應鏈圖析（Supply Chain Mapping），在風險和脆弱性識別方面也應用比較廣泛，在有些文獻中被稱為價值流圖析。

供應鏈圖析是一種基於時間展示流程的技術，該流程包括貨物、材料、信息和其他增值資源沿著供應鏈移動的過程。該圖（如網路圖或流程圖）顯示了鏈條內連接點之間和移動點上所花費的時間。

來自克蘭菲爾德大學的研究（《建立適應性強的供應鏈》）表明，在價值朝向客戶流動中的某個點，或者該鏈條中的某個節點，有必要利用系統的方法，識別供應鏈內部故障引發的商業、供應和合同風險。

（2）流程控制（Process Control）。在生產過程中，原料、交通、天氣、設備、員工、情緒、時間、壓力等一系列細節的波動是不可避免的。這些波動有的是微小的，但它們始終存在，這就是為什麼像交貨提前期總會有變動。有觀點認為來自供應鏈計劃的變動會產生風險，因此，要識別主要的風險，就要監督運作活動，找到最容易出現波動的運作領域。

監督波動最簡單的方法就是製作流程控制圖（見圖12-3），控制圖畫在平面直角坐標系中，縱坐標表示測到的目標特徵值，圖中中心線表示計劃目標值，上下兩條水準線表示目標值的上限與下限。如果數值一直在計劃線內，說明流程活動在控制範圍內，風險很小；當數值出現明顯的趨勢變化或頻頻出界時，表示異常波動，風險已經開始上升。

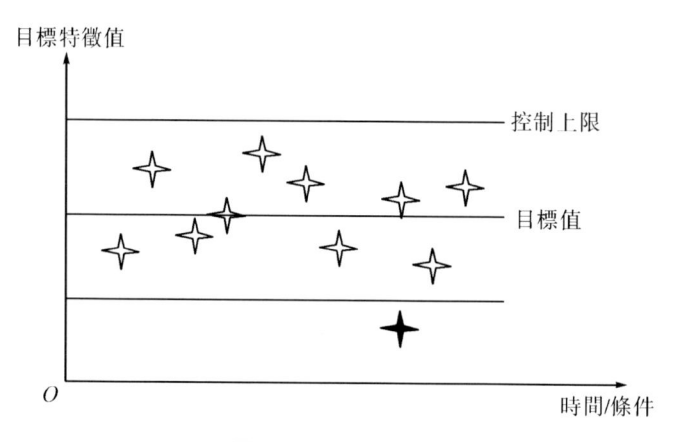

圖12-3 流程控制圖

12.2.2 供應鏈風險評估

上面講述了識別供應鏈風險的各種方法。接下來分析這些風險可能產生的影響，根據這些影響的程度大小，企業管理人員要按照重要程度和緊急程度來處理這些風險。

12.2.2.1 定性分析方法

定性分析方法，需要對風險列表裡的每一項風險都給出詳細的描述：
（1）風險的性質——定性地描述風險。
（2）後果——定性地描述潛在的損失和獲利。
（3）可能性——客觀確定風險是否會發生。
（4）範圍——風險發生影響的對象，比如供應商、交付、成本、服務等。
（5）責任——風險發生所在的職能部門以及承擔風險控制的責任方。
（6）利益相關者——受風險影響的相關方及其預期。
（7）目標——通過風險管理希望達到的目標。
（8）相關——與其他風險的關聯性。
（9）運作活動的改變——環節風險帶來的影響。

（10）企業現有風險管理的方法以及有效程度。

（11）提高風險管理的建議和新政策。

以上這些細節可以更細緻地描述風險的性質，幫助更好地理解風險的影響和所造成的後果，為之後的討論打下良好的基礎，但是僅從定義上出發，這些描述很難給出任何數量值。

1. 簡單的風險評估格柵

可以利用風險評估格柵來進行一次簡單的風險或影響評估。根據威脅和危險發生的可能性及其一旦發生所造成影響的嚴重性，在圖上繪出相應的點，如圖12-4所示。

	對組織的影響/後果	
發生概率	低	高
低	A	C
高	B	D

圖 12-4　風險評估格柵

每個格柵含義如下：

A格包含的事件是不太可能發生並且一旦發生後造成的影響比較輕微的事件。比如，在供應商配備了應急後備發電機的情況下發生的一次供應商工廠停電事故。假定影響的程度比較低，組織就可以把這些因素當作低優先級的因素而忽略掉。

B格包含的事件是相對可能發生並且一旦發生後造成的影響比較輕微的事件。比如匯率波動（如果組織參與國際採購的程度比較低）。合理的應對措施是對這些因素進行監測，以防形勢發生變化並且影響超過預期。

C格包含的事件是不太可能發生但是一旦發生後造成的影響比較嚴重的事件。比如，滿足關鍵需求的供應商倒閉或者發生自然災害（在平時不太容易發生地震或海嘯的區域發生了這類事件）。合理的應對措施是制訂應急計劃使影響最小化（例如，建立供應的後備供應源，併購買保險）。

D格包含的事件是既可能發生而且造成的影響又比較嚴重的事件。比如，出現一項新的改變供應市場的技術。合理的應對措施是應對已察覺的威脅或機會，並將其包含到戰略分析和規劃之中。

2. 塞德格洛夫風險矩陣

塞德格洛夫通過對影響的嚴重性（微小的、較小的、嚴重的、慘重的）和發生概率（非常不可能、不太可能、相當可能和確定/非常可能）進行了簡單的、定性的分類，建立了風險圖析方法。然後，將風險繪製在簡單的柵格上，如圖12-5所示。對角線代表一個分界線，即將大體上可以接受或不可以接受的風險區分開，分為風險管理的高優先級（線上）與低優先級（線下）兩類。

3. 卡洛夫和拉韋恩森風險評分矩陣

卡洛夫和拉韋恩森（《管理概念和模型大全》）根據「概率 X 後果」的公式，建立了一個簡單的風險評分矩陣。概率是用百分比表示的，後果是用從1到10的數字

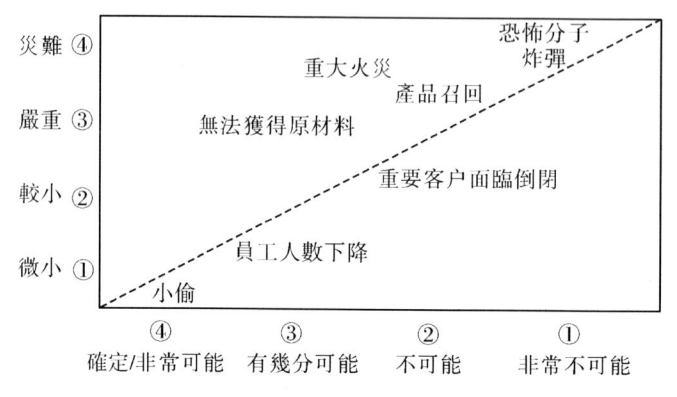

圖 12-5　定性的風險矩陣

（1 表示可以忽略的後果，而 10 表示災難性的後果）來表示的。例如，在評估一個信息技術職能的外包合同時，可以識別出如表 12-5、圖 12-6 所示的一些關鍵風險要素。

表 12-5　　　　　　　　　　　風險水準計算

風險要素	概率	後果	風險水準
系統故障	20%	10	2.0
員工罷工	80%	6	4.8
（項目、新產品的）初期問題	30%	4	1.2

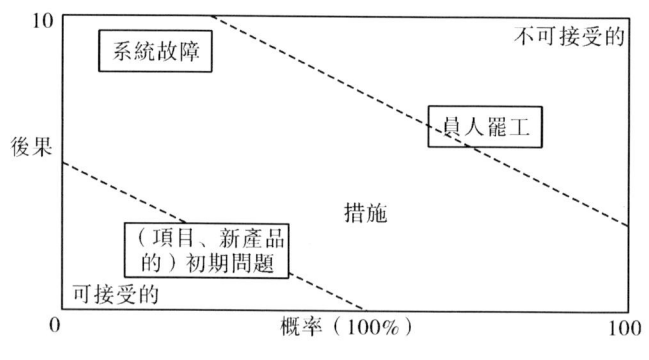

圖 12-6　風險評分矩陣

12.2.2.2　定量分析方法

在風險列表上給出一些數量值，這就需要利用另一種風險分析的方法——定量分析。定量分析方法對於風險發生的嚴重性和後果，可以給出較為精準和客觀的評價。

風險分析中有很多不同類型的定量分析方法，這些方法都基於兩個因素，即風險事件發生的可能性、風險事件確實發生所造成的後果。通過這兩個因素可以對風險進行量化，其公式為：

風險＝概率或可能性（Probability）×負面的結果（Consequence）

例如，當交貨有10%的可能性延遲，延遲損失是20,000歐元時，那麼延遲的風險為 0.1×2,000＝2,000（歐元）。這裡所談到的風險是期望值，強調的是風險多次發生的平均結果，而不是風險每次發生的結果。在上面的例子中，交貨有90%的概率不會發生延遲，因此就不會造成損失，但還是有很小的可能性造成20,000歐元的遞延損失成本，而不是2,000歐元。這說明對很多風險而言，除非相關的風險事件確實發生，否則風險並不會產生影響。倉庫確實有發生火災的風險，但如果不著火，是沒有真實風險的。

風險可能性（Risk Likelihood）是指在假定風險性質和當前風險管理做法的情況下發生的概率。它可以用0（沒有機會）到1（確定）之間的一個數字來表示，或者用百分比（100%表示確定）、分值（1-10）或等級（低、中、高）等來表示。風險事件發生的可能性越高，風險的總水準越高，風險管理的優先級就越高。

風險影響（Risk Impact）是指給組織造成的可能性損失或成本，或者對組織完成其目標的能力的影響水準。對影響的嚴重性可以進行量化（例如，用估算的成本或損失）、計分（1-10）或評級（低、中、高）。

高概率事件不太可能找到將事件發生風險最小化的方法。相反，我們要調動資源來使它們造成的影響最小化。低概率事件不值得我們投入資源。然而，如果它們的影響很大，那麼我們還需要制訂應急和恢復計劃，這樣組織就可以在事件發生的時候有效地進行回應。更應該引起我們重視的是那些發生可能性很低卻會造成災難性後果的事件，而不是發生可能性很大但造成影響輕微的事件。

12.3　供應鏈風險管理對策與防範

在識別和分析供應鏈風險之後，關鍵問題是如何做出應對，也就是如何選擇和應用最合適的管理措施以應對識別和分析得出的供應鏈風險。需要強調的是，不同的風險應該採用不同的管理策略和方法，而不能採用統一的管理策略和方法去應對所有風險事件。供應鏈風險管理的主要任務是要建立起管理體系，用最合適的管理策略和方法去處理不同的供應鏈風險。

12.3.1　供應鏈風險管理對策

12.3.1.1　風險管理週期（Risk Management Cycle）

風險管理包含三個關鍵要素：風險識別、風險分析和風險減輕。ISO 31000提出：「組織通過對風險的預測、理解和控制，實現對風險的管理。通過這一過程，他們與利益相關者溝通，徵求利益相關者的意見，並且對風險及改變風險的控制措施進行監督和檢查。」

「風險週期」（或「風險管理週期」）表示風險監督和管理過程是連續的，可以描繪為一個週期，如圖12-7所示。

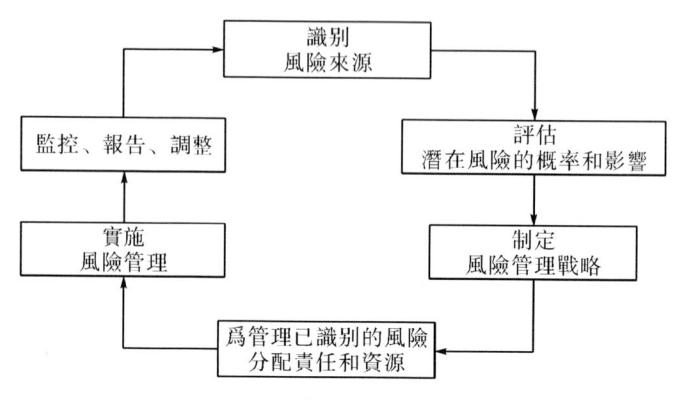

```
                    ┌──────────────┐
                    │   識別       │
              ┌────→│   風險來源   │
              │     └──────┬───────┘
              │            │
      ┌───────┴──────┐    ┌▼─────────────────┐
      │ 監控、報告、調整│    │   評估           │
      └──────▲───────┘    │ 潛在風險的概率和影響│
             │            └────────┬──────────┘
      ┌──────┴───────┐             │
      │   實施       │    ┌────────▼─────────┐
      │   風險管理   │    │   制定           │
      └──────▲───────┘    │   風險管理戰略   │
             │            └────────┬──────────┘
             │   ┌────────────────┐│
             └───┤為管理已識別的風險│◄┘
                 │ 分配責任和資源  │
                 └────────────────┘
```

圖 12-7　風險管理週期

12.3.1.2　風險管理和減輕戰略

風險減輕（Risk Mitigation）是指減輕風險事件的不利影響。風險減輕的目標是降低固有的風險，使其達到組織可以接受的殘餘風險水準（記住，這不一定是消除風險。過度的「安全行為」水準會妨礙靈活性、創新性、創業精神或機會的充分利用）。

風險的識別與量化可以使組織能夠對計劃和資源進行優先等級排序，以應對最嚴重的風險，並且設定明確的風險閾值，在這個閾值上觸發關於某問題的管理行動。

1. 風險管理「4T」戰略

人們通常把風險管理（「我們能做些什麼」）總結為「4個T」：

（1）容忍（或接受）風險（Tolerate）

如果評估後風險的可能性或影響可以忽略不計（或者沒有可行的方法來降低風險），那麼當下就不要或者沒有理由（根據成本收益分析和商業論證）採取進一步的措施。這種情況下，我們僅僅是確認並登記風險。或者如果風險的可能性或影響升級到預先確定的可接受的暴露閾值，則將其標示出來以便進行監督和定期的重新評估。不論在哪種情況下，都應該對接受風險的理由和根據進行清晰地記載。

假定對於資源需求存在競爭性，那麼對於低水準的奉獻，忍受可能是合適的應對措施。

（2）轉移（或者分散）風險（Transfer）

通過購買保險，或者不要把所有雞蛋放在同一個籃子裡（換句話說，就是選擇多供應源）；或者利用合同條款，確保風險事件成本由供應鏈夥伴承擔或分擔（如通過明確合同各階段風險的責任、利用違約金條款、堅持供應商保證，或者將分擔風險監督的責任作為合同管理過程的一個組成部分）。

風險轉移減少了組織的風險暴露，但是付出了保險承保、可能的規模經濟損失（由於分解），以及可能對供應鏈關係造成的損害。

（3）終結（或者避免）風險（Terminate）

如果與某一具體項目或決策有關的風險太大，並且不可能減輕，組織則可以考慮不投資或不參與這項活動。就像外包核心職能、進入政治不穩定的國外市場這樣的決

策，可能僅僅是由於太過冒險而被束之高閣。

終結風險使組織避免不可接受的風險，但該方法並不總是可行的。另外，還可能喪失機會和組合的協同效應。

（4）處理（減輕、最小化或控制）風險（Treat）

採取積極的步驟對風險進行控制，將風險可能性或潛在的影響減少或最小化，或者同時將二者減少或最小化。關於供應風險，可採取如下一些措施：供應商監控和績效管理、行為準則、供應商認證或資格預審、關鍵事件或偏差的報告和分析、應急和恢復計劃（如替代的供應源）等。

風險減輕的目的是將殘餘風險降到可接受的水準，儘管它也會產生減輕措施的成本，而且會產生次級風險（由風險減輕措施引起的）。

2. 風險減輕措施實施步驟

就像風險週期圖反應的那樣，所有風險減輕措施都需要採取下列步驟：

（1）分配風險管理責任。
（2）識別減輕風險所需的資源。
（3）制訂行動計劃（包括資源預算和時間範圍）。
（4）獲得管理層對風險減輕計劃的批准（需要時）。
（5）獲得利益相關者對風險減輕計劃的認可（必要時開展協調工作）。
（6）實施經過審批的風險減輕計劃（通過專門的風險管理或風險應對團隊）。
（7）列出對於持續風險監測的風險匯報要求。

除了針對高概率風險要實施風險減輕計劃之外，組織還需要針對低概率、高影響的風險制訂應急計劃。此計劃包括備選的行動路線、備選供應源、權變措施和退卻位置（「如果……我們做什麼」）。

12.3.1.3 風險登記簿

風險登記簿是重要的風險管理工具，它可以用在所有風險管理階段，它是風險評估記錄、監督和檢查的基本工具。風險登記簿是對所有已識別風險的記錄，其中，將每個風險的責任分配給明確的個人或團組。

風險登記簿（Risk Register）是一份簡潔的、結構化的文檔，列出企業、項目或合同中包含的所有風險，以及風險分析結果（影響和可能性）、最初的減輕計劃和每個風險當前的狀態。為了保證風險狀況的時效性，應定期更新登記簿（至少每月更新一次）。

風險登記簿一般包括以下數據欄目：
①識別每個風險的唯一參考號或代碼數字。
②風險類型和性質的說明。
③風險第一次被識別出來的日期。
④風險責任人，即對風險監督和管理負有領導責任的個人（或角色/崗位）。
⑤風險事件發生的概率：用適當的等級、分數、百分比或類別來表示。組織可能對低（L）、中（M）、高（H）有標準的定義。

⑥風險事件如果發生所造成的影響、成本或後果（用適當的價值、分數、等級來表達）。

⑦為了減小概率或減少影響，或者兼而有之，明確可能的應對措施或減輕措施。當風險具有較高的影響時（不管概率是多少），應包含應急計劃。它也應包括恢復計劃（一旦風險事件發生，為了恢復正常的操作所採取的有計劃的措施）。

⑧選擇的風險減輕措施及其效果（如果有的話）。

⑨定期更新每個風險的狀態信息（到位的應對措施以及它們是否有效），並註明最近一次更新的日期。

表 12-6 為採購和供應職能所用的一個簡單的風險登記簿（這只是一個一般的例子，登記簿應當反應實際情況中的風險、脆弱性和責任的具體性質）。

表 12-6　　　　　　　　　　風險登記簿模板

ID	風險	概率等級	影響等級	戰略/控制	採取的措施/當前的狀態	責任人	檢查	更新
1	關鍵供應商企業破產	低	高	處理：評價/選擇多個供方	評價標準，建立備用途徑	核算經理	[日期]	[日期]
2	質量故障	低	中	處理：規格、質量保證	徵求供應商意見	質量經理		
3	進度偏差（前置期延長了）	中	低	接受：監督	監督	核算經理		
4	價格/成本偏高	高	中	處理/轉移：合同條款	定死價格	核算經理		
5	材料的不可利用性	低	低	接受：監督	監督	材料經理		
6	採購詐欺	中	高	處理：道德準則、內部控制	內部控制到位	財務官		
7	供應商 CSR 問題引發的信譽損失	中	中	處理：CSR 政策監督	徵求供應商的意見	採購經理		
8	運輸中的貨物損失/毀壞	高	中	轉移：保險、合同條款	購買了保險、使用了 Incoterms	物流經理		
9	技術/系統故障	中	中	處理：後備系統	調查了計算機部門	IT 經理		

12.3.2　供應鏈風險防範

12.3.2.1　建立供應鏈風險管理體系

1. 建立供應鏈風險管理體系的策略

人們通過大量的研究，通常將供應鏈企業面對的風險因素分為兩類，即未知的不確定性因素和可知的（可觀測到的）不確定性因素。針對兩種不同特性的風險事件，也有兩種不同的風險管理機制，如圖 12-8 所示。

對於未知的不確定性因素，人們不可能觀測到，無法預計什麼時候將發生風險，針對這類風險事件，應建立起有效的風險應急機制。

而對於可觀測到的某些不確定性因素，可以建立起風險防範機制，將可能發生的風險消除在萌芽狀態之中。

2. 構建供應鏈風險管理體系

根據企業對風險的不同態度，不同的企業可能會採取不同的措施。但是，不管採

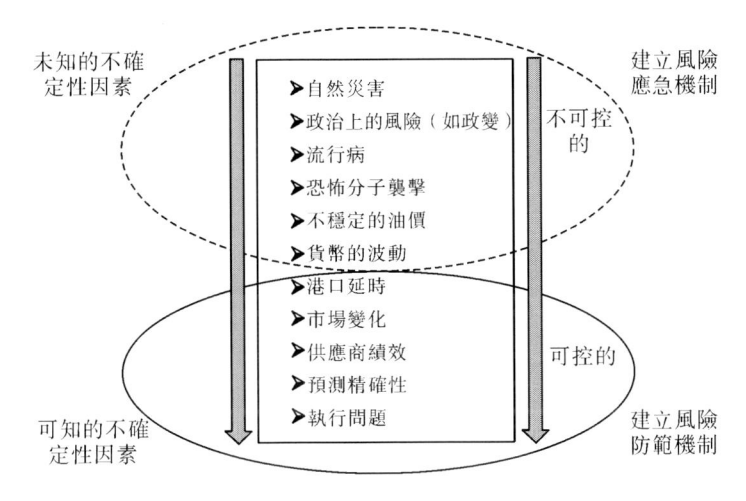

```
未知的不確              建立風險
定性因素              應急機制
        ┌─────────────┐
        │ ▶自然災害      │
        │ ▶政治上的風險（如政變）│ 不
        │ ▶流行病       │ 可
        │ ▶恐怖分子襲擊    │ 控
        │ ▶不穩定的油價    │ 的
        │ ▶貨幣的波動     │
        │ ▶港口延時      │
        │ ▶市場變化      │
        │ ▶供應商績效     │ 可控的
        │ ▶預測精確性     │
        │ ▶執行問題      │
        └─────────────┘
可知的不確              建立風險
定性因素              防範機制
```

圖 12-8　兩種不同的風險管理機制

取何種措施，都無一例外地應該建立起一套有效的風險管理體系和運行機制，從組織上保證對風險管理的需要。

（1）建立正式的風險管理組織機構

與供應鏈企業內的其他管理職能一樣，真正瞭解和重視供應鏈風險管理的組織，首先要做的就是在組織內建立一個專門負責風險管理的部門，同時確保長效機制。

（2）確定供應鏈風險管理部門的職能

①制訂風險應急計劃，系統地進行風險分析。供應鏈風險管理部要對企業及供應鏈系統所處的內外部環境進行風險因素分析，詳細地掌握各種風險因素的動態，然後定期或不定期地進行企業營運風險分析，並將分析報告及時提交給最高決策者。

②做好應對風險爆發後的「被害預測」。如前所述，有些風險事件是無法預測的，其爆發時無任何徵兆，對這類風險引發的重大風險，供應鏈風險管理部要事先制訂預備方案，然後進行風險分級管理。一旦真的發生重大風險，要迅速做出「被害預測」，根據每一項風險的解決方案，明確責任人與責任完成時間。

③處理風險事件的模擬訓練。根據「被害預測」，做成對應的預案和實施措施，另外還要不定期舉行不同範圍的風險爆發處理的模擬訓練。不僅要對高層管理者進行應對風險的訓練，還要對全體員工進行應對各種風險事件爆發後的訓練。平時的訓練非常重要，一是可以讓企業員工都建立起風險防範意識，二是知道一旦發生風險如何應對。否則，風險爆發後將會給企業和個人造成巨大損失。

供應鏈聚焦

2013年6月3日6時6分，位於吉林省德惠市沙子鎮的寶源豐禽業有限公司發生火災，當班人員被困，大火共造成121人死亡，76人受傷，17,234平方米主廠房及主廠房內生產設備被損毀，直接經濟損失1.82億元。造成如此嚴重的損失的原因很多，其中之一是寶源豐公司未對員工進行安全培訓，未組織應急疏散演練，員工缺乏逃生自救、互救的知識和能力。據員工們反應，從他們進廠工作以來，公司從未對他們進

行過逃生訓練，大火發生後，人們不知道該往哪裡逃，很多遇難員工是因為撤離不及時而被大火奪去生命的。

3. 制定風險防範措施

針對供應鏈企業合作存在的各種風險及其特徵，應該採取不同的防範對策，制定出不同的風險防範措施。關於風險的防範，主要措施包括以下幾種：

（1）建立戰略合作夥伴關係。供應鏈企業要實現預期的戰略目標，客觀上要求供應鏈企業進行合作，形成共享利潤、共擔風險的雙贏局面。因此，與供應鏈中的其他成員企業建立密切的合作夥伴關係，成為供應鏈成功運作、防範風險的一個非常重要的先決條件。建立長期的戰略合作夥伴關係，首先要求供應鏈的成員加強信任。其次，應該加強成員間信息的交流與共享。最後，建立正式的合作機制，在供應鏈成員間實現利益共享和風險共擔。

（2）加強信息交流與共享，優化決策過程。供應鏈企業之間應該通過相互之間的信息交流和溝通來消除信息扭曲，從而降低不確定性和風險。

（3）加強對供應鏈企業的激勵。對供應鏈企業間出現的道德風險的防範，主要是通過盡可能消除信息的不對稱性，避免敗德行為的發生。同時，要積極採用一定的激勵手段和機制，使合作夥伴能夠獲取比敗德行為更大的利益，以消除道德風險。

（4）柔性化設計。供應鏈合作中存在需求和供應方面的不確定性，這是客觀存在的規律。在供應鏈企業的合作過程中，要通過在合同設計中互相提供柔性，可以部分消除外界環境不確定性的影響，傳遞供給和需求的信息。柔性設計是消除由外界環境不確定性引起的變動因素的一種重要手段。

（5）風險的日常管理。競爭中的企業時刻面臨著風險，因此對於風險的管理必須持之以恆。要建立一整套預警評價指標體系，當其中一項以上的指標偏離正常水準並超過某一「臨界值」時，發出預警信號。

（6）建立應急處理機制。在預警系統發出警告後，應急系統及時對緊急、突發的事件進行應急處理，以避免給供應鏈企業之間帶來嚴重後果。

（7）資源配置到位。當對策制定完畢，公司內部的安排一定要保障硬件與軟件的配合，以及資金、人員、措施到位。

（8）確保對話渠道暢通。確保企業內外部對話渠道暢通，與外部世界建立良好的互動、協作關係，改善企業外部的生存環境。如果缺乏內外部的溝通，風險可能會放大百倍以上。

供應鏈聚焦

2009年7月在日本的千葉縣發生普銳斯追尾事件後，2010年1月份豐田才對ABS防抱死制動系統進行處理，到2月3日日本國土交通廳才得知此事，這使日本媒體一片喧嘩。豐田公司在應對普銳斯追尾事件危機上顯得十分被動，這是一次很差的風險應對事件。總體來看，豐田公司在此次事件中暴露出風險應對方面存在的問題有：

第一，豐田公司危機防範機制存在缺陷。據豐田有關人士說，接到顧客投訴，由於技術部門分工太細，不知該由誰負責，因而無法及時解決顧客提出的問題。

第二，公司內部信息溝通不暢，危機信息無法及時傳達到決策層，從而失去處理

危機的良機。豐田共有 32 萬從業人員，信息逐級上報需要不少時間，甚至還存在關鍵信息漏報現象。

第三，豐田公司處理危機的「被害預測」失誤。危機發生後，豐田內部認為此次事件不是很大，且保護來自創業家族總裁的呼聲很高，認為豐田不宜直接面對記者。因此，直到 2010 年 2 月份，豐田公司下面的人員已無法平息事件的影響時，人們才聽到總裁的聲音。其實事件發生後，消費者最想聽到的就是豐田總裁的回應。但是，時過大半年，公司總裁才出來與消費者溝通，這個時候早已失去了其應有的價值。

此次事件使豐田的質量神話和品牌聲譽受到了極大的打擊。

12.3.2.2 重構彈性供應鏈

當今企業處於一個不確定、動盪的市場環境中，供應鏈的風險成為讓企業頭疼的大問題。隨著供應鏈越來越龐大、複雜，供應鏈風險也就越來越威脅到企業的生存和供應鏈的正常運作。企業只有通過構建彈性供應鏈才能更好地管理和規避風險。

1. 供應鏈彈性

自然災害、事故、人為破壞毫無疑問都會嚴重地，甚至長期地影響到企業、整個供應鏈的正常運作。面對供應鏈風險，有的企業可以做得比別的企業更好，並不是它們有比其他企業更多的訣竅，而是因為它們的供應鏈更具有彈性。

供應鏈彈性（Supply Chain Resilience）不僅僅是指管理風險的能力，更加強調的是供應鏈作為一個複雜系統，在風險發生後，能快速恢復到初始狀態，或者進入一個更有利於供應鏈運作的狀態。

2. 提高供應鏈企業彈性的途徑

對企業而言，彈性體現了企業在大的供應鏈中斷後快速反彈的能力，比如快速恢復到之前的績效水準（產量、服務水準、客戶滿意度等）的能力。

企業可以通過以下幾個方面來提高自己的彈性：

（1）增加冗餘

在理論上，供應鏈上的企業能夠通過設置冗餘產能來提高彈性。比如，企業可以保持一定的備用庫存量、維持設備的低利用率、選擇多個供應商、設置備用的運輸工具來保證物流能力，等等，這些冗餘資源都可以使得企業在供應鏈中斷的過程中有足夠的緩衝空間。顯然，這是一種非常費錢的方法，多餘的庫存必然占用更多的資金，導致總成本增加、利潤下降等。

（2）提高柔性

相對而言，如果企業提高供應鏈的柔性，不僅有助於企業在供應鏈中斷中站穩腳跟，還可以更有力地對需求波動做出快速回應。

要實現供應鏈的柔性，企業可以從以下幾個方面入手：

①採用標準化流程。企業需要在分佈於全球的工廠之間實現產品零部件的可替換性和可通用性。有的時候甚至需要實現全球產品的設計和生產流程的統一，並且大多數時候需要多技能員工的支持。這些都可以幫助企業快速地對供應鏈做出回應。舉例來說，英特爾公司在全球建設統一模式的生產工廠，包括車間佈局和生產流程都實現

全球統一，這種標準化的生產設計使得英特爾可以快速地在不同工廠之間進行產量的調整，以應對不同地區產生的供應鏈風險。

②採用並行流程。在生產、分銷、配送過程中採用並行流程模式，企業可以同時觀測到不同職能部門的同步運作，並且快速地評估不同運作流程的狀態，並且在緊急事件發生時通過協作以快速地應對。並行流程模式可以幫助企業加速供應鏈中斷之後的恢復過程。

③採用延遲製造的生產組織方式。產品、流程，以及決策的最大化延遲可以提高企業的運作柔性。讓產品處於半完成狀態，可以實現產品在過多和不足市場之間的調撥，從而實現供應鏈的柔性。這不僅可以提高滿足率和服務水準，還可以控制庫存成本。義大利服裝製作和零售巨頭貝納通，就是通過重新設計生產流程以保證企業能夠達到最大限度的延遲，以滿足客戶的不同需求。

④加強供應商關係管理。如果企業依賴於少數的關鍵供應商，那麼，這些供應商的任何事故、風險都會對企業帶來災難性的影響。而通過有效的供應商關係管理，以及相互之間更多的溝通和瞭解，企業就可以更好地掌握供應商的內部運作情況，並且對產生的各種風險做出快速的回應。即使企業不是依賴於少數的關鍵供應商，龐大的供應商網路也需要企業對自己的供應商有足夠的瞭解，以通過緊密的合作關係來化解各種風險。Land Rover公司就是因為它的唯一車身底盤供應商 UPF-Thompson 在 2001 年突然宣布破產，而不得不支付大量的資金來確保車身底盤的供應。

(3) 樹立正確的企業文化

從豐田、戴爾、西南航空（美國）的成功中可以發現，在供應鏈中斷之後能夠快速應對、快速恢復的企業，往往在企業文化方面具有特殊之處。這些企業在文化方面具備一些共性。

①保持員工之間高效的信息溝通。高效的信息溝通，可以使企業所有員工清楚理解企業的戰略目標，掌握企業的日常運作。當供應鏈風險發生的時候，員工可以快速地運用掌握的信息做出快速的判斷、制定準確的應對措施。

②員工授權。這樣可以保證在供應鏈風險發生的時候有適當的員工快速地做出回應。豐田公司的總裝線就是一個典型的例子，總裝線的任何一個員工都可以按下一個特定的報警按鈕，以快速地解決裝配過程中出現的故障。

③工作激情。成功的企業往往取決於他們的員工。美國西南航空的 CEO 認為，要使自己的員工意識到自己是在搭建房子，而不僅僅只是在堆積磚塊。激勵措施可以保證企業員工的工作激情，從而避免風險的發生或者對產生的風險做出快速的回應。

3. 構建彈性供應鏈的重點

根據 Christopher and Peck (2004) 的研究，可以從供應鏈設計、供應鏈協作、供應鏈敏捷性和供應鏈風險管理文化這四個方面構建彈性供應鏈，如圖 12-9 所示。

(1) 供應鏈設計（重構）

傳統的供應鏈更多地側重優化成本和客戶服務，很少在目標函數中把彈性作為考慮因素，而現代供應鏈則更加強調供應鏈彈性。

①供應鏈理解。這是改進供應鏈、提高彈性的前提。更好地理解供應鏈網路結構、

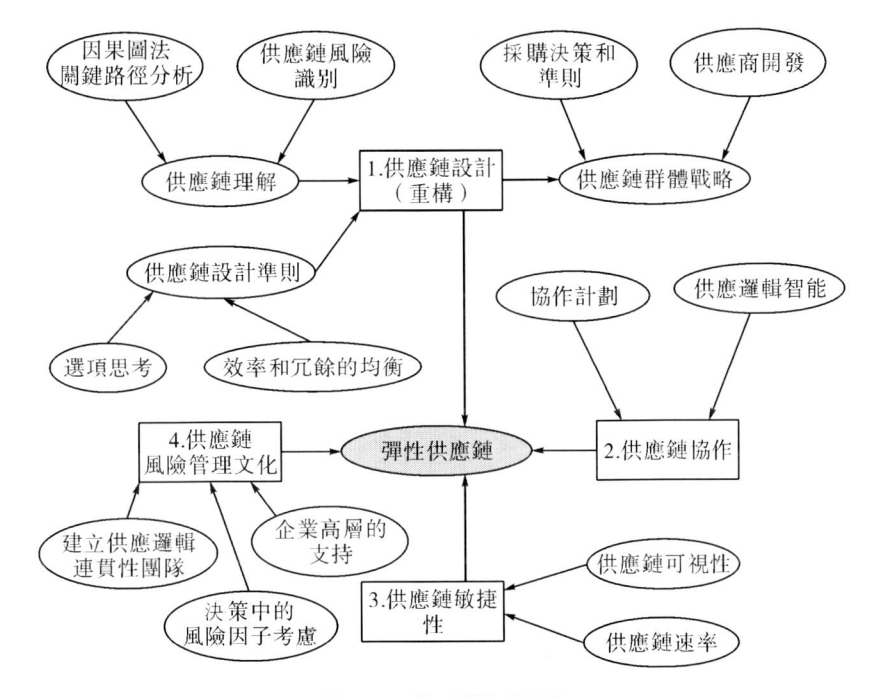

圖 12-9　構建彈性供應鏈

供應商以及供應商的供應商，或者客戶及客戶的客戶，都是進行有效的供應鏈設計和重構的基礎。

②供應群體戰略。供應群體的發展趨勢是減少供應商，實現單源供應。但是，這同時也帶來相應的風險。單源供應的好處在於保證質量和服務，但是降低了供應鏈的彈性。企業應該與供應商緊密合作，對上下游的潛在風險進行監控和防範。

③供應鏈設計準則。在供應鏈風險激增的市場環境下，產生了一些新的供應鏈設計準則。比如，選擇供應鏈戰略時確保有其他後備可選項；重新思考效率和冗餘之間的權衡，尤其是關鍵點和關鍵路徑。

（2）供應鏈協作

高水準的供應鏈協作有助於控制和減緩風險。傳統的供應鏈還是偏重自身企業的管理，但是越來越多的行業開始展開企業和企業之間的合作，尤其是快速消費品行業。製造商和零售商之間在合作、計劃、預測和補貨方面都實現了很高層次的供應鏈協作。

供應鏈協作的關鍵之一就是通過信息共享來降低供應鏈的不確定性。從而降低供應鏈風險。同時，它的目標也是達到更高水準的供應鏈智能。

（3）供應鏈敏捷性

供應鏈敏捷性可以定義為快速回應不可預知的需求或者供應變化的能力。敏捷性的兩個主要維度是供應鏈可視性和供應鏈速率。

①供應鏈可視性。可以將可視性定義為一個渠道從頭到尾的能見度，包含對庫存、需求、供應狀況、生產計劃、採購計劃等信息的清晰掌握。可視性的實現依賴於企業

和上下游合作夥伴之間的緊密協作。一個明顯的可視性障礙來自核心企業內部組織結構，職能化的組織結構容易導致部門之間溝通的缺乏。

②供應鏈速率。流水線流程、縮短上游提前期、縮短非增值時間是三個主要的提高速率和加速度的方法。流水線流程是最基本的，流程的重構和並行設計可以減少活動的數量，在小批量的基礎上可以更好地提高柔性和經濟批量效應。選擇具有快速回應能力的供應商是保證縮短上游提前期的關鍵，並且相互之間基於共享信息的同步計劃也可以確保供應商具有更高的敏捷性，而不是通過庫存來實現快速回應。從客戶的角度而言，在供應鏈中減少非增值活動的時間可以大大提高供應鏈的敏捷性。

(4) 供應鏈風險管理文化

供應鏈風險管理的實現，需要在企業中形成相應的供應鏈風險管理穩固化。並且這樣的一種文化應該是跨企業的，而不是僅僅局限在企業內部的，從而形成整個供應鏈的連貫性管理。此外，供應鏈風險評估應該成為每一層次的決策過程所應考慮的部分。供應鏈風險管理團隊的設置也是非常必要的，而且這個團隊應該是跨多個職能部門的。

本章小結

本章首先分析了風險、供應鏈風險、供應鏈風險管理的含義和特性。然後根據不同的分類方法界定了供應鏈風險的類型，並總結了供應鏈風險識別的程序和方法。可以採取定性或者定量的方法識別出風險，分析這些風險所造成的可能性影響，根據影響程度的大小制定相應的對策。在識別和分析供應鏈風險之後，可以選擇和應用合適的措施去應對供應鏈風險，並在組織結構的層面建立供應鏈風險管理機制。為了更好地應對供應鏈風險，降低供應鏈風險對企業生存和供應鏈正常運作產生的影響，構建一個彈性供應鏈成為企業管理和規避風險的主要措施。

思考與練習

1. 如何理解供應鏈風險的含義及其存在的原因？
2. 供應鏈風險的類型有哪些？
3. 如何選擇合適的供應鏈風險應對策略和措施？
4. 舉例說明如何構建彈性供應鏈？
5. 為什麼說建立有效的風險管理組織機制是保證供應鏈風險管理的基礎？
6. 選擇一家新企業，試著建立其供應鏈風險登記簿和相應的風險管理機制。

本章案例

案例12-1 巴爾弗·比蒂集團的風險管理戰略

董事會對集團的風險管理體系和內部控制負有最終責任並須檢查其有效性。董事會已在2005年期間，根據提交給董事會、審計委員會和商業實踐委員會的報告，持續評估了風險管理流程和內部控制的有效性，包括：

● 對內部財務控制所做的內部審計結果的回顧。

● 集團範圍內的認證：是否維持了有效的內部控制，或者在哪些環節發生了重大的、造成損失或沒有損失的不合規事項或故障，糾正措施的狀態。

● 由管理層準備的一份關於重大風險的性質、程度和減輕以及關於內部控制體系的報告。

集團的體系和控制旨在確保集團的重大風險暴露得到了恰當的管理，不過董事會認識到，內部控制系統旨在管理而非消除故障風險，以便實現企業目標，同時，僅能對重大誤報或損失提供合理的而非絕對的保證。另外，並非所有的集團參與的合資企業都為此得到了相應處理。對於那些沒有處理的，須根據合資各方之間達成的協議，運用內部控制體系。

集團內部控制體系的中心就是風險管理流程和框架。這些與特恩布爾內部控制指導方針是一致的，至這份報告簽署之日的過去一年內都遵循該方針。

集團內部控制體系是通過許多不同的流程來運作的，其中一些流程是相互聯繫的。這些包括：

● 為了識別集團實現其總體目標的風險及相關的減輕措施，對每個營運公司及集團總體的戰略和計劃進行的年度檢查。

● 由執行董事和一線管理層對照預算進行的月度財務報告、結果檢查和預測，包括具體的業務領域或項目風險。這用來更新管理層對集團營運環境的理解，也用來更新所採用的已識別的風險減輕和控制的方法。

● 各個招投標和項目的評審程序，這些評審是在營運公司層級上進行，如果價值或感覺到的風險暴露突破了某個閾值，則在董事委員會層級進行。

● 定期匯報、監督，檢查健康、安全和環境事宜。

● 通過董事會專門委員會和董事會，評審並批准提議的投資、撤資和資本開支。

● 對集團範圍的具體風險領域進行檢查，並且確定和監督風險減輕措施。

● 制定並檢查適當的政策和程序文件，通過信息的自由和定期的流動對政策和程序文件進行更新，以應對變化著的商業風險。

● 集團財務手冊中規定的具體政策，覆蓋集團財務管理工作，包括與集團贊助者和債券提供者的約定、對外匯交易的控制、對貨幣和利率暴露的管理、保險、資本開支流程、核算政策及財務控制的應用。

● 集團範圍的風險管理框架，適用於集團所有職能，不管是營運職能、財務職能，

還是支撐職能。在該框架的約束下，集團各組成部分所面臨的關鍵風險以及避免或減輕這些風險的步驟會得到定期的檢查和評估。這些檢查的結果會記載在風險登記簿中，必要時會研究、制定具體的措施。

● 由內部審計團隊對關鍵業務財務流程和控制進行檢查和測試，對商業風險高的領域進行抽查。

● 集團的舉報政策。

案例 12-2　冀中能源國際物流全面風險管理

一、企業簡介

冀中能源國際物流集團有限公司（以下簡稱「冀中能源國際物流」）於 2011 年 1 月正式成立，註冊資金 18 億元，現有員工 1,100 餘人，總部設有發展規劃部、綜合管理部、財務管理部、法律審計部、信息管理部、物資管理部、風險控制部等 10 個部室，轄有境內外 20 多家子公司，業務範圍覆蓋貨物倉儲、設備租賃、供應鏈管理、服務外包、技術諮詢、技術服務等，輻射範圍包括境內外多個地區以及美國、巴西、俄羅斯、法國、澳大利亞等十多個國家。2011—2015 年，累計實現銷售收入 4,107 億元，利潤 33 億元，上繳稅費 20.2 億元，淨資產收益率年均保持 20% 以上的增幅。2016 年，冀中能源國際物流克服經濟下行壓力，積極創新，勇於擔當，實現銷售收入 1,458 億元，利潤 14 億元。

冀中能源國際物流是中國 5A 級綜合型物流企業，中國煤炭信用等級 3A 級企業，先後榮獲了中國先進物流企業、中國物流行業先進集體、中國能源物流最佳企業、中國大宗商品現代流通示範企業、中國最佳物流園區、中國最佳物流基地、中國物流示範基地等榮譽稱號，綜合實力位列中國物流百強企業前列，河北省物流企業 50 強第 1 位。此外，還承擔了物流工程碩士專業學位培養基地、物流職業教育實訓基地、河北省軍用物資應急採供供應商、現代物流培訓基地、河北省設備租賃調劑中心、鋼材交易中心等多項社會職能。

二、全面風險管理

企業經營風險在供應鏈環境下有放大的趨勢，供應鏈風險管理是供應鏈管理的重要內容，中國企業在實施供應鏈管理過程中，風險管理更顯重要。

1. 冀中能源國際物流的風險認知

為使風管控入腦、入心，執行到位，企業聘請了實力雄厚、理念先進的上海對外服務公司等專家團隊和北美物流協會主席戴偉博士等專家，多次為企業進行培訓、體檢，全員參與、全面梳理，在公司上下實現了對供應鏈風險及其防範重要性的認識統一。

冀中能源國際物流以物料產業為主營，以物流金融為依託，旨在為廣大國內及國際市場客戶提供供應鏈一體化的全方位綜合物流服務的國際物流公司。企業雖然不是金融機構，但能夠根據客戶需求提供物流金融服務，利用合作銀行資金從上游供應商處採購存貨並提供供應鏈服務，通過資產類和非資產類分公司、子公司以及合資企業提供物流服務，有效地聯合了上游供應商和下游客戶。

公司的營運模式，決定了公司面臨的風險，一方面，供應鏈的優勢對各類企業充滿著誘惑，吸引著眾多企業積極加盟供應鏈；另一方面，生產、需求、信息等大量不確定性因素的交叉作用，擴大了供應鏈的風險來源和危害程度。供應鏈節點企業之間的業務聯繫使得一些風險相互傳遞、放大，從而形成了合作風險。

供應鏈合作風險就是在基於供應鏈理念合作的過程中，由於供應鏈夥伴的個體差異和供應鏈總體的不確定性因素導致供應鏈達不到預期效果的概率與損失的綜合。例如供應鏈夥伴喪失核心能力、信息不對稱導致的道德風險、利益分配引起的激勵風險等，這些風險是由於供應鏈客戶之間的合作所引起的。相對於單個企業風險而言，供應鏈合作風險的表現形式更為複雜。

2. 制定並完善全面風險管理制度

根據冀中能源國際物流的經營範圍和模式，制定了《全面風險管理制度》，又稱「全面風險管理」。是指公司圍繞戰略目標，通過在管理的各環節和經營過程中執行風險管理的基本流程，培養良好的風險管理文化，建立健全全面風險管理體系，為實現風險管理的總目標提供保證的過程和方法。針對企業風險管理現狀，公司全面風險管理主要包括以下七項工作：

（1）風險評估（含年度風險評估及專項風險評估）：風險評估就是根據公司內外部環境的變化，對公司所面臨的風險進行風險辨識、風險分析、風險評價。公司和各分、子公司應對所面臨的風險進行評估，並形成風險評估報告。各部門應將日常管理工作中發現的公司層面的風險事件以風險辨識問卷的形式報送風險管理辦公室。風險管理辦公室每年組織開展一次公司層面的風險評估工作，負責制定風險評價的統一標準，並根據事件的來源、影響範圍、管理需要等特點，確定參與評估的範圍。

（2）風險管理策略制定：風險管理策略是指根據公司內外部環境及發展戰略所確定的全面風險管理的總體方針準則，包括：風險偏好、關鍵風險指標及其警戒值、針對當前重大風險的總體應對策略（即風險承擔、風險規避、風險轉移、風險控制），以及風險管理資源的配置原則。針對年度風險評估應確定需優先管理的重大風險、專項風險評估及風險監控流程所確定的需應對的風險。風險管理分管領導應提出風險管理策略的制訂要求。

（3）風險應對：各責任單位應當根據公司風險管理策略，結合本單位當年評估出的風險和年度工作計劃，制訂或修訂具體的風險應對方案，報風險管理辦公室及風險監督部門備案，並組織實施。風險應對方案應包括具體風險的管理控制目標、相關崗位的管理責任分工，針對該風險的事前、事中、事後的具體應對措施。

（4）風險的日常監控：風險管理辦公室根據監控需要，制定風險監控上報標準。風險監控上報標準包括潛在風險上報標準和突發風險事件上報標準。

（5）突發風險事件應急應對：具體風險管理責任單位在進行風險監控時，針對達到上報標準但未建立應急預案的突發風險事件，應進行突發風險事件應急應對，在本單位職能範圍內採取恰當的應對措施的同時，於風險事件發生 1 小時內將初步信息上報公司風險管理辦公室。

（6）風險管理的監督改進：風險管理的監督與評價是指對風險管理的效果和效率

進行持續的監督與評價，包括對風險管理工作執行情況進行定期檢查，對風險管理工作任務的完成情況進行評價，並根據監督或評價的結果，對全面風險管理工作進行改進與提升。

（7）風險管理文化的建設：公司各責任單位和所屬企業要大力培育和塑造良好的風險管理文化，樹立正確的風險管理理念，增強員工的風險管理意識，促進全面風險管理目標的實現。

3. 制定並完善全面風險管理手冊

在制定並完善《全面風險管理制度》的基礎上，進一步完善《全面風險管理手冊》，一方面，對如何在公司層面開展風險集中管理工作進行了具體說明，提供了明確的風險集中管理的工作規範；另一方面，對具體風險分類管理機制進行了總體說明，為在現有管理體系中融入具體風險管理提供了方向指導。如圖12-10所示。

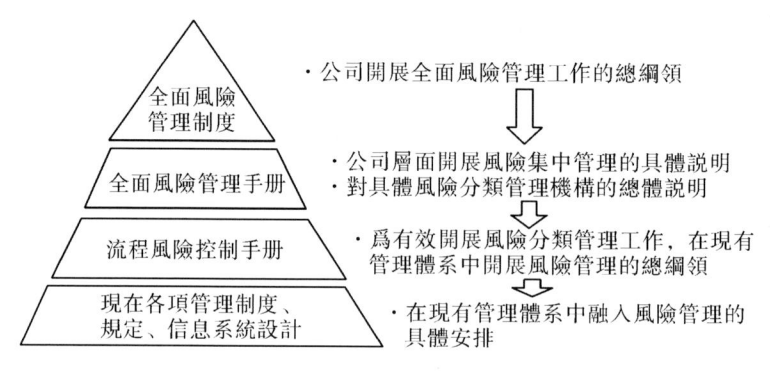

```
           ／＼
          ／全面風險＼         ・公司開展全面風險管理工作的總綱領
         ／ 管理制度  ＼
        ／――――――――＼
       ／  全面風險管理手冊 ＼    ・公司層面開展風險集中管理的具體說明
      ／                    ＼   ・對具體風險分類管理機構的總體說明
     ／――――――――――――＼
    ／    流程風險控制手冊       ＼  ・為有效開展風險分類管理工作，在現有
   ／                            ＼   管理體系中開展風險管理的總綱領
  ／――――――――――――――＼
 ／   現在各項管理制度、            ＼ ・在現有管理體系中融入風險管理的
／     規定、信息系統設計            ＼  具體安排
――――――――――――――――――
```

圖12-10　風險管理設計

（1）制定並完善全面風險管理體系。公司全面風險管理體系主要由風險管理策略、風險管理保障體系、風險管理工作流程、風險管理信息系統和風險管理文化五個部分構成（見圖12-11）。這五個主要部分相互依存、相互作用、協作運轉，保障企業全面風險管理功能的發揮。

①風險管理策略。是指導風險管理活動的指導方針和行動綱領。包括風險管理目標、風險承受度方案、風險應對總體方案。公司風險管理策略應處於動態調整的過程中。

②風險管理組織體系。是風險管理體系運轉的組織安排，它明確了風險管理工作的具體實施者。公司風險管理組織主要包括風險管理組織機構、風險管理組織職責安排。

③風險管理報告體系。是全面風險管理體系的溝通路徑，目的在於滿足企業內部不同層級人員對風險信息的需求，且保障公司風險信息溝通的全面性、及時性、準確性和安全性。

④風險管理考核體系。是開展全面風險工作的驅動保障。公司風險管理考核體系主要包括風險管理考核實施辦法、風險管理考核內容和標準、風險管理考核結果應用方案。

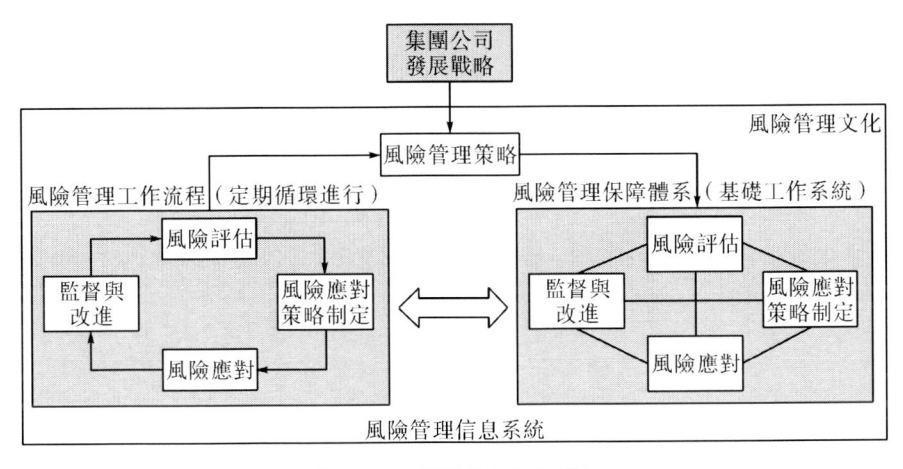

圖 12-11　風險管理信息系統

⑤風險管理工作流程。是風險管理體系運轉的活動安排，它明確了風險管理工作的開展方式與方法。公司風險管理流程主要包括流程架構、流程圖、流程說明、重要流程附件。

⑥風險管理信息系統。是開展全面風險管理工作的信息化工具，它通過提供一個風險信息採集、分析、共享的平臺，有效提高公司風險管理營運效率。

⑦風險管理文化。是公司文化的重要組成部分，是公司在經營管理活動中逐步形成的風險管理理念、哲學和價值，通過公司的風險管理戰略、風險管理制度以及廣大員工的風險管理行為表現出來的一種公司文化。

(2) 設置並完善全面風險管理組織。全面風險管理組織由風險管理決策機構、風險管理執行機構、風險管理監督機構三個層面構成。其中風險管理執行機構又包括風險管理辦公室和具體風險管理部門（見圖 12-12）。

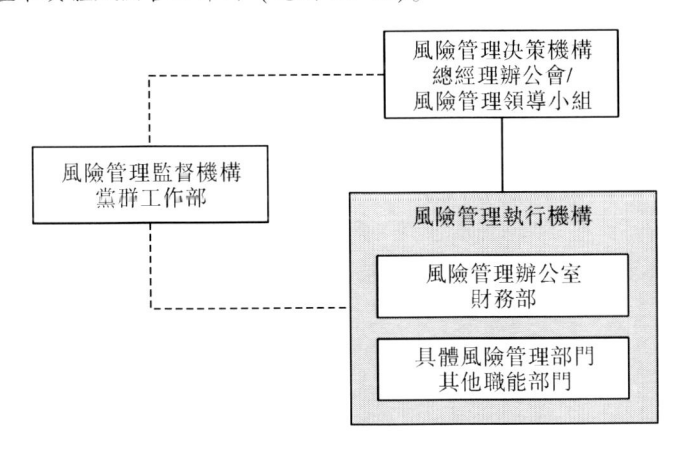

圖 12-12　風險管理機構

①風險管理決策機構：總經理辦公會為公司風險管理最終決策機構，風險管理領

導小組會依據授權對重大風險管理事項進行決策。

②風險管理辦公室：風險管理領導小組下設風險管理辦公室，其日常管理和辦事機構設在財務部，履行風險集中管理職責，負責公司跨職能部門及公司層面風險管理活動的組織和安排。

③具體風險管理部門：公司其他職能部門為公司具體風險管理部門，一方面，在風險管理辦公室的統一組織和協調下，參與跨職能部門及公司層面的風險管理活動；另一方面，負責在本部門所涉及的經營管理活動中開展相應的具體風險管理評估、應對工作。各部門負責人為本部門風險管理責任人，各部門應明確專職或兼職的風險管理員。

④風險管理監督機構：黨群工作部為公司風險管理監督機構，負責對公司全面風險管理運行整體情況進行監督檢查。

（3）制定並完善全面風險管理流程。全面風險管理流程包括風險集中管理流程與具體風險管理流程。風險集中管理流程是風險管理辦公室的主要工作流程，包括風險評估、風險管理策略制定、風險應對、風險監控、突發風險事件應急應對、風險管理監督改進六個流程，其中風險評估流程又分為專項風險評估流程和年度風險評估流程。風險管理流程通常應將現有管理體系匯總，以各職能部門相關管理制度和程序文件作為主要落實載體（見圖12-13）。

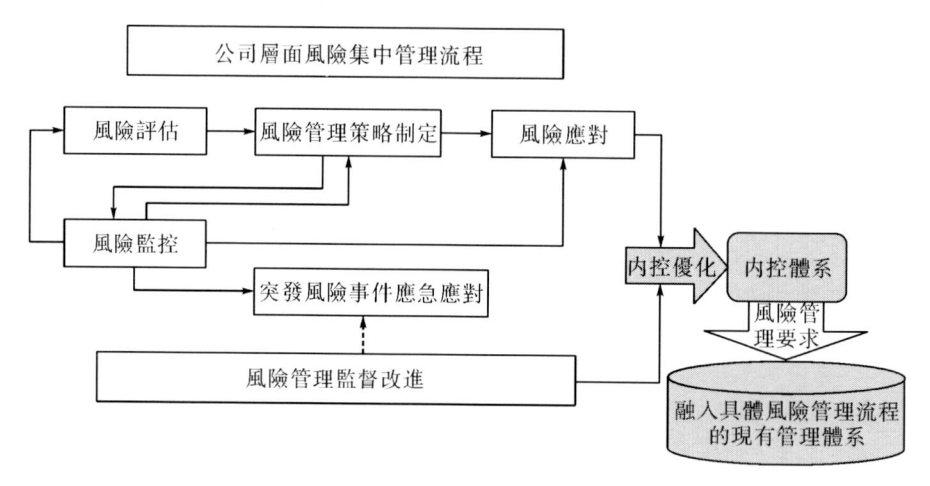

圖12-13 風險管理流程

（4）制定並完善全面風險管理報告體系。根據公司戰略決策需求、外部監督機構合規要求，公司全面風險管理報告由以下類型組成：

①公司層面報告：《年度風險評估報告》《公司風險監控報告》《突發風險事件應急預案》《風險管理監督評價報告》《重大風險管理策略報告》。

②部門層面報告：《專項風險評估報告》《突發風險事件應急應對方案》《重大風險應對方案》《部門風險監控報告》《重大風險應對實施報告》《突發風險事件應急應對實施報告》。

（5）制定完善的全面風險管理考核體系。全面風險管理考核是指對風險管理的效率和效果進行持續監督與考核評價。公司每年應至少組織一次全面風險管理考核工作，對公司各部門/各單位的風險管理工作執行、工作任務完成情況進行考核，並根據考核的結果，對公司全面風險管理工作進行改進與提升。根據被考核對象的不同，分為四類考核，即對具體風險管理部門的考核、對風險管理辦公室的考核、對風險管理監督機構的考核、對所屬企業的考核。

4. 制定並完善風險監控預警指標體系

按照戰略風險、財務風險、市場風險、營運風險、法律風險、投資風險六大類，進行細化分類，列示各種風險下的指標名稱、指標公式及指標說明。以財務風險為例，可細分為償債能力指標、資產負債管理能力指標、盈利能力指標、發展能力指標、現金流量指標五個二級風險指標。償債能力指標可再分為短期償債能力指標和長期償債能力指標兩個三級風險指標，指標公式及指標說明如表12-7所示。

表 12-7　　　　　　　　　　　風險管理指標體系

一級指標	二級指標	三級指標	指標名稱	指標單位	指標公式	指標說明
財務風險	償債能力指標	長期償債能力指標	資產負債率	%	資產負債率＝負債平均總額/資產平均總額	資產負債率又稱財務槓桿係數，該指標反應了企業總資產來源於債權人提供的資金的比重，以及企業資產對債權人權益的保障程度。這一比率越小，表明企業的長期償債能力越強。
			負債權益比率	%	負債權益比率＝負債總額/股東權益	又稱產權比率，反應所有者權益對債權人權益的保障程度。從另一個角度反應企業的長期償債能力。與資產負債率、股東權益比率兩個指標可以相互印證。
			股東權益比率	%	股東權益比率＝股東權益/總資產	該指標反應了企業總資產中，權益資產佔的比例。該指標越高，償債風險越小。
			有形資產負債率	%	有形資產負債率＝負債總額/（總資產－無形資產及其他資產－待攤費用－待處理流動資產淨損失－待處理固定資產淨損失－固定資產清理）	企業資產變現時，無形資產存在難以變現或者減值的危險。這是一個保守的衡量長期負債能力的指標。
			債務與有形淨值比率	%	債務與有形淨值比率＝負債總額/（股東權益－無形資產）	債務與有形淨值比率指標反應公司債權人的權益由所有者提供的有形資產的保障程度，這是一個保守的衡量長期償債能力的指標。
			利息保障倍數	倍	利息保障倍數＝息稅前利潤/當期利息費用	利息保障倍數是衡量企業償付到期利息能力的指標。企業生產經營所獲得的息稅前利潤相對於本期所需要的支付利息費用越多，說明企業支付到期利息的能力越強，債權人的利益就越有保障。

5. 制定並完善風險事件庫

風險發生可能性指該風險事件發生概率的大小。風險事件發生的可能性分為5個等級，分別賦予1分至5分，表示可能性逐漸增加，1分表示該風險事件發生的可能性極低；5分表示該風險事件幾乎確定會發生。風險影響程度指某一風險事件一旦發生，會對公司未來經營目標所產生影響的大小。風險影響程度由四個獨立的方面組成，分

別包括：財務、營運、合規守紀、可持續發展。在最終的評價統計中將取最大值作為最終的影響程度大小。風險影響程度分為5個等級，分別賦予1分至5分，表示影響程度依次加強。1分代表影響程度很低，基本可以忽略，5分代表影響程度非常高，對公司有極其重大的影響（見表12-8）。

表12-8 風險等級

評分指標 \ 分值（分）	5 非常嚴重	4 嚴重	3 中等	2 較小	1 輕微
財務	稅前利潤損失20%以上；或對公司整體造成的直接經濟損失達1億元以上	稅前利潤損失10%~20%（含20%）；或對公司整體造成的直接經濟損失達1,000萬~1億元（含1億元）	稅前利潤損失5%~10%（含10%）；或對公司整體造成的直接經濟損失達100萬~1,000萬元（含1,000萬元）	稅前利潤損失1%~5%（含5%）；或對公司整體造成的直接經濟損失達10萬~100萬元（含100萬元）	稅前利潤損失1%以下；或對公司整體造成的直接經濟損失達10萬元以下（含10萬元）
營運	人力、時間、成本極大程度超出預算（大於20%）；或無法達到大部分營運和投資的關鍵業績指標	人力、時間、成本嚴重超出預算10%~20%（含20%）；或無法達到部分營運與投資的業績指標	人力、時間、成本大幅度超出預算5%~10%（含10%）；或嚴重降低營運和投資的效率和效果	人力、時間、成本略微超出預算1%~5%（含5%）；或對營運和投資的影響有限	時間、人力、成本輕微超出預算（小於1%），對營運和投資的影響輕微
合規守紀	在經營管理工作中的違法行為特別嚴重，情節十分惡劣，對公司生產經營管理及生存造成極其嚴重影響	利用職權謀取非法利益的違法行為（如貪污受賄、挪用公款、徇私舞弊等），對公司生產經營管理造成嚴重影響	缺乏必要的法律常識，在經營管理工作中存在違法行為（如法律訴訟、經濟糾紛等），對公司生產經營造成較嚴重的影響	法律知識不足，在管理工作中存在較輕的違規、違紀的行為（如瀆職、行政處罰、經濟爭議、知識產權保護不力等），對公司生產經營造成較小的影響	依法合規經營意識淡薄，在工作中存在怠於行使管理職責的行為（如管理不規範、有章不循、消極不作為等），但對公司生產經營管理造成微小影響
可持續發展	導致公司戰略目標難以實現；或可持續發展資源（如礦藏、人才、科技、市場等）喪失；或對公司聲譽造成無法彌補的損害	嚴重削弱公司戰略制定和執行的有效性；或對可持續發展資源（如礦藏、人才、科技、市場等）和聲譽造成嚴重損害	大幅削弱公司戰略制定和執行的有效性；或對可持續發展資源（如礦藏、人才、科技、市場等）和聲譽造成較重損害	削弱了公司戰略制定和執行的有效性；或對可持續發展資源（如礦藏、人才、科技、市場等）和聲譽造成一定程度的損害	輕度降低公司戰略制定和執行的有效性；或對可持續發展資源（如礦藏、人才、科技、市場等）和聲譽造成損害，但損害輕微

在細化的一級和二級風險下，列示可能發生的風險事件，並對應相關部門，同時

編製出應對措施。以戰略風險為例，如表 12-9 所示。

表 12-9　　　　　　　　　　　　　戰略風險管理

序號	一級風險	二級風險	部門	風險事件	應對措施
1	戰略風險	政策風險	香港物流公司	（香港）公司的每筆業務常常會涉及兩個國家或地區，所涉及的國家和地區的貿易政策的調整可能會給（香港）公司的業務帶來政策風險	及時瞭解相關的貿易政策，制定應對的防範措施
2	戰略風險	政策風險	綜合部	國際物流公司節點設施由於其占地面積大、依賴交通基礎設施等因素，建設地點多處於縣、鄉等地方政府行政地界。政府領導層的頻繁更換將會影響節點設施建設的政策連續性，導致項目面臨土地指標減少、投資費用增加、支持性文件審批困難等風險	涉及縣、鄉地方政府的投資項目，務必爭取到地級市乃至省級政府的支持，盡量使投資項目進入地市
3	戰略風險	戰略規劃風險	綜合部	國際物流公司在編製戰略規劃時由於對國家產業政策、行業規範等信息的掌握不及時、不全面，缺乏對發展戰略的研究與跟蹤，對未來幾年的物流產業形勢和國家政策的預測不到位，從而導致公司戰略規劃制定不科學，發展方向發生偏離	加強與國家、省、市各級政府的聯繫溝通，特別是要與國資委、發改委分管物流業務的職能部門保持對口的密切聯繫，瞭解國家宏觀經濟政策走向，掌握物流行業的前沿發展趨勢，保證戰略規劃編製的科學性、有效性和可執行性。 積極參與物流行業協會和諮詢機構，保持定期互動交流，關注行業信息動態。定期參加協會組織的論壇、培訓和年會，通過行業內活動交流探討國內外物流行業發展前景，學習國際、國內先進物流企業的管理經驗，汲取對本公司戰略規劃的合理建議。
4	戰略風險	投資決策風險	綜合部	項目盡職調查是項目投資決策的重要依據。在調查過程中可能由於被調查方提供的業務、法律和財務等方面的資料不詳實、不準確，使得投資決策依據的基礎信息可靠性較低，導致難以在立項之初分辨項目信息的真偽，可能導致決策失誤，給物流公司造成損失	盡量從內外部多渠道、多方面瞭解被投資項目的信息，全面深入分析被投資項目數據的可靠性和準確性，嚴格按照公司《投資項目前期管理辦法》的程序進行項目前期盡職調查工作，針對各類項目實施經驗進行總結和優化。如遇到特別重大的投資項目或行業跨度較大的陌生領域，可聘請相關專家，以保障盡職調查的客觀公正性和全面性

表12-9(續)

序號	一級風險	二級風險	部門	風險事件	應對措施
5	戰略風險	社會形象風險	黨群工作部	重大事件和突發事件對企業產生的負面影響的報導引發不必要的風險點	建立輿情監測、分析、突發事件的應對措施和機制，進一步增強責任感和主動性，利用好宣傳陣地和平臺，提升工作效能；要善於挖掘、提煉工作亮點和特色，提升宣傳報導的層次；要嚴把稿件審核關，作者要將所撰寫的稿件送交主管部門領導審核把關

6. 建立並完善抗法律風險評分卡

為客觀評價公司供應鏈業務及項目風險，動態監管業務及項目各類風險，有效記錄風險管理工作進度，及時進行風險防範，根據公司有關規定，建立企業風險評分卡。設立風險考核領導小組，由董事長擔任組長，由總法律顧問、總會計師擔任副組長，成員由集團公司領導班子成員組成，風險考核領導小組下設風險考核辦公室，其日常管理和辦事機構設在法律審計部。風險考核辦公室負責稽核各分公司、子公司及相關部門風險評估工作的完整性；將各級領導的意見如實反饋給有關分公司、子公司及部室，並監督其落實；以「風險評分卡」的填報情況作為一項考核依據，進行月度風險管理考核。評價的內容包括分公司、子公司及相關職能部室的供應鏈業務，包括前期準備、業務執行、業務總結三個階段；對外投資項目的前期準備工作；工程項目，包括前期準備、施工準備、施工管理、竣工驗收、後評價五個階段。對經辦人評分、負責人評分以考核報告或其他材料中描述的風險實際情況為依據，給出1-5分整數賦值。風險等級劃分標準，其中：1分代表低風險；2分代表較低風險；3分代表中等風險；4分代表較高風險；5分代表高風險。同時，加大業績指標完成及風險考核與工資分配聯掛力度，嚴密考核，尤其將檢查出的問題列為紀檢巡查的重點內容，由紀檢部門定期巡查督導，限期整改和完善提高，切實做到在事前即具備強化風險防範的意識，將風險化解在萌芽初期；在事中提高動態、應變的風險防控能力；事後安排得力的風險防範補救措施、辦法。

通過全面風險管理系統，提高企業風險防範意識，實現全面風險管理在冀中能源國際物流的有效運行，增強了企業應對、規避、抵禦各種風險的能力，為企業實現跨越式發展提供了重要保障。

資料來源：丁俊發. 供應鏈理論前沿 [M]. 北京：中國鐵道出版社，2017：10-14.

案例思考

1. 巴爾弗・比蒂集團對風險管理戰略的規定有哪些特點？

2. 冀中能源國際物流公司在風險管理的過程中，你認為有哪些好的方面可以借鑑，還有哪些方面應該加強？

13 供應鏈管理的發展與實踐

本章引言

　　隨著製造業利潤的日漸微薄和服務業的快速發展，製造業與服務業的融合成為大勢所趨，服務供應鏈呼之欲出，成為促進製造業創新和發展的重要途徑。此外，全球環境的惡化讓人們重新思考經濟的可持續增長問題，低碳、環保成為熱議的話題，綠色供應鏈也就順其自然地成為供應鏈管理的熱點。最後，供應鏈中的中小企業常常面臨融資難的問題，而事實上，供應鏈中的核心企業是可以憑借其影響力，通過與金融機構合作實現整條供應鏈中資金流的順暢運行，這就是供應鏈金融出現的原因。

　　供應鏈管理從誕生之日起就在不斷地發展變化，通過本章的學習瞭解供應鏈管理在服務供應鏈、綠色供應鏈和供應鏈金融等方面的最新發展。

學習目標

- 瞭解服務供應鏈的運作機制。
- 理解綠色供應鏈的內涵。
- 掌握供應鏈金融的含義及主要融資模式。

13.1　服務供應鏈

13.1.1　服務供應鏈的背景和概念

13.1.1.1　知識密集型服務產業化的興起與供應鏈服務化

　　20世紀80年代末，羅默的新增長理論，以知識和技術作為內生變量進入生產函數為代表。在發達國家，服務從勞動密集型、資本密集型向知識密集型過渡，發展越來越依賴於技術、知識和人力資本，知識型服務行業呈現出發展的趨勢。以知識和技術為主的、高附加值的，如法律服務、管理服務、工程服務、金融服務、計算機服務和其他知識密集的服務行業發展十分迅速。在發達國家，現代服務業已成為增長最快的產業。據統計，歐盟服務業近50%的工作機會是知識密集型服務行業提供的，美國知識密集型服務業對其GDP的貢獻率高達50%。在中國，知識密集的服務行業有很大的發展空間，大力發展高新技術為載體的知識密集型的服務產業是服務業發展的必然趨勢。

在這一背景下，以服務為主導的供應鏈的發展最為典型，越來越多的生產企業從提供產品轉變到提供產品和服務再到提供服務解決方案轉變，製造產業呈現出「服務為主導」的發展新趨勢。

越來越多優秀的生產製造企業開始從「以生產為中心」向「以服務為中心」過渡，價值鏈中的生產服務的績效持續增加。如20世紀90年代中後期，IBM開始了由製造商向服務商的轉型，2005年，IBM公司服務收入所占比例超過50%，目前，IBM已是全球最大的IT服務廠商。

在激烈的市場競爭與經濟全球化的推動下，20世紀六七十年代還較為平坦的微笑曲線變得越來越像一個孩童頑皮無忌的大笑，如圖13-1所示。供應鏈中游給企業帶來的利潤越來越微薄，越來越多的全球領先的創新企業正逐步把產品的含義從單純的有形產品擴展到基於產品的各類增值服務。

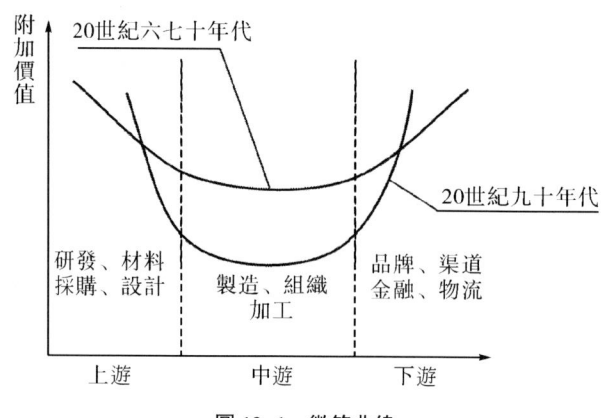

圖13-1　微笑曲線

以服務為主導的供應鏈運作在全球的蓬勃發展，在供應鏈管理領域，可以將其理解為以服務為主導的集成供應鏈，即供應鏈服務化戰略。即當客戶向一個服務集成商提出服務請求後，他立刻回應客戶請求，向客戶提供基於整合知識、智慧和物質資源的系統集成化服務，並且在需要的時候分解客戶服務請求，向其他服務集成商外包部分服務性活動，這樣從客戶的服務請求發出，通過處於不同服務地位的服務集成商對客戶請求逐級分解，由不同的服務集成商彼此合作，於是就構成一種供應關係，同時服務集成商承擔各種服務要素、環節的整合和全程管理。

顯然，供應鏈服務化是一種服務的系統集成過程，它創造了一種全新的價值體系和供需關係。

13.1.1.2　服務供應鏈的概念

很多製造業的先覺者已經開始實施將製造與服務相融合的戰略：從通用電氣公司的能源管理服務到殼牌石油公司的化學品管理服務，從施樂公司的文件處理服務到IBM公司的信息服務……服務供應鏈不僅在製造業中威風八面，在提倡「服務經濟」的現在，服務供應鏈實際上也正在悄悄改變著我們的生活。過去出門旅行，需要自己

預定車票、飯店，現在攜程網和它的呼叫中心會幫你一站搞定。

那麼，服務供應鏈究竟是什麼呢？劉偉華和劉希龍在《服務供應鏈》一書中給出的定義是：服務供應鏈是指圍繞服務核心企業，利用現代信息技術，通過對鏈上的能力流、信息流、資金流、物流等進行控制來實現用戶價值與服務增值的過程。

服務供應鏈的結構可以簡單歸納為如圖 13-2 所示的模型，其傳導鏈條是功能型服務提供商→服務集成商→客戶（製造、零售企業）。在服務供應鏈中主要有兩類企業主體，分別是服務集成商和功能型服務提供商。功能型服務提供商能夠提供品種較少但較為標準的專業服務，服務集成商則是資源整合者，能夠將功能型服務提供商的個體能力進行集成，以達到 1+1>2 的效果，兩者通過優勢互補形成穩定的二級服務供應鏈結構。

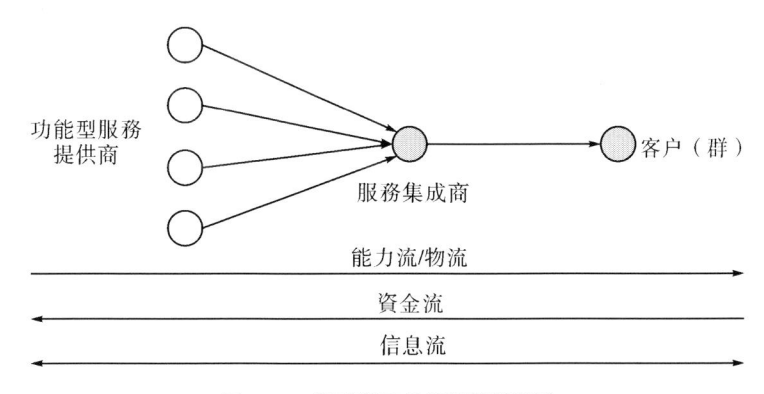

圖 13-2　服務供應鏈簡單結構模型

傳化物流的角色：服務集成商

浙江傳化物流通過現代信息技術和對客戶需求的理解形成了一個物流運作平臺，聚集了 480 多家物流企業，整合了近 40 萬輛的社會車源，服務於 21,000 多家製造企業和商貿企業。物流平臺上的 480 餘家物流企業就是功能型服務提供商，傳化物流就是服務集成商。

服務供應鏈與實物供應鏈有類似的地方，如兩者的管理內容都圍繞供應、物流、需求等進行展開，其目標都是為了在特定的服務水準下追求系統成本最小化。但是，兩者也存在著巨大的差異，這主要來源於服務產品與實物產品的區別。服務供應鏈在運作模式上更多地採用市場拉動型以縮短反應時間。

13.1.2　服務供應鏈的運作機制

13.1.2.1　供應鏈服務化的特點

供應鏈服務化與以往產品製造供應鏈有諸多不同點，其特點與產品製造供應鏈的缺陷形成了鮮明的對比，概括起來主要差異如表 13-1 所示。

表 13-1　　　　　　　　產品製造供應鏈與服務供應鏈的差異

視角	產品製造供應鏈	服務供應鏈
交易的單元	物質和產品	服務
價值實現的方式	由一方單方面實現	由雙方共同實現
客戶在供應鏈中的角色	被動的產品接受者	協同生產者
供應鏈運作的宗旨	客戶滿意	客戶成功
組織方式	序貫、鏈式	鏈式、輻射、星座式
資源整合的類型	被操作性資源	操作性資源

第一，從交易的單元看，服務供應鏈活動中，各參與者交易、交往的基礎是服務，雖然在服務供應鏈中也會存在大量的物質產品生產和製造活動，但是這些活動只是價值創造和實現的手段，價值實現的真正來源仍然是服務以及差別化的服務體系。

第二，從價值實現的方式和客戶在供應鏈中的角色上看，與產品製造供應鏈單方面創造價值不同，服務供應鏈是供應方與客戶的協同價值創造，因此，在服務供應鏈運作中，從最初產品的概念形成到設計、功能評價、生產、分銷、維護等全過程，都是服務提供商與客戶不斷溝通、協調以及決策的結果。

第三，從供應鏈運作的宗旨看，服務供應鏈運作的宗旨不再是「滿足客戶的需求」，而是「幫助客戶成功」，這兩者的差異表現在：當企業提出「滿足客戶需求」時，其假定客戶存在既定的需求期望，企業採用各種經營管理行為將這種期望實現，甚至有所超越；而客戶成功則有所不同，經營活動的起點是致力於與客戶建立起長期的戰略夥伴關係，以及以多層次、全過程、全方位的技能、知識和智慧支持客戶的長遠發展。

第四，從組織方式上看，服務供應鏈不僅是序貫式的鏈狀組織結構，更是以輻射式和星座式為特點的組織網路。所以，企業必須不斷跨越技術和市場來尋找和發掘機遇，不僅是「本地的」而且是「遠距離的」，同時通過動態的技術服務轉移和反饋機制，帶動相關創新，從整體上提升產業層次，促進產業發展。

第五，從資源整合的類型上看，服務供應鏈整合的資源更多的是操作性資源，即隱形的才能、知識等要素，它與產品製造供應鏈不同的是，後者以被操作性資源為主。

13.1.2.2 供應鏈服務化的構建與組成

1. 供應鏈服務化網路結構

供應鏈服務化的網路結構是以服務為節點，以工作量為緩衝，以直接或間接服務供應商、整合服務集成商、直接或間接服務客戶為成員，包括水準結構、垂直結構、水準位置三個維度，以及管理、監控、非管理或非成員流程連結四種方式的從初始供應商到終端客戶的複雜網路。

服務供應鏈更重視信息的共享，除了技術上的信息系統和網路平臺的支持，整條服務供應鏈的高效和持久運作還依賴於綜合需求、客戶關係管理、供應商關係管理、服務傳遞管理、複合型的能力管理、資金和融資管理等主要流程的整合與協調，達到

有效控制客戶需求、生產過程及供應商績效的目的。

2. 供應鏈服務化管理職能

服務供應鏈管理的主要職能是計劃（供應鏈運作的價值管理）、組織（供應鏈協同生產管理）、協調（供應鏈的知識管理）以及控制（供應鏈績效管理和風險管理）。

（1）計劃職能

在服務供應鏈管理的計劃職能中，其管理的核心是價值的管理，價值不是嵌入在商品中，而是在客戶與供應商的產品服務互動中產生價值。例如，服務提供商必須知曉客戶期望的功能、關係和服務的目標和績效，可行的經濟和非經濟代價、成本與收益之間的均衡關係，以及各種服務的使用狀況和條件。

（2）組織職能

協同生產管理是服務供應鏈管理職能的另一個方面，協同生產在於實現使用中的價值。Flint 和 Mentzer 認為協同生產的組織有協同經營和協同設計兩個方面，協同經營是指客戶通過直接反饋（如滿意度調查、直接向供應商反應問題等）和間接反饋（減少、取消或增加訂單等），客戶影響了服務提供商產品和服務的制定與修正。而協同設計則更為深入，亦即客戶不僅參與到供應鏈經營的過程中，而且能滲透到服務供應鏈的最初設計階段，來構造供應鏈的運行系統和整個價值體系。

（3）協調職能

有效的整合價值鏈協調管理需要有全球市場、供應鏈多參與者以及各類流程的知識（Flint & Mentzer, 2006）。作為服務供應鏈運作的主導者，需要知曉不同國家、地域以及文化背景下客戶期望、需求水準以及其他各類資源的知識，同時也需要瞭解服務供應鏈各參與主體的文化、戰略、流程和運作情況，而在流程知識方面，服務提供者需要瞭解不同功能和企業之間流程整合的關鍵要素，這些都是服務供應鏈的關鍵要素。

（4）控制職能

服務供應鏈管理職能要素還有一個很重要的一點是供應鏈的風險管理和績效管理，由於服務供應鏈將不同資源以及不同知識背景的企業整合成為一個複雜的網路，以實現客戶價值，因此，這種高度複雜的供應鏈體系在產生較大價值的同時，也面臨著可能存在的各種風險，所以，服務供應鏈就需要有一個健全的風險管理機制，這種風險管理機制既包括對供應鏈服務要素的整合管理、對供應鏈結構以及關係的管理，也包括健全完善的績效衡量與管理體系的建立。

13.1.2.3　服務供應鏈「四流整合」運作機制

服務供應鏈的核心在於整合服務資源，即對能力流、信息流、物流、資金流的整合。

1. 能力流整合

能力流整合指的是服務集成商通過各種手段優化功能型服務提供商的行為，使得各種能力流能夠協調運作。由於服務產品更多的是利用能力的儲備進行緩衝，因此服務供應鏈本質上以能力合作為基礎，能力流成為服務供應鏈的「四流」中最關鍵的

一流。

2. 信息流整合

服務供應鏈的成員之間要進行信息與知識的共享，這包括市場需求、生產日程、能力計劃、交貨日程、促銷計劃等。

3. 物流整合

在很多服務供應鏈中，物流佔有極其重要的地位，如可口可樂公司的配送服務供應鏈、攜程旅遊網的旅遊供應鏈等，如果無法適當地協調好車輛、倉儲等各種物流資源，勢必會造成服務低效，這就需要服務集成商要具有卓越的物流整合能力。

4. 資金流整合

隨著供應鏈金融的發展，服務供應鏈資金流的整合也變得越來越普遍，資金流安全、順暢才能推動供應鏈和實際業務的運行。

5. 四流整合

服務供應鏈的四流並非互相獨立，相反它們之間有著密切的聯繫，只有四流協同運作才能保證服務供應鏈的流暢運行。

起步僅十餘年的供應鏈系統集成商怡亞通公司憑借其「一站式供應鏈四包」服務模式，拿到大批世界500強企業的外包訂單。怡亞通公司通過整合傳統的物流服務商、增值服務商、採購服務商等外部網路，對服務項目進行專業化分工，形成獨具特色的服務產品。怡亞通公司通過對資金流、物流、信息流、能力流的整合為客戶提供全面的供應鏈服務，從中收取服務費以及通過衍生金融交易獲取收益，如圖13-3所示。

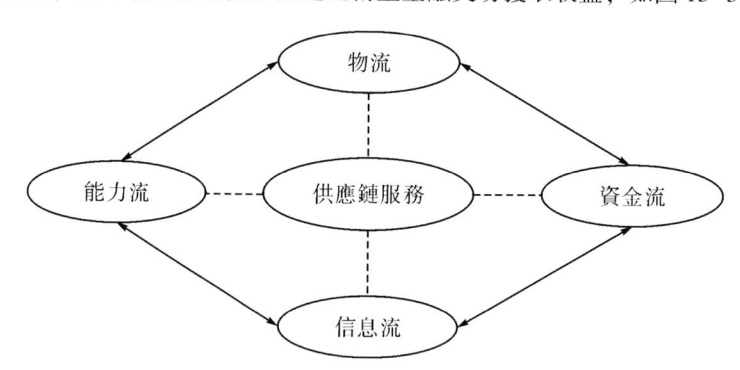

圖 13-3　怡亞通四流合一的運作平臺

怡亞通的運作思想體現了供應鏈聯盟的理念，即與客戶共贏。怡亞通快速整合產業鏈資源，將多類客戶納入自己的服務供應鏈體系，實質上這是一種虛擬企業的運作方式，如圖13-4所示。

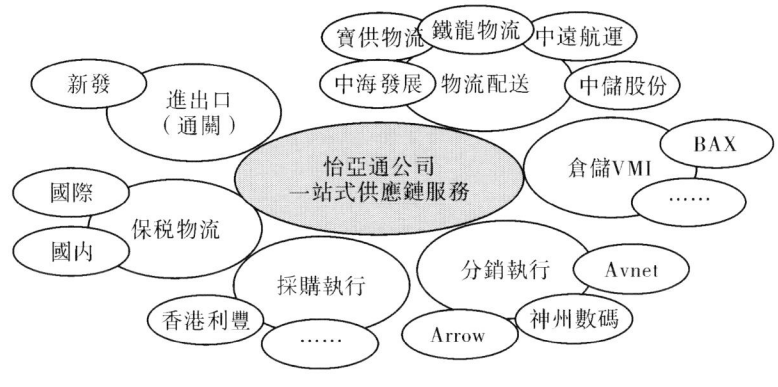

圖 13-4　怡亞通網路合作夥伴

13.1.3　服務供應鏈面臨的機遇與挑戰

中國已經將發展服務業上升到了國家戰略的高度，國務院於 2007 年下發了《關於加快服務業的若干意見》。在中國的「十二五」規劃中也對服務業更加重視。根據測算，在「十二五」期間服務業增加值占 GDP 的比重以及服務業勞動就業占全部就業人口的比重都將上升 4%～5%，服務業將成為吸納就業人口的第一大產業。服務經濟的時代正在到來，這為服務供應鏈的發展提供了非常好的契機。

伴隨著服務業的興起，人們的消費觀念也在發生變化。就在十幾年前，人們的服務消費還很少，僅限於理髮、保險等簡單服務。由於生活節奏的加快，為了提升生活質量，減少時間成本，更多的人開始接受一站式服務、服務套餐等複雜服務，服務消費的數量也開始大幅度提升。可以說，服務供應鏈發展所需的潛在客戶群已經初步形成。

近年來，信息技術發展迅速，為服務供應鏈提供了有力的技術保障。服務供應鏈運作的關鍵在於大量資源的協調，這需要極強的信息共享和優化計算能力。無線射頻技術（RFID）、地理信息系統（GIS）、企業資源計劃（ERP）、雲計算等新興技術的興起使得海量數據的共享、處理和優化成為可能。

雖然服務供應鏈方興未艾、潛力巨大，但在成長的路上也並非一片坦途，在服務模式設計、服務能力的傳導及執行、服務質量控制等方面均可能遭遇挑戰。

首先，雖然在旅遊、物流等行業已經有較為成熟的服務供應鏈運作模式，並實現了盈利，但在更多的服務行業中，服務供應鏈的運作模式依然處於摸索階段，並沒有形成較為清晰的盈利機制。因此，如何設計切實可行的服務模式是發展服務供應鏈的當務之急。

其次，與實物相比，服務具有無形性、不可儲存等特點，其營運模式更多採用市場拉動型，具有完全反應型供應鏈的特徵。因此，服務集成商如何有效地將功能型服務提供商的服務傳導至客戶，並且保證服務能夠被無損耗地執行就成為服務供應鏈成功的關鍵因素，這對服務集成商的整合能力提出了很高的要求。

最後，服務具有異質性和勞動密集的特點，與實物產品相比，其質量更容易產生

變異，穩定度較低，並且質量水準往往取決於客戶的感知，比較主觀，這為服務供應鏈的績效評估增加了難度，使得服務供應鏈的質量控制成為難題。

13.2 綠色供應鏈

隨著全球經濟和信息通信技術的發展，人類面臨複雜多變的競爭環境和各方面的壓力。各國政府和企業愈來愈重視利用供應鏈管理來提高生產和服務的效率，降低成本，向公眾和顧客提供優質的服務，從而促進經濟和社會的可持續發展。

與此同時，隨著全球工業化的快速發展，產品的環境與生態影響已成為一個重要問題。人們日益關注工業活動對當地、區域和國際的環境影響，以及對人類和動物帶來的健康與安全風險。此外，人類的環保意識增強、國家及國際環境立法工作的加強迫使企業更加重視環境問題。

本節將從三個方面闡述綠色供應鏈管理（Green Supply Chain Management，GSCM）。首先，討論綠色供應鏈的背景和概念；其次，分析綠色供應鏈的管理內容；最後，介紹綠色供應鏈的發展歷程。

13.2.1 綠色供應鏈的背景和概念

13.2.1.1 綠色供應鏈管理的起源

1. 供應鏈管理與環境管理

隨著全球經濟和信息通信技術的發展，人類面臨複雜多變的競爭環境和各方面的壓力。各國政府和企業愈來愈重視利用供應鏈管理來提高生產和服務的效率，降低成本，向公眾和顧客提供優質的服務，從而促進經濟和社會的可持續發展。

與此同時，隨著全球工業化的快速發展，產品的環境與生態影響已成為一個重要問題。人們日益關注工業活動對當地、區域和國際的環境影響，以及對人類和動物帶來的健康與安全風險。此外，人類的環保意識增強、國家及國際環境立法工作的加強迫使企業更加重視環境問題。

綠色供應鏈（Green Supply Chain，GrSC）主要起源於環境管理。環境管理主要研究人與環境相互作用及其對環境的影響。早期的環境管理是從 20 世紀 60 年代末至 20 世紀 70 年代初發展起來的，是單個污染源的污染控制。而到了 20 世紀 90 年代末，環境管理已演變成源頭預防污染和整個生態系統的管理。當前，由於環境法律和法規的要求，使得企業不得不關注環保議題。有些企業為了自身的利益和客戶的需求開展了環境保護實踐。

2. 綠色供應鏈管理

經過 20 多年的理論發展和實踐檢驗，供應鏈管理被證明是能夠有效配置全球化資源和有效節約企業運作成本的管理模式。然而，全球化資源配置並不意味著能夠減少廢棄物的污染。作為「世界工廠」的中國，在全球供應鏈體系中占據非常重要的地位，

但卻也付出了非常沉重的環境代價。未來學家托馬斯・弗里德曼根據中國經驗提出了一個「綠貓理論」：無論黑貓白貓，如果不是綠貓（健康環保），即使抓住了老鼠也不是好貓。21世紀，供應鏈將進入綠色時代，同時也是一個低碳和可持續發展的時代。

1996年，美國密歇根州立大學製造研究協會首次提出了綠色供應鏈（Green Supply Chain）的概念：「綠色供應鏈是環境保護意識、資源和能源有效利用和供應鏈各個環節的交叉融合，是實現綠色製造和企業可持續發展的重要手段，其目的是使整個供應鏈的資源利用效率最高，對環境的負面影響最小。」然而，該概念提出的初期是考慮製造業供應鏈的發展問題，並沒有對其他類型供應鏈的「綠色」進行界定。

隨著人們環保意識日益增強，綠色供應鏈的概念和內涵也不斷發展，國內學者但斌和劉飛在參考供應鏈和綠色製造概念的基礎上，對綠色供應鏈做出更深一步的界定，即綠色供應鏈是以綠色製造理論和供應鏈管理理念為基礎，使供應鏈輸出的最終產品從原材料獲取、加工、包裝、倉儲、運輸、使用到報廢處理整個過程中對環境影響最小，資源利用效率最高。

綠色供應鏈管理的目標是最小化供應鏈內各企業在供應鏈流程中及整條供應鏈產生的不良環境影響。Srivastava（2007）把綠色供應鏈管理定義為「將環境思想整合到供應鏈管理，包括產品設計、原材料的採購和選擇、製造與加工、最終產品遞送到消費者和產品使用後的生命終結管理」。

綠色供應鏈管理不僅具有環境重要性和必要性，還可通過消除廢棄物、節約資源和提高生產能力給企業帶來綠色競爭優勢。

汪應洛教授針對綠色供應鏈建立了一個較為完整的概念模型（如圖13-5所示）。可以看出，除傳統的生產、消費和物流三個子系統之外，還存在對環境系統的考慮。生產系統的綠色設計、消費過程的綠色行為以及物流系統的綠色回收等都需要考慮與環境的相容。

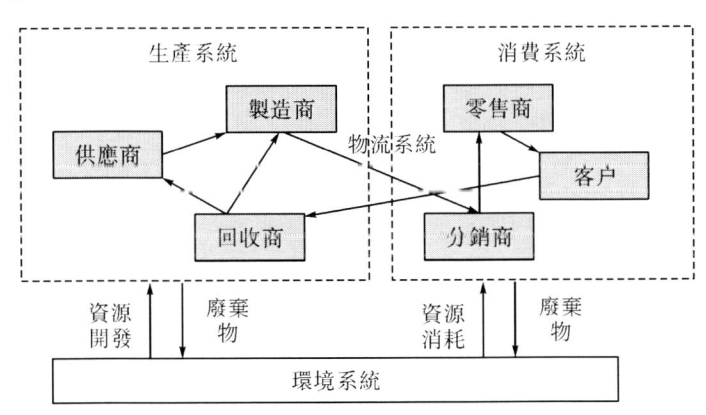

圖13-5 綠色供應鏈的概念模型

資料來源：汪應洛. 綠色供應鏈管理的基本原理［J］. 中國工程科學，2003, 5（11）：82-87.

通用電氣的綠色創想

2008年，雖然身處全球經濟動盪的環境，並且深受金融業務拖累，通用電氣公司

仍然保持了業績整體上升的態勢，並且來自節能環保的產品和服務的收入實現21%的大幅增長，達到170億美元，約占其全球營收總額的10%。

通用電氣的「綠色創想」理念貫穿產品的整個製造過程。在設計產品時，通用電氣編製了「綠色創想產品評審」記分卡，用來與其他相關產品的環境影響力與收益進行量化比較，同時還聘請第三方對其產品進行了定量環境分析和驗證。通過綠色創想認證的產品已經覆蓋了通用電氣公司的所有業務線，包括飛機、船舶和發動機、熒光燈等家用電器、清潔能源、溫室氣體減排的金融業務、汽車發動機、海水淡化等。

13.2.1.2 綠色供應鏈管理實踐的機遇與挑戰

據統計目前全球符合「綠色產品」標準的產品大約只占到全球商品總量的5%。實施綠色供應鏈能夠給企業帶來如下機遇：

（1）通過提供綠色產品和解決方案可以創造新的業務機會，採用新的節能技術或減少資源投入可以降低成本，採用可再生材料和強化環境保護可以提升品牌形象。

（2）為客戶帶來綠色收益的同時，以安全可靠、重視社會責任的形象贏得客戶、合作夥伴、投資人的青睞和信任。

（3）能夠增強企業的競爭力，提高整個供應鏈的效益。企業在激烈的市場競爭中尋找聯盟來實現綠色供應鏈，進而在綠色供應鏈中可與上下游企業進行整合，優勢互補，強強聯合，為整個供應鏈帶來更多效益。

（4）環境標準和稅費制度仍不完善。各個國家環境標準不同，中國環境制度不完善，執法監督力度不夠。

總體來看，企業進行綠色供應鏈管理實踐的動力主要來自客戶需求、政府和國際法律法規要求、企業的綠色意識、環保主義者和非政府組織推動這四方面。

實施綠色供應鏈管理的主要途徑包括加強內部管理、加強供應商的環境管理、加強用戶環境消費意識和加強環境管理部門的執法等。

綠色供應鏈管理不應是一種強制性的環保策略，它可以與企業的經濟利益相一致。綠色供應鏈可以避免資源浪費，增強企業的社會責任感，給企業帶來良好的聲譽並樹立綠色產品的品牌形象，擴大產品市場。生產原料的節約降低了最終產品的成本，消費者只需支付較低的費用就能得到更安全、更環保的產品。

13.2.2 綠色供應鏈的管理結構

「精益和綠色供應鏈模型」（EPA Lean and Green Supply Chain Model）和「綠色供應鏈運作參考模型」（Green SCOR Model）是兩個典型的通用模型，能用於不同產品、流程和行業的綠色供應鏈管理和研究。中國學者則基於綠色供應鏈的不同環節提出了包括綠色設計、綠色採購、綠色生產、綠色物流、綠色行銷、綠色回收及逆向物流七部分內容的供應鏈結構模型。

13.2.2.1 精益和綠色供應鏈模型

2000年，美國環境保護署（EPA）頒布了「精益和綠色供應鏈：材料經理和供應鏈經理削減成本、提高環境績效的實用指南」。該指南提供了一種系統研究方法來實施

綠色供應鏈。該模型是通過政府機關與美國工業企業、行業協會、科研院所的協作計劃而提出的。

該模型包括四階段決策過程：第一步，確定每一流程或設備的環境影響，以後會聚焦於能顯著改善的備選；第二步，確定能帶來可觀的成本節約和減少環境影響的機會；第三步，評估每一種選擇的定量、定性收益；第四步，選擇和實施最好的備選，並監控其執行以確保控制系統性能。

13.2.2.2 綠色供應鏈運作參考模型

供應鏈運作參考模型（Supply Chain Reference model，SCOR）是由美國供應鏈委員會（Supply Chain Council）開發的一種供應鏈管理工具。前面介紹了其在供應鏈績效評價指標方面的應用。目前，SCOR 模型包括五個主要流程，即計劃、採購、製造、配送和回收，它對每個流程都定義了適當的、必需的投入與產出、動力和最佳實踐。該模型包含了各行業的最佳實踐，因此適用於不同類型的企業。

綠色供應鏈運作參考模型（LMI，2003），是聚焦產品生命週期每一階段對環境影響的一個模型。GreenSCOR 修改了 SCOR5.0 模型結構，使其包含了環境過程、績效體系和最佳實踐。這些修正大部分出現在 SCOR 模型「最佳實踐」部分。LMI 通過構造法開發了 GreenSCOR 模型。首選，他們研究了 GrSCM 最佳實踐和績效體系。然後，評估現有 SCOR 模型程序的環境影響（見表 13-2）。然後，LMI 把環境績效體系和最佳實踐合併入 SCOR 模型，並分析了關於每一變化的特定原因及其對供應鏈營運影響等方面的改變（Wilkerson，2003）。

表 13-2　　供應鏈運作參考模型（SCOR）不同流程的環境影響

SCOR 流程	潛在的環境影響
計劃	最小化能源和危險物質的消耗 處理和存儲危險物質 一般的和危險廢物的處置 所有供應鏈活動的整合
採購	選擇具有正面環境記錄的供應商 選擇環境友好的材料 指定包裝需求 指定配送需求，使其運輸最小化，指定操作需求
製造	安排生產計劃，使能耗最小化 管理製造過程產生的廢棄物 管理製造過程的排放（氣體和水）
配送	減少包裝材料的使用 制定運送計劃減少燃料消耗
回收	安排運輸計劃和集合運送，減少燃料消耗 準備回收以防止受損產品中的危險物質（石油、燃料等）洩露

SCOR9.0 中只有回收過程與 GrSCM 概念部分相關，而 SCOR10.0 版對綠色供應鏈提出了明確要求，適應全球可持續發展的綠色供應鏈成為主要方向。

環境管理和供應鏈管理領先企業更有意願使用 GreenSCOR 模型。對環境管理來說，

這裡包含 GrSCM 實踐與生命週期評估。對供應鏈管理而言，企業必須實施供應鏈整合併採用 SCOR 模型。

13.2.2.3 基於不同環節的綠色供應鏈結構模型

中國學者從供應鏈的起始端到末端的各個環節出發，仔細研究生產企業、供應商、物流企業、銷售企業在整個供應鏈中的任務，以供應鏈管理、環境保護、資源優化三個問題的綜合效益為目標，綠色供應鏈管理的內容可以分為綠色設計、綠色採購、綠色生產、綠色物流和綠色行銷、綠色可回收及逆向物流等七個方面，如圖 13-6 所示。

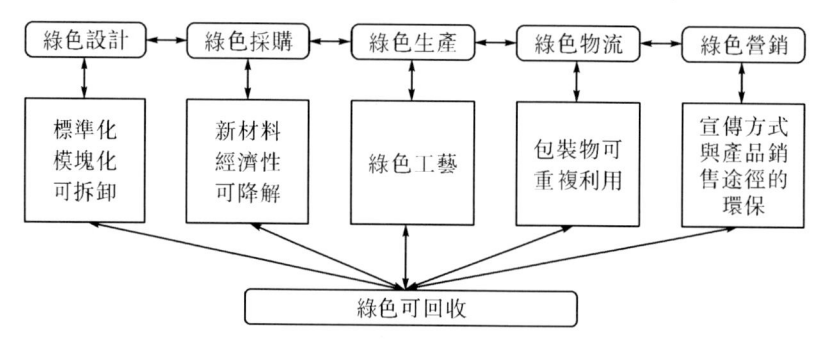

圖 13-6　綠色供應鏈管理的內容

1. 綠色設計

供應鏈的不同層面都可通過 GrSCM 得到改善。而通過 LCA 的研究表明了減輕環境影響和減少資源需求 70% 以上的機會是在產品設計階段（Johannson, 2001）。因此，綠色企業需要關注的首要問題是產品的設計。

綠色設計涉及多學科領域，除需要不同領域的專門知識外，還要懂得諸如環境風險管理、產品安全、污染防治、資源保護和廢棄物管理等知識。目前，綠色設計中的環境分析法已較為成熟，包括生命週期評價和環境意識設計。

可用來評價一個產品、過程或活動貫穿其整個生命週期的環境負荷，它確認並定量化物料和能源的使用和廢棄。這個評估覆蓋了產品、流程或活動的整個生命週期，包括原材料的提取和加工、製造、運輸和配送、再使用和維護、回收利用及最終處理。

環境意識設計。環境意識設計（ECD）旨在產品和工藝設計中考慮環境問題，實現以更低的成本、更清潔的工廠、更小的環境與健康風險、更好的公共形象和更好的生產力來提高產品質量。ECD 方法可以分為幾類，如物料/產品回收、再循環設計、分解拆卸設計、廢棄物最小化設計、再製造設計、選擇更優材料的設計等。

3R 理念（Reduce, Reuse, Recycle）被公認為綠色設計需遵循的理念，即減少能源消耗、產品和零部件的重新利用或回收再生循環。綠色設計原則主要包括標準化設計、模塊化設計、可拆卸設計和可回收設計等。

2. 綠色採購

原材料供應是整條綠色供應鏈的源頭，必須嚴格控制源頭的污染。從大自然提取的原材料，經過各種手段加工形成零件，同時產生廢腳料和各種污染，這些副產品一

部分被回收處理，一部分回到大自然中。零件裝配後成為產品，進入流通領域，被銷售給消費者，消費者在使用的過程中，要經過多次維修再使用，直至其生命週期終止而將其報廢。產品報廢後經過拆卸，一部分零件被回收，直接用於產品的裝配，一部分零件經過加工形成新的零件，剩下部分廢物經過處理，一部分形成原材料，一部分返回大自然，經過大自然的降解、再生，形成新的資源，通過開採形成原材料。

供應端的綠色化能極大地提升整個供應鏈的環境效應。綠色採購，是通過與供應商的良好溝通，根據綠色製造工程的需要向供貨方提出要求，依照一定的標準和參數（如原材料的輻射性、毒害性、可回收性等），選擇環境污染小、資源消耗少、成本低的綠色原材料。

綠色採購試圖減少選定的產品和服務的環境影響。綠色採購程序與系統是綠色供應鏈一個重要起始點，因為採購過程通常是一個企業與其供應商最初相遇的地方。在這個過程中，導入綠色標準將會綠化整條供應鏈。

宜家公司的產品的大部分原材料是木材或木纖維，宜家要求所有用於宜家產品製造的木質原料均取自經林業監管專業認證的林帶，或經森林管理委員會（FSC）等具備同等效力的標準認證的林帶。

3. 綠色生產

生產過程是為了獲得所要求的零件形狀而施加於原材料上的機械、物理、化學等作用的過程。這一過程通常包括毛坯製造、表面成形加工、檢驗等環節。需綜合考慮零件製造過程的輸入、輸出和資源消耗以及對環境的影響，即由原材料到合格零件的轉化過程和轉化過程中的物料流動、物能資源的消耗、廢棄物的產生、對環境的影響等狀況。

綠色生產的主要目標是通過使用合適的材料和技術來減少產品對環境的影響，而綠色再生產是使已磨損的產品恢復為像新的一樣。綠色生產包括減量、回收等活動，而再生產包括再使用、產品/材料的再循環等。綠色生產和再生產都需要庫存管理、生產計劃和專門的日程操作安排，因為用於再循環的回流產品的數量是可變的和未知的。

從國際上越來越嚴厲的環保法規（如歐盟 REACH 環保法）到 2008 年珠三角大量玩具企業倒閉，都在表明環保正在成為一種新的貿易壁壘，即綠色壁壘。中國製造業要想保持競爭力，必須走綠色生產道路。綠色生產意味著對生產過程、產品、服務持續運用整體預防的環境戰略，提供生產效率，節省原材料和能源，取消有毒原材料，並要求在排放廢棄物以前減少和降低廢棄物的數量和毒性。

目前，越來越多的電子、汽車等行業的領先企業已經將綠色製造納入企業發展戰略之中。例如，廣州萬寶公司已經與 GE 公司建立了材料應用、替代技術的合作；TCL 公司正在組織、實施相關物料的替代工作、無鉛焊工藝、綠色供應鏈管理；美的公司已建立了有害物質的環境質量控制體系和檢驗標準，在電子電器的無鉛化研究方面取得了初步成果，大部分外協採購部件也與供應商簽訂了綠色採購質量保證協議。

環境管理體系：EMS

當今的各制企行業對履行及滿足日益嚴峻的環境法規都承受著巨大的壓力。環境管理體系（Environment Management System，EMS）是 ISO14001 的認證之一，其目的是

通過有明確職責、義務的組織結構來貫徹落實環境管理，防止對環境產生不利影響。旨在幫助組織實現自身設定的環境表現水準，並不斷地改進環境行為，達到更佳的高度。

目前，國內眾多企業，如中國鋁業、海爾、茅臺等紛紛導入該標準體系，其導入的必要性和迫切性主要來自以下幾個方面：第一個壓力來自直接客戶。國際上越來越多的供應鏈要求成員通過EMS認證，儘管是一個自願性的標準，但激烈的市場競爭已經使其具有了強制性的色彩。第二個壓力來自政府。隨著國家對環境保護工作的重視，日趨嚴格的環境法律和法規競相出抬，對企業的環保要求也日益提高。第三個壓力來自諸如銀行和保險等金融機構。主要是源於降低企業因環境風險出現的償付困難和損失賠償等金融風險。

4. 綠色物流

物流活動常常會對周圍環境帶來影響，實施綠色物流就是最大限度地減少負面影響。在物流採購活動中應嚴格把關，拒絕不符合環境標準的原料和產品。在裝卸搬運過程中，一方面要提高設備的有效利用率，提倡節能和環保設備；另一方面要避免搬運過程中對物品的損壞、洩露，尤其是化學物品和不可降解物品，以免對環境造成嚴重污染。在運輸過程中，實現綠色運輸更為重要。例如，在交通方面，要合理設計交通路線，減少運輸的總里程；在運輸設備和運輸方式的選擇上，採用尾氣排放量符合相關標準的運輸設備，並盡量選擇耗能少、噪聲小、污染少的運輸方式。在包裝方面，對物品的包裝材料要求節約並可回收或可降解。在流通加工方面，採取規模作業，獲得規模效益，提高資源利用率。

5. 綠色行銷

綠色行銷是指供應鏈上企業在市場調查、產品研製、產品定價、促銷活動等整個行銷過程中，都以維持生態平衡、重視環保的綠色理論為指導，使企業的發展與消費者和社會的利益相一致。

2009年，德勤公司對美國11個主要零售店的6000多名購物者進行了一次調查，發現54%的人在選擇產品和商店時考慮了綠色和環保因素，並且1/5的受調查對象認為這十分重要。2010年美國國家地理學會的「綠色指數調查」（Greendex）中，有46%接受調查的人表示未來兩年內打算購買節能型汽車。

6. 綠色可回收及逆向物流

技術的進步使得產品的功能越來越全面，同時，產品的生命週期也越來越短，造成了越來越多的廢棄物產生。不僅造成嚴重的資源、能源消費，而且成為固體廢棄物和污染環境的主要來源。實施綠色可回收需要使物料流從最終用戶返回到零售商、回收站、製造商或處置點。

另外，逆向物流活動有別於傳統的物流活動。逆向物流（RL）是指原材料流、庫存、成品及相關信息從消費端有效地流向源點的計劃、實施和控制過程，目的是讓它們得到適當的處置，從而重還其價值。不同產品/行業的逆向物流活動是不同的，但一般都包括收集、運輸、檢驗/整理、儲存、再加工（包括回收、再使用、修理/翻修等）和處置等過程。

13.2.3　綠色供應鏈的發展歷程

後金融危機時代，世界主要經濟體為應對經濟衰退紛紛推出了不同的「綠色復甦」政策措施。實施綠色供應鏈管理、實現綠色製造則成為發達國家實現產業再平衡和創造就業機會的發力點。

13.2.3.1　歐盟及美國、日本等國家

1. 歐盟

歐盟的奧地利、丹麥、芬蘭、德國、荷蘭、瑞典等在公共部門非常積極地開展綠色實踐。歐盟採取的一些環境行動如下：

（1）歐盟生態管理審核計劃（EMAS）是一個歐盟自願實施的管理工具，它幫助組織評估、報告和提高其環境績效。同時，也引入歐盟內部立法，鼓勵企業自願採用 ISO14000。

（2）歐盟通過各種環境立法，進行環境保護和管理，如土壤保護、自然和生物多樣性保護、廢棄物管理、噪聲污染防治等（EC，2007）。

（3）歐盟定立國際環境協議和公約（EC，2004）。例如，對於《京都議定書》，歐盟自身承諾在 2008 年到 2012 年減少 8% 的溫室氣體排放。

（4）歐盟通過特殊物質消耗法令，如 2003 年實施限制在電子電氣產品中使用有害物質的指令（RoHS）（EU，2003）。

（5）2009 年 3 月，歐盟正式啟動了整體的綠色經濟發展計劃。根據該計劃，2013 年以前，歐盟投資 1,050 億歐元用於「綠色經濟」的培育、支持與建設，其中包括現有產業經濟的技術革新和改造，還包括以「減排」為目標的能源替代和工藝創新。

2. 美國

在美國，環境管理的主要機構是美國環境保護局（EPA），它主要保護人類健康和自然環境（空氣、水和土地）。EPA 已通過了幾項關於環境的法律，包括 1969 年《美國環境政策法案》、1970 年的《聯邦空氣清潔法案》、1976 年的《資源保護與恢復法案》《有毒物質控制法案》、1977 年的《清潔水資源法案》、1990 年的《污染預防法案》和《石油污染法案》。

同時，EPA 與美國產業界聯合啟動了多種環境保護合作項目，包括氣候領袖（溫室氣體減排）、設計「環境、能源之星」（能源效率和減少污染）、綠色電力（支持行業有興趣購買綠色電力）、廢棄物智慧（減少城市垃圾）。EPA 已在自己的網站上開發了一個關於環境信息的數據庫，以便企業獲取信息、法規、指南、項目等。EPA 也發布了一個命名為「精益和綠色供應鏈」的指南以推進綠色供應鏈管理。

2009 年 2 月，奧巴馬簽署了《美國中期財政預測》，標誌著美國「綠色新政」的開始。「綠色新政」以新能源技術創新、新能源產業培養和新能源技術推廣與應用為核心，提出採用綜合性的引導手段，將傳統的製造中心轉變為綠色發展和應用技術中心；同時，通過新技術研發，大力改進能源的消費模式，以新能源汽車、物聯網技術、新材料與智能綠色製造體系為著力點，建設好「綠色經濟」能源出口和產出體系。

3. 日本

2009年4月，日本也布了《綠色革命與社會變革》的政策草案，其中規定要大力削減溫室氣體排放，強化「綠色經濟」，並提出至2015年，將環境產業打造成日本重要的支柱產業和經濟增長的核心驅動力量。日本的「大環境產業」包括環保設備、節能設備、新型材料和計算軟件等十幾個產業，總規模預計將達到100萬億日元，吸納就業人口220萬人。

13.2.3.2 中國綠色供應鏈發展歷程

自2006年以來，中國加快了推進了綠色經濟的步伐。根據國家發展和改革委員會的信息顯示，中國各級財政加大對綠色經濟的支持力度，加快推進「十大節能工程」、資源循環利用工程、大規模環保治理工程建設，大力推廣高效節能環保產品，推行清潔生產和技術改造。另外，中國還加強綠色製造的技術創新體系和能力建設。在提高能效、煤炭清潔利用、污染綜合治理、新能源、生物、航空航天、新材料等領域，攻克一批關鍵和共性技術難題。加快科技成果轉化和產業化示範，加大新成果和技術的推廣應用，積極引進、消化、吸收國際先進技術。

綠色供應鏈的理念已逐步融入中國國家相關政策中，相關政策如下：

2006年，財政部和國家環境保護總局聯合發布《環境標誌產品政府採購實施意見》和《環境標誌產品政府採購清單》。

2014年12月，商務部、環保部、工信部聯合發布《企業綠色採購指南》。對推進落實資源節約型和環境友好型社會建設，引導企業積極履行環境保護責任，促進綠色消費，實現綠色低碳發展，打造綠色供應鏈的進一步工作起到了引領作用。

2015年5月，國務院印發了《中國製造2025》，明確了9項戰略任務，其中第五項是：全面推行綠色製造，其中包括打造綠色供應鏈，加快建立以自願節約、環境友好為導向的採購、生產、行銷、回收及物流體系，落實生產者責任延伸制度。

2016年，全國人大會議通過《國民經濟和社會發展第十三個五年規劃綱要》，加強生態文明建設首度被寫入五年規劃，其中第四十八章發展綠色環保產業中；提到「加快構建綠色供應鏈產業體系」。

2016年4月，環保部發布的《關於積極發揮環境保護作用促進供給側結構性改革的指導意見》中也明確指出，創新環境保護政策，堅持逆向約束和正向激勵並重，增強市場主體環境保護內生動力，推動建設資源節約型、環境友好型產業體系。這包括選擇生產和使用量大、減排潛力大、標準完善、綠色供應鏈管理先進、環境友好替代、技術成熟的產品，組織實施產品環保領跑者制度。以及推進以綠色生產、綠色採購和綠色消費為重點的綠色供應鏈環境管理。研究並制定政策支持措施和標準規範，促進生態產品和綠色產品生產，加快構建綠色供應鏈產業體系。

工信部在2016年4月印發的《綠色製造2016專項行動實施方案》（工信部節〔2016〕113號）中明確指出該指南的重點工作之一就是：推進綠色製造體系試點，即統籌推進綠色製造體系建設試點，發布綠色製造標準體系建設指南、綠色工廠評價導則和綠色供應鏈管理試點方案。

工信部在2016年7月18日印發的《工業綠色發展規劃（2016—2020年）》在主要任務六中明確指出：建立綠色供應鏈。以汽車、電子電器、通信、機械、大型成套裝備等行業的龍頭企業為依託，以綠色供應鏈標準和生產者責任延伸制度為支撐，帶動上游零部件或元器件供應商和下游回收處理企業，在保證產品質量的同時踐行環境保護責任，構建以資源節約、環境友好為導向，涵蓋採購、生產、行銷、回收、物流等環節的綠色供應鏈。建立綠色原料及產品可追溯信息系統。

2017年10月，黨的十九大提出「人與自然是生命共同體，人類必須尊重自然、順應自然、保護自然。要推進綠色發展、要著力解決突出環境問題、要加大生態系統保護力度和要改革生態環境監管體制」及「加快建設製造強國，加快發展先進製造業，推動互聯網、大數據、人工智能和實體經濟深度融合，在中高端消費、創新引領、綠色低碳、共享經濟、現代供應鏈、人力資本服務等領域培育新增長點，形成新動能」。

為此，國務院辦公廳於2017年10月發文《關於積極推進供應鏈創新與應用的指導意見》（〔2017〕84號），從重要意義、總體要求、重點任務、保障措施等方面對積極推進供應鏈創新與應用提出了具體的指導意見。其中重要任務的第五項是積極倡導綠色供應鏈，主要包括：大力倡導綠色製造、積極推行綠色流通、建立逆向物流體系。

目前，國內各省市均在積極推進綠色供應鏈建設，天津市地方標準《綠色供應鏈管理體系 要求（DB12/T 632-2016）》於2016年7月1日發布實施，是國內首個發布的綠色供應鏈管理體系地方標準。同時，《上海市環境保護條例》也將綠色供應鏈管理納入其中。中國的綠色供應鏈建設已經進入了深入發展階段。

13.3 供應鏈金融

13.3.1 供應鏈金融的背景和概念

13.3.1.1 供應鏈金融的背景

在供應鏈中，競爭力較強、規模較大的核心企業在協調供應鏈信息流、物流和資金流方面具有不可替代的作用，而正是這一地位造成了供應鏈成員事實上的不平等。供應鏈中的弱勢企業通常會面臨：既要向核心企業供貨，又要承受著應收帳款的推遲；或者在銷售開始之前便以鋪貨、保證金等形式向核心企業提前支付資金。許多供應鏈中的中小型企業認為，「資金壓力」是它們在供應鏈合作中碰到的最大壓力。

如果核心企業能夠將自身的資信能力注入其上下游企業，銀行等金融機構也能夠有效地監管核心企業及其上下游企業的業務往來，那麼金融機構作為供應鏈外部的第三方機構，就能夠將供應鏈資金流「盤活」，同時也獲得自身金融業務的擴展，而這就是供應鏈金融（Supply Chain Finance，SCF）產生的背景。

近年來，供應鏈金融作為一個金融創新業務，在中國發展迅速，已成為銀行、互聯網金融等金融仲介機構、金融信息服務機構及企業拓展發展空間增強競爭力的一個重要領域，也為供應鏈成員中的核心/平臺企業與上下游企業提供了新的融資渠道。

供應鏈金融是在對供應鏈內部的交易結構進行分析的基礎上，運用自償性貿易融資的信貸模型，並引入核心/平臺企業、物流監管企業、資金流導引工具等的風險控制變量，對供應鏈的不同節點提供封閉的授信支持及其他結算、理財等綜合金融服務。供應鏈金融從整個供應鏈的每一個環節出發，金融機構利用各種金融工具，引進第三方監管公司參與監管，把物流、商流、資金流、信息流鏈條進行有效的銜接和整合，組織和調節供應鏈運作過程中貨幣資金流動與實物商品流趨向同步，從而提高資金運行效率的一系列經營活動。

供應鏈金融與傳統信貸業務最大的差別在於，它利用供應鏈中核心企業、第三方物流企業的資信能力，來緩解商業銀行等金融機構與中小型企業之間信息的不對稱，解決中小型企業的抵押、擔保資源匱乏問題，如圖13-7所示。

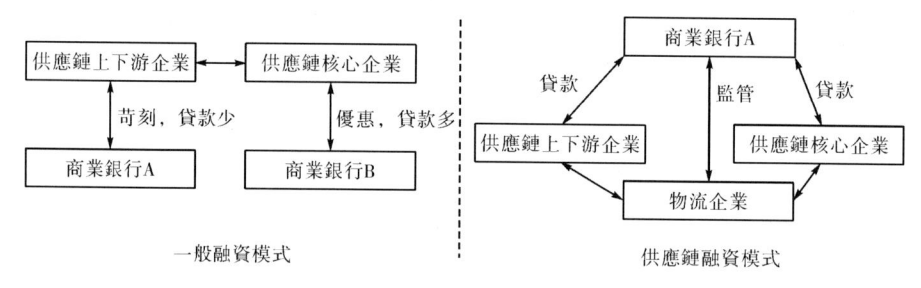

圖13-7　一般融資模式與供應鏈融資模式對比

深圳發展銀行將供應鏈融資模式總結為「1+N」的貿易融資模式，即圍繞某「1」家核心企業，將供應商、製造商、分銷商、零售商直到最終用戶連成一個整體，全方位地為鏈條上的「N」個企業提供融資服務。深圳發展銀行通過參與「1+N」的供應鏈運作，拓展了銀行的資金去向，同時也避免了供應鏈成員企業融資瓶頸對供應鏈穩定性和成本產生影響。

13.3.1.2　供應鏈金融的概念

綜合諸多學者以及實業界的觀點，在此將供應鏈金融的概念界定為：

供應鏈金融是金融機構圍繞核心企業，在對整條供應鏈進行信用評估及商業交易監管的基礎上，面向供應鏈核心企業和節點企業之間的資金管理進行的一整套財務融資解決方案。

由此，可以看出：

（1）供應鏈金融是金融機構開展的一項金融服務業務，管理的是供應鏈的資金往來。

（2）在整條供應鏈的信用評估中，核心企業的信用被賦予很大的權重，也就是核心企業的信用風險是整體供應鏈信用風險的主要來源。

（3）供應鏈核心企業與其他鏈中企業之間的交易需要被監管，確保不會向虛假業務進行融資。

（4）供應鏈金融是一種財務融資，企業向金融機構的抵押物不是固定資產，而是應收帳款、預付款和存貨等流動資產。

供應鏈金融是基於真實的交易背景開展的金融活動，實質是依賴核心企業的信用沿著供應鏈條釋放，表現形式是金融機構或核心企業對上下游中小企業的融資借款，實現結果是幫助鏈內成員盤活流動資產。

供應鏈金融的實質是幫助企業盤活流動資產。企業的一般生產經營活動分為採購、生產和銷售三個環節，與之對應的表現形式為原材料、產成品和銷售收入，資產表現形式即預付、存貨和應收。因此通常將供應鏈金融產品分為三類，即預付款融資、存貨融資和應收帳款融資。

供應鏈金融可以幫助中小企業解決融資難的問題；可以幫助金融機構實現差異化競爭，開拓中小企業市場；可以幫助核心或平臺企業提升整個產業鏈的效率。核心或平臺企業也可以作為資金提供方，為供應鏈成員尤其是中小企業提供資金，滿足了核心或平臺企業產業轉型升級的需要，通過金融服務變現其銀行信用和長期累積的行業能力和資源。

供應鏈中大部分交易都是以信用為仲介的，形成了一條信用鏈，其中每個成員的信用活動在影響自身的同時，還會影響供應鏈中的其他成員，進而影響整個信用鏈的穩定與平衡。如果信用鏈發生斷裂，那麼必將會影響整個供應鏈的效率。

13.3.1.3 供應鏈金融的演進和發展歷程

2008年金融危機發生以來，全球已經有上百萬家企業宣告破產，部分破產的企業並非是沒有市場競爭能力（如克萊斯勒），也不是因為沒有創新能力（如通用汽車），而是因為資金鏈斷裂造成了供應鏈中企業破產的連鎖反應。供應鏈金融自誕生以來就是為了解決供應鏈中資金流梗阻以及資金流的優化等難題。

1. 國外供應鏈金融的演進

供應鏈金融必然是以面向供應鏈的整體運作為核心。供應鏈中的物流是資金流可以依附的實物載體，因此，供應鏈金融中的存貨質押融資業務始終是供應鏈金融的核心環節，沒有存貨的流動，應付帳款和預付帳款等供應鏈融資模式也就無從談起。可以說，供應鏈中的物流是供應鏈金融業務得以開展的基礎。

美國等西方發達國家的供應鏈金融幾乎與其他金融業務同時開展，並經過200多年的創新和發展後形成了現代供應鏈金融的雛形。西方供應鏈金融的發展大致可以分為三個階段：

階段一：19世紀中期之前。

在此階段，供應鏈金融的業務非常單一，主要是針對存貨質押的貸款業務。例如，早在1905年俄國沙皇時代，農民在豐收季節，當穀物的市場價格較低時，將大部分穀物抵押給銀行，用銀行貸款資金投入後續的生產和生活；待穀物的市場價格回升後，再賣出穀物歸還銀行本金利息。由此，農民可以獲得比收割時節直接賣出穀物更高的利潤。

階段二：19世紀中期至20世紀70年代。

在此階段，供應鏈金融的業務開始豐富起來，承購應收帳款等保理業務開始出現。但起初，這種保理業務常常是趁火打劫式的金融掠奪，一些銀行等金融機構和資產評

估機構進行了合謀，可以壓低流動性出現問題的企業出讓的應收帳款和存貨，然後高價賣給其他第三方仲介機構。部分金融機構惡意且無序的經營造成了市場嚴重的混亂，並引發了企業和其他銀行的不滿和抗議。為規範市場行為，1954 年，美國出抬了《統一商法典》，明確了金融機構開展存貨質押應遵循的規範。由此，供應鏈金融開始步入健康發展的時期，但這一階段的供應鏈金融仍以「存貨質押為主，應收帳款為輔」。

階段三：20 世紀 80 年代至今。

在此階段，供應鏈金融的業務開始繁榮，出現了預付款融資、結算和保險等融資產品。這要歸功於物流業高度集中和供應鏈理論的發展。在 20 世紀 80 年代後期，國際上的主要物流業務開始逐漸集中到少數物流企業，聯邦快遞（FedEx）、UPS 和德國鐵路物流等一些大型的專業物流巨無霸企業形成。

隨著全球化供應鏈的發展，這些物流企業更為深入地融入眾多跨國企業的供應鏈體系之中，與銀行相比，這些物流企業更瞭解供應鏈運作。通過與銀行合作，深度參與供應鏈融資，物流企業在提供產品倉儲、運輸等基礎性物流服務之外，還為銀行和中小型企業提供質物評估、監管、處置以及信用擔保等附加服務，為其自身創造了巨大的新的業績增長空間，同時銀行等金融機構也獲得了更多的客戶和更多的收益。

在此階段，國外供應鏈金融發展開始形成「物流為主、金融為輔」的運作理念，供應鏈金融因物流企業的深入參與獲得了快速的發展。

2. 中國供應鏈金融的發展

中國供應鏈金融的發展有賴於製造業的快速發展，「世界製造中心」吸引了越來越多的國際產業分工，中國成為大量跨國企業供應鏈的匯集點。中國的供應鏈金融得到快速發展，在短短的十幾年間從無到有，從簡單到複雜，並針對中國本土企業進行了諸多創新。

與國外發展軌跡類似，中國供應鏈金融的發展也得益於 20 世紀 80 年代後期中國物流業的快速發展。2000 年以來，中國物流行業經過大整合之後，網路效應和規模效應開始在一些大型物流企業中體現出來，而這些企業也在更多方面深入強化了供應鏈的整體物流服務。

2005 年，深圳發展銀行先後與國內三大物流巨頭——中國對外貿易運輸（集團）總公司、中國物資儲運總公司和中國遠洋物流有限公司簽署了「總對總」（即深圳發展銀行總行對物流公司總部）戰略合作協議。短短一年多時間，已經有數百家企業從這項戰略合作中得到了融資的便利。據統計，僅 2005 年，深圳發展銀行「1+N」供應鏈金融模式就為該銀行創造了 2,500 億元的授信額度，貢獻了約 25% 的業務利潤，而不良貸款率僅有 0.57%。

3. 供應鏈金融結構演進

供應鏈金融是對供應鏈的某個環節或全鏈條提供定制化的金融服務，通過整合信息、資金、物流等資源，達到提高資金使用效率、為各方創造價值和降低風險的作用。這種服務是穿插在交易過程中的，其主要模式是以核心/平臺企業的上下游為服務對象，以真實的交易為前提，在採購、生產、銷售的各個環節提供的金融服務。

(1) 供應鏈金融1.0

在國內徵信體系不健全、企業大數據應用還處在初級階段的當下，供應鏈金融產品的設計過程中，通常會突出核心/平臺企業的參與和作用，核心/平臺企業在供應鏈中處於強勢地位，能對供應鏈條的信息流、物流、資金流的穩定和發展起決定性作用。核心/平臺企業對供應鏈組成有決定權，對供應商、經銷商、下游企業有嚴格選擇標準和較強控制力。供應鏈金融在設計過程中基於真實的貿易背景，因此往往需要核心/平臺企業的配合，如對接業務系統、歷史經營交易結算數據、測算合理額度、對資金受託支付等。還要調查上下游的供應鏈關係，比如交易年限、頻率、信息共享度、交易對手利益關聯度、歷史交易履約情況等。以核心/平臺企業為核心的供應鏈金融如圖13-8所示。

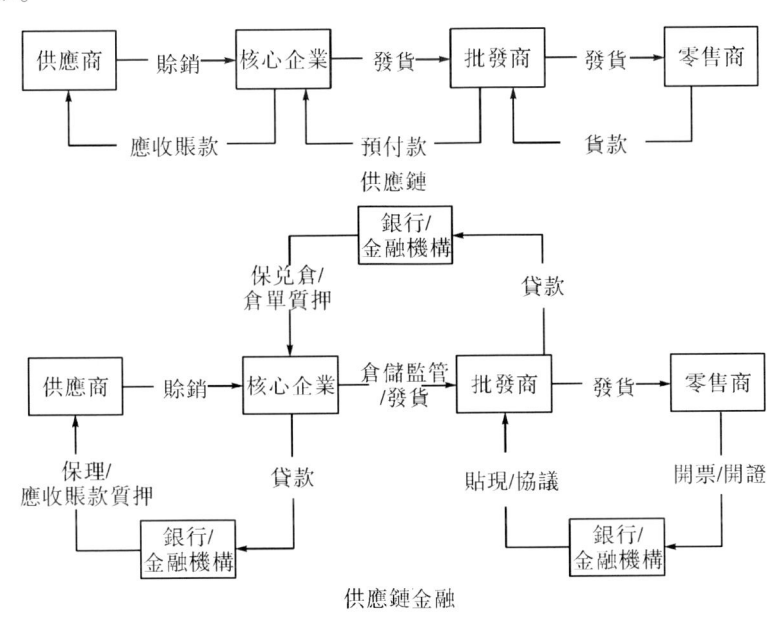

圖13-8　以核心/平臺企業為核心的供應鏈金融

(2) 供應鏈金融從1.0到3.0

深圳發展銀行在業內率先提出「1+N」模式，初步形成供應鏈金融理念。「1+N」模式中，「1」就是供應鏈上的核心/平臺企業，「N」則是鏈條上的中小企業。以「1」的信譽和實際交易擔保「N」的融資，不僅對銀行帶來的風險低，更有利於將原來僅僅針對一家大企業的金融服務上拓下延，實現產供應鏈條的穩固和流轉順暢，這屬於供應鏈金融1.0時代：線下「1+N」。

供應鏈金融是一項介入供應鏈企業間貿易來往比較深入、操作性高的業務，單證、文件傳遞、出帳、賒貨、應收帳款確認等環節具有勞動密集型特徵，電子商務手段有助於增強貿易背景可視度，降低交易成本。供應鏈金融2.0，即線上「1+N」模式，強調的是線上化、系統化，讓核心/平臺企業的數據和金融機構完成對接，從而讓金融機構隨時能獲取核心/平臺企業和產業鏈上下游企業的訂單、生產、銷售、付款、倉儲等

各種真實的經營信息。

供應鏈金融3.0，即線上「N+N」。一方面，實現多方在線協同，提高作業效率，金融機構獲取信息成本降低，回應速度更快；另一方面，電商雲服務平臺的搭建，提供中小企業訂單、運單、收單、融資、倉儲等經營性行為的交易場景，同時引入物流、第三方信息等企業，搭建服務平臺為企業提供配套服務，在提供服務的同時，累積商流和物流信息。在這個系統中，核心企業起到了增信的作用，使得各種交易數據更加可信。

13.3.2　供應鏈金融的融資模式

單個企業的流動資金被占用的形式主要有應收帳款、庫存、預付帳款三種。金融機構按照擔保措施的不同，從風險控制和解決方案的導向出發，將供應鏈金融的基礎性產品分為應收類融資、預付類融資和存貨類融資三大類。下面將重點對這三種融資方式進行說明。

13.3.2.1　應收類：應收帳款融資

應收帳款融資是指在供應鏈核心企業承諾支付的前提下，供應鏈上下游的中小型企業可用未到期的應收帳款向金融機構進行貸款的一種融資模式。

圖13-9是一個典型的應收帳款融資模式。在這種模式中，供應鏈上下游的中小型企業是債權融資需求方，核心企業是債務企業，並對債權企業的融資進行反擔保。一旦融資企業出現問題，金融機構便會要求債務企業承擔彌補損失的責任。

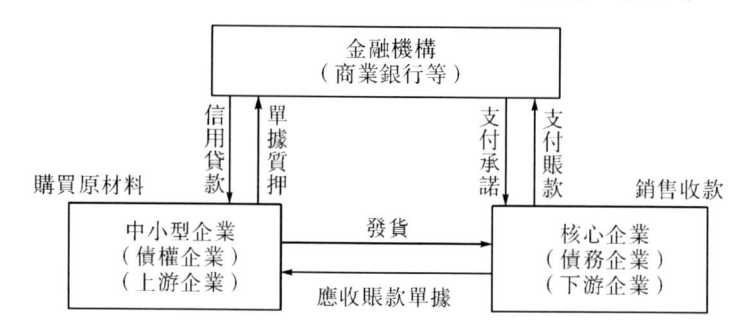

圖13-9　供應鏈金融的應收帳款融資模式

應收帳款融資使得上游企業可以及時獲得銀行的短期信用貸款，不但有利於解決融資企業短期資金的需求，加快中小型企業健康穩定發展和成長，而且有利於整個供應鏈的持續高效運作。

家樂福供應鏈的應收帳款融資

營運穩健的家樂福公司在全球有著數以萬計的供應商，其對上游供應商有明確的付款期限，並且一貫能夠按照合同的規定執行付款。

銀行將家樂福作為核心企業，結合歷年的應收款項和合同期限，綜合評估後給予供應商一個授信額度，該額度在償還後可以循環使用。在家樂福付款期限之前，供應商可以憑借家樂福的應付單據和合同向銀行金融融資，用於緩解短期資金緊張的壓力。

家樂福將支付給上游供應商的款項，直接支付給銀行（銀行是那些供應商應收帳款的所有人），由此完成一個封閉的資金鏈循環。

該供應鏈金融模型能夠緩解供應商的資金壓力，同時銀行也獲得了更多的客戶。

應收類產品主要應用於核心/平臺企業的上游融資，如果銷售已經完成，但尚未收妥貨款，則適用產品為保理或應收帳款質押融資；如融資是為了完成訂單生產，則為訂單融資，擔保方式為未來應收帳款質押，實質是信用融資。

13.3.2.2 預付類：未來貨權融資

很多情況下，企業支付貨款之後，在一定時期內往往不能收到現貨，但它實際上擁有了對這批貨物的未來貨權。

未來貨權融資（又稱為保兌倉融資）是下游購貨商向金融機構申請貸款，用於支付上游核心供應商在未來一段時期內交付貨物的款項，同時供應商承諾對未被提取的貨物進行回購，並將該提貨權交由金融機構控制的一種融資模式。

圖13-10是一個典型的未來貨權融資模式。在這種模式下，下游融資購貨商不必一次性支付全部貨款，即可從指定倉庫中分批提取貨物，並用未來的銷售收入分次償還金融機構的貨款；上游核心供應商將倉單抵押至金融機構，並承諾一旦下游購貨商出現無法支付貸款時，對剩餘的貨物進行回購。

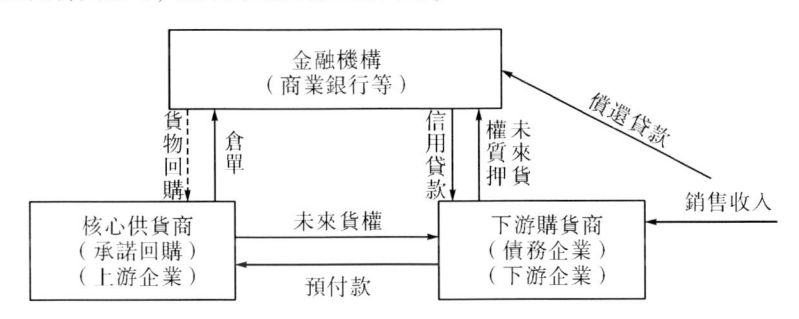

圖 13-10　供應鏈金融的未來貨權融資模式

光大銀行的「廠商銀」

光大銀行針對國內鋼鐵企業的產業鏈進行融資的一個項目，屬於未來貨權融資的一種。「廠商銀」是指廠商、經銷商、銀行進行三方合作，銀行為經銷商提供專項融資用於向鋼鐵廠付款。

光大銀行鋼鐵產業負責人表示，該模式能讓鋼材經銷商只需要部分銀行匯票就能鎖定整批貨物，鋼鐵廠也能提前得到預付款，取得大額產業融資。流程上，鋼材經銷商向銀行遞交申請，簽訂三方協議，銀行為鋼材經銷商提供授信，鋼材經銷商開出以鋼鐵廠為收款單位的銀行匯票，根據三方協議，鋼材經銷商分次存入保證金，銀行分次通知鋼鐵廠發貨。

未來貨權融資是一種「套期保值」的金融業務，極易被用於大宗物資（如鋼材）的市場投機。為防止虛假交易的產生，銀行等金融機構通常還需要引入專業的第三方物流機構，對供應商上下游企業的貨物交易進行監管，以抑制可能發生的供應鏈上下

游企業合謀給金融系統造成風險。

預付類產品主要用於核心/平臺企業的下游融資，即主要為核心/平臺企業的銷售渠道融資，包含兩種主要業務模式：第一，金融機構給渠道商融資，採用代採模式，預付採購款項給核心/平臺企業，核心/平臺企業發貨給金融機構指定的倉儲監管企業，然後倉儲監管企業按照金融機構指令逐步放貨給借款的渠道商，此即所謂的未來貨權融資或者先款後貨融資。第二，核心/平臺企業不再發貨給金融機構指定的物流監管企業，而是本身承擔了監管職能，同時，有些時候會承擔回購的職責，按照金融機構指令逐步放貨給借款的渠道商，此即所謂的保兌倉業務模式。

13.3.2.3 存貨類：融通倉融資

很多情況下，只有一家需要融資的企業，而這家企業除了貨物之外，並沒有相應的應收帳款和供應鏈中其他企業的信用擔保。此時，金融機構可採用融通倉融資模式對其進行授信。融通倉融資模式是企業以存貨作為質押，經過專業的第三方物流企業的評估和證明後，金融機構向其進行授信的一種融資模式。

圖 13-11 是一個典型的融通倉融資模式。在這種模式中，抵押貨物的貶值風險是金融機構重點關注的問題。因此，金融機構在收到中小企業融通倉業務申請時，應考察企業是否有穩定的庫存、是否有長期合作的交易對象以及整體供應鏈的綜合運作狀況，以此作為授信決策的依據。

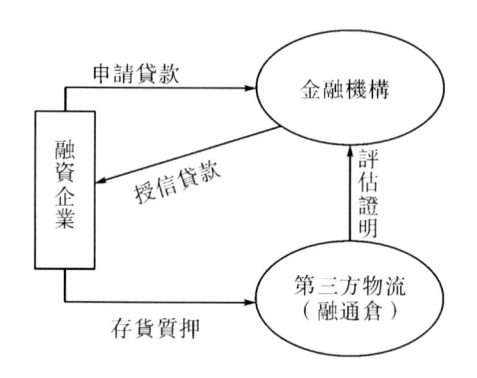

圖 13-11　供應鏈金融的融通倉融資模式

但銀行等金融機構可能並不擅長於質押物品的市場價值評估，同時也不擅長於質押物品的物流監管，因此這種融資模式中通常需要專業的第三方物流企業參與。金融機構可以根據第三方物流企業的規模和營運能力，將一定的授信額度授予物流企業，由物流企業直接負責融資企業貸款的營運和風險管理。

UPS 的物流金融服務

UPS 公司擁有自己的金融部門 UPS Capital，2008 年，該部門宣布美國進口商可以將裝船貨物作為抵押獲得 UPS 的過渡性貸款服務，而不需要像以前一樣依靠信用證來完成交易。

作為專業化程度很高的物流企業，UPS 對所運輸貨物的市場、行業和托運企業的供應鏈業務有著相當深入的瞭解，所以能夠對裝船貨物的抵押做出正確的授信決策。

此外，UPS往往與同一行業中其他的供應商和銷售商有著千絲萬縷的聯繫，即便是做出了錯誤的授信決策，也能夠將貨物進行變現。

13.3.2.4 供應鏈金融融資模式的綜合運用

應收帳款融資、未來貨權融資和存貨融資是供應鏈金融中三種比較有代表性的融資模式，適用於不同條件下的企業融資活動。但這三種融資模式又是供應鏈金融中的幾大主要業務模塊，可以將其進行組合後形成一個涉及供應鏈中多個企業的組合融資方案。例如，初始的存貨融資要求以現金贖取抵押的貨物，如果贖貨保證金不足，銀行可以有選擇地接受客戶的應收帳款來代替贖貨保證金。

因此，供應鏈金融是一種服務於供應鏈節點企業間交易的綜合融資方案。中歐國際工商學院課題組對深圳發展銀行「1+N」供應鏈金融進行了深入的研究，並針對供應鏈中不同主體的特點，總結了適用的供應鏈金融方案。

1. 對核心企業的融資解決方案

核心企業自身具有較強的實力，對融資的規模、資金價格、服務效率都有較高的要求。這部分產品主要包括短期優惠利率貸款、票據業務（開票、貼現）、企業透支額度等產品。

2. 對上游供應商的融資解決方案

上游供應商對核心企業大多採用賒帳的銷售方式。因此，上游供應商的融資方案以應收帳款為主，主要配備保理、票據貼現、訂單融資、政府採購帳戶封閉監管融資等產品。

3. 對下游經銷商的融資解決方案

核心企業對下游分銷商的結算一般採用先款後貨、部分預付款或一定額度內的賒銷。經銷商要擴大銷售，超出額度的採購部分也要採用現金（含票據）的付款方式。因此，對下游經銷商的融資方案主要以動產和貨權質押授信中的預付款融資為主。配備的產品主要包括短期流動資金貸款、票據的開票、保貼、國內信用證、保函、附保貼函的商業承兌匯票等。

13.3.3 中國供應鏈金融面臨的機遇和挑戰

近年來，在中國，供應鏈金融得到了迅猛的發展。就在十年前，只有少數幾家商業銀行的分行在試探性地開展相關業務，如今幾乎所有的銀行都已下水。例如，在2007年，已經有22家銀行與中儲公司合作。除了銀行之外，供應鏈金融的參與者也日益增多，鐵路、港口碼頭、資產管理公司、典當行、擔保公司以及資金充裕的企業都登上了舞臺。

電子商務的迅速發展也為供應鏈金融提供了有力的支撐。電子商務可以降低供應鏈內部的交易成本，增強交易信息流的可視性和公示性。「互聯網+」時代的到來，基於大數據的運用和競爭，將成為最強勁的創新動力之一，使得喚醒沉睡的數據、服務實體經濟成為一種可能。

此外，《中華人民共和國物權法》的出抬為供應鏈金融的實施提供了重要的制度保

障。目前，中國已經認識到動產擔保交易法律對金融市場的益處，並在積極採取改革措施，以實現動產擔保交易法律的現代化。

近些年來，供應鏈上的核心企業、平臺企業、供應鏈公司、物流公司也紛紛依託自身的優勢，開展圍繞供應鏈的融資服務。這部分企業要麼對產業鏈有較強的話語權和掌控力，要麼熟悉整個供應鏈環節，要麼對供應鏈的某一環節有極強的控制力和信息渠道。涉足供應鏈金融，不僅是對自身業務的有力補充，而且能促進自身商業模式的升級。

雖然中國供應鏈金融已經展現出勃勃生機，但也面臨很多問題，具體如下：

（1）國內企業的供應鏈管理意識依然較為薄弱，供應鏈普遍呈現結構鬆散的特徵，使得在供應鏈金融運作中缺乏制度化的管理手段對供應鏈成員的行為進行約束。

（2）國內動產擔保物權相關法律還不完善，導致供應鏈金融業務在很多操作和預期損失方面存在不確定性。

（3）國內商業銀行普遍沒有將供應鏈金融有機整合到電子商務平臺之中，由此造成貿易環節和融資環節的割裂，增加了成本和風險。

本章小結

供應鏈管理發展迅速，新的實踐層出不窮，本章簡單地介紹了供應鏈管理中三個比較新的領域，以及其未來發展趨勢。首選，從製造業與服務業相融合的特徵出發，分析了服務供應鏈為何會出現，並進一步討論了服務供應鏈「四流整合」的運作機制。接下來，通過對低碳和可持續發展的探討提出了發展綠色供應鏈的重要性，並歸納了綠色供應鏈的內容，分析了實施綠色供應鏈的內容。最後，從供應鏈中弱勢企業融資難的問題出發，總結了供應鏈金融的演進和發展歷程，並給出了供應鏈金融中最常見的三種融資模式。由於供應鏈管理發展非常迅速，許多新的趨勢和實踐還需不斷補充和完善。

思考與練習

1. 在服務供應鏈中，能力流、資金流、物流、信息流的「四流整合」是保證服務供應鏈流暢運作的關鍵，請仔細思考這四流之間存在著怎樣的相互作用？

2. 綠色供應鏈的內容中包含綠色產品設計、綠色採購、綠色製造、綠色物流、綠色行銷、綠色可回收及逆向物流，上述內容之間存在何種聯繫？如何利用這種聯繫來提升綠色供應鏈管理的績效？

3. 供應鏈金融的不同融資模式各適用於什麼情境，可以解決哪類問題？

4. 中國實踐供應鏈金融可能遭遇哪些障礙？這些障礙對金融機構、供應鏈核心企業以及供應鏈中的中小企業（弱勢群體）各有什麼不同的影響？

本章案例：服務供應鏈、綠色供應鏈與供應鏈金融

案例 13-1　供應鏈服務化創新——以陝鼓集團為例

陝西鼓風機（集團）有限公司（原陝西鼓風機廠，簡稱陝鼓集團）始建於 1968 年，是國內定點生產透平鼓風機、壓縮機的大型骨幹企業，是省、市重點骨幹企業，國家二級企業。1994 年，通過 ISO9001 質量體系認證，2001 年通過 ISO14001 環境管理體系認證。

2000 年以前，陝鼓是中國傳統的風機裝備生產和經營企業，此後，企業的經營績效和競爭地位出現了巨大的變化。截至 2005 年年底，陝鼓總資產 34.48 億元，相較 2000 年年底增長了 25.3 億元；淨資產 9.32 億元，是 2000 年年底 2.24 億元的 4.14 倍。此外，從陝鼓在行業中的競爭地位看，2005 年，陝鼓工業總產值 25 億元，銷售收入 21.8 億元，工業增加值 8.8 億元，而同期處於行業第二位的沈陽鼓風機廠分別為產值 17.3 億元，銷售收入 17.8 億元，工業增加值 4.9 億元，這種跨越式的快速發展狀況在中國風機行業中獨一無二，其為服務供應鏈發揮了重要作用：

一、服務供應鏈網路結構

如圖 13-12 所示，陝鼓服務供應鏈的網路結構主要由供應鏈成員、網路結構維度、不同類型的流程連接幾個部分組成。其中，供應鏈成員涉及上游的設計院、設備製造商、相關企業等直接服務提供商，以及與陝鼓相關的間接服務提供商，還有下游的直接或間接客戶，而陝鼓則處於核心的整合服務集成商的位置；網路結構維度上，表現為以陝鼓為中心，水準多階層、垂直多節點的複雜網路結構；節點間的流程連結主要是管理型，少數是監控和非管理類型的連結，並且通過陝鼓服務供應鏈內部的網路結構設計，包括合同管理中心和產品服務中心的組織和管理，實現了內外資源的整合，同時也結合工程承包、成套設備、市場部所收集的客戶的需求反饋，不斷發掘和創造客戶價值，為他們提供一體化的整合服務。

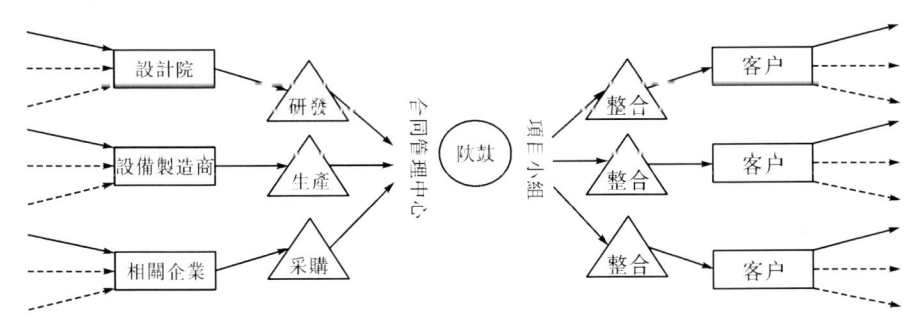

圖 13-12　陝鼓服務供應鏈結構

二、服務供應鏈業務流程

（一）綜合需求和客戶關係管理體系

陝鼓的綜合需求和客戶關係管理是圍繞三個方面展開的。一是 2001 年以後，陝鼓

所推行的系統銷售服務。具體來講，陝鼓除為客戶提供自產主機外，還負責管理成套設備和承包工程，這實質上是為客戶提供更大範圍的、系統的問題解決的方案。二是專業遠程設備管理，在實施「兩個轉變」後，變事後補救為事前監控，確保客戶設備常年順利運行。陝鼓提供24小時值勤服務，即時監測運行中的機組，並由專家隊伍來判定機組出現問題的嚴重程度，定期提供運行監測報告，客戶可以集中精力從事主業。同時，通過專家隊伍對問題進行分析、處理和在線觀察、預測，也能為陝鼓的行銷隊伍提供許多超前、準確的客戶維修改造和備品、備件需求的信息。三是持續的養護、維修服務。陝鼓為了更好地優化資源，將原來維修、維護自身設備的工作外包給了專業公司，在最大限度上保障了自身設備維修、維護的服務水準，降低維護的成本。與此同時，為了解決自身的資源和專業人員問題，企業合理地將人力資源投入更為增值的服務活動中。

(二) 物流服務傳遞管理

庫存對於企業應付市場波動具有緩衝作用，但傳統存貨管理模式的弊端主要表現為沒有合理利用和管理供應商資源，佔用企業大量資金，增加企業存貨成本和企業經營風險等。為此，陝鼓與主要原材料供應商建立戰略合作夥伴關係，由供應商託管庫存。供應商根據陝鼓的生產計劃及時進行原材料配送，陝鼓按量使用，統一結算。據陝鼓採購供應部統計，2004年，陝鼓通過實施原材料零庫存管理，獲得的直接效益為133萬元。此外，陝鼓還優化客戶備件庫存，為客戶提供了備品備件聯合庫存服務。據統計，2002年至2004年提供的備品備件服務累計實現訂貨量1.24億元，年均增長45%。

(三) 供應商關係管理

陝鼓在全國各地建立了外協供應商候選隊伍，在執行任何客戶的服務合同前，應先到外協供應商企業調查、瞭解情況；同時，客戶企業也可以推薦供應商，再由陝鼓制定出標準，對備選企業進行考核篩選。在供應商關係的管理中，組織化的供應商協作機構，對於穩定和發展供應商關係至關重要，陝鼓構建了企業的外部資源協作網路——供應商戰略協作網。陝鼓通過這個常設的機構，整合具有競爭力的供應商，一般每年召開年會進行多向溝通，包括宣傳陝鼓的文化和戰略；進行一些系統技術的研發；甚至還有一些專業研究會，如技術專題、市場專題等，融入供應鏈協調和溝通中。

(四) 複合型的能力管理

服務供應鏈的形成和運行，還有賴於對各種能力（即複合型能力）的整合管理，特別是對於風機行業，系統服務的實現也部分取決於配套商和各種外部組織的能力。為此，陝鼓提出把外配套商當作陝鼓的車間發揮作用，提高滿足市場需求的能力。2003年9月，陝鼓在西安組織56家相關配套企業成立了「陝鼓成套技術暨設備協作網」，包括德國西門子、美國愛姆森、GE等在內的許多世界知名公司都加入到了這個網路之中。通過該網路的運行，各合作單位可以實現資源共享，能共同提升技術質量水準；同時，通過這種合作網路，可以幫助陝鼓實現人力資源的提升。除此之外，陝鼓以委託開發、聯合開發、委託審核等方式，與大專院校、科研院所合作，補充企業自有研發力量。

三、服務供應鏈管理

要真正實現供應鏈運作和集成服務的目標，就必須在組織結構上確立起對業務流程實施擔負權責的部門和人員。陝鼓服務供應鏈組織結構自2000年以來，一直在根據企業的經營戰略和目標進行適時的調整變革，目前已初步形成了一種戰略導向的矩陣式管理結構（見圖13-13），這種結構特點主要表現為：一方面，企業在公司層和業務層形成和建立了管理的兩個層階，使得公司層的戰略指導、預算控制和投融資、財務管理與業務層的具體業務指導、管理和運行實現了一種有機分工和一定程度的結合；另一方面，在業務戰略實現的組織架構上，陝鼓服務供應鏈嘗試性地採用了以項目為牽引的跨流程矩陣式，這表現為所有的意向合同形成後，都由合同管理中心對項目合同實行審核、組織和執行，而且合同管理中心的權限超越了具體的職能部門。陝鼓服務供應鏈這種跨流程的矩陣式組織方式是幫助實現供應鏈管理目標的組織基礎，合同管理中心也相應地發揮了供應鏈綜合管理的職能。

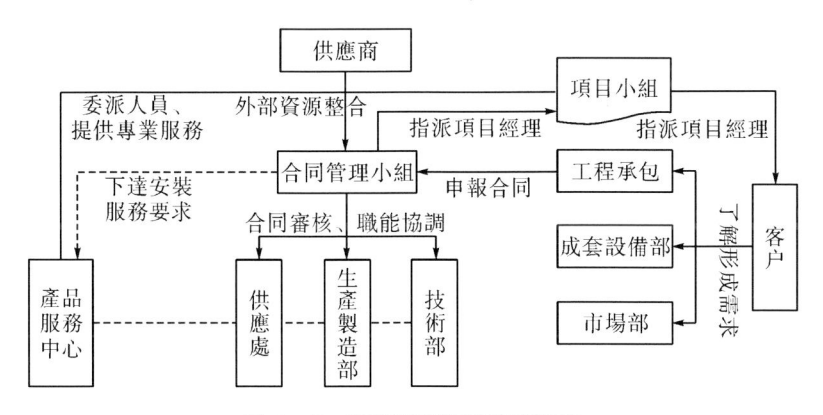

圖13-13　陝鼓服務供應鏈組織結構

本部分撰稿人：宋華．中國人民大學商學院教授、博士生導師。

資料來源：丁俊發．供應鏈理論前沿［M］．北京：中國鐵道出版社，2017：330-333．

案例13-2　蘋果公司的綠色供應鏈管理實踐

圍繞產品的全生命週期，蘋果公司做了一份全面的環境影響報告，並制訂了管理綠色供應鏈的措施。該措施指出要使用更少的原材料，以較環保的包裝來運送物資，不能含有毒物質，要節能並循環利用。對每一個新產品，都要通過不斷的努力來減少其對環境產生的不利影響。

通過測定，蘋果公司的總碳足跡在製造環節為45%、運輸環節為5%、產品使用環節為45%、再循環環節為1%，其餘為設施使用及其他環節4%。其中，從製造到客戶使用到再循環使用環節，大約為96%的碳足跡直接與產品相關。所以當其他公司在關注辦公室如何高效節能時，蘋果更關注減少產品對環境的影響。

通過測定，蘋果公司的總碳足跡在製造環節為45%、運輸環節為5%、產品使用環

節為45%、再循環環節為1%,其餘為設施使用及其他環節4%。其中,從製造到客戶使用到再循環使用環節,大約為96%的碳足跡直接與產品相關。所以當其他公司在關注辦公室如何高效節能時,蘋果更關注減少產品對環境的影響。

圍繞產品的全生命週期,蘋果公司做了一份全面的環境影響報告,並給出了蘋果公司的綠色供應鏈管理實踐措施。改進產品,減少產品對環境的影響。在設計時要使用更少的原材料,以較小的包裝來運送,不含有毒物質,節能並盡可能循環利用。對每一個新產品,都通過不斷的努力來減少對環境的影響。

一、總碳足跡

2009年,估計蘋果公司排放960萬噸溫室氣體。為了準確地測定企業的環境足跡,應著重看企業的產品對環境的影響。蘋果公司使用綜合生命週期分析測定溫室氣體排放來源,即把來自產品製造、運輸、使用和再循環的排放以及設施產生的溫室氣體進行加總計算。

二、各環節碳足跡與綠色供應鏈管理實踐

(1) 製造。製造包括原材料提取和產品裝配,占Apple總溫室氣體排放的45%。共排放4,298,000噸溫室氣體。

(2) 材料使用。蘋果公司的設計師和工程師們已經率先開發了更小、更薄和更輕的產品。由於產品使用較少的原料生產,故產生較少的二氧化碳排放量。例如,21.5-inch iMac比第一代15-inch iMac功能更強大,屏幕也大得多,但是它少用了50%的原材料和減少了35%的碳排放。

(3) 消除有毒物質。設計更加綠色的產品,意味著要考慮用於製造它們的材料對環境的影響。從產品所用的玻璃、塑料和金屬到包裝中的紙張和油墨,蘋果繼續引領行業減少或者消除環境中的有害物質。

(4) 負責任的製造。蘋果努力確保供應鏈的安全工作條件,工人受到尊重,具有尊嚴,製造過程對環境負責。實施供應商行為準則和供應商審核報告責任。

(5) 運輸。5%的蘋果溫室氣體排放來自從裝配點到產品銷售所在區域的配送中心的運輸過程。排放溫室氣體510,000t。

(6) 小包裝。蘋果的設計團隊和工程專家開發產品的包裝,使其盡可能體積小、重量輕、防護性能好。這種有效的包裝設計不僅減少材料使用量,還有助於減少產品運輸過程中廢氣的排放。

(7) 產品使用。蘋果的產品在使用過程中產生的溫室氣體排放量為4,456,000t,占比46%。

(8) 能源利用效率。大部分蘋果的溫室氣體排放量是在產品插上電源和開始啟動時產生的。由於硬件和操作系統都由蘋果設計,能夠確保兩者一起工作以節省能源。以蘋果迷你型為例,通過一大一小兩者的創新,能耗減少到只有一個典型的光熱燈泡的1/6。

(9) 「能源之星」資格認證。不像其他製造商可能只有一個或幾個產品獲得「能源之星」資格認證,每一個蘋果產品不僅達到還超過美國環境保護署嚴格的「能源之星」效率指導。

（10）再循環。蘋果總溫室氣體中的1%是與再循環相關的。排放62,000t溫室氣體。

（11）產品再循環能力。蘋果再循環方法始於設計階段，創造結構緊湊、高效的產品只需要更少的生產材料。所用的材料包括無砷玻璃、優質鋁、強聚碳酸酯，具有很高的再循環價值，可回收再利用，生產新產品。

（12）帶電量更持久的產品。蘋果設計帶電量更持久的產品。在MacBook陣列中所用的內置充電電池是一個完美的例子。其他的筆記本電腦電池只能充電200至300次。MacBook Pro電池的充電次數可以高達1,000次。

（13）負責回收。蘋果公司在全球各地開展一項公司自發的和接受監管的計劃，所收集的所有電子廢棄物在被收集到的地方集中進行處理，沒有被運到海外用於再循環或者進行其他處置。

（14）蘋果再利用計劃。一旦蘋果產品到達其使用壽命時，蘋果將會負責回收。蘋果公司在95%產品銷售地的城市和大學校園內建立了再循環項目，自1994年以來，從垃圾填埋場轉移了超過59,058,720t的設備。到2010年，已實現世界各地50%的再循環率的初始目標。

（15）設施。蘋果的設施包括公司的辦公室、配送中心、數據中心和零售商店，占總溫室氣體排放的3%。

（16）整體設施。產品對環境的影響最大。這就是為什麼蘋果關注產品設計和創新。即便如此，蘋果公司仍邁出重大步伐減少全世界範圍內溫室氣體的排放。

（17）能源使用。蘋果在設施中以多種方式減少能源消耗。目前，在奧斯丁、德克薩斯州、薩克拉門托等，蘋果的設施100%使用可再生能源，減少了19,200t CO_2e 排放。此外，蘋果已安裝先進的數控設備、高效的機械設備和監控技術，還在繼續檢測更好的辦法來更有效率地運行設備。

（18）員工通勤計劃。蘋果為員工提供了可供選擇的幾種通勤計劃，許多員工獲得蘋果公司的獎勵。因此，蘋果公司一整年少排放CO_2e達10,292t，或每天減少38t。

三、總結

如今，環保問題是涉及人類生活的最重要的問題之一。為了下一代，保護我們的環境和資源，我們需要改變管理和運作供應鏈的方式。從經濟觀點來看，GrSCM仍具有優勢。隨著對環境問題和環境立法約束的認識，供應鏈管理者越來越理解GrSCM的優勢。由於環境問題主要是來源於物料，可使供應鏈得到顯著的改善。對於利潤較低的行業，GrSCM會降低供應鏈的相關成本。這些成本的降低可被轉化為重要的競爭優勢和利潤。

鑒於GDP中高比重的物流成本，GrSCM是國家可持續戰略的一個重要因素。因此，從國家層面看，GrSCM是解決可持續發展難題的關鍵部分。

資料來源：丁俊發. 供應鏈理論前沿［M］. 北京：中國鐵道出版社，2017：10-14.

案例 13-3　用互聯網金融服務實體經濟
——卓爾金融的供應鏈金融實踐

在業內，供應鏈金融的一個被廣泛接受的定義是「圍繞核心企業，以真實貿易背景為前提，運用自償性貿易融資的方式，通過應收帳款質押、貨權質押等手段封閉資金流或者控制物權，對供應鏈上下游企業提供綜合性金融產品和服務」，其實質是信用較強、能把握上下游交易信息的核心企業將其信用分享給供應鏈的上下游小企業。

然而在傳統的供應鏈金融業務中，金融機構主要以提供資金為主，並沒有管理供應鏈的能力，業務開展也頗為保守，「核心企業」往往只能是特定的知名大型企業，如汽車行業中的豐田、家電行業中的海爾等，這類企業在市場中如鳳毛麟角。如果某個行業中缺乏豐田這類知名大型企業，供應鏈金融是否還能夠順利地在該領域開展？

卓爾金融的供應鏈金融實踐正面回應了這個問題。依託卓爾控股管理的龐大商業體系，卓爾金融將「核心企業」的內涵做了延展，並有效降低了核心企業的門檻。由於能夠深入介入到多個供應鏈的交易行為之中，從交易行為本身更為敏銳地感知融資企業的優劣，前瞻性地判斷風險，在卓爾構建的「智能化商業交易生態圈」中，信用較強、能把握上下游交易信息的平臺如「核心商圈」「交易所」「電商平臺」等主體也成為核心，卓爾金融則圍繞其上下游商戶間的貿易背景，將信息流、資金流、物流和商流等形成閉環運作，打造出其特有的供應鏈金融模式。

本案例將透過卓爾金融的業務邏輯和部分產品，解讀卓爾金融是如何以供應鏈金融服務串聯起卓爾生態圈，從而服務實體經濟的。

● 典型產品介紹：服務產業中的實體經濟

根據「核心企業」的不同，卓爾金融的供應鏈金融產品可以分為「商戶通」「棉業通」和「卓 e 通」等多種，其中，「商戶通」中的「核心企業」是由武漢漢口北、天津電商城等線下批發市場形成的核心商圈，「棉業通」中的核心企業是華中棉紡交易中心（以下簡稱「華棉所」），「卓 e 通」中的「核心企業」則是卓爾購電子商務 B2B 平臺。卓爾金融部分供應鏈金融產品如表 13-3 所示。

表 13-3　　　　　　　　　　卓爾金融部分供應鏈金融產品

	商戶通	棉業通	卓 e 通
相當於傳統供應鏈金融模式中「核心企業」角色主體	武漢漢口北、天津電商城等線下批發市場形成的核心商圈	華中棉紡交易中心（華棉所）	卓爾購電子商務 B2B 平臺
借款對象	武漢市線下批發市場的經營商戶、小微企業業主	卓爾集團大宗商品交易平臺華棉所供應鏈體系內下游棉紡企業	卓爾購電子商務平臺的線上商戶、卓爾供應鏈體系的上下游客戶
借款期限	1 年內（多以 6 個月期限為主）	30 天內	3 個月內，期限普遍較短，最短 15 天

表13-3(續)

	商戶通	棉業通	卓e通
投資人收益率	7.4%~9.2%	7.3%~8%	7.4%~9%
風控措施	1. 擔保公司擔保 2. 保證金保障 3. 房產、存貨、應收帳款提供反擔保，主要以房產為主	1. 第一還款來源為借款人及借款人所在企業經營收入 2. 第二還款來源為貨物處置回款。由專業的棉花交易平臺提供倉儲、監測、處置變現等專業服務，在市場價格下跌等情況下，專業機構還可提供差額補足 3. 採用受託支付的方法進行借款用途監管，確保資金定向使用	風險保障形式多樣，常見的有保證金保障、貨物質押、倉單質押、貨物回購、個人或企業連帶責任擔保，具體視項目情況而定

一、商戶通

卓爾控股在線下擁有武漢漢口北、天津電商城等超大型商貿物流中心，覆蓋面積超過800萬平方米，其面向線下批發市場開展供應鏈金融業務有天然優勢。

(1) 卓爾業務團隊在市場管理、物流倉儲等不同場景、不同維度與商戶發生著不同的接觸，能夠深刻理解批發市場的商業邏輯和商戶訴求。

(2) 卓爾體系內的批發市場基於對市場管理、物流倉儲等相關交易行為數據的管理，能夠充分瞭解本市場商戶的經營狀況，如卓爾體系內的貨運物流品牌「卓集送」承載批發市場商戶主要物流業務，而商戶物流信息是判斷商戶經營狀況的重要維度。

(3) 卓爾體系內的批發市場能留置商戶購買的商鋪，成為其獨特的風控優勢。

二、棉業通

卓爾金融「棉業通」的借款對象是卓爾集團大宗商品交易平臺華棉所供應鏈體系內下游的棉紡企業，借款用途是支付棉花訂購貨款。

在棉業通的商業模式中，華棉所不僅掌握著棉紡廠的交易信息，還能在風控上提供倉儲、監測、處置變現等專業服務。在市場價格下跌的情況下，華棉所可提供差額補足，和「商戶通」中的批發市場一樣，其角色亦相當於傳統供應鏈金融模式中的「核心企業」。

三、「卓e通」

B2B電商平臺聚合著交易信息，是互聯網時代的「核心企業」。卓爾控股在線上打造了在線批發交易平臺「卓爾雲市」，入駐商戶超過10萬戶，交易額達400億元。

卓爾金融信貸產品「卓e通」授信和借款對象是卓爾雲市線上B2B電商平臺卓爾購的誠信賣方商戶法人，解決這些商戶在日常經營活動中產生的短期、高頻流動資金需求。

從買家付款到平臺將款付給商戶有一個週期，對商戶而言，該週期的款項即為其「應收帳款」。在「卓e通」的商業模式中，卓爾金融以該「應收帳款」為基礎並根據商戶資信/資質提供一定的信用倍數為商戶授信，在商戶貸款的使用過程中，平臺和卓爾金融對商戶的經營交易狀況進行即時監控，既充分支持了商戶的融資需求，又很好地控制了風險。

結語

以上是按照「核心企業」的不同對卓爾供應鏈金融產品的舉例介紹。按照質押產品的不同，卓爾金融提供的供應鏈金融產品還可以分為應收類（應收帳款質押融資）、預付類（保兌倉融資）和存貨類（存貨質押融資、倉單質押融資、訂單採購融資）等。

在卓爾金融團隊看來，當下的卓爾集團為其營造了諸多金融創新場景，這種場景來源於卓爾集團管理的龐大商業體系。在卓爾的智能化商業交易生態圈中，卓爾金融團隊可以在市場管理、物流倉儲等不同場景、不同維度上與商戶發生接觸，使其可幫助判斷客戶經營狀況，進而幫助他們瞭解客戶、開發新產品等。

這意味著，卓爾金融正在打造一個借貸雙方的生態圈，從需求到風控、到融資，都可在卓爾集團體系內完成。截至2017年2月初，卓爾金融數據顯示，其註冊用戶數達到20萬，已經累計成交超過45億元，累計實現投資收益超過2.4億元。卓爾集團的旗下商戶的借款的滲透率已占平臺成交規模的50%以上，且這一比率正在上升中。

本文撰稿人：孫爽，零壹財經。

資料來源：王雷. 供應鏈金融：「互聯網+」時代的大數據與投行思維 [M]. 北京：電子工業出版社，2017：409-417.

案例思考：

1. 陝鼓服務供應鏈的創新能給我們帶來哪些啟示？
2. 蘋果公司的綠色供應鏈主要涉及哪些方面？
3. 供應鏈金融服務或監管的關鍵是什麼？
4. 服務供應鏈與供應鏈金融之間有無聯繫？

國家圖書館出版品預行編目（CIP）資料

互聯網時代的供應鏈管理 / 金寶輝 著. -- 第一版.
-- 臺北市：財經錢線文化，2020.05
　　面；　　公分
POD版

ISBN 978-957-680-411-3(平裝)

1.供應鏈管理 2.物流管理 3.中國

494.5　　　　　　　　　　109005588

書　　名：互聯網時代的供應鏈管理
作　　者：金寶輝 著
發 行 人：黃振庭
出 版 者：財經錢線文化事業有限公司
發 行 者：財經錢線文化事業有限公司
E - m a i l：sonbookservice@gmail.com
粉 絲 頁：　　　　　網址：
地　　址：台北市中正區重慶南路一段六十一號八樓 815 室
8F.-815, No.61, Sec. 1, Chongqing S. Rd., Zhongzheng Dist., Taipei City 100, Taiwan (R.O.C.)
電　　話：(02)2370-3310　傳　真：(02) 2388-1990
總 經 銷：紅螞蟻圖書有限公司
地　　址：台北市內湖區舊宗路二段 121 巷 19 號
電　　話:02-2795-3656 傳真:02-2795-4100　　網址：
印　　刷：京峯彩色印刷有限公司（京峰數位）

本書版權為西南財經大學出版社所有授權崧博出版事業股份有限公司獨家發行電子書及繁體書繁體字版。若有其他相關權利及授權需求請與本公司聯繫。

定　　價：580 元
發行日期：2020 年 05 月第一版
◎ 本書以 POD 印製發行